U0195064

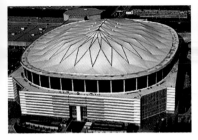

外景

膜片安装

内景

美国佐治亚索穹顶(P.4)

实景

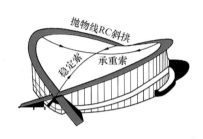

马鞍形正交索网体系

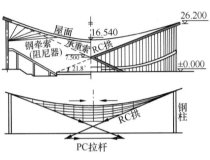

传力线闭合

美国雷里(Raleigh)竞技场(P.2)

关闭

开启

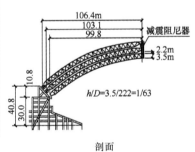

剖面

日本福冈(Fukuoka)开合网壳穹顶(P.4)

实景

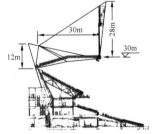

剖面

夜景

英国伦敦碗(P.4)

美国丹佛国际机场（张拉膜结构）

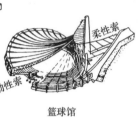

实景

游泳馆

篮球馆

日本东京代代木大、小体育馆（P.2，柔性索、劲性索结构）

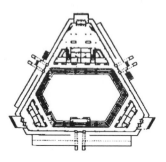

北京石景山体育馆（扭网壳结构）

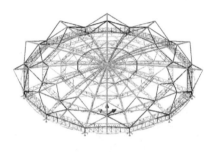

外景

网壳

内景

深圳盐田综合体育馆（P.19，肋环网壳）

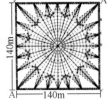

外景　　　　　　　　　　　　采用方案　　　　　　　　　内景

深圳宝安体育馆（P.36，节点小型化）

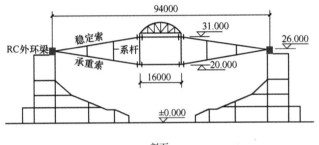

实景　　　　　　　　　　　　　　　剖面

北京工人体育馆（P.13，车辐式双层索结构）

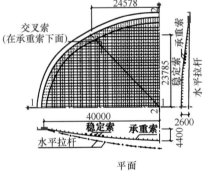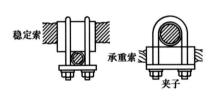

外景　　　　　　　　平面　　　　　　承重索与稳定索的连接

浙江省人民体育馆（P.13，鞍形悬索结构）

华盛顿杜勒斯机场候机楼（一维索系）　　　　北京工业大学羽毛球馆（弦支穹顶）

侧面实景

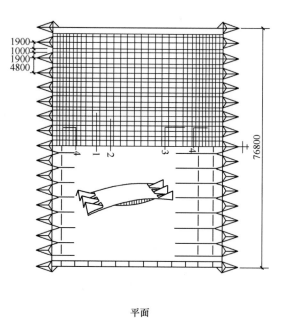

剖面　　　　　　　　　　　　　　　　平面

吉林滑冰馆(P. 14)

外景 —— 展翅欲飞的海鸥（自然地显示结构）

内景：腾空的魔棒 —— 凝固的音乐

上海浦东国际机场第一期(P. 17，一维张弦梁结构)

效果图

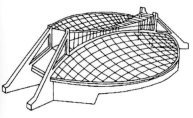
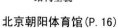

结构全貌

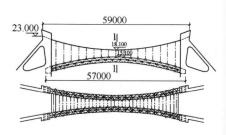

结构平面

北京朝阳体育馆(P. 16)

现代屋盖钢结构
分析与设计

主编　王仕统
编著　薛素铎　关富玲　陈务军
　　　姜正荣　石开荣

中国建筑工业出版社

图书在版编目（CIP）数据

现代屋盖钢结构分析与设计/王仕统主编. —北京：
中国建筑工业出版社，2014.3
ISBN 978-7-112-16230-7

Ⅰ.①现… Ⅱ.①王… Ⅲ.①大跨度结构-钢结构-屋
盖结构-结构分析②大跨度结构-钢结构-屋盖结构-结构设
计 Ⅳ.①TU231

中国版本图书馆 CIP 数据核字（2013）第 306746 号

　　本书论述的现代屋盖钢结构包括：屋盖弯矩结构与屋盖形效结构。全书共七章，分别是绪论、网壳结构、膜结构、索穹顶结构、张弦梁结构、弦支穹顶结构和开合屋盖结构。其中，张弦梁结构属于屋盖弯矩结构，其他五种结构都是空间屋盖形效结构。本书内容详实，可供土木工程设计、施工、监理、科技人员阅读，并可作为大专院校土木工程高年级本科生、结构工程研究生教材。

* * *

责任编辑：万　李　郦锁林
责任设计：董建平
责任校对：张　颖　赵　颖

现代屋盖钢结构分析与设计
主编　王仕统
编著　薛素铎　关富玲　陈务军
　　　姜正荣　石开荣

*

中国建筑工业出版社出版、发行（北京西郊百万庄）
各地新华书店、建筑书店经销
北京红光制版公司制版
北京中科印刷有限公司印刷

*

开本：787×1092毫米　1/16　印张：25¾　插页2　字数：648千字
2014年4月第一版　2014年4月第一次印刷
定价：**72.00**元
ISBN 978-7-112-16230-7
（24982）

序一

《现代屋盖钢结构分析与设计》一书由王仕统教授主编，全书内容在王教授的精心编排下几乎涵盖了现代屋盖钢结构的各类结构形式，包括：网壳结构、膜结构、索穹顶结构、张弦梁结构、弦支穹顶结构和开合屋盖结构等。在6位作者的共同努力下，对各类屋盖结构的分析与设计，作了详实的阐述。该书对于结构工程专业的研究生而言，是一本很好的教学用书；对于结构工程领域的设计师而言，是一本很好的参考用书。

该书第一章绪论由王仕统教授执笔，这是一篇富有特色的绪论。王教授在绪论中阐述我国大跨度屋盖结构的现状时，既介绍了我国许多优秀屋盖结构，对采用的结构体系和结构布置作详细的介绍并列出每平方米的用钢指标以示其经济合理性外，也列举若干笨重和怪异屋盖钢结构的实例，描述了这些建筑凸显的重、怪、费等极不合理现象，以及这些现象与建筑设计理念和所采用的不合理结构体系之间的内在关联。我十分赞同并支持王教授采用这种对比的方式撰写绪论，能够让读者领会到由于设计师的素质差异，建筑结构可以设计得既美观又适用，达到节省资源、节省资金、符合可持续发展的精神，也可以设计成既怪又笨重，导致浪费资源、挥霍资金、相悖于应有的社会责任。这种对比能够给读者以启迪和警示。

王教授通过实例的对比，并根据自己的研究成果，提出了设计钢结构应遵循的"二、三、四"观点。他提出的按钢结构整体受力不同，将钢结构分成两大类的结构分类方法，对于设计者选用合理的结构方案和结构体系有很好的指导作用。他提出的结构设计应能体现钢结构固有的三大核心价值，应该重视精心设计的四大步骤等观点，对于设计者能够设计出既美观又适用、既经济又安全、既技术先进又施工方便的建筑将起到十分有用的指引作用。

纵观全书，它不但阐述了各类现代屋盖钢结构有关设计和构造的技术问题，而且还阐述了设计者在设计钢结构时应遵循的设计理念和方法，因此《现代屋盖钢结构分析与设计》是一本内容全面且具有特色的优秀的结构工程专业技术用书。我希望也深信该书的出版必将受到国内结构工程界广大人士的关注，对现代屋盖钢结构的设计和进展将起到良好的推动作用。

同济大学　教授
中国工程院院士

沈祖炎

2013年12月20日

序二

　　该书由王仕统教授主编，全书不论在内容上或在编排上，都有很多创新及独创之处。全书主要体现了"现代"两字的含义，还特别提出一些创新观点。

　　全书包括绪论、网壳结构、膜结构、索穹顶结构、张弦梁结构、弦支穹顶结构及开合屋盖结构。各章都是根据各专家专业特长而编著，内容丰富新颖，如开合屋盖结构的编写者关富玲教授，她是我国开合结构的先驱和最早的开创者，具有丰富的理论及实践基础。其他如薛素铎教授、陈务军教授也都是业内该领域的知名专家。特别是主编王仕统教授由于具有深厚的力学功底、结构理论和工程设计实践，更是一名创新性极高的资深教授。从他写的绪论中"我国屋盖结构工程进展"一节可以看出他平时博览群书，掌握了大量材料，否则写不出这样丰富的内容。更突出的是王仕统教授提出的"钢结构设计的二、三、四观点"，具有很高的创新性，打破过去的旧观念，提出崭新的观点，十分可贵，这些观点引起了国内专家学者很高的关注与共识，特别是中年教授学者，反响更为强烈，如：李国强教授（同济大学）、葛家琦教授级高工（中国航空工业规划设计研究院）、王新堂教授（宁波大学）、徐伟良教授（浙江大学）、施刚教授（清华大学）、王玉银教授（哈尔滨工业大学）、李天教授（郑州大学）、赵秋红教授（天津大学）、杜文风教授（河南大学）、吴波教授（华南理工大学）等都给"二、三、四观点"很高的评价。

　　希望该书很快出版，能引起国内工程结构界广大人士更多的关切和听到更多的呼声。

天津大学　教授

刘锡良

2013 年 10 月 1 日

前　　言

现代钢结构的特点是：（1）采用轻质高强材料；（2）采用现代结构分析方法——结构优化理论、结构减震控制理论和预应力理论。20世纪60年代世界著名的美国结构师、建筑师富勒（R. B. Fuller）主要从形态学（Morphology）出发，利用拓扑原理（Topology Principle）、非线性特性和自平衡准则，提出结构哲理：少费多用（More with Less），即用最少的结构提供最大的结构承载力。工程案例有：1988年盖格（D. H. Geiger）在第24届韩国汉城奥运会——汉城体操馆中首次采用索穹顶（Cable Dome），直径 $D=120$m，屋顶用钢量：15kg/m^2；1996年列维（M. Levy）设计的美国亚特兰大第26届奥运会主体育馆——佐治亚（Georgia）索穹顶，椭圆平面：240.79m×192.02m，屋顶用钢量：30kg/m^2；2012年英国伦敦第30届奥运会主会场——伦敦碗，是一座真正的绿色建筑，8万个座位，用钢量仅 90kg/m^2，等等。

钢结构行业包括设计与施工（制造、安装），轻盈的钢结构必须从设计开始——设计是龙头。因此，在进行现代钢结构设计时，不是简单地使用设计软件，而必须正确选择结构方案和正确估计结构截面高度，否则，所谓的优化设计是徒劳的。编者认为，钢结构的用钢量是衡量结构设计优劣的最重要指标之一。不谈用钢量，狂热追求钢结构建筑亚洲第一高、世界第一跨是不科学的。

为了实现最简洁结构（非复杂结构）就是最好结构的理念，提高我国钢结构的结构效率，实现钢结构固有的三大核心价值——最轻的结构、最短的工期和最好的延性，书中提出的关于钢结构设计的二、三、四观点，希望引起同仁们的关注。

现代钢结构包括屋盖钢结构和高层全钢结构等。本书论述现代屋盖钢结构的分析与设计等。本书由王仕统教授主编，参加编著的有：

第1章　绪论　　　　　　　王仕统教授（华南理工大学）
第2章　网壳结构　　　　　王仕统教授（华南理工大学）
第3章　膜结构　　　　　　陈务军教授（上海交通大学）
第4章　索穹顶结构　　　　薛素铎教授（北京工业大学）
第5章　张弦梁结构　　　　姜正荣副教授（华南理工大学）
第6章　弦支穹顶结构　　　石开荣副教授（华南理工大学）
第7章　开合屋盖结构　　　关富玲教授（浙江大学）

限于编著者理论与设计水平，不妥之处，敬请批评指正，以便作进一步修改和完善。

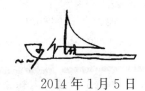

2014年1月5日

5

目　　录

第1章 绪 论

关于现代结构，美国著名结构大师、康奈尔大学厄卡尔特（L. C. Urquhart）教授有如下一段精彩论述：

Modern structural engineering tends to progress toward more economic structures through gradually improved methods of design and the use of higher strength materials. This results in a reduction of cross-sectional dimensions and consequent weight savings. 通过逐步改进设计方法和采用高强材料，将会使现代结构工程向着更经济的结构形式发展，这也会使构件的截面尺寸减小，自重减轻。

由于钢材具有较高的强度，因此，由型钢、钢板、钢棒和高强钢丝（钢绞线）等连接（焊缝、高强度螺栓）而成的钢结构骨架（不开裂结构），就具有绿色建筑的特点。表 1-1 所示的是钢结构与绿色建筑的特质比较。

特 质 比 较 表 1-1

现代钢结构	绿色建筑	
结构哲理：少费多用 钢结构的三大核心价值： 最轻的结构 最短的工期 最好的延性	绿色建筑	在建筑全寿命周期内，最大限度地节约资源（节能、节地、节水、节材），保护环境和减少污染，为人们提供健康、适应和高效的使用空间，与自然和谐共生的建筑

注：建筑全寿命周期（Building Life Cycle）——从建筑物的选址、设计、建造、使用、维护、拆除到处理废弃建材（垃圾回收或二次能源再利用）的整个过程。

1991 年兰达·维尔和罗伯特·维尔合著《绿色建筑——为可持续发展而设计》，即开启了发达国家探索可持续建筑之路，名为"绿色建筑挑战"，即，①采用轻质高强材料；②采用现代结构分析方法——结构理论、结构减震控制理论和预应力理论，实行综合化设计，使建筑在满足功能时所耗资源、能源最少。最伟大的美国发明家富勒（R. B. Fuller）提出的结构哲理：少费多用（More with Less）[1,3]——用最少的结构提供最大的结构承载力（Doing the Most with the Least），是富勒科学发展观新思维的设计准则，也是现代结构与形态学、拓扑学研究的目标。优良的钢结构必须是结构骨架节材，墙体节能，最大限度地满足功能，最低限度地影响环境，为人们提供健康、舒适的活动空间，并能在建筑全寿命周期内，满足可持续发展理念。在大跨度屋盖钢结构和高层全钢结构中，100 多年来，世界先进国家大量采用钢结构，并能基本上实现钢结构固有的三大核心价值（表 1-1）。世界先进国家的钢结构建筑和构筑物已达 50%、日本高达 70%以上，而我国不到 3%，97%以上仍为混凝土、砌体结构等，可见，我国钢结构行业（设计与施工）仍有十分巨大的发展空间。关键是提高设计水平。

在大跨度屋盖钢结构和多高层钢结构设计中，千方百计减少结构自重（用钢量），将成为钢结构设计工程师力学功底、设计理论和材料选用的试金石。

世界屋盖跨度最大、造型最美、最绿色的空间屋盖形效钢结构，如图 1-1～图 1-8 所示。

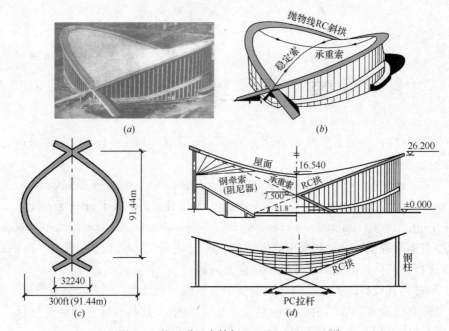

图 1-1　美国雷里竞技场（Raleigh Arena）[4]

（a）实景；（b）马鞍形正交索网体系；（c）平面；（d）传力线闭合（斜拱与地面线 21.8°）

注：为世界第 1 个现代化索结构屋盖，屋顶用钢量 30kg/m²，1953 年。

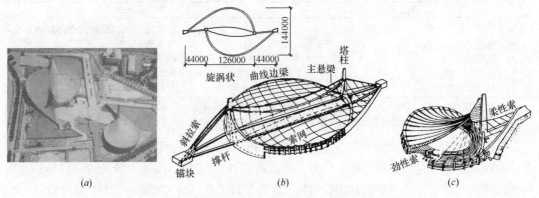

图 1-2　日本东京代代木大、小体育馆[5]

（a）实景；（b）游泳馆（D＝130m）；（c）篮球馆（D＝65m）

注：第 18 届奥运会主场馆，1964 年。

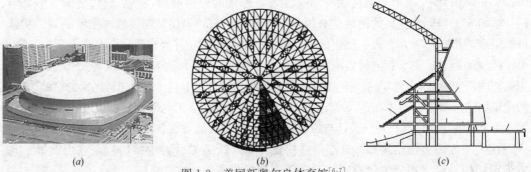

图 1-3　美国新奥尔良体育馆[6,7]

（a）实景；（b）平行联方型网格（K12）；（c）剖面和边缘构件

注：凯威特（Kiewitt）型双层网壳，厚跨比 h/D＝2.24/213＝1/95，用钢量 126kg/m²，1973 年。

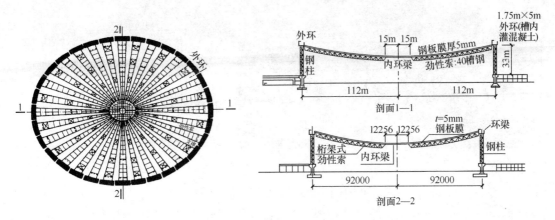

图 1-4 莫斯科奥运会中心体育馆[4,5]

注：第22届奥运会主场馆，世界最大的劲性索-悬膜屋盖，（屋顶＋外环）用钢量：（60＋40）kg/m², 1980年。

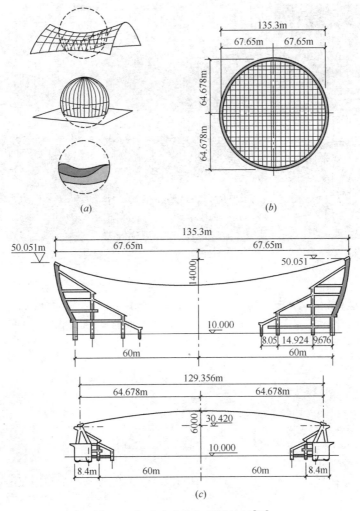

图 1-5 加拿大卡尔加里滑冰馆[3-5]

（a）切割；（b）平面；（c）剖面

注：第15届冬季奥运会主场馆（世界跨度最大的鞍形索网结构），1988年。

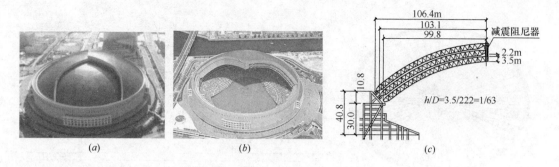

图 1-6　日本福冈穹顶（Fukuoka Dome）[3]

（a）关闭；（b）全开启；（c）剖面

注：世界最大双层球面网壳开合结构，$D=222$m，1993 年。

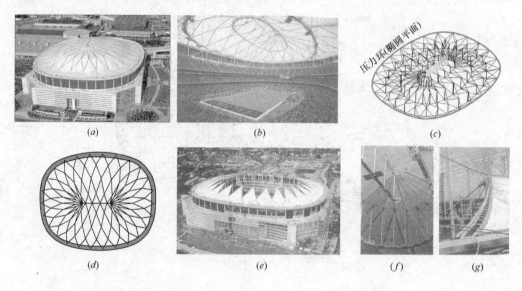

图 1-7　美国佐治亚索穹顶[8]

（a）外景；（b）内景；（c）索穹顶（Levy 型，1996 年）；（d）平面；（e）工地膜片安装；（f）、（g）局部大样

注：第 26 届奥运会主场馆，椭圆：240.79m×192.02m，世界最大索穹顶，屋顶用钢量：30kg/m²，1996 年。

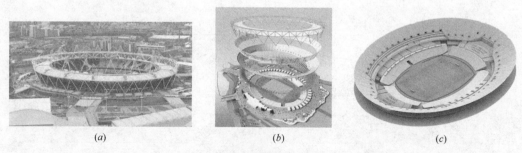

图 1-8　伦敦碗[9,10]（一）

（a）实景；（b）5 层结构环；（c）地面看台环

注：第 30 届奥运会主场馆（伦敦），5 层结构环在工地用高强度螺栓拼装，2012 年。

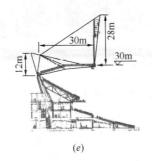

(d) (e) (f)

图 1-8　伦敦碗[9,10]（二）

(d) 效果图；(e) 剖面；(f) 夜景

注：第 30 届奥运会主场馆（伦敦），5 层结构环在工地用高强度螺栓拼装，2012 年。

图 1-1 所示为美国雷里体育馆[4]，索网支承在两个倾斜的抛物线拱上，拱与地面成 21.8°。斜拱的周边以间距 2.4m 的钢柱支承，立柱兼作门窗的竖框，形成了以竖向分隔为主、节奏感很强的建筑造型。中央承重索（下凹）直径为 19～22mm，垂度 10.3m，垂跨比 1/9，中央稳定索（上凸）直径为 12～19mm，拱度 9.04m，拱跨比 1/10。索网网格 1.83m×1.83m。屋面由 22mm 的波形石棉防护金属板组成，上覆 38mm 厚隔热层。这种以斜拱作为边缘构件的鞍形索网屋盖结构，高端部分较平坦，曲面刚度较小。因屋面结构自重不到 30kg/m²，而最大风吸力 770N/m²，为了解决由此带来的风振问题，在屋面与周边构件之间设置钢索作为阻尼器（图 1-1d），以增强屋面稳定性。除基础外，整个建筑造价仅 141.5 美元/m²。该结构的特点在于形式简洁、受力明确。因拱脚设置预应力拉杆而闭合传力（图 1-1d），基础较小[11]。此索网结构被公认为第一个具有现代意义的大跨度索结构屋盖，它对其后的索结构发展产生积极的示范作用。

图 1-2 所示为日本东京第 18 届奥运会主场馆，其中，游泳馆（图 1-2b）由 2 条中央主悬索及两侧的鞍形索网组成。为使体育馆具有开阔的空间，主索在塔柱上的悬挂标高 39.6m。主索的跨长 126m，垂度 9.6m，每根索的设计内力 1.35 万 kN，采用钢丝绳 ϕ330mm。主悬索的拉力通过边跨斜拉索传至地下锚块。两端锚块之间设置通长的混凝土撑杆（截面 1.5m×3.0m），以平衡水平力。为了保证屋盖结构的整体刚度和形状稳定性，两片鞍形索网的承重索采用钢板组合杆件，钢杆截面高 0.5～1.0m，间距 4.5m，其翼缘截面：22mm×190mm，腹板厚 12mm。稳定索采用 ϕ44mm 钢丝绳，间距 1.5～3.0m。每根稳定索施加预拉力 200kN。每片预应力鞍形索网悬挂在主悬索和周边的曲线边缘构件上。高耸的塔柱、下垂的主悬索和流畅的两片鞍形索网组成了造型别致的标志性建筑物。

图 1-4 所示为莫斯科第 22 届奥运会主场馆，屋盖采用辐射劲性索-钢板悬膜结构屋盖，曲面的曲率为正高斯。可容纳 4.5 万观众，屋顶用钢量仅 60kg/m²（辐射劲性索和环向加劲肋 14.4kg/m²，钢板膜 40kg/m²，内环 5.6kg/m²）。外环（钢槽＋混凝土内钢筋）40kg/m²，钢柱及配件 20.2kg/m²。由于劲性索具有一定的抗弯刚度，它不会像柔性索那样，在局部荷载下会产生"机构性位移"[4,12]。因此，劲性索同时具有两个变形协调方程：

$$\frac{H}{EA}l = u_r - u_l + \int_l \left[\frac{\mathrm{d}z_0}{\mathrm{d}x} \cdot \frac{\mathrm{d}w}{\mathrm{d}x} + \frac{1}{2}\left(\frac{\mathrm{d}w}{\mathrm{d}x}\right)^2\right]\mathrm{d}x - \alpha\Delta t \cdot l \quad (柔性索)$$

$$M = -EI\frac{\mathrm{d}^2 w}{\mathrm{d}x^2} - \frac{EI}{C}q$$

式中　u_l、u_r——索两端边缘构件处的水平位移；

Δt——温度差。

图 1-5 所示为加拿大第 15 届冬季奥运会主场馆，外形取自直径 135.3m 球体的一部分，双曲抛物面与球体相截，形成屋盖。双曲抛物面与球面的截线即为周边环梁的轴线，鞍形双曲抛物面索网悬挂于环梁之内。底平面与双曲抛物面之间的球体表面即为该建筑物的外围——直径 120m 的圆形。结构平面接近的椭圆形：135.3m×129.356m，观众 1.93 万席。球面沿径向作 32 等分，等分线即为外柱的轴线，呈长短不等的圆弧形状。如此构成的建筑物获得了满足功能要求的最小体积，从而节省了投资和降低了经常性能耗。鞍形索网的中央每根承重索分为两股，每股由 12 根 ϕ15mm 的钢绞线组成，垂度 14m，垂跨比 1/9.7；中央稳定索为一股 19 根 ϕ15mm 的钢绞线，拱度 6m，拱跨比 1/21.3。为便于预制混凝土屋面板的安装，索网网格尺寸 6m×6m，设计者考虑到索网中央需要吊挂 50t 重的记分牌及设备，特意把中央的 4 根承重索加强，每股采用 15 根 ϕ15mm 钢绞线。

图 1-6 所示为日本福冈开合穹顶，建筑平面为圆形，D=222m，可容纳 4 万人，穹顶由三块可旋转的球面网壳组成，可使穹顶形成三种状态：关闭状态、半开启状态（1/3 穹顶露天）和全开启状态（2/3 穹顶露天）。

图 1-8 所示的伦敦碗[9,10]是一座真正的绿色建筑，它建造在伦敦东部贫困地区，采用回收再生钢管和工业废料制作的低碳混凝土为主要材料。它由建筑师 Populous 和结构工程师 Buro Happold 设计，Watson 钢结构公司施工。体育场屋顶覆盖面积 2.45 万 m^2，8 万个座位，奥运会及残奥会的开、闭幕式及田径比赛都在这里举行。体育场主体结构分为 5 个部分（图 1-8b）：底层永久性混凝土看台和临时钢桁架支承看台、索网屋盖、顶部灯塔支承系统，装饰围护环采用纤维布。少用或不用不可再生及不可替代的建材，力求节约，治愈"城市伤疤"得以恢复自然生态，改造环境[10]。地区借此发展经济，改善民生，普及体育。体育场建设很好地贯彻可持续发展理念，为了解决场馆的赛后利用和奥运遗产保存问题，奥运会后，体育场将保留钢筋混凝土结构看台上的 2.5 万个永久座位，5.5 万个座席移做其他场馆重复使用（物尽其用）[10]。体育场主体采用钢结构：屋顶采用轮辐式索网结构，通过张拉内环索、外环桁架间的劲向索使结构成形并提供结构刚度，径向索和环向张拉索是通过铸钢节点连接[9]。索的预应力可为压环桁架提供了几何刚度，避免桁架的整体屈曲。体育场索网屋盖沿径向等间距设置 28 根主索支承屋面系统，在各主索间设置 84 根副索支承聚酯纤维涂层 PVC 屋面。临时性看台和上部的屋盖系统将在奥运会结束后拆除，在钢筋混凝土看台的上部替换为永久性屋盖。为保证开幕式和比赛时的效果，体育场架设了 14 座灯塔。灯塔距屋面的高度 30m（图 1-8e），在塔架顶部沿体育场设置封闭的环向次索，张拉环向次索和斜向水平副索与体育场外缘压环桁架形成稳定的索系支撑。总用钢 1 万 t 左右[9]，用钢量约 90kg/m^2。对照北京 2008 年第 29 届奥运会的口号：绿色奥运、科技奥运、人文奥运，主场馆鸟巢(Bird's Nest,图 1-30)，也是 8 万个座位，但用钢量高达 710～881kg/m^2，引人深思。

图 1-9 所示加拿大多伦多天空穹顶（sky Dome），是世界第二大跨度的开合屋盖[3]，观众 6.8 万人。建筑平面近圆形，屋盖由 2 个可平移的圆柱面网壳（A、B 段）、1 个可旋转 180°（C 段）和 1 个固定不动的 1/4 球面网壳（D 段）组成，最大跨度 203m（图 1-9c）。当屋顶需要开启时，通过平移或旋转装置把三个可动网壳重叠在固定不动网壳的上面，91％的座位可以敞开（图 1-9c 的下图）。

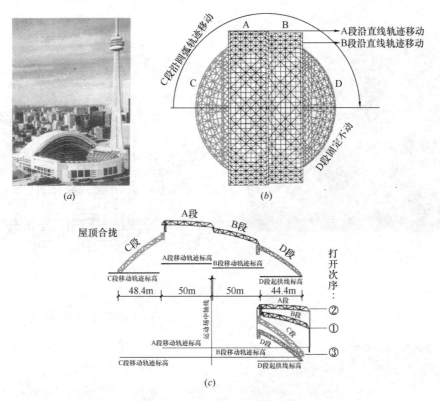

图 1-9　加拿大多伦多天空穹顶[3]（1989 年）

(a) 实景开启；(b) 关闭；(c) 剖面：关闭（上图）→开启（下图）

美国阿拉美达郡比赛馆（图 1-10），$D=128m$，碟形单层索结构，屋盖中央区放置设备（空调、电气等），加大索的张紧力，并在索上放置环向预制混凝土肋条，以增强屋盖的抗风能力和整体性，从而保证了索系的形状稳定性。钢索用量仅 $6.64kg/m^2$。

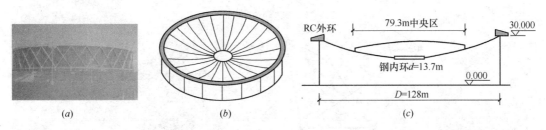

图 1-10　美国阿拉美达郡比赛馆[5]（1967 年）

(a) 实景；(b) 碟形索结构；(c) 剖面

德国慕尼黑滑冰馆（图 1-11）[3,4,5]，屋盖结构由中央的钢拱和两片预应力鞍形索网组成。每片索网的外边缘由一系列边索（柔性边缘构件）组成，边索固定在由立柱和锚杆组成的锚架上。中央钢拱为倒三角形截面的格构式钢管结构，其稳定性由两侧的索网保证。预应力鞍形索网的网格为 0.75m×0.75m。两个方向的悬索均采用两根 ϕ11.5m 的镀锌钢绞线组成，用铝合金夹具固定。边索采用 ϕ60mm 的钢丝绳。索网上覆盖木网格及白色透明的聚氯乙烯聚酯膜（PVC），采光良好。

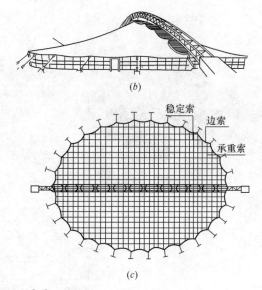

图 1-11　德国慕尼黑滑冰馆[3-5]（1983 年）

（a）实景；（b）结构全貌；（c）平面（104m×67m）

1.1　结构哲理

　　20 世纪 50 年代最伟大的美国发明家、建筑大师和结构工程师巴克明斯特·富勒（R.B. Fuller），从宇宙各个孤立的星球处于万有引力的一个平衡张力网中得到启发——科技战略思考，推断出自然界中存在着一种所谓张拉整体体系（Tensile Integrity System，简称：Tensegrity 体系）[1,3]，俗称"连续拉、间断压"（图 1-12a）。1947、1948 年期间，富勒在美国黑山学院（Black Mountain College）教学期间不断重复"Tensegrity"这个词，并经常自言自语道："自然界以连续张拉来固定互相独立的受压体，我们必须制

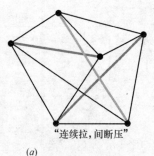

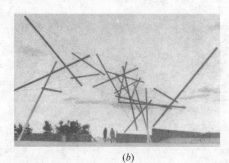

图 1-12　Tensegrity 体系——连续拉、间断压

（a）富勒与 Tensegrity 体系；（b）Snelson 雕塑：自由之家

8

造出这个原理的结构模型"。他的学生、著名雕塑家司奈尔森（K. Snelson），率先把这个新思维用于雕塑中（图 1-12*b*）。

　　富勒等人主要从形态学（morphology）出发，利用拓扑原理（Topology Principle）、非线性特性和自应力平衡准则，完成了与张拉整体有关的几何学上最基础的工作。1962 年他用"压杆的孤岛存在于拉杆的海洋中"（Islands of Compression in a Sea of Tension）的铰接网格结构体系，申请了专利。富勒的结构哲理：少费多用（More with Less），是富勒科学发展观新思维的设计准则，也是现代结构与形态研究的目的——用最少的结构提供最大的结构承载力（Doing the Most with the Least）[1,3]。

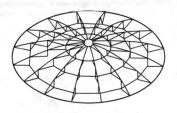

图 1-13　索穹顶
（Fuller，1950 年）

　　严格意义下的 Tensegrity 体系，目前还不可能在工程中实现。对此富勒等人进行了适当的改造，提出了支承在预应力混凝土边缘构件上的索穹顶（Cable Dome，图 1-13），1988 年盖格（D. H. Geiger）首次在第 24 届奥运会汉城体操馆（图 1-14，圆平面：$D = 120\text{m}$）中采用。

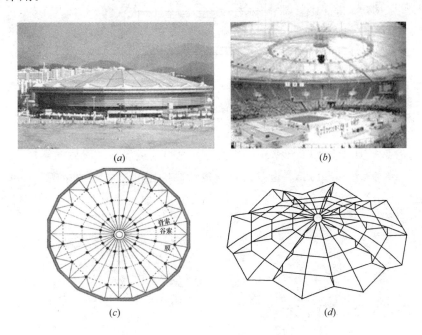

(*a*)　　　　　　　　　　　　(*b*)

(*c*)　　　　　　　　　　　　(*d*)

图 1-14　韩国汉城体操馆[8]（盖格体系）
(*a*) 外景；(*b*) 室内；(*c*) 平面；(*d*) 索穹顶（Geiger，1988 年）
注：第 24 届奥运会比赛场馆，$D = 120\text{m}$，屋顶用钢量：15kg/m^2，1988 年。

　　美国列维（M. Levy）和 T. F. Jing 进一步发展了这种体系，将脊索由辐射状布置改为联方网络，并成功地用于 1996 年第 26 届奥运会亚特兰大主体育馆——佐治亚索穹顶（Georgia Dome，图 1-7）。列维索膜穹顶（Cable-Membrane Dome）体系的整体空间作用比盖格体系（图 1-14）明显加强，特别在不对称荷载作用下的刚度有较大提高。初步分析，索穹顶体系 max $D = 400\text{m}$[4]。

2011 年,我国内蒙古鄂尔多斯伊金霍洛旗全民健身体育馆[13,14],体育馆为正方形:120m×120m(图 1-15a)。中心为肋环型索穹顶,$D=71.2$m,是目前中国大陆跨度最大的索穹顶屋盖(图 1-15d),穹顶矢高 $f=5.5$m,矢跨比:$f/D=5.5/71.2=1/12.9$。20 道径向索,2 道环索(图 1-15c)。索穹顶与外围悬挑结构通过环桁架相连(图 1-15d),内、外受力自平衡。用钢量:22.5kg/m²(索、撑杆及索锚具 16.2 kg/m²,节点 6.3 kg/m²)。

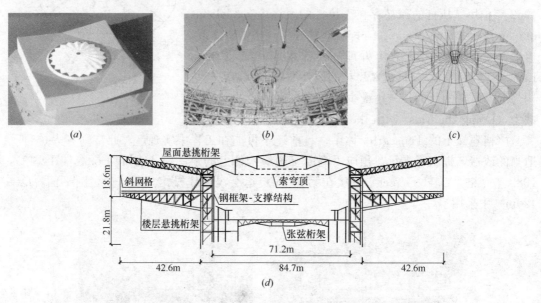

图 1-15　内蒙古鄂尔多斯伊旗全民健身体育馆[13,14]　(2011 年)

(a) 效果图;(b) 内景;(c) 悬支;(d) 对角剖面

美国佐治亚穹顶(Georgia Dome,图 1-7),是目前世界最大跨度的索穹顶屋盖结构,椭圆半径:240.79m×192.02m,也是科技含量最高的空间屋盖形效结构,屋顶用钢量[8]仅 30kg/m²,但边缘构件(预应力混凝土受压外环)却很大(图 1-16a)。针对佐治亚穹顶

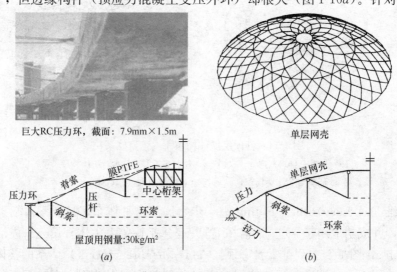

图 1-16　索穹顶与弦支穹顶压力环的受力比较

(a) 美国佐治亚索穹顶(1996 年);(b) 弦支穹顶(Suspended Dome)

巨大的压力环，日本法政大学教授川口卫（M. Kawaguchi）等学者将索穹顶的脊索改为单层网壳而形成一种杂交的新型空间屋盖形效结构——弦支穹顶（Suspended Dome）（图1-16b），这样既大大减少了压力环的用料（注意图 1-16 两种屋盖结构的压力环受力），又比较好地解决了单层网壳的屈曲（Buckling）。我国天津大学刘锡良团队对这种刚柔结合的空间屋盖形效结构有很深入系统的研究[8]。

由上述可知，大跨度屋盖钢结构设计者的力学功底、结构设计理论和工程实践应体现在下面两种情况：

情况 1——减少屋顶（悬在头上的）用钢量（图 1-16a）；

情况 2——减少边缘构件用料（图 1-16b）。

日本光球穹顶是世界第一座弦支穹顶结构[8]——前田会社体育馆（图 1-17），屋盖高度 14m，总重量 1.274t，上层网索由工字形钢梁组成。由于是首次使用弦支穹顶结构体系，光球穹顶只在单层网壳的下部组合张拉整体结构，采用钢杆代替径向拉索，通过对钢杆施加预应力，故结构在长期荷载作用下对边缘构件（外环）的作用力为零。外环下端由V 形钢柱相连，柱头和柱脚采用铰接形式，从而使屋顶在温差作用下沿径向可以自由变形。屋面采用压型钢板覆盖。

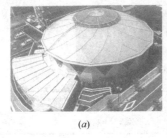  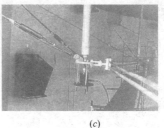

(a) (b) (c)

图 1-17　日本光球弦支穹顶[8]

(a) 外景；(b) 施工中；(c) 节点实测

注：D＝35m，1994 年。

天津港保税区商务中心（图 1-18）由天津大学刘锡良团队设计，弦支穹顶屋盖支承于圆周布置的 15 根钢筋混凝土柱顶圈梁之上，柱顶标高 13.5m，屋面以铝锰镁板为主，入口处局部为采光玻璃，上弦网格采用联方型，网壳沿径向划分为 5 个网格，外圈沿环向划分为 32 个网格，环向网格到中心缩减为 8 个。上弦杆用 ϕ127×4 和 ϕ133×8 两种共 376

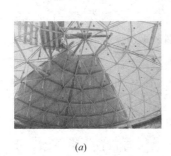 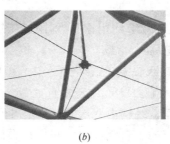 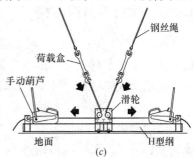

(a) (b) (c)

图 1-18　天津港保税区商务中心大堂屋顶[8]

(a) 弦支穹顶内景；(b) 下弦节点；(c) 加载装置

注：D＝35.4m，矢高 4.6m，2001 年。

根，上弦节点用 137 个焊接球[8]。

东莞厚街体育馆（图 1-19a）[15]，钢屋盖结构采用弦支穹顶（Suspended Dome），由单层网壳、环向索、径向钢棒、撑杆及 RC 外环组成，其中，外环截面：$b \times h = 1.2m \times 1.5m$。悬支采用稀索体系（图 1-19c）。屋盖水平投影为椭圆：127.875m×93m，24 个焊接球支座椭圆平面 110m×80m。中央无悬支的椭圆尺寸为 37.284m×27.116m，好似绽放的花瓣（图 1-19b）。撑杆上、下两端采用铸钢节点。环向索施加预应力。网壳矢高 9.4m，短轴矢跨比：1/8.5、长轴：1/11.7。屋盖投影面积 0.934 万 m²，展开面积 0.9825 万 m²。用钢量指标见表 1-2。

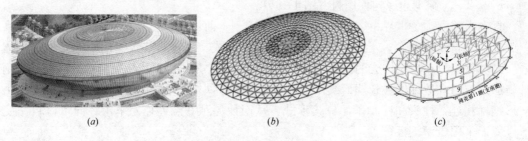

图 1-19　东莞厚街体育馆[15]

(a) 效果图；(b) 平面网壳；(c) 悬支

注：支座椭圆平面：110m×80m（施工中），2013 年。

东莞厚街体育馆用钢指标[15]　　　　表 1-2

元　素		钢管 Q345	钢铰线索 1670N/mm²	钢棒 Q460	铸钢节点 ZG20Mn5	总计
用钢量	(t)	530.824	14.122	28.845	106.548	680.339
	(kg/m²)	56.8	1.5	3.1	11.4	72.8
百分比（%）		78.2	2.0	4.2	15.6	100.0

1.2　我国屋盖钢结构的进展

1.2.1　优秀屋盖钢结构

20 世纪 60 年代，我国政府提出"节约用钢"，即限制用钢的政策，我国工程科技人员设计了不少节材的优秀钢结构建筑。

北京工人体育馆[16]——车辐式双层索屋盖结构（图 1-20），建筑面积 4.2 万 m²，观众 1.5 万席，下部框架轴线的外围直径 118m，悬索直径 94m（图 1-20b），是当时（1961年）国内最大的室内体育建筑。屋盖结构由双层索、中心环和周边外环 3 个主要部分组成。上、下索均采用高强钢丝组成的平行钢丝束，它们在平面上相向布置。承重索（下索）每束 72 根 φ5mm，稳定索（上索）40 根 φ5mm。上、下索各为 144 束，下索的垂跨比 1/15.7，上索的拱跨比 1/19。在确定索的根数时，考虑了屋面檩条的经济跨度，且便于张拉，以及尽量使外环边缘构件均匀受力等因素。受拉钢内环的直径 16m，高 11.0m，由上、下钢环及立柱组成，上环的轴拉力 0.82 万 kN，下环的轴拉力 1.53 万 kN。上、下环采用钢板组合的双腹板工字型截面。受压现浇钢筋混凝土外环，矩形截面 2m×2m，外环的轴向压力 2.3 万 kN。屋盖结构用钢量 54kg/m² （索、锚夹具及钢内环 40kg/m²，外环配筋、埋件 14kg/m²）。迄今为止，这一结构仍为我国跨度最大的双层索结构。

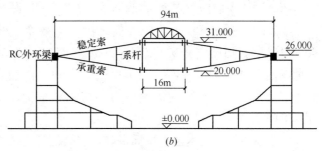

(a)　　　　　　　　　　　　(b)

图 1-20　北京工人体育馆[16]

(a) 实景；(b) 剖面

注：车辐式双层索结构，D=94m，用钢量 54kg/m²，1961 年。

浙江省人民体育馆[17]——双曲抛物面预应力鞍形索网结构（图 1-21），椭圆形平面：80m×60m，观众 0.542 万人。屋盖边缘构件是闭合的钢筋混凝土曲环，截面：$b×h=2.0m×0.8m$，支承在与看台结构结合在一起的框架柱上。承重索沿长轴方向布置，间距 1m，中央承重索垂度 4.4m，垂跨比 1/18；稳定索沿短轴布置，间距 1.5m，中央稳定索

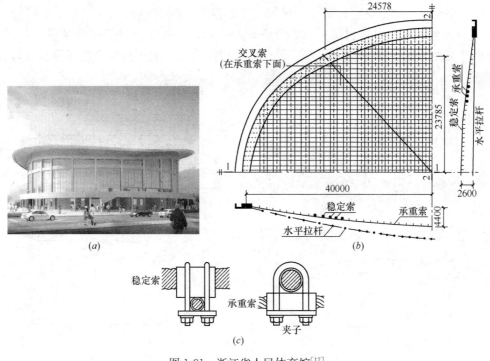

(a)　　　　　　　　　　　　(b)

(c)

图 1-21　浙江省人民体育馆[17]

(a) 外景；(b) 平面；(c) 承重索与稳定索的连接

注：双曲抛物面（鞍形）索网结构，总用钢量（含外环）17.3kg/m²，1967 年。

13

拱度 2.6m，拱跨比 1/21。两组钢索截面均采用 6 根 φ12mm 钢绞线组成，索两端用锚具 JM12-6 锚固到曲环上。为增强屋盖刚度，减小曲环的截面，设计者采取了两个措施：

（1）考虑到屋面荷载作用下曲环在长轴方向收缩，短轴方向外推的位移特点，在曲梁上设置稳定索方向的水平拉杆 34 根（图 1-21b 中虚线所示），从而显著地提高了曲环在平面内的刚度，索网屋盖刚度也得到相应提高。

（2）利用索网预应力阶段在曲环内产生的弯矩与加载时在环内产生弯矩反向的特点，对索网：加预应力 $0.4kN/m^2$ → 加屋面荷载 $0.3kN/m^2$ → 再加预应力 $0.3kN/m^2$ → 再加屋面荷载 $0.4kN/m^2$ 的二次加预应力和二次加载的方法，使环内第一、二次加载的弯矩部分与第一、二次加预应力的弯矩相抵消，从而使曲环的弯矩绝对值有较大幅度的下降。

该馆屋盖设计技术经济指标很好，包括外环边缘构件在内全部耗钢量仅 $17.3kN/m^2$。

吉林滑冰馆[4]（图 1-22），矩形建筑平面 76.8m×67.4m，总建筑面积 $8456m^2$，观众 4013 席。屋盖结构采用平行布置的双层索体系。承重索与稳定索沿短向并相互错开半个柱距布置。在跨度中央约 2/3 的跨长范围内，稳定索高出承重索，压紧在一系列支承在承重索的桁架式檩条上，形成筒形屋面；跨度两侧各约 1/6 的跨长范围，稳定索低于承重索，用波形檩条将两索拉紧，形成波形屋面。两组索直接锚固在与看台连成一体的框架上。由于稳定索与承重索相互错开，框架边缘部分上、下两层斜柱也相应地向平面外叉开（图 1-22a），并与拉杆构成菱形的框架形式，承重索和稳定索分别锚固在框架的顶部与谷部。下部框架基本是钢筋混凝土的，由于拉杆 7 和压杆 6 的内力很大（图 1-22b），为了便于构造、施工，采用了外包混凝土的钢结构。拉杆 7 下端锚固在重力式毛石混凝土基础内，利用基础重量平衡其拉力。东西看台斜梁要传递较大的压力，与冰场下面所设的水平基础梁相连，斜梁的水平分力通过水平构件 5 相互平衡，避免了

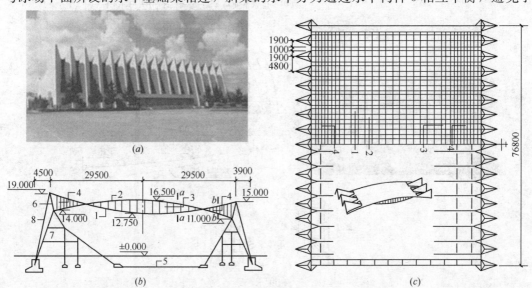

图 1-22　吉林滑冰馆[4]

(a) 侧面实景；(b) 剖面；(c) 平面

注：双层索结构，矩形平面：76.8m×67.4m，用钢量 35.8kg/m²，1986 年。

基础设计的困难。屋盖的优点是：承重索与稳定索在竖向交叉，节省了结构空间；中间的筒形屋面与两边的波形屋面很好地解决了矩形悬索屋面通常所遇到的排水问题；两边的支承结构与波形屋面结合形成的体系，增强了结构的刚度，建筑造型新颖。承重索与稳定索间距均为 4.8m，承重索由 18 根 ϕ15mm 的高强钢绞线组成；由于稳定索锚固处有七根杆件交汇，为了简化交汇点的构造，将稳定索分成两股，股距 1m，每股由 5 根 ϕ15mm 的钢绞线组成。屋盖体系中檩条的作用是：传递屋面荷载给悬索体系和连接承重索和稳定索，赖以在索系中建立预应力、保证两层索共同工作。檩条是预应力双层索系的重要组成部分。屋盖结构用钢 35.8kg/m^2（索 6.3kg/m^2，锚夹具 4kg/m^2，檩条及支撑 25.5kg/m^2）。

必须指出，由于吉林雪载较大，为保证索体系的稳定性而施加了较大的预应力——等效荷载约 1kN/m^2。

安徽省体育馆[18]——索-桁架体系（图 1-23），总建筑面积 1.92 万 m^2，0.65 万观众，建筑平面呈不等边的六边形，纵长 84m，横向 69m，索沿长向布置，索跨 72m，垂度 4.5m，索距 1.5m，每根索由 5 根 7ϕ5mm 钢绞线组成，索的水平力由抗侧刚度较大的看台框架承担。横向构件采用梯形钢桁架，桁架间距 6m，桁架跨度＞42m，桁架跨中截面高度 3.2m，端部高度 1.6m，上、下弦由两肢 125×80×10 角钢组成 T 形截面。施工时，在桁架两端支座与柱顶之间留一间距 Δ（设计值），在 11 榀桁架的 22 个支座上各设一台 5t 的千斤顶，采用反压方式分 10 个冲程，同步将桁架两端强迫下压到柱头后，用高强螺栓与柱连接。屋盖用钢量 22kg/m^2，其中索用钢量仅 3.7kg/m^2。

设计下压值（Δ）是索-桁架结构的主要设计参数之一[19,20]。

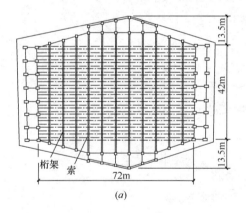 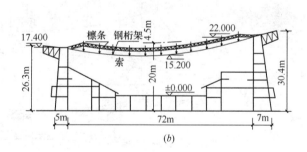

图 1-23　安徽省体育馆[18]

(a) 结构平面；(b) 剖面

注：索-桁架体系，用钢量 22kg/m^2，1989 年。

北京朝阳体育馆[4]（图 1-24），是 1989 年建成的亚运会赛馆之一，轮廓尺寸 69m×78m，屋盖结构由中央索-拱体系和两片鞍形索网组成。中央索-拱由两条悬索和两个格构式钢拱组成；索和拱的轴线均为抛物线，分别布置在相互对称的四个斜平面内，通过水平和竖向连杆两两相连，构成桥梁式预应力索-拱体系。索和拱的两端支承在四片三角形钢筋混凝土墙上。两片预应力鞍形索网布置在中央索-拱的两侧，悬挂在中央索-拱的钢拱和外侧的钢筋混凝土边拱上。边拱的轴线也是位于斜平面内的抛物线，边拱通过一系列短柱支承在看台框架上。中央索-拱体系的两个钢拱之间设置透明屋面，是体育馆的中央采光带。中央索-拱是屋盖的主要承重结构，它承担由索网传来的以及作用于本身范围内的总计超过二分之一的屋盖荷载。为了减小中央索-拱的跨度，将四片三角形钢筋混凝土支承墙适当嵌入大厅，将拱跨减小到57m，索跨减小到59m（图1-24c）。索-拱的每条悬索由7束6×7ϕ5mm 的钢绞线组成。索网网格 3m×3m，承重索与稳定索均采用 6 根 7ϕ5mm 钢绞线。边拱截面厚度0.8m；高度从跨中的2m增大到两端支座的3.2m，中间按正割规律变化。

屋盖结构用钢量 52.2kg/m²（钢拱和连杆、拱支座埋件等30.1kg/m²，边拱钢筋和埋件15.5kg/m²，钢绞线——中央悬索、索网和三角墙中预应力钢绞线 6.6kg/m²）。

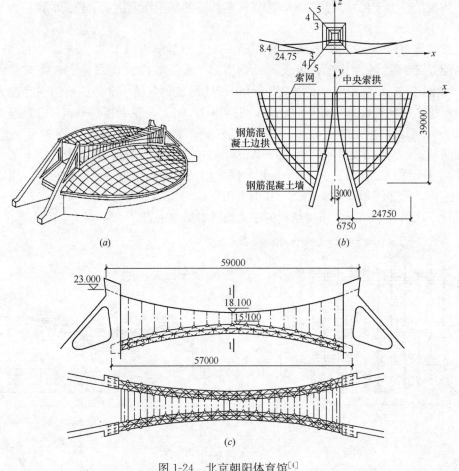

图 1-24　北京朝阳体育馆[4]

(a) 结构全貌；(b) 结构平面；(c) 中央索-拱体系

注：索-拱+索网体系，用钢量 52.2 kg/m²，1989 年。

上海浦东国际机场一期工程[21-23]（图 1-25），一期航站楼是机场枢纽建筑，它由航站主楼（402m×128m）和登机廊（1374m×37m）组成，两者之间以两条宽 54m 的廊道相连。主楼中含进厅、办票、行李处理和商业餐饮等部分。航站楼的建筑外形是一组轻灵的一维张弦梁+斜柱结构支承在混凝土基座上，犹如展翅欲飞的海鸥（图 1-25a），倾斜玻璃幕墙赋予建筑以动感。内部空间设计也独辟蹊径，金属吊顶仅遮住张弦梁的上弦，在深蓝色的吊顶下，悬垂着一根根白色的撑杆，其间以黑色的预应力钢索相串连，充分展现结构的力度（图 1-25b）。

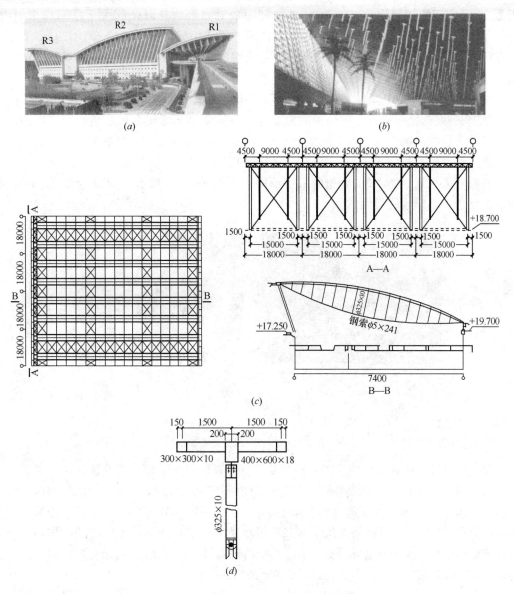

图 1-25 上海浦东国际机场第一期[21-23]

（a）外景——展翅欲飞的海鸥（自然地显示结构）；（b）内景：腾空的魔棒——凝固的音乐

（c）R2 结构平面和剖面；（d）R2 张弦梁（L=82.6m）剖面

注：一维张弦梁（string beam），maxL=82.6m<90m，OK（表 1-10），1992 年。

航站楼共有四种跨度的张弦梁，覆盖进厅、办票厅、商场和登机廊四个空间，代号分别为 R1、R2、R3 和 R4，其支点水平投影跨度依次为 49.3m、82.6m、44.4m 和 54.3m。张弦梁上弦由三根平行方管组成，中间主弦截面 400×600×18（焊接方管），两侧副弦 300×300×10（由两个冷弯槽钢焊成方管），主、副弦之间以短管（截面 300×300×6）相连（图 1-25d）。张弦梁的上弦与撑杆（圆钢管 $\phi350×10$ ）均采用 Q345，张弦为一根钢索（国产高强冷拔镀锌钢丝，外包高密度聚乙烯），两端通过特殊的热铸锚组件与上弦连接。腹杆上端用销轴与上弦连接，下端通过索球与钢索连接。张弦梁间距为9m，双腹板工字钢柱，按18m轴线间距成对布置，且与张弦梁不在同一平面内，形成一种特殊的韵律（图1-25c）。张弦梁两端的纵向桁架，宽1.7m，高1.3m，上下弦及撑杆均为焊接方管。为了保持结构的稳定或增加侧向刚度，结构中还较多地使用了不同方式布置的钢索，成为本工程的一大特色。

浦东国际机场一维张弦梁，$\max L = 82.6m < 90m$，结构跨度满足适用范围（表1-10），结构方案选择正确。它把结构的力度与建筑的空间艺术美有机地结合起来，即祖露具有美学价值的结构部分——自然地显示结构，达到巧夺天工的震撼效果。室内的撑杆群——腾空的魔棒，凝固的音乐，也使人产生美的享受[1,3]。

成都双流机场（图1-26），指廊采用单层圆柱面网壳，$l = 32m$，用钢量15kg/m²，圆钢管相贯节点，结构轻盈简洁。

(a) (b)

图1-26　成都双流机场

注：单层圆柱面网壳，$l = 32m$，用钢量15kg/m²，1998年。

(a) 简洁的内景；(b) 圆柱面网壳相贯

深圳盐田综合体育馆（图1-27）——王仕统教授、姜正荣副教授设计作品。主馆占地1.3406万m²，地上3层，地下局部1层，建筑面积1.4501万m²，3080个固定座椅。屋盖结构平面直径$D = 68m$，矢高$f = 7.2m$，$f/D = 7.2/68 = 0.106$，肋环型单层网壳体系，圆钢管相贯节点。杆的截面规格最大$\phi299 \times 12$，最小$\phi76 \times 4$。屋盖结构支承在圆周均匀布置的12个RC柱顶上，采用专用减震支座。屋盖结构平面对称，每15°为一结构单元，径向波谷为格构式肋，截面高度从支座处的2m渐变至圆心处1m（图1-27c），在12榀肋中，正交的2榀连续，其他各榀交汇于内圈的环向桁架上，从而形成主要受力结构；8道格构式环肋将波谷肋连成整体，保证其平面外的整体稳定性[24]。屋盖用钢量60kg/m²。

湛江电厂干煤棚[25]（图1-28）位于广东省湛江市调顺岛北端，地理环境是：①填海造地的海滩上，地基不好，不宜采用拱式结构，而选用平板网架；②强台风多发区，设计基本风压$w_0 = 0.9kN/m²$，不能采用轻屋面，必须采用较重的陶粒混凝土（重力密度14.5kN/m³）预制屋面板。设计的第1步就是选好结构方案（表1-3）。屋盖平面：113.4m×113.4m，四柱支承，柱距79.8，网架高度4～6m，网格尺寸4.2m×4.2m。八面坡水（图1-28c）。为了节约顶升费用，采用暗柱帽（图1-28d）；为了强化空间传力，网架中央区13×13个网格的腹杆采用棋盘式布置（图1-28e）。

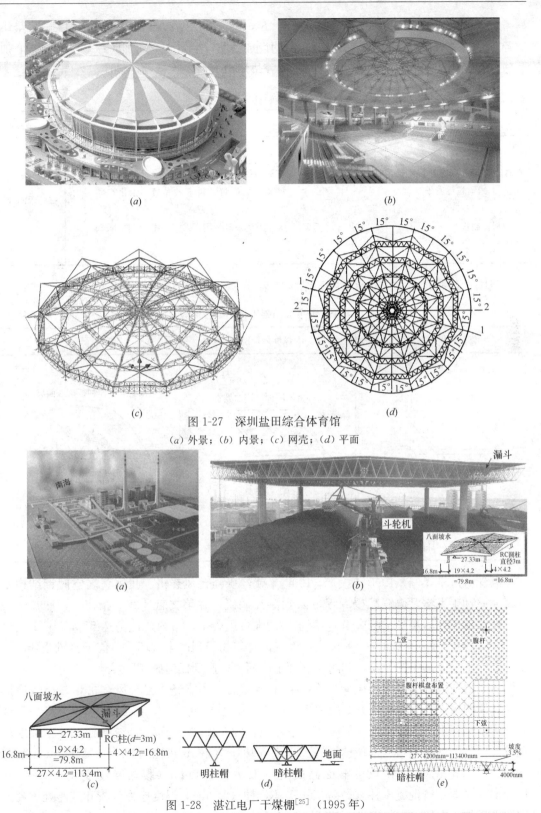

图 1-27 深圳盐田综合体育馆

(*a*) 外景；(*b*) 内景；(*c*) 网壳；(*d*) 平面

图 1-28 湛江电厂干煤棚[25]（1995 年）

(*a*) 全景；(*b*) 单体实景；(*c*) 八面坡水；(*d*) 柱帽；(*e*) 平面（中央区腹杆棋盘布置）

干煤棚网架钢材 Q345，最小管径 $\phi89\times6$ ，最大 $\phi273\times20$（轴力 $N=1994$kN），最小球径 $\phi300\times10$，最大 $\phi600\times20$，大球内均设加劲肋，少量为双向加肋球。支座由空心加肋球（直径 1m）和板式橡胶垫块组成，橡胶垫块由上海工程橡胶厂供应。

湛江电厂干煤棚设计的四大步骤　　　　　　　　　　　　　　　表 1-3

1　结构方案（概念设计）	2　结构截面高度	3　构件布局	4　节点
① 变高度、4 点支承网架； ② 上铺陶粒混凝土（重力密度 $\gamma=14.5$kN/m³）带肋三角形预制板	$h=4\sim6$m	正放四角锥，上弦八面坡水（图 1-28c）； 网架中央区腹杆棋盘式布置，强化空间传力（图 1-28e）； 为了节约顶升费用，采用暗柱帽（图 1-28d）	焊接空心球

我国设计的几座 4 柱支承钢网架结构屋盖工程的用钢量比较见表 1-4。

4 柱支承平板网架工程用钢量比较　　　　　　　　　　　　　　表 1-4

巴基斯坦体育馆	深圳体育馆	湛江电厂干煤棚
铝皮轻屋面（建筑找坡） 21.200m 62.4m 93.6m 明柱帽　$h=5$m	夹心板轻屋面（四面坡水） 19.350m 63.0m 90.0m 明柱帽　$h=4\sim6$m	陶粒混凝土预制板（八面坡水） 27.630m 79.8m 113.4m 暗柱帽　$h=4\sim6$m
用钢量　61kg/m²	用钢量　57.33kg/m²	用钢量　70.3kg/m²

湛江电厂干煤棚，1995 年投产，1996 年就经受强台风袭击。我国著名空间钢结构专家、太原理工大学尹德钰教授专程带队到湛江调研，并著文献［26］指出："1996 年 9 月，湛江地区先后遭受了两次 40 多年未遇的强台风袭击，市内风速高达 57m/s（12 级台风为 33m/s），强风持续时间 1h 以上，大量的建筑物受到严重破坏，但位于台风登陆口的湛江电厂干煤棚却完好无损，其陶粒混凝土屋面也未遭到任何破坏"[26]。

由于湛江电厂干煤棚的屋面方案排除了轻屋面，才能经受强台风袭击，减小经济损失，这说明屋面安全是结构方案的重要选项之一。

佛山新闻中心（佛山世纪莲体育中心左侧，图 1-29a）——王仕统教授、姜正荣副教授设计作品。钢箱梁＋钢索玻璃屋盖。平面：184m×184m，柱网 16.8m×16.8m，梁跨 max$L=33.6$ m。主、次梁的截面高度统一取 $h=800$mm（腹板厚度变化：$t_w=8\sim12$mm）。主要钢管混凝土柱（最高 35m）、RC 柱（5.2m），温度应力分析和支座处理视为结构设计的一大特点。用钢量：37.5kg/m²。

图 1-29 佛山新闻中心（2005 年）

(*a*) 全景；(*b*) 施工中；(*c*) 室内吊桥

(*d*) 预应力钢索玻璃屋盖；(*e*) 竣工实景；(*f*) 评审专家现场考察

1.2.2 笨重、怪异屋盖钢结构

1996 年我国粗钢产量 1.0124 亿 t，居世界之首。我国政府采用"鼓励用钢"政策，我国大型公共建筑工程钢结构发展迅猛，由于钢结构行业（设计与施工）追求高、大、怪的标志和不合理的收费机制，出现不少"名为创新，实为怪异"的结构设计方案，导致钢结构施工艰难[27-29]，浪费十分惊人，与绿色建筑背道而驰。

沈祖炎院士在中国建筑金属结构协会、广东省钢结构协会（原广东省空间结构学会）主办的"影响中国——第二届中国钢结构产业高峰论坛"大会上作主题报告《必须还钢结构轻、快、好、省的本来面目》，严厉批评了国家体育场（鸟巢）、国家游泳馆（水立方）、深圳大运会体育场、合肥创新展示馆、广州歌剧院等 11 个大型屋盖钢结构工程（图 1-30～图 1-34），并严正指出"近年来涌现的与轻、快、好、省理念背道而驰的技术现状，令人担忧"[30]。中国建筑金属结构协会姚兵会长在"高峰论坛"上的讲话也指出："钢结构不是说体量有多大，或者说要多用钢，而是说合理用钢，并不是把钢结构建成钢结构碉堡"[31]。

图 1-30 (*a*) 所示为北京中轴线的三个大跨度钢屋盖弯矩结构——国家体育场、国家游泳馆和国家体育馆。鸟巢是 2008 年第 29 届奥运会开幕式主场馆，主结构采用平面桁架系结构[32]、交叉门式刚架结构[1]（图 1-30*b*）。结构平面为椭圆：332.3m×297.3m，中央开洞 186.718m×127.504m，总用钢为 4.1875 万 t[33]，实际用钢 5.2 万 t，从而用钢量高达 710～881kg/m²。

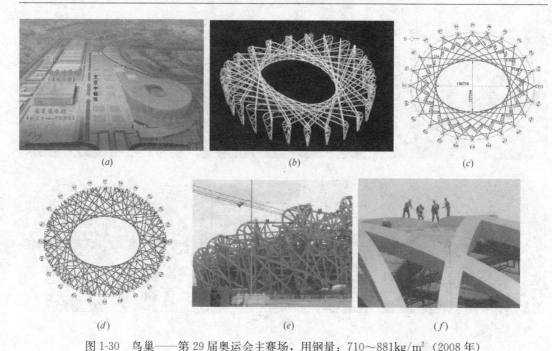

图 1-30　鸟巢——第 29 届奥运会主赛场，用钢量：710～881kg/m² （2008 年）

（a）北京中轴线的三大屋盖弯矩结构；（b）鸟巢主结构；（c）主结构平面布置；
（d）次结构平面（无序就是艺术）；（e）工地全焊接拼装（板厚 110mm）；（f）轻膜材屋面下的巨型钢骨架

图 1-31 所示水立方，根据 L. Kelvin "泡沫"（"Foam"）理论命题而设计——将三维空间细分为若干小部分，要求每个部分体积相同，且接触表面积最小，这些细小部分应该是什么形状？笔者认为：这种 "Foam" 理论与结构理论并无共同之处。"水立方" 由 6 个 14 面体和 2 个 12 面体合成的基本单元体，经旋转、切割等复杂计算后成为屋盖和墙体，设计、制造和安装十分复杂。如图 1-31 所示，水立方的平面：176.5389m×176.5389m （注意：小数点后 4 位数字），高 29m，结构跨度 $l=117$m （图 1-31c），屋盖厚：$h=$ 7.211m，墙体厚：3.472m 和 5.876m，屋盖和墙体厚符合网架适用范围（表 1-10）。笔者曾建议：按网架设计，在平板网架内、外侧，采用现场用高强度螺栓拼装 "双层泡沫" 单元体，则可节约大量（建模）机时、钢材以及施工（制造、安装）费用，且便于 "双层泡沫" 单元体折换，何乐而不为。很遗憾，建议未能被采用。

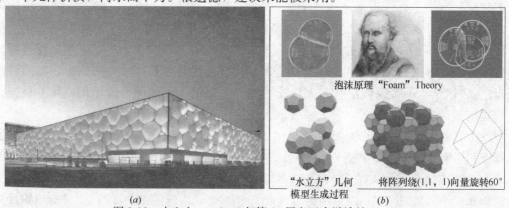

图 1-31　水立方——2008 年第 29 届奥运会游泳馆（一）
（a）效果图；（b）L. Kelvin "泡沫" 理论（与结构理论并无共同之处）

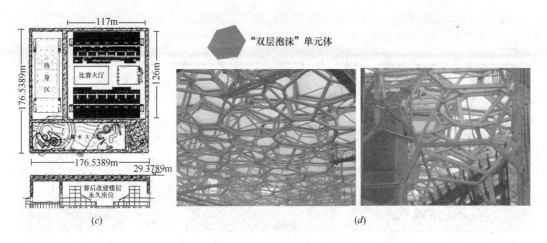

图 1-31 水立方——2008 年第 29 届奥运会游泳馆(二)

(c) 平面图;(d) 屋盖、墙体采用复杂刚节点的网格结构

图 1-32 所示深圳大运会体育场,为 2011 年第 26 届世界大学生运动会的主场馆,屋盖为多折面格栅刚架弯矩结构,用钢量 226kg/m²。根据文献[34],铸钢节点共 7 类:7×20 个=140 个,总重量 0.42 万 t。其中,20 个最大的肩谷铸钢节点,每个铸钢节点的外形尺寸:5400mm×4600mm×3400mm(10 管相交,图 1-32f),壁厚 400mm,单件重 98.6t[34],与锻打钢管 φ1400×200 对接焊。这导致屋盖钢结构铸钢节点特大。

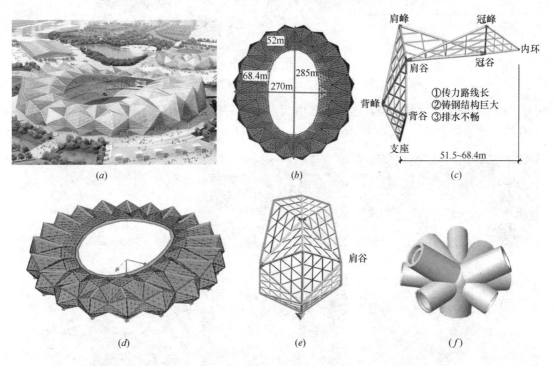

图 1-32 深圳大运会体育场——第 26 届世界大学生运会主场馆

(a) 实景;(b) 平面;(c) 剖面(杆件布置杂乱);

(d) 外形(由 20 个单元体组成);(e) 单元体;(f) 肩谷节点,单件重 98.6t

图 1-33 所示合肥创新展示馆，总建筑面积约 1.436 万 m²，俗称合肥版"鸟巢"，含展示馆、艺术广场、绿化景观等工程。展示馆平面为不规则的多角形，整个设计方案灵感来自民间儿童游戏棒，由长短不一的金属杆件，按照等级编织而成。金属杆的长向 74m，短向 47m，形成乱向自由分布的交叉杆棚罩，实际工程中要进行三维放线非常复杂，771 根杆件，每根都要进行 6 次三维放线定位，工程量十分巨大，难度堪比 CCTV 新台址工程。

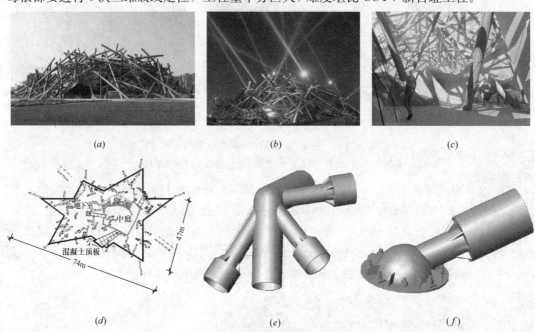

图 1-33　合肥创新展示馆（2010 年）
(a) 外景；(b) 夜景；(c) 室内；(d) 平面图；(e)、(f) 节点

图 1-34 所示广州歌剧院，建筑方案由获得"普利兹克建筑奖"的英籍伊拉克女设计师扎哈·哈迪德设计，建筑理念是：宛如两块被珠江水冲刷过的 2 块大、小灵石，外形奇

图 1-34　广州歌剧院[35]——钢框架-格栅结构，屋盖跨度小、用钢量特大
(a) 2 块大、小灵石；(b) 现场铸钢节点定位、焊接

特，复杂多变，充满奇思妙想，制造、安装难度极大[35]。而广州歌剧院的声学系统由全球顶级声学大师哈罗德·马歇尔博士精心打造，使广州歌剧院传递出近乎完美的视听效果。广州歌剧院占地面积 4.2 万 m^2，建筑面积 7.3 万 m^2，建筑总高度 43.1m，三个排练厅（歌剧厅、芭蕾厅以及交响乐厅），满足各类演出的需求。同时，剧院拥有完备的附属设施，包括票务中心、大型停车库、餐厅等。一座极不规则的多折面格栅-刚架结构，钢材 Q345GJB，铸钢 GS-20MN5N。68 个空腹异体箱形截面铸钢节点的肢腿端口壁厚 25～50mm。最重节点 39.6 t，杆件交会多达 10 个。总用钢量 1 万 t，其中铸钢节点用料 0.11 万 t。大、小灵石的参数见表 1-5。

广州歌剧院大、小灵石的参数[35]　　　　　　　　表 1-5

	长宽高（m）	格栅面数	格栅箱梁（mm）	用钢量（kg/m^2）
大灵石	135.9×128.5×43	64	300×800～1000	588
小灵石	87.6×62.0×25	37	250×750	263

1.3　钢结构设计的二、三、四观点

根据作者多年来的结构理论研究和工程设计经验，提出表 1-6 所示的设计观点。

钢结构设计的二、三、四观点　　　　　　　　表 1-6

序号	结构分为两大类[36]	钢结构固有的三大核心价值[1,2]	钢结构精心设计的四大步骤[37]
1	轴力结构 (Axial Force-Resisting Structures)	最轻的结构 (the lightest structural weight)	结构方案（概念设计）
2	弯矩结构 (Moment-Resisting Structures)	最短的工期 (the shortest construction period)	结构截面高度
3		最好的延性 (the best ductility)	构件布局（短程传力、形态学与拓扑）
4			节点小型化

1.3.1　结构分为两大类——弯矩结构和轴力结构

合理选择结构方案的前提是正确进行结构分类。不正确的结构分类，即不按力学原理分类，会导致专业人士的结构力学概念混乱，其直接后果是设计出笨重的钢结构，与绿色建筑相佐。

文献［38］的结构分类（旧分类）定义是："平面简支梁和桁架可被看成二维结构（长度与高度）……，若结构还具有宽度，就应该是三维空间结构"（图 1-35，表 1-7）。可见，旧分类把实腹梁和桁架视为二维结构，即所谓平面结构。按力学观点来说，板和网架（格构式板）才是二维平面结构，其结构平面应与外荷载垂直。

作者提出的结构分类（新分类[36]）遵循力学准则，目的在于把结构设计得更轻巧。新分类将一切建筑结构分为：弯矩结构和轴力结构两大类（表 1-7）。

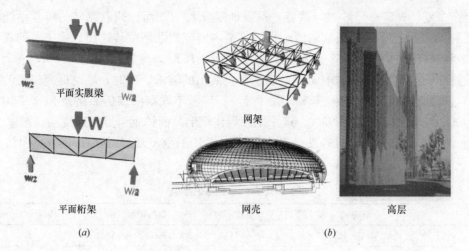

图 1-35　旧分类[38]

(a) 二维平面结构；(b) 三维空间结构

两种结构分类*　　　　　　　　　　　　　　　　　　　表 1-7

维	新分类[36] (图 1-36)			旧分类[38] (图 1-35)
	轴力结构	弯矩结构		
	屋盖形效结构	屋盖弯矩结构	多、高层结构	
一	拱 索：柔性索 　　　劲性索	实腹梁 桁架 张弦梁	框架； 框架-支撑(钢板剪力墙)； 框筒； 巨型结构；悬挂体系	
二		格栅，网架，张弦梁		实腹梁、桁架
三 (空间)	刚性结构，如，网壳 柔性结构，如，膜结构　索网 　　　　　　　　　索穹顶 　　　　　　　　　单、双层索 杂交结构，如，弦支穹顶			网架 网壳 多、高层结构

* 旧分类——几何维；

新分类——传力维。

　　为了说明结构新分类的力学概念，采用图 1-36 所示钢筋混凝土结构的一、二、三维传力体系。梁、板均为弯矩结构，即作用（直接作用：荷载，间接作用：地震等）产生的外弯矩由结构截面上的抵抗弯矩平衡；薄壳主要为轴力结构——作用产生的轴力，由结构截面的抵抗轴力平衡。

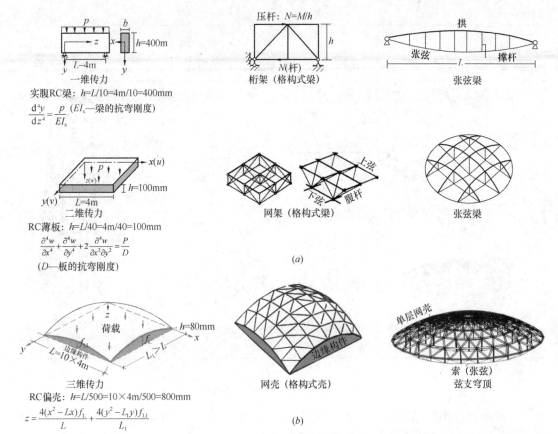

图 1-36 新分类[36]

（a）屋盖弯矩结构；（b）空间屋盖形效结构

如图 1-36（b）所示，扁壳的跨度 l（$=10\times4\text{m}=40\text{m}$）为梁、板结构的 10 倍，然扁壳的厚度 h（$=80\text{mm}$）却比梁、板厚度小得多。可见，形效是一种由于形状而产生效益的结构，因此，在屋盖中，薄壳、网壳、弦支穹顶等被称为空间屋盖形效结构。在大跨度结构中，应该采用形效结构而非弯矩结构。

表 1-7 可见，旧分类把实腹梁和桁架视为二维（长、高）结构，而新分类把它们视为一维传力的弯矩结构（注意挠度方程）。特别强调：二维传力的张弦梁按新分类是二维屋盖弯矩结构，而弦支穹顶则应视为空间屋盖形效结构，因为，前者的结构截面传递弯矩，而后者传递轴力（图 1-36）。

因此，空间屋盖形效结构具有如下三大突出特点：

（1）曲面空间状（曲面按形态学和拓扑原理形成），有边缘构件；

（2）轴力结构；

（3）用料很少。

必须指出，在进行结构新分类时，必须严格区分结构（Structure）与构件（Structural Members）。例如，图 1-37 中的桁架和平板网架都是由轴力构件（Axial Force-Resisting Members）组成的弯矩结构，即荷载产生的外弯矩由桁架、网架的上、下弦杆组成的抵抗弯矩平衡；一、二维张弦梁都是由拱、张弦和撑杆组成的弯矩结构。汉考克中心是由轴力构件（巨型支撑）和压弯构件组成的弯矩结构等。

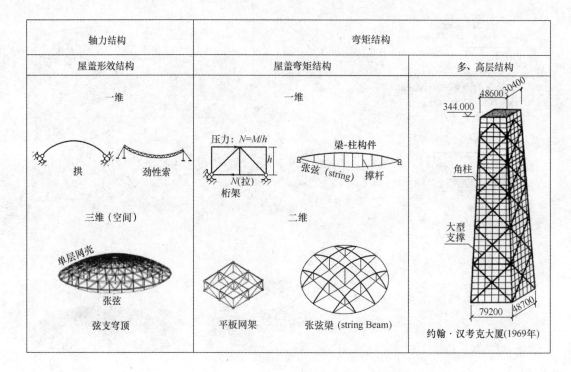

图 1-37　严格区分结构与构件

一般来说，桁架结构（轻屋面）的跨度 $L=100\text{m}$ 时，用钢量约 80kg/m^2，当 $L>100\text{m}$ 时，用钢量将随跨度的平方快速增加（图 1-38B 曲线）。鸟巢主结构采用交叉门式刚架结构[1]，当跨度 $L=280\text{m}$ 时，可算得用钢量：$(280/100)^2\times80=627.2\text{kg/m}^2$，根据文献［33］，耗钢 4.1875 万 t，实际用钢 5.21 万 t，可计算出用钢量高达 $710\sim881\text{kg/m}^2$（图 1-38 的 B 曲线序号①）。图 1-38 的 A 曲线是目前最先进的索穹顶用钢量

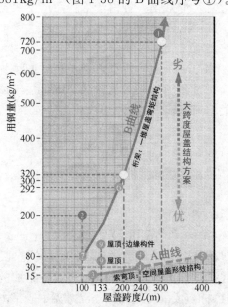

序号	工程	（屋顶+外环）用钢量(kg/m^2)
①	鸟巢 （图1-30，交叉门式刚架结构）	$710\sim881$
②	广东奥林匹克体育场 （图1-44，桁架悬臂52.4 m）	200
③	汉城体育馆 （索穹顶，$D=120\text{m}$）	15(屋顶)
④	美国佐治亚体育馆（索穹顶）[8] 椭圆240.79m×192.02m（图1-7）	30(屋顶)
⑤	理论分析[4]：索穹顶的 max $L=400\text{m}$	
⑥	国家大剧院（网壳）椭圆平面 212m×143m（图1-45）	292
⑦	深圳宝安体育馆[39]（图1-46） 辐射桁架，$D=101.4\text{m}$，悬臂48.295m	68
⑧	湛江电厂干煤棚[25]（图1-28） （四柱支承 平板网架，柱距 79.8m）	70.3
⑨	老山自行车馆（四角锥网壳）$D=133\text{m}$ （图2-38）	60+40

图 1-38　钢屋盖结构（轻屋面）的用钢量与跨度之关系

（用钢量平缓上升），序号③④比较可见，随着跨度的增大（从 120m→192.02m）而索穹顶的用钢量却增加不多，这就是为什么大跨度屋盖必须采用空间屋盖形效结构的原因。

图 1-38 的序号⑥属于空间屋盖形效结构（网壳），为何用钢量如此大？详情请看图 1-45 的点评。

拱的传力是一维屋盖形效结构（表 1-7），在某种特定荷载工况和拱轴线下（图 1-39b），拱截面上无弯矩，只有轴力；而梁和门式刚架都是一维传力的弯矩结构（图 1-39a、c）。说明结构形体产生效益（形效）的巨大作用。国际壳体与空间结构协会（The International Association of shell and Spatial Structures）的创始人托洛恰（E. Torroja）教授指出："最佳结构有赖于结构受力之形体"。因此，在大跨度屋盖结构中，应该采用屋盖形效结构方案，只有这样，才能设计出轻盈的大跨度钢结构屋盖。

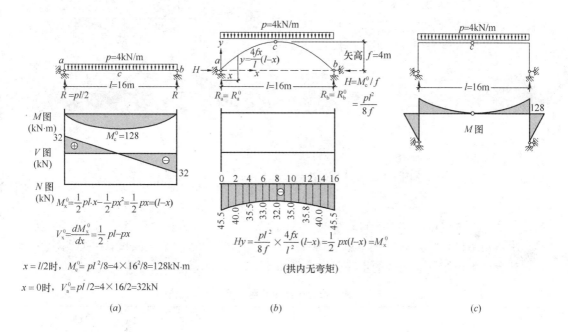

图 1-39　简支梁、三铰拱和门式刚架的弯矩图 M、剪力图 $\left(V = \dfrac{\mathrm{d}M}{\mathrm{d}x}\right)$ 及轴力图对照

(a) 简支梁；(b) 三铰拱（形效）；(c) 三铰门式刚架（非形效）

如图 1-40 所示，在集中荷载 P 和弯矩 M 作用下，梁的弯矩很大，拱的内力仍以轴力为主（图 1-40b）。

由于旧分类以几何维进行分类；新分类以荷载的传力维分类，两种分类对结构的类别将得出不同的结论（表 1-8）。多年来，旧分类已经导致专业人士的力学概念混乱，最近出版的大跨空间结构书籍和论文，以及大大小小的学术研讨会，可以说明旧分类对结构工程界的深重影响。其直接后果就是设计出笨重、怪异的钢结构。例如，按旧分类（三维体），门式刚架是二维（长度和高度）"平面"结构，若结构有宽度就是空间结构了。鸟巢为交叉门式刚架体系[1]（表 1-8 序号 4），按旧分类称为空间结构是理所当然的，但用钢量

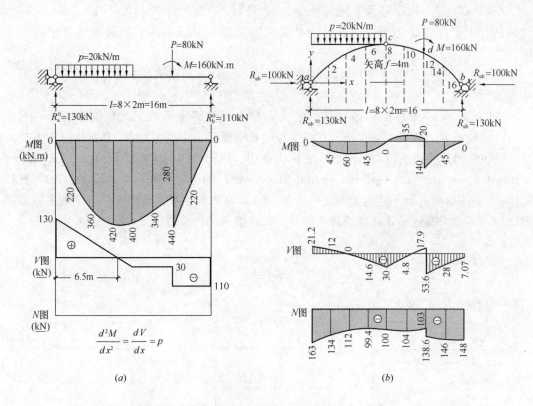

图 1-40 在非均匀荷载作用下，梁、拱的内力对比
(a) 梁；(b) 拱

高达 $710\sim881kg/m^2$，就无法解释空间结构的先进指标了。按新分类（传力方向），鸟巢是二维弯矩结构，巨大的用钢量就能解释了。由此可见，结构工程的设计一旦与力学结缘，就会产生正能量，结构的正确分类也是如此。

<table>
<tr><td colspan="4" style="text-align:center">新、旧分类产生的巨大差异</td><td style="text-align:right">表 1-8</td></tr>
</table>

序号	结　构	旧分类[38]（按几何维分）	新分类[36]（按传力维分）
1		二维平面桁架	一维屋盖弯矩结构
2		三维空间桁架	

续表

序号	结　　构	旧分类[38] （按几何维分）	新分类[36] （按传力维分）
3	 平板网架		
4	 鸟巢主结构——平面桁架系结构[32]（图 1-30） 交叉门式刚架结构[1] 门式刚架 280m，用钢：710～881kg/m²	三维空间结构	二维屋盖弯矩结构
5	 美国亚特兰大佐治亚索穹顶[8]（图 1-7） 椭圆：240.79m×192.02m，用钢：30kg/m²		空间屋盖形效结构

由表 1-8 可见，按旧分类，除序号 1 之外，其余序号 2、3、4、5 都是空间结构；按新分类，只有序号 5 才是空间结构，其余序号 1、2、3、4 都是弯矩结构。

1.3.2　钢结构固有的三大核心价值

钢结构必须"轻、快、好、省"[30]，即应实现钢结构固有的三大核心价值[1,2]——最轻的结构（图 1-41c）、最短的工期（图 1-41d）和最好的延性（图 1-41a、b），将导致最优的抗震性能。

关于材料强度的比强度（图 1-41c）可用迪拜塔说明之。迪拜塔原设计是混凝土高层建筑（图 1-42a），当塔建到 585.826m 时，发现高楼下端可能出现安全问题，上面 217.018m 只能采用钢结构。

为庆祝 1889 年法国大革命而建造的埃菲尔铁塔（图 1-42b），是世界著名的标志性锻铁铆钉结构。埃氏不采用当时已生产的平炉钢，而坚持要采用强度较低的锻铁建造，显示结构工程师选择结构方案的力学功底——外弯矩图与塔形一致，若结构方案选错，就建不起这样高（321m）的结构。全塔的锻铁和铆钉用量仅 0.73 万 t。

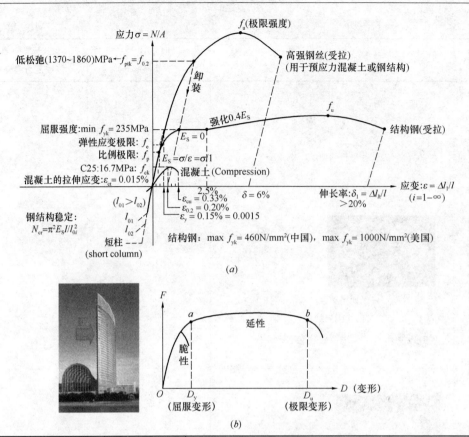

(a)

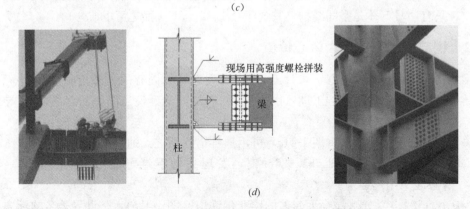

材料	重力密度 γ （kgf/m³）	强度 f_k （N/mm²）	钢：$H_s=f_{sk}/\gamma_s=\dfrac{345N/mm^2}{7850\ kgf/m^3}=\dfrac{345\ N/(10^{-3}m)^2}{7850\times9.81\ N/m^3}=4484.596m$
钢	7850	345（Q345）	混凝土：
混凝土	2400	32.4（C50）	$H_c=f_{ck}/\gamma_c=32.4\ \dfrac{32.4\times10^6}{2400\times9.81}=1376.147m$

注：H_s、H_c——钢、混凝土材料的比强度。

(c)

(d)

图 1-41　钢结构的三大核心价值

(a) 钢试件伸长率：$\delta>20\%$；*(b)* 结构延性比：$\zeta=D_u/D_y$，钢结构 $\zeta_s=7\sim9$，
混凝土结构 $\zeta_c=3\sim4$；*(c)* 最轻的结构（钢材的比强度：$H_s=3.26H_c$）；
(d) 最短的工期——构件制造工厂化，工地高强螺栓装配化（成为结构）

图 1-42 迪拜塔和埃菲尔铁塔

(a) 迪拜塔 (H=802.844m); (b) 埃菲尔铁塔 (H=321m, 锻铁铆钉结构)

表 1-9 所示两幢高层全钢结构工地拼装方法不同时的工期比较。

1974 年美国芝加哥西尔斯塔 (图 1-43a) 采用工厂制造 3 层梁柱 1 个吊装单元, 工地用高强度螺栓拼装成结构, 每天拼装面积高达 889m²/d; 而 1998 年北京长富宫中心 (图 1-43b) 采用逐层梁柱栓焊法拼装, 每天拼装面积只有 187m²/d。

工地拼装方式的工期比较 (图 1-38)　　　　　　　表 1-9

名　称	平　面	层数 (n)	建筑面积 (万 m²)	用钢 (万 t)	现场拼装方式的工期 (月)	每天拼装面积 (m²/d)
西尔斯塔	68.58m×68.58m	110	40	7.6	高强度螺栓拼装: 15[40]	889
长富宫中心	48.00m×25.80m	26	5.05	0.53	栓焊法拼装: 9[40]	187

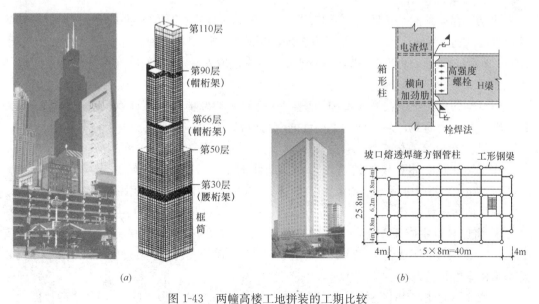

图 1-43 两幢高楼工地拼装的工期比较

(a) 西尔斯塔 (3 层梁柱吊装单元工地高强度螺栓拼装); (b) 长富宫中心 (工地逐层梁柱栓焊法拼装)

1.3.3 钢结构精心设计的四大步骤

设计是硬道理，"硬"设计就没有道理！硬道理就是结构设计工程师要利用力学功底和结构理论正确选择结构方案，并在计算机建模前，正确估计结构截面高度。否则，所谓的优化是徒劳的[1,2,36,37]！

钢结构精心设计的四大步骤[37]：

(1) 结构方案（概念设计）；

(2) 结构截面高度 h；

(3) 构件布局，形态学与拓扑原理，实现短程传力；

(4) 节点小型化。

最关键的是（1）、（2）两大步骤，其中第（2）步建议按表 1-10 采用。

端支承钢结构（轻屋面）的跨度 L 或 D 与 h 的适用范围[2,41]　　表 1-10

参数	一维传力			二维传力			三维传力		
	实腹梁	桁架	张弦梁	格栅	网架	张弦梁	球面网壳	悬支穹顶	索穹顶
$L(D)$ (m)	<30	<80	<90	<35	<100	<100	≤80（单层） ≤150（双层）	≤150	≤200
h	$\frac{L}{25}\sim\frac{L}{15}$	$\frac{L}{12}\sim\frac{L}{10}$	$\frac{L}{10}$	$\frac{L}{30}\sim\frac{L}{25}$	$\frac{L}{16}\sim\frac{L}{12}$	$\frac{L}{12}$	$\frac{D}{60}\sim\frac{D}{30}$ （双层）		

注：1. 对于悬臂实腹梁：$L=10\sim15$m，$h=L/10$；悬臂桁架（网架）：$L<50$m，$h=L/8\sim L/6$。

2. 对于重屋面或重荷载，h 值可增大，适用跨度 L（或直径 D）可减少。

3. 单层圆柱面网壳 $L\leqslant30$m；双层圆柱面网壳 $L\leqslant100$m，高度 $h=L/50\sim L/20$。

4. 一维门式刚架 $L\leqslant40$m。

1. 北京某客运站

北京某客运站的结构跨度 $L=45.6$m，选择预应力钢桁架方案是正确的，但把桁架的截面高度选为 $h=8$m$=L/5.7$ 就很不合理，预应力钢桁架的合理高度取 $h=L/18\sim L/15$ = 2.53~3.04m 即可。即使采用普通钢桁架，结构高度取 $h=L/12\sim L/10=3.80\sim4.56$m 亦可（表 1-10）。

当结构的高跨比不在适应范围内（表 1-10）且 h 的取值太大，计算机将巨大的结构截面高度自动转为荷载，从而增大了构件的应力值 σ，控制应力比：σ/f 十分不科学。

2. 广东奥林匹克体育场

广东奥林匹克体育场的建筑理念是：珠江的水、波涛滚滚（图 1-44a），美国 Nixon Ellerbe Racket 公司中标。主桁架 MT 悬臂 $L=52.4$m（图 1-44c），用钢量高达 200kg/m²。

为了减少桁架弦杆 ab 的应力：$\sigma=N/(\varphi A)$，文献[42]建议：

① 将原悬臂主桁架 MT 的等截面高度 $h=5.2$m（图 1-44c）改为变高度截面桁架：支座处 $h=7.5$m（由表 1-10 注 1：$h=L/8\sim L/6=6.55\sim8.73$m 而来），悬臂端取 3m，并有效地提高桁架的抵抗弯矩。

② 将径向主桁架 MT 弦杆开口型厚壁 H 截面：H570×450×125×125（注意腹板太厚 125mm）。改为闭口的薄壁圆钢管，有效提高轴心受压构件的稳定系数 ϕ 值。

③ 用弱支撑连接两片"波涛"（原设计未设支撑），以满足抗震的两阶段设计：小震时弱支撑不坏，整体刚度好；大震时，弱支撑破坏，结构刚度减小，两片"波涛"单独工作，地震力减小，整个结构不倒。

④ 拉索由 2-337φ7 改为 2-110φ7，把索的抗力分项系数控制在 2.5～3[43]。

通过上述四点改进[42]，用钢量可由原 200kg/m²（"硬"设计）降低到 80 kg/m²（硬道理）。

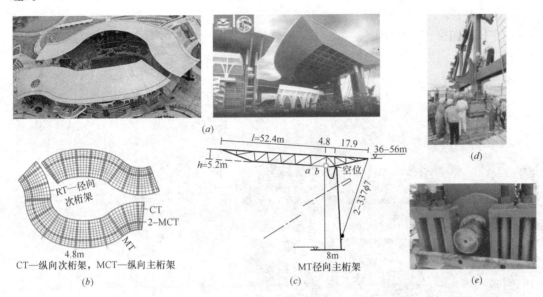

图 1-44　广东奥林匹克体育场（2002 年）

（a）建筑理念：珠江的水，波涛滚滚；（b）结构平面；（c）径向主桁架 MT（剖面）；

（d）现场桁架吊装就位；（e）单向铰支座（图 1-44c 中的 b 铰）

3. 国家大剧院

国家大剧院（图 1-45a），椭圆平面：212m×143m，跨度＞100m，结构方案选择双层椭球面网壳（空间屋盖形效结构，表 1-7）是正确的，但在结构（计算机）建模前，把结构截面高度选得太大，用钢量高达 292 kg/m²（江苏沪宁钢机提供）。根据美国史密斯（Smith M. G）教授 1963 年对 166 个已建大跨度屋盖（11 种）进行回归分析[3,7]，这种跨度的双层网壳结构用钢量不超过 80 kg/m²（图 1-45b）。

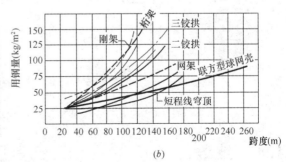

图 1-45　国家大剧院

（a）国家大剧院；（b）美国史密斯（Smith M. G）教授统计的 166 个工程的回归分析

4. 深圳宝安体育馆[39]

宝安体育馆(图 1-46a)采用辐射式桁架结构(圆钢管相贯节点),实现了中央节点小型化(图 1-46b、d),支座圈跨度 $D=101.4$m,外伸桁架最大长度 48.295m(图 1-46e)。法国建筑师认为:外伸桁架的高度只能取 5m 才好看,通过作者力争、质疑,采用外伸桁架高度 6.5m(图 1-46e),它等于外伸桁架长度 48.295m 的 $1/7.43\approx1/8\sim1/6$(表 1-10 注 1);为了发挥万向支座的刚度系数 3kN/mm,支座圈内的下弦杆中央高、外伸桁架端扬起(图 1-46e)。受力更合理,空间更醒目、更时尚(图 1-46d)。

宝安体育馆屋盖结构用钢量 68kg/m²。若按原方案的构件布局(图 1-46c),中央为 1 个直径 3.5m 的大铸钢节点,用钢量将大幅度增加;铸钢节点的交接凹处,也无法用超声波探伤,安全也存在问题。

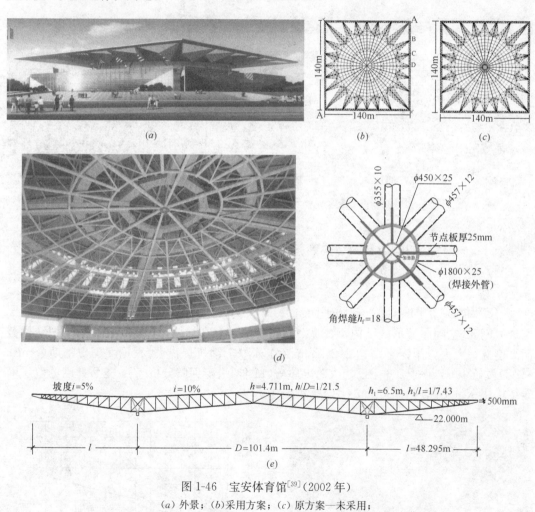

图 1-46　宝安体育馆[39](2002 年)
(a) 外景;(b) 采用方案;(c) 原方案—未采用;
(d) 内景(正确的构件布局,实现节点小型化);(e) A-A 剖面,支座刚度 3kN/mm

1.4　结语

钢结构行业包括设计与施工(制造、安装),轻盈的钢结构必须从设计开始——设计是

龙头。为了实现钢结构的"轻、快、好、省"[30]，便须实现全钢结构固有的三大核心价值
——最轻的结构、最短的工期和最好的延性[1,2]。100 多年来，世界先进国家大量采用钢
结构(日本高达 70%)，并能基本上实现三大优点，我国钢结构不到 3%，97% 是混凝土、
砌体结构等，我国钢结构建筑有极大的发展空间，关键在设计。

设计的第一要素就是满足建筑功能，大跨度屋盖必须采用形效结构；中、小跨度屋盖
才能采用屋盖弯矩结构。结构工程师眼中的最好结构，就是最简洁的结构，而非最复杂的
结构。像上海浦东国际机场(图 1-25)那样，把建筑功能、结构力度与建筑的空间艺术美
有机地结合起来，即袒露具有美学价值的结构部分——自然地显示钢结构，达到巧夺天工
的震撼效果。优秀、轻盈的钢结构建筑就是一件艺术品(具有力度美)，尽量不要用装饰来
覆盖——自然地显示结构，因为封闭的钢结构更容易锈蚀。

在钢结构精心设计的四大步骤中，关键两步是合理选择结构方案和正确估计结构截面
高度。我国不少大型笨重、怪异的钢结构，就在这两步上出了问题。举个通俗例子：一个
身高 2.26m 的人，打篮球是正确的选择。如让他去举重会怎么样？毫无悬念不会成功，
何故？因为举重是轴心受压，此人计算长度太大，必定会失去稳定。因此，方案选错，优
化徒劳！

设计是硬道理，"硬"设计就没有道理！笨重、怪异的钢结构与绿色建筑相佐！我们应
该认真总结结构设计教训，向世界先进钢结构设计水平冲刺。我国全钢结构设计，任重而
道远！

参 考 文 献

[1]　王仕统. 大跨度空间钢结构的概念设计与结构哲理，中国工程院工程科技论坛第 39 场特邀报告论文集《论大型公共建筑工程建设——问题与建议》[C]. 北京：中国建筑工业出版社，2006.

[2]　王仕统. 提高我国全钢结构的结构效率，实现钢结构的三大核心价值. 钢结构，2010(9).

[3]　王仕统. 空间结构，广东省执业资格注册中心，2004.

[4]　沈世钊，徐崇宝，赵臣，武岳. 悬索结构设计(第二版)[M]. 北京：中国建筑工业出版社，2006.

[5]　陈章洪. 建筑结构选型手册[M]. 北京：中国建筑工业出版社，2000.

[6]　沈祖炎、李国强、陈以一、张其林、罗永峰. 钢结构学[M]. 北京：中国建筑工业出版社，2005.

[7]　尹德钰，刘善维，钱若军. 网壳结构设计[M]. 北京：中国建筑工业出版社，1996.

[8]　刘锡良. 现代空间结构[M]. 天津：天津大学出版社，2003.

[9]　薛素铎、李雄彦. 2012 伦敦奥运场馆结构体系概述[J]. 工业建筑，2012 年增刊.

[10]　陆赐麟. 用科学标准促进钢结构行业健康发展[J]. 钢结构与建筑业，2009(19).

[11]　王仕统. 衡量大跨度空间结构优劣的五个指标[J]. 空间结构，2003(1).

[12]　王仕统. 双曲抛物面索网结构的近似计算[J]. 建筑结构学报，1992(3).

[13]　张国军、葛家琪等. 内蒙古伊旗全民健身体育中心索穹顶结构体系设计研究[J]. 建筑结构学报，2012(4).

[14]　王泽强、程书华等. 索穹顶结构施工技术研究[J]. 建筑结构学报，2012(4).

[15]　姜正荣、王仕统、石开荣等. 厚街体育馆椭圆抛物面弦支穹顶结构的非线性屈曲分析[J]. 土木工程学报，2013(9).

[16]　北京市建筑设计院. 北京工人体育馆的设计[J]. 建筑学报，1967(4).

[17] 浙江省工业设计院等. 采用鞍形悬索屋盖结构的浙江人民体育馆[J]. 建筑学报，1974(3).

[18] 谢永铸、陈其祖. 安徽省体育馆"索-桁"组合屋盖设计与施工[J]. 建筑结构学报，1989(6).

[19] 王仕统，金峰. 姜正荣，王琦. 索—桁结构的静力分析与动力特征研究[J]. 建筑结构学报，1999(3).

[20] 王仕统，姜正荣，谢京. 索—桁结构的设计参数探讨[J]. 建筑结构学报，2001(5).

[21] 汪大绥，张富林，高承勇，周健，陈任宇. 上海浦东国际机场(一期)航站楼钢结构研究与设计[J]. 建筑结构学报，1999(2).

[22] 陈以一，沈祖炎，赵宪忠，陈扬骥，汪大绥，高承勇，陈红宇. 上海浦东国际机场候机楼 R2 张弦梁足尺试验研究[J]. 建筑结构学报，1999(2).

[23] 李国强，沈祖炎，丁翔，周向明，陈以一，张富林，周健. 上海浦东国际机场 R2 张弦梁模型模拟三向地震振动台试验研究[J]. 建筑结构学报，1999(2).

[24] 杜咏，陈瑜. 建筑结构与选型[M]. 北京：中国建筑工业出版社，2009.

[25] 王仕统，肖展朋，杨叔庸，李焜鸿. 湛江电厂干煤棚四柱支承(113.4m×113.4m)屋盖网架结构[J]. 空间结构，1996.

[26] 尹德钰，赵红华. 网架质量事故实例及原因分析[J]. 建筑结构学报，1998.

[27] 鲍广鉴. 怪异、超重(厚)钢结构的艰难施工[J]. 钢结构，2012 增刊.

[28] 戴为志. "鸟巢"焊接攻关纪实[M]. 北京：化学工业出版社，2010.

[29] 孙长春. "伟大"工程之——国家体育场[J]. 钢结构与门窗幕墙，2013(1).

[30] 沈祖炎. 必须还钢结构轻、快、好、省的本来面目[J]. 钢结构与建筑业，2010.

[31] 金石. 钢结构热现象背后的冷思考：影响中国——第二届中国钢结构产业高峰论坛[C]. 钢构之窗，2011(2).

[32] 董石麟、陈兴刚. 鸟巢形网架的构形、受力特性和简化计算方法[J]. 建筑结构，2003(10).

[33] 范重，刘先明，范学伟，胡天兵，王喆. 国家体育场钢结构设计中的优化技术，第五届全国现代结构工程学术研讨会[C]. 工业建筑，2005 年增刊.

[34] 曹富荣，深圳大运会主体育场铸钢节点制作新技术[J]. 钢结构与建筑业，2009.

[35] 王宏、徐重良、邹国雄. 广州歌剧院复杂钢结构综合施工技术[J]. 钢结构与建筑业，2008(1).

[36] 王仕统. 简论空间结构新分类[J]. 空间结构，2008(3).

[37] 王仕统. 浅谈钢结构的精心设计[J]. 工业建筑，2003 年增刊.

[38] [英]John Chilton(约翰·奇尔顿)著. 高立人译. 空间网格结构 Space Grid Structures(2000 国外当代结构设计丛书)[M]. 北京：中国建筑工业出版社，2004.

[39] 王仕统、姜正荣. 宝安体育馆钢屋盖(140m×140m)结构设计[J]. 钢结构，2003.

[40] 江见鲸、郝亚民. 建筑概念设计与选型[M]. 北京：机械工业出版社，2004.

[41] 广东省标准. 钢结构设计规程(DBJXX)，广东省建设厅，2014.

[42] 王仕统、姜正荣. 点评国际中标方案——广东奥林匹克体育场的结构设计[J]. 工业建筑增刊，2004.

[43] 董石麟. 空间结构[M]. 北京：中国计划出版社，2003.

第2章 网壳结构

网壳结构,即网状式薄壳(Reticulated thin-shell),顾名思义,它是杆件沿着壳面有规律地布置而组成的空间屋盖形效结构(表1-7)。因此,其受力特点与薄壳结构类似,以"薄壳"的薄膜内力为主要受力特征,即大部分荷载由网壳杆件的轴向力承受。由于它能充分发挥材料的强度[1],网壳可以覆盖较大的空间。根据不同的边缘构件和作用(Actions)——直接作用(荷载);间接作用(地震、温差、沉降等),可以提供各种新颖的网壳造型,因此,网壳也是建筑师非常乐意采用的一种结构形式。在布置杆件时,应特别注意杆件的传力路线,即设计一条传力路线,也可能切断结构中的另一传力路线,从而改变力的传递方向。因此,要求结构具有合理的工作性能(力的均匀性、短程传力性)将成为力学概念清晰的结构工程师所追求的目标,最终实现结构用钢量少。

网壳的发展与结构计算理论的发展紧密相连,其总趋势是跨度越来越大,厚跨比越来越小。与此同时,网壳稳定性分析也变得十分突出。1963年1月30日晚,罗马尼亚布加勒斯特一个单层网壳穹顶屋盖($D = 93.5\text{m}$)在一场暴风雪中彻底坍塌[2],该事故使结构工程师进一步认识到网壳稳定验算的重要性[3-5],它已成为网壳尤其是单层网壳结构设计中的关键问题。我国规范[6]强制性条文(4.3.1)规定:单层网壳以及厚度小于跨度1/50的双层网壳均应进行稳定性计算。

1896年俄国名誉院士苏霍夫在尼希尼诺夫高洛德市举行的展览会中,作为示范建筑而展览的柱面网壳,$L = 13 \sim 22\text{m}$,它采用弯成曲形的扁钢用铆钉相连而成。之后他又设计了很多陈列馆木制柱面网壳屋顶,为增强网壳的稳定性,采用斜拉杆系拉牢。

20世纪初叶,德国蔡斯(Zeiss)工厂需建一个尽可能准确的半球形天文馆,以便在曲面内侧投射天空影像。天象仪概念的创始者鲍尔斯费尔德教授,虽非结构工程师,却提出一个结构方案,用铁杆组成半球形的网状系统,他精确算出每根杆件的位置与长度,以最小容许误差建成了球面网壳。

20世纪60年代,欧美的人工费剧增,混凝土薄壳结构的施工模板与脚手架费材、费工,混凝土薄壳的应用受到影响。适逢焊接技术更趋完善,高强钢材不断出现,电算技术突飞猛进,为钢网壳提供了物质基础。但最重要的因素是网壳结构的轴向受力特点,且为刚性结构,故发展迅猛,它已成为大跨度屋盖结构中应用最广的结构形式之一。

世界跨度最大的单层网壳——日本名古屋穹顶($D = 187.2\text{m}$,图2-1a),三向网格边长10m左右,钢管$\phi650 \times (19 \sim 28)$,受拉环$\phi900 \times 50$,开口鼓形铸钢节点$\phi1450$,鼓内有三向加劲肋(图2-1b)。名古屋穹顶虽然是空间屋盖形效结构,但因初始缺陷对单层网壳稳定性的巨大影响,用钢量[7]高达300kg/m^2。因此,规程[8]规定:单层球面网壳的跨度$D \leqslant 80\text{m}$(表1-10)。

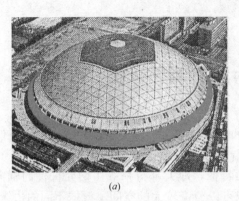 

(a)   (b)

图 2-1   日本名古屋穹顶[9]
(a) 实景；(b) 开口鼓形铸钢节点

注：该穹顶为世界最大跨度的单层球面网壳（1996 年），$D=187.2$m，用钢量 300kg/m²。

美国新奥尔良体育馆是世界最大跨度的双层网壳超级穹顶[9-10]，容纳观众 7.2 万人（图 1-3）；用于足球、垒球、篮球等比赛，也可供文艺演出、展览和会议之用的多功能体育馆。这座穹顶采用凯威特（kiewitt. G. R）型网壳，矢跨比：$f/D=32/213=1/6.7$。所有的构件均采用焊接弧形桁架，桁架高 2.24m，厚跨比：$2.24/213=1/95$。用钢量为 126kg/m²。凯威特还设计了一座休斯顿宇宙穹顶，其形式与新奥尔良超级穹顶完全一样，只是净跨稍小一点，为 200m[2]。

凯威特认为，他首创的 kiewitt 型网壳（图 2-32e）的跨度可以达到 427m。1959 年，富勒（R. B. Fuller）曾提出建造一个直径达 3.22km 的短程线球面网壳，覆盖纽约市第 23～59 号街区，该网壳重约 8 万 t，每个安装单元重 5t，可利用直升机在三个月内安装完毕。种种信息表明，超大跨度建筑结构的时代即将到来，目的是把保护环境安全与建筑紧密结合起来，建设干净、无污染又节能的新城市，用超大跨度的网壳覆盖，为人类提供更为舒适的空间和理想的环境。图 2-2 所示跨度为 650m 网壳穹顶的构想图，日本巴组铁工所提出"超大跨度时代已至，着眼未来的巴组式新环境空间"的设想，认为 20 世纪 80 年代是空气薄膜结构的时代，90 年代是超大型穹顶建筑的时代，21 世纪是为人类创造舒适、清洁、节能的新型城市的时代，具有现代设备与人工智能的封闭式城市环境，为人类提供与自然相协调的理想生活环境[10,11]。

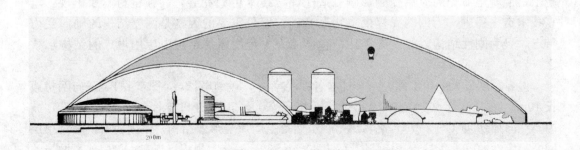

图 2-2   跨度 $D=650$m 的网壳穹顶蓝图

2.1 薄壳的概念

2.1.1 定义与分类

被两个几何曲面所限的物体称为壳体——广义来说，这个定义还不能包括壳体理论的全部范围。例如一滴水的表面以及容器中的自然水面等，均可用壳体理论确定它们的几何曲面[12]。两个曲面之间的距离称为壳体厚度 h，等分壳体各点厚度的几何曲面称为壳体的中曲面（图 2-3a）。如果已知中曲面的几何性质和 h 的变化规律，即可完全确定壳体的几何形状和全部尺寸。

壳体可分为薄壳（Thin Shell）和厚壳（Thick Shell），现代屋盖结构中均采用薄壳。薄壳计算时的两个基本假定是[12]：

1. 直法线假定：薄壳变形前垂直于中曲面的直线，变形后仍然为直线（长度不变），且与变形后的中曲面垂直；

2. 薄壳层间无挤压假定：平行于中曲面的各层之间的正应力与其他应力相比可以忽略。

中曲面的几何性质主要取决于曲面上曲线的弧长与曲率（图 2-3a），通过曲面上的任

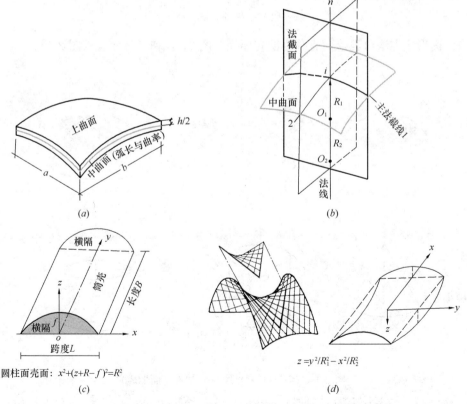

图 2-3 薄壳

（a）扁壳（Shallow shell，$K>0$）；（b）主曲率线与主曲率半径 $R_1=O_1 i$、$R_2=O_2 i$

（c）柱面壳（Barrel Shell，$K=0$）；（d）双曲抛物面，即扭壳（双向直纹面，$K<0$）

意点 i 作法线 in 垂直于 i 点的切平面。通过法线 in 可作无数个平面，称为法截面（图 2-3b），它们与中曲面相交于无数的曲线，称为法截线。这些法截线在 i 点处的曲率称为法曲率。在 i 点处的所有法曲率中，有两个取极值，称为 i 点的两个主曲率：一个极大值，一个极小值。对应于每一个主曲率的方向，称为中曲面在 i 点的主方向，球面上任意点的所有切线方向都是主方向，这两个主方向是互成正交的。设中曲面上任意点的两个主曲率半径：$R_1 = O_1 i$、$R_2 = O_2 i$，其对应的主曲率 $k_1 = 1/R_1$、$k_2 = 1/R_2$，则该点的高斯曲率 K 为：

$$K = k_1 k_2 = \frac{1}{R_1 R_2} \tag{2-1}$$

按高斯曲率 K 分类，薄壳结构有三类：

1. 正高斯薄壳（$K > 0$，图 2-3a）。

2. 零高斯（$K = 0$，图 2-3c）：① $B/L \leqslant 0.5$，短柱面壳（无矩理论）；② $0.5 < B/L < 3.0$，中长柱面壳（有矩理论）；③ $B/L \geqslant 3.0$，长柱面壳（梁理论）。

3. 负高斯（$K < 0$，图 2-3d）。

理论分析表明，当 h 小于最小主曲率半径的 $1/20$，即 $h/R_{min} \leqslant 1/20$ 时，上述两个假定为基础的近似理论已足够精确。然而，屋盖中薄壳的 h/R_{min} 范围很大：

$$1/1000 \leqslant h/R_{min} \leqslant 1/50 \tag{2-2}$$

按曲面形成方法分类，薄壳分为旋转面壳（图 2-4）和平移面壳（图 2-5）。

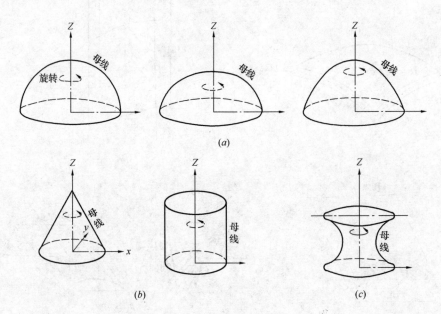

图 2-4　旋转面壳（母线绕 z 轴旋转而形成）

(a) 母线（圆弧线，椭圆线，抛物线，$K > 0$）；(b) 母线（直线，$K = 0$）$\sqrt{x^2 + y^2} = (1 - 3/h) R$；

(c) 母线（双曲抛物线，$K < 0$）

图 2-4 旋转面壳和图 2-5 平移面壳的中曲面方程：可以通过母线方程很方便地写出。

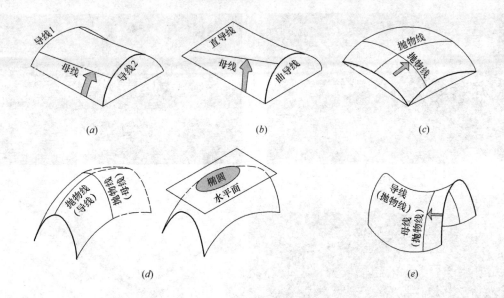

图 2-5 平移面壳（母线沿导线平移而形成）

(a) 柱面壳（$K=0$）；(b) 劈锥曲面壳（$K=0$）；(c) 双曲扁壳（$K>0$）；

(d) 椭圆抛物面壳（母线、导线均为抛物线，$K>0$）；(e) 双曲抛物面壳（扭壳，$K<0$）

图 2-6 所示球面壳（母线为圆弧线），其曲面方程为

$$x^2 + y^2 + (z+R-f)^2 = R^2 \qquad (2\text{-}3)$$

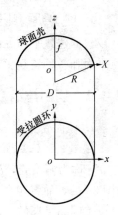

式中　R——圆弧线的曲率半径；

　　　f——球面壳的矢高。

因为　$R^2 = (D/2)^2 + (R-f)^2$

　　　　　$= D^2/4 + R^2 - 2Rf + f^2$

所以　$R = \dfrac{D^2 + 4f^2}{8f}$ \qquad (2-4)

图 2-6　球面壳

空间屋盖形效结构的典范——罗马小体育宫[13]（图 2-7），由意大利结构工程师奈尔威（P. L. Nervi）设计，壳体由 1620 块预制菱形肋壳组成，支承在 36 个 Y 形斜柱上，将壳面上的作用力传给拉力环。壳体直径 $D=61\text{m}$，$f=12.2\text{m}$，壳厚 25mm，考虑肋条网状的平均厚度也只有 $h=110\text{mm}$，跨厚比：$D/h=61/0.11=555$ 倍。由式（2-4）可求曲率半径：

$$R = \frac{61^2 + 4 \times 12.2^2}{8 \times 12.2} = 44.225\text{m}$$

从而可得

$$h/R = 110\text{mm}/44.225\text{m}$$
$$= 1/402 < 1/50$$

满足式（2-2）的要求。

43

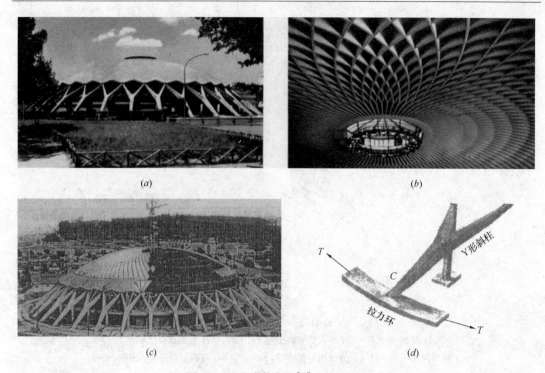

图 2-7　罗马小体育宫[13]（1975 年）

(a) 外景（盛开的向日葵，檐边波浪起伏）；(b) 内景；(c) 施工现场——安装预制菱形肋壳；(d) Y 形斜柱

　　根据建筑平面、空间和功能的需要，通过对某种基本曲面的切割与组合，可以得到任意平面和各种美观、新颖的复杂曲面。

2.1.2　切割与组合

1. 柱面壳

　　如图 2-8（a）所示，把一段圆柱面薄壳沿对角线切开，则可产生两种新的壳体，其中 abe 称为帽檐壳，bce 为瓜瓣壳。可将 4 个帽檐壳组成一个屋盖结构，其底面呈矩形（图 2-8b），而将四个瓜瓣壳又可组成另一种屋盖结构（图 2-8c）。

　　美国路易斯航空港候机大厅（图 2-8d）由 4 个同样大小的帽檐壳组合而成，每个组合壳的覆盖面积为 36.57m×36.57m，壳的檐口处向外挑出增加建筑阴影效果，该工程壳厚为 108mm，在相贯线接缝处肋截面：$bh=457mm×1143mm$，以解决应力集中问题。

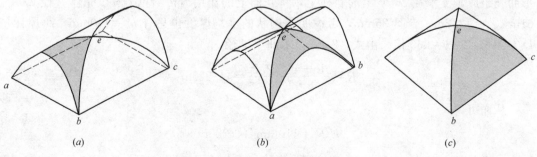

图 2-8　柱面壳的切割与组合（一）

(a) 把圆柱面壳对角线切开；(b) 帽檐壳组合；(c) 瓜瓣壳组合

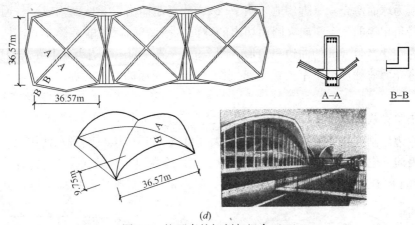

(d)

图 2-8 柱面壳的切割与组合（二）

（d）美国圣路易航空港候机大厅（1954 年）

2. 球面壳

球面壳是一种旋转曲面壳，它是一种既古老又现代的双曲面壳结构，由于其空间刚度大，壳体极薄而又能覆盖很大的空间，因而可以用在大型公共建筑，如天文馆、展览馆的屋盖中，目前世界上最大的球面薄壳跨度 207m，我国最大跨度为 60m。北京天文馆球面薄壳 $D=25m$，壳厚 $h=60mm$，$h/D=1/417$。美国伊利诺伊大学会堂圆顶 $D=132m$，壳厚 $h=90mm$，$h/D=1/1467$。

球面薄壳的径向和环向弯矩一般较小可略去不计。在轴向（旋转轴）对称荷载作用下，球顶径向受压，环向上部受压，下部受压或受拉，主要内力如图 2-16 所示。

支座环对球面壳起箍的作用，壳面边缘传来的推力由支座环承受，环的内力主要为拉力，还要承受壳面传来的竖载。对于大跨度球面壳结构，支座环宜采用预应力混凝土（Prestressed Concrete，简称 PC）。

美国麻省理工学院礼堂（图 2-9a），可容纳 1200 人，还有一个可容纳 200 名听众的小

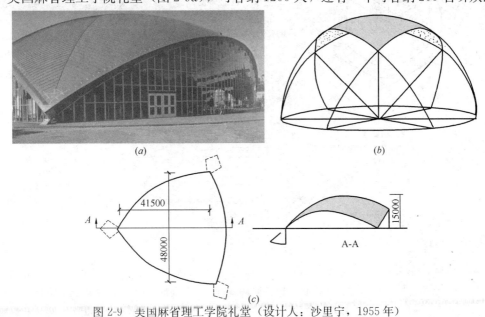

(a)   (b)

(c)

图 2-9 美国麻省理工学院礼堂（设计人：沙里宁，1955 年）

讲堂。屋顶为球面薄壳，三脚落地（图 2-9c）。薄壳曲面由 1/8 球面构成——通过球心并与水平面夹角相等的三个斜向大圆而切出的球面（图 2-9b）。球的半径 34m。切割出来的薄壳平面为 48m×41.5m 的曲边三角形（图 2-9c）。薄壳的三个边为向上卷起的边缘构件，并通过它将壳面荷载传至三个铰接支座（图 2-9c）。壳面的边缘处加厚为 94mm，屋顶表面用铜板覆盖。

德国法兰克福市霍希斯特染料厂游艺大厅[13]（图 2-10），主要部分为一个球形建筑物，系正六边形割球壳（图 2-10a、c）。该大厅可供 1000～4000 名观众使用——举行音乐会、体育表演、电影放映、工厂集会等各种活动。球壳顶部有排气孔洞，并作为烟道（图 2-10b）。大厅内有很多技术设备——舞台间、吸声格栅、放映室和广播室等，并有庞大的

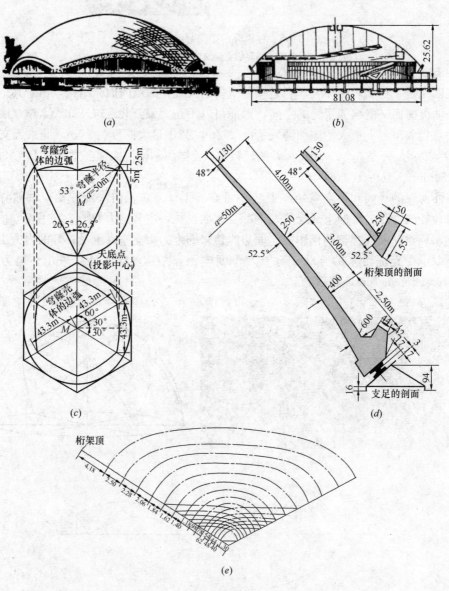

图 2-10　霍希斯特染料厂游艺大厅

（a）外貌；（b）剖面；（c）水平和垂直投影；（d）PC 钢筋布置；（e）壳和边梁

46

管道系统进行空气调节，在地下室设有餐厅、厨房、联谊室、化妆室和盥洗室及技术设备用房。

球壳直径 $D=100$m，矢高 $f=25$m。底平面为正六边形，外接圆直径为 86.6m（图 2-10c）。该球壳结构支承在六个点上，球壳边缘作成拱券形，有一个边缘桁架作为球壳切口的支承，其跨距为 43.3m。球壳剖面如图 2-10（d）所示：壳厚 $h=130$mm，每一点能承受 20kN 的集中荷载。壳体厚度从中央到边缘不断地加厚，在边缘拱券最高点处厚度 250mm，支座处厚 600mm（图 2-10d）。由于支座上部的壳体部分会产生拉应力，沿主拉应力轨迹线方向中布置预应力钢筋（图 2-10e）。

澳大利亚悉尼歌剧院，（Sydney Opera House，图 2-11a）是一代名作。1956 年筹建，30 多个国家的 223 方案竞标，独具慧眼的美国著名建筑师小沙里宁（Eero Sarrin-

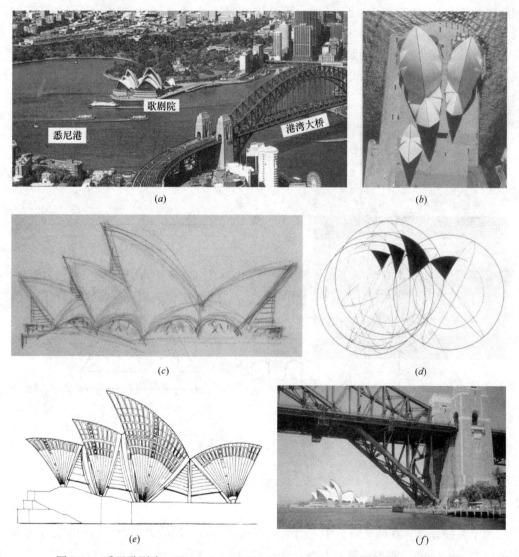

图 2-11 悉尼歌剧院（The Sydney Opear House）——杰出的建筑、平庸的结构
（a）全景；（b）鸟瞰；（c）丹麦建筑师伍重的方案；（d）结构师阿鲁普从球体中切取曲面；
（e）由密肋组成的穹券——结构的平庸；（f）从桥下看赛尼朗半岛上的剧院

en）从落选的方案中选出年仅 37 岁的丹麦建筑师琼·伍重（John Utzon）"滨海扬帆"雕塑造型（图 2-11c）。评委一致认为：超群创造（环境）特点。伍重中奖后，携方案到英国请教著名结构工程师阿鲁普（Overarup）。阿鲁普感到方案不寻常，但又指出这群壳体的倾斜姿势产生的巨大力矩，违背力学准则。但若稍微变动倾斜，壳体就完全失去明快飘逸的特点。1963 年决定代之以预制的 Y 形、T 形预应力混凝土密肋拼成的穹券，结构产生笨重感（图 2-11e）。1959 年基础工程仓促上马，历经沧桑。伍重应付不了复杂的人事纠纷，1966 年辞去工程主持人，成为工党、自由党两党政治斗争的牺牲品。1973 年竣工，成为"杰出建筑，平庸结构"的典型。

法国巴黎国家工业与技术展览中心大厅[14]，平面为三角形，边长 206m，高 43.6m。屋顶采用双层波形薄壁筒壳，每层壳厚 60mm（屋顶混凝土折算厚度仅 180mm），两层之间距离为 1.8m，如图 2-12（c）所示。跨厚比：206m/1.8m＝114.4 倍。对比鸡蛋壳的直径（跨度）40mm，厚度为 0.4mm，蛋壳的跨厚比才 100 倍。由此可见，大厅材料用量非常省，设计很成功，它的跨度之大也是当今世界少有的。拱脚附近因压力较大拱壁加厚。拱身为钢筋混凝土装配整体式薄壳结构。壳体传至三个支座的推力 H 由设置在地下呈三角形布置的预应力拉杆承受（图 2-12d）。

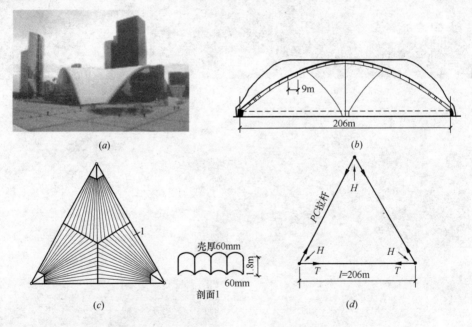

图 2-12　巴黎国家工业与技术展览中心
(a) 实景；(b) 结构断面图；(c) 屋面投影平面图 ；(d) 拉杆布置

2.1.3　薄壳的内力

为了方便计算，在薄壳分析中，力的计算单位一般不用应力，而采用中曲面上单位长度的内力（kN/m）。对于一般的薄壳，这样的内力一共有 8 对（图 2-13a）：3 对作用于中曲面内的薄膜内力——N_x、N_y 和 $V_{xy}＝V_{yx}$，它们没有抵抗弯曲和扭曲的能力（图 2-13b）；5 对作用于中曲面外的内力——剪力 V_x、V_y，力矩 M_x、M_y 和扭矩 $M_{xy}＝M_{yx}$（图

2-13a），它们由于中曲面的曲率和扭率的改变而产生。

理论分析表明：薄壳中只考虑薄膜内力（图 2-13b），即薄壳按无矩理论分析。

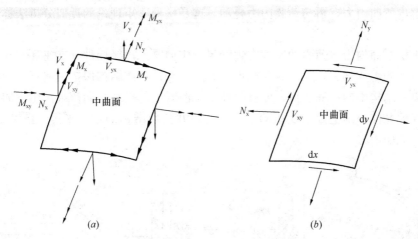

图 2-13　薄壳微元（dydx）上的内力
（a）薄壳中的内力（弯矩、扭矩按右手法则）；（b）薄壳微元（dydx）上的内力（沿壳厚度方向均匀分布）

薄壳、拱都具有类似的优越性（形状产生效益）。然而，拱的轴线只能和一种荷载分布的压力线重合，而在另一种荷载下，就不免出现弯矩，且弯矩分布于全拱；而薄壳则能够在一定的荷载、外形以及一定的支承条件下，只以薄壳中曲面的内力来适应各种荷载分布情况，而不产生弯矩和扭矩，即使在出现弯矩的情况下，也常限于壳体的边缘范围。

薄壳无矩状态的形成，并不以厚度很小而几乎没有抗弯刚度和抗扭刚度的壳体为先决条件；只要遵守适当的条件，则在壳体中都能够形成无矩的力状态。因此，在结构设计中无矩理论可以帮助我们找到最合理的薄壳形状和支承形式，从而尽可能避免或减小薄壳中的弯矩。在计算已定的薄壳结构时，则可以利用无矩理论算出的薄膜内力和用有矩理论求得的弯曲内力之和作为壳体内力。

无矩理论的方程可以直接从壳体一般理论中得到[12]。由于忽略了内力矩，导致横剪力 V_x、V_y 也必须忽略，即认为 $V_x = V_y = M_x = M_y = M_{xy} = M_{yx} = 0$。剩下的只有薄膜内力：$N_x$、$N_y$ 及 $V_{xy} = V_{yx}$（图 2-13b）。因此，尽力避免薄壳中弯曲力的出现，是从事壳体结构设计工程师的重要任务之一。如果不能完全消除弯曲力而势必出现所谓"混合型力场"，也力求把它局限在一个小范围内（薄壳的边缘附近），且应最大限度地限制弯曲力的大小。由此产生了所谓"边缘效应"或"边缘干扰"等术语，其含意是指随着分析单元远离壳体边缘，"混合型力场"将迅速衰减。

由于薄壳厚度很小，所以它的抗弯能力较差，较小的弯矩就会引起很大的内力与变形，因此在设计时应尽量使壳体不要在弯曲状态下工作。而薄壳在无矩状态时，壳体整个厚度受到均力的作用，壳体的材料强度能充分发挥，外荷载的传递最合理，从而使得薄壳与平板相比有较高的承载能力，因此研究薄壳的无矩理论有着十分重要的意义。事实上，设计人员总是力图使壳体处于无矩状态，或者尽量把弯曲内力限制在某一小的数量级或限制在某一小的区域之内。

然而，对于实际的薄壳结构，除非在某些特定的荷载和边界条件下，要使它完全处于无矩状态是不可能的。因此，在分析薄壳内力时，可将壳体沿边缘构件处切开，用弯曲内力代替边界的约束条件而作用在壳体上，并根据壳体与边缘在边界处线位移和角位移的协调条件，解出弯曲内力，再与薄膜内力叠加，这是一种弯矩理论的近似分析法称为边缘效应法。

为了抵抗弯曲内力，薄壳的厚度在边缘附近应加厚。边缘构件（支座环）是屋盖形效结构中很重要的组成部分，对薄壳结构也是如此。它是壳体结构保持几何不变的保证，其功能就和拱式结构中的拉杆一样，能有效地阻止混凝土薄壳在竖向荷载作用下的裂缝开展及破坏，保证壳体基本上处于受压的工作状态，并实现结构的空间平衡。图 2-14 所示几种支座环的截面形式。

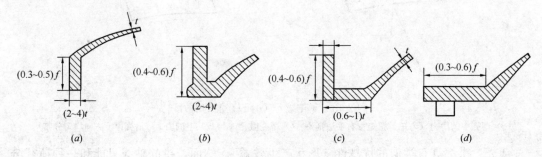

(a) (b) (c) (d)

图 2-14 边缘构件

1. 钢筋混凝土（Reinforced Concrete，简称 RC）球面壳

(1) 受力特点

① 破坏形态

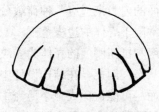

图 2-15 圆顶的破坏形式

RC 球壳的破坏图形如图 2-15 所示。在壳面的法向均布荷载 p 作用下，壳上部承受环向压力，下部承受环向拉力，沿经向出现多条裂缝。壳身一旦开裂，支座环内的钢筋应力增加。当荷载进一步增大，支座环的钢筋屈服，球壳即告破坏。

② 球壳的薄膜内力

球壳上任意一点的位置可由经线及纬线的交点所决定（图 2-16）。由于球壳的受力一般均为"轴对称"问题，在同一纬线上的内力 N_2 均相等（与 θ 角无关），它的大小、符号则是变化的，在球壳上部（φ 较小时），N_2 为压力；在下部（φ 较大时），N_2 可能受拉（图 2-16d）。

考虑 $R = a/\sin\varphi$ 后可得法向力的平衡方程式：

$$\frac{N_1 + N_2}{R} + p = 0 \tag{2-5}$$

式中 $p = \gamma(1 \times h)\cos\varphi$（壳的重力密度 γ ）

薄膜内力 N_1 为：

$$N_1 = -\frac{\int_0^\phi \gamma h (2\pi a) R \mathrm{d}\phi}{2\pi a \sin\phi} = -\frac{\gamma h R}{1 + \cos\phi} \tag{2-6a}$$

将式（2-6a）代入式（2-5），并考虑 $\gamma(1 \times h)\cos\phi = p$ 后，可得：

$$N_2 = \gamma h R \left(\frac{1}{1+\cos\phi} - \cos\phi \right) = \frac{\gamma h R (1 - \cos\phi - \cos^2\phi)}{1+\cos\phi} \qquad (2\text{-}6b)$$

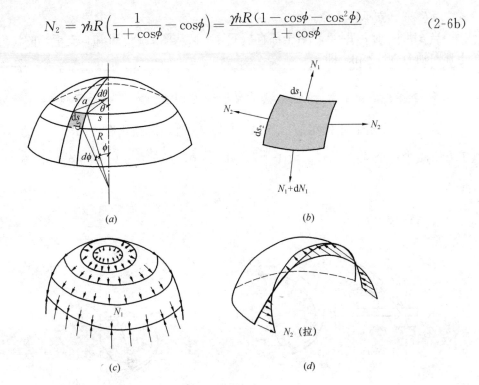

图 2-16 球的坐标及薄膜内力

由式（2-6a）可见，N_1 恒为负值，即经向为压力，顶点处为 $-\gamma h R/2$，随 ϕ 增大 N_1 也增大。至于 N_2，当 ϕ 角较小时为负；当 $\phi = 51°49'38''$ 时，$N_2 = 0$；当 ϕ 继续增大时，N_2 为正（图 2-17）。因此，当球壳的 $\phi < 51°49'38''$ 时，壳面无拉力出现；$\phi > 51°49'38''$ 时，下部纬圈受拉。另外，只有当球壳的支座为法向可动辊轴支承时，才能按薄膜状态计算，否则在壳边缘附近有弯曲内力出现。

同理，可求得在竖向均布活载 p（kN/m^2）作用下：

$$N_1 = -\frac{pR}{2} \qquad (2\text{-}7a)$$

$$N_2 = -\frac{pR\cos 2\phi}{2} \qquad (2\text{-}7b)$$

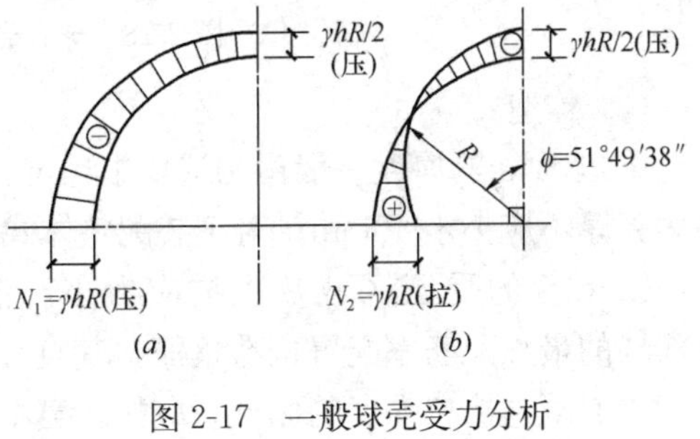

图 2-17 一般球壳受力分析

这时，除 N_1 恒为了负值外，N_2 值：当 $\phi < 45°$ 时为负值（纬圈受压），当 $\phi > 45°$ 时为正值。由于常见的球壳扁平，ϕ 值常在 45° 以下，故纬圈往往受压。

图 2-18 所示球面壳身与支承环的关系。设壳身在支承环边缘处的经向切线与水平线的夹角为 β，经向轴力为 N_1（图 2-18a），则需要由支承环承受的推力 $H = N_1\cos\beta$，而 N_1 的竖向分量 $N_1\sin\beta$ 则由支座直接传给壳的下部结构。因此，根据内力平衡，支承环的拉力为：

$$T = R_0 H = R_0 N_1 \cos\beta \qquad (2\text{-}8)$$

式中 R_0——支承环半径。

当 $\beta=90°$ 时，$T=0$，N_1 全部直接下传。又从图 2-18b 可知，支承环的拉力等于剖面上环向轴力 N_2 之和，即

$$T=\int_0^\phi N_2 \mathrm{d}s \tag{2-9}$$

可见，在球壳自重作用下，当 $\phi>51°49'38''$ 时，沿经线有一部分异号的 N_2 出现，使 T 有所减少；至 $\phi=90°$ 时，由于 $\int_0^{90°} N_2 \mathrm{d}S = 0$，$T=0$；只有当 $\phi=51°49'38''$ 时，T 值最大。

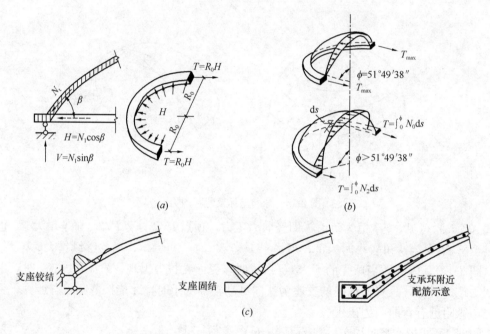

图 2-18　球壳壳身与支承环的关系

（2）构造

① 球面壳的厚度一般由构造要求确定，建议可取圆顶半径的 1/600。对于现浇 RC 圆顶，壳厚不应小于 40mm；对于装配整体式圆顶，壳厚度不应小于 30mm。

② 在壳的受压区域及主拉应力小于混凝土抗拉强度的受拉区域内，可按不低于 0.20% 的最小配筋率配置构造钢筋，其直径不小于 4mm，间距不超过 250mm。在主拉应力大于混凝土抗拉强度的区域，应按计算配筋，主拉应力应全部由钢筋承担，钢筋间距不大于 150mm。对于厚度不大于 60mm 的球面壳，在弯矩较小的区域内，可采用单层配筋，钢筋一般布置在板厚的中间。超过上述厚度或当壳体受有冲击及振动荷载作用时，应采用双层配筋。

③ 由于支座环对壳边缘变形的约束作用，壳的边缘附近将会产生经向的局部弯矩（图 2-19）。设计时应将 RC 壳靠近边缘部分局部加厚，并配置双层钢筋。边缘加厚部分须做成曲线过渡。加厚范围一般不小于壳体直径的 1/12～1/10，增加的厚度不小于壳体中间部分的厚度。加厚区域内的钢筋直径为 4～10mm，间距≤200mm。须注意上层钢筋受

拉，应保证其有足够的锚固长度。

④ 支座环梁可为 RC 梁或为预应力混凝土（Prestressed Concrete，简称 PC）梁。当采用非预应力配筋时，其受力钢筋应采用焊接接头。对于大跨度球面壳结构，支座环梁宜配置预应力钢筋，其预应力值以能使环内应力接近于壳体边缘处按薄膜理论算得的环向力为宜。如无法连续配置预应力钢筋，可将环梁分成若干弧段，分别对称施加预应力，预应力锚头设置在环梁外部突出处（图 2-20）。

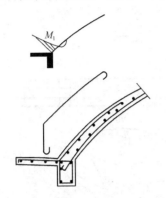
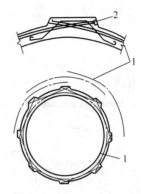

图 2-19　支座环边缘的约束
弯矩及配筋构造图

图 2-20　环梁预应力筋布置
1—环梁；2—预应力锚头

⑤ 当建筑上由于通风采光等要求需在壳体顶部开设孔洞时，应在孔边设内环梁。内环梁与壳体的连接分为三种情形：中心连接（图 2-21a）、内环梁向下的偏心连接（图 2-21b）和内环梁向上的偏心连接（图 2-21c）。在壳体均布荷载及沿孔边环形均布线荷载作用下，如荷载均向下，则内环梁的轴向力为压力，无须额外配置钢筋。但在孔边的壳内将产生局部的径向弯矩，应布置双层受弯钢筋。

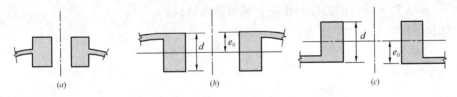

图 2-21　内环梁与壳板的连接

(a) $e_0 = 0$；(b) $e_0 = -\frac{d}{2} > 0$；(c) $e_0 = -\frac{d}{2} < 0$

⑥ 为了方便施工，可采用装配整体式球顶结构。这时，预制单元的划分一般可以沿经向和环向同时切割，把球顶划分成若干块梯形带肋曲面板，各单元的边线为弧线（图 2-22a）；为方便各单元预制，也可划分成由梯形平板所组成，各单元的边线为直线（图 2-22b）；当施工吊装设备起重量较大，而壳体跨度不太大（≤30m）时，也可仅沿经向切割，把圆顶分割成若干块长扇形带肋板（图 2-22c）。在吊装过程中，必要时可在构件下加

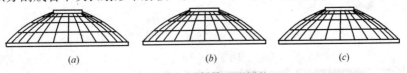

图 2-22　预制单元的划分

设安装用临时拉杆。

（3）下部支承结构

① 球面壳结构通过支座环支承在房屋的竖向承重构件上（如砖墙、RC柱等），如图 2-23（a）所示。这时经向推力的水平分力由支座环承担，竖向支承构件仅承受经向推力的竖向分力。这种结构形式的优点是受力明确，构造简单。但当球顶的跨度较大时，由于经向推力很大，要求支座环的尺寸很大。同时这样的支座环，其表现力也不够丰富活跃。

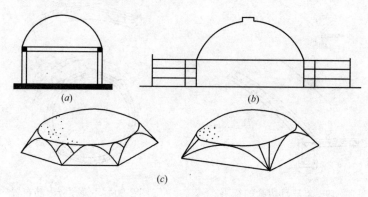

图 2-23　圆顶的支承结构

② 球顶结构支承在框架上（图 2-23b）。利用球顶下四周的围廊或球顶周围的低层附属建筑的框架结构，把水平推力传给基础。这时，框架结构必须具有足够的刚度，以保证壳身的稳定性。

③ 球顶结构支承在斜柱或斜拱上（图 2-23c）。

④ 壳体四周沿着切线方向的直线形、Y 形斜柱，把推力传给基础。这种结构方案清晰、明朗，既表现了结构的力度与作用，又极富装饰性。

⑤ 球顶结构直接落地并支承在基础上。

2. RC双曲扁壳

（1）结构组成

双曲扁壳的形成可采用旋转式或移动式。工程上常用曲面有 3 种：①旋转式——母线为圆弧线；②移动式——母线和导线为抛物线；③移动式——母线和导线为圆弧线。

扁壳由壳身和边缘构件组成（图 2-24a）。壳身可以是光面的，也可以是带肋的。

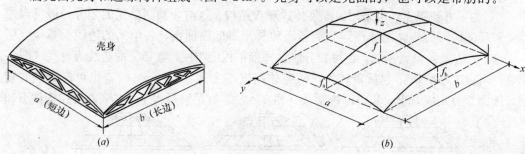

图 2-24　扁壳

（a）结构组成；（b）曲面坐标

设扁壳的短边长为 a，长边 b，壳中央曲面矢高为 f（图 2-24b）。扁壳的 $f/a \leqslant 1/5$，一般 $b/a \leqslant 2$。

曲面方程为：

$$z = \frac{4(x^2 - ax)f_a}{a^2} + \frac{4(y^2 - by)f_b}{b^2} \qquad (2\text{-}10)$$

曲面在 x、y 方向的主曲率可近似取为：

$$k_1 = \frac{\partial^2 z}{\partial x^2} = \frac{8f_a}{a^2} \qquad (2\text{-}11a)$$

$$k_2 = \frac{\partial^2 z}{\partial y^2} = \frac{8f_b}{b^2} \qquad (2\text{-}11b)$$

球面壳用在圆平面上比较合适，若用在矩形平面上，数学力学计算就比较复杂，几何关系也不利于施工。对于矩形底的扁球壳，在建造时可以用圆弧移动壳来代替，而在计算时可以用椭圆抛物面平移曲面来代替。由此产生的几何上的误差：当 $f/a = 1/5$ 时，为 2%；当 $f/a \leqslant 1/10$ 时，仅 0.5%。

（2）受力特点

由于扁平，可将平板理论中的某些公式直接应用到双曲扁壳的计算中，使计算分析简化。分析结果表明，扁壳在满跨均布竖向荷载作用下的内力仍以薄膜内力为主，但在壳体边缘附近要考虑曲面外弯矩的作用（图 2-25a）。图 2-25（b）所示壳身面内压力 N_x、N_y 的分布图，在壳体边缘处两个方向的 $N_x = N_y = 0$；图 2-25（c）为壳身曲面外弯矩的分布图，该弯矩使壳体下表面受拉，弯矩作用区宽度为 ζl，壳体矢高 f 愈高愈薄，弯矩就愈小，弯矩作用区也小；壳身沿四周边缘的顺剪力分布图，壳身内的顺剪力在周边最大，而

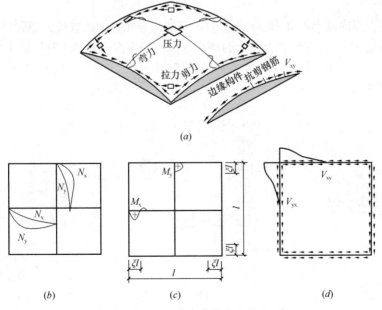

图 2-25 双曲扁壳的内力分布

(a) 壳面内力图示意；(b) N_x 和 N_y；(c) 弯矩 M_x 和 M_y；(d) $V_{xy} = V_{yx}$

在四角处更大（图 2-25d）。

根据力的分布，可把扁壳分为三个区域（图 2-26a）：第 1 区为中央区，主要内力为压力，壳体配置构造钢筋，该区内可以开洞供采光通风之用；第 2 区为边缘区，该区正弯矩较大，需要配置双层受力钢筋（图 2-26b）。

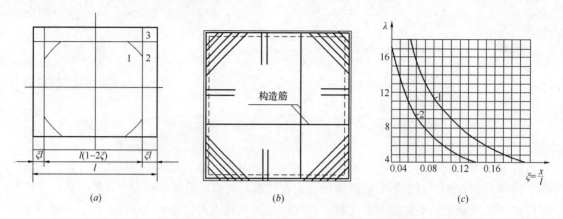

图 2-26　双曲扁壳力状态分区
(a) 分区；(b) 各区配筋图；(c) λ-ζ 曲线

第 3 区为角隅区，扭矩及顺剪力均较大，具有较大的主拉力和主压力，是壳身的关键部位，不允许开洞。上述分区范围 ζl 可根据图 2-26（c）确定，对称均布荷载时用曲线 1 按 $\lambda = 1.17\sqrt{\dfrac{f}{h}}$ 求 ζ；反对称荷载时用曲线 2 按 $\lambda = 0.585\sqrt{\dfrac{f}{h}}$ 求 ζ。双曲扁壳边缘构件上的主要荷载是由壳边的顺剪力 $V_{xy} = V_{yx}$，设计及施工应保证壳与边缘构件有可靠的结合。

（3）构造

当双曲扁壳双向曲率不等（$k_1 \neq k_2$）时，双曲扁壳允许倾斜放置，但壳体底平面的最大倾角不宜超过 10°。此时应将壳体上的荷载分成与底平面垂直和平行的两个分量。

现浇整体式双曲扁壳的边缘构件，应保证其端部的可靠连接，以形成整体"箍"的作用。节点构造如图 2-27 所示。

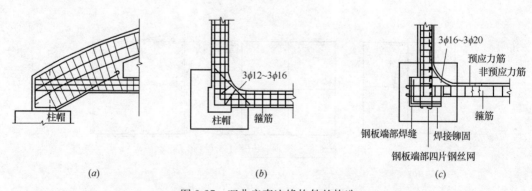

图 2-27　双曲扁壳边缘构件的构造
(a) 边拱节点构造示例；(b) 整体式非预应力边拱；(c) 整体式预应力边拱

双曲扁壳也可以采用单波或多波。

北京火车站（图 2-28）中央大厅的顶盖和检票口通廊的顶盖就是采用双曲扁壳。中央大厅顶盖薄壳的平面为 35m×35m，矢高 $f=7$m，$h=80$mm。检票口通廊上五个双曲扁壳，中间 21.5m×21.5m，两侧 16.5m×16.5m，$f=3.3$m，$h=60$mm。边缘构件为两铰拱。因为扁壳是间隔放置的，各个顶盖均可四面采光，使整个通廊显得宽敞明亮。

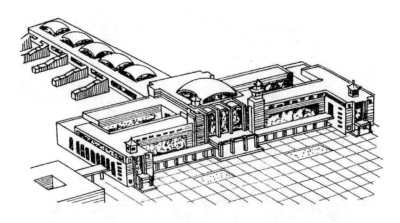

图 2-28　北京火车站双曲扁壳屋盖（1960 年）

3. RC 扭壳（双曲抛物面鞍壳，图 2-5e）

扭壳，一般按无矩理论计算。

扭壳选型善变，受力合理，双向直纹（图 2-29），受到建筑师、结构师和施工人员的欢迎。扭壳由一根直线搭在相互倾斜且不相交的直导线上平行移动而形成（图 2-29a），在竖向均布荷载作用下，曲面内不产生法向力，只产生顺剪力 V_{xy}。在 $V_{xy}=V_{yx}$ 的作用下，产生主拉力（类"索"承受）和主压力（类"拱"承受），作用在与剪力成 45°角的截面上。

扭壳的整个壳面可以想象为一系列拉索与压拱正交而组成的曲面。索拉力把壳面向上顶住，并减轻壳向负担。壳体荷载是由下凹索和凸拱共同承担的。拉索与压拱互相连锁作用，取得平衡。这种双向承受并传递荷载的壳体，是受力最好、最经济的形式。

在壳与边缘构件邻接处，由于壳与边缘构件的整体作用，产生局部弯矩。一般壳中的内力都很小，壳厚度往往不是由强度计算确定，而是由稳定及施工条件决定。扭壳的边缘构件一般为直杆，它承受壳传来的顺剪力 S。

如果屋顶为单个扭壳，并直接支承在 A 和 B 两个基础上，剪力 V_{xy} 将通过边缘构件以合力 R 的方式传至基础。R 的水平分力 H 对基础产生推移。如果地基不足以抵抗 H，则应在两基础之间设置拉杆，以保证壳体的稳定，如图 2-29（b）。

如果屋盖为四块扭壳结合的四坡顶时，扭壳的边缘构件又是四周横隔桁架上弦，上弦受压，下弦受拉（图 2-29c）。

假如扭壳的边缘构件做成曲边，则边缘构件不仅承受轴向力，还要承受一定的弯矩。

57

　　扭壳的下部支承结构可以是柱，也可以是墙，它所受的力是通过边缘构件传来的力。两直杆下端以集中合力 R 的形式把力传给支承结构（图 2-29c）。该力可能是垂直压力，也可能是斜向压力。

　　支座是扭壳传力线归根之处，要表现扭壳造型的生动性，很大程度上在于支座的设计。

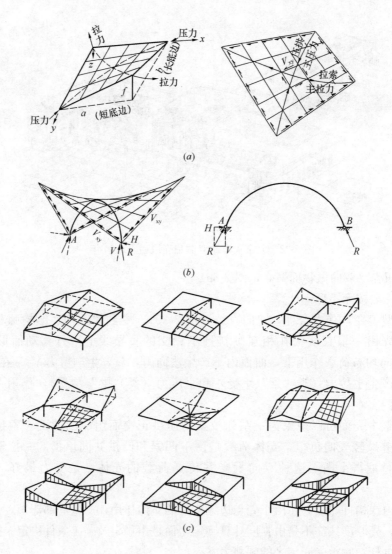

图 2-29　扭壳（双曲抛物面壳）

(a) 单倾（$z = \pm fxy/ab$，$f/a = 1/2 \sim 1/4$）；(b) 双倾；(c) 组合扭壳（四点支承）

　　扭壳受力合理，稳定性好，尤其是直纹曲面，其配筋和制作之简便是其他壳体所无法相比的。工程上常用的扭壳结构形式是从双曲抛物面中沿直纹方向切取的一部分。扭壳可以用单块作屋盖，也可以组合多种组合型扭壳，灵活地适应建筑功能和造型的需要。

　　墨西哥霍奇米尔科（Xochimlco）餐厅（图 2-30a，1958 年），由双曲抛物面薄壳切割、旋转而成，壳厚 $h=40$mm，相邻两扭壳之间壳面加厚形成四条拱肋，支承在 8 个基础上。壳体的外围 8 个立面是斜切的，整个建筑犹如一朵莲花，构思新颖，造型别致，丰富了游览环境，成为该地区的标志。其他 5 个工程实例见图 2-30（b）～图 2-30（f）。

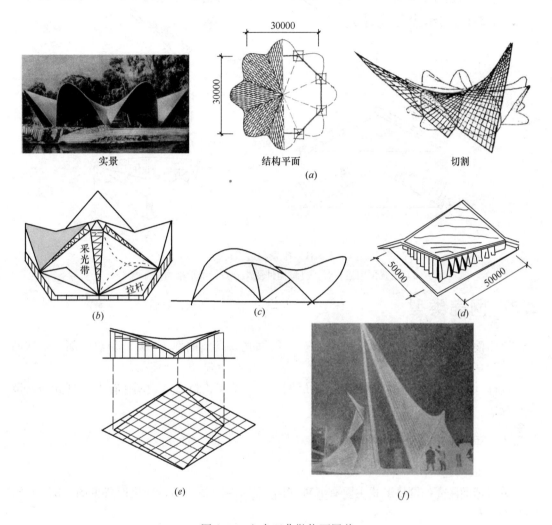

图 2-30　六个双曲抛物面屋盖

（a）霍奇米尔科餐厅（设计者：墨西哥工程师坎迪拉——F. Candela）；

（b）伦敦某女子中学（1937 年）；（c）阿卡普尔科夜总会；（d）日本静冈议会大厅；

（e）布鲁塞尔国际博览会（1958 年）；（f）菲利普斯馆（任何平面形状的扭壳墙和屋顶）

图 2-31（a）所示的是一个组合扭壳屋盖结构，由于壳边传给边缘构件的顺剪力是等量均匀分布的，屋脊顶部处为零且往下逐渐增大，按直线分布（图 2-31b），其最大值为顺剪力 V_{xy} 乘以边缘构件长度 l，即 $V_{max}=V_{xy}l$，下弦的拉力 $N=V_{max}l\cos\alpha$。上下弦间可不设腹杆，但需设吊杆。当设计组合双曲抛物面壳时，一定要注意顺剪力沿边缘构件的走向（图 2-31a）。边缘构件的设计，是保证壳面结构安全可靠的重要条件。扭壳屋盖水平推力的平衡见图 2-31（c）。

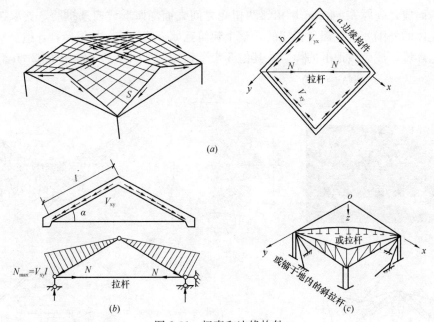

图 2-31 扭壳和边缘构件

(a) 四坡顶屋盖；(b) 边缘构件受力；(c) 水平推力的平衡

2.2 网壳类型

按曲面形式分类，网壳有：单曲面——筒网壳（高斯曲率 $K=0$）和双曲面——球网壳（$K>0$）和扭网壳（$K<0$）。

按杆件布置方式分类，网壳有：单层网壳——节点构造通常为刚接；双层网壳——节点为铰接。

2.2.1 单层网壳

1. 球面网壳

单层球面网壳的网格形式主要有五种（图 2-32a～图 2-32e），变化形式见图 2-32（f）～图 2-32（i）。

2. 柱面网壳

柱面网壳的杆件布置方式有下列五种基本形式和五种拓展形式（图 2-33）。其中图 2-33（c）、图 2-33（e）所示的网壳，稳定性好，刚度大，常用于跨度大或具有不对称荷载的结构中，如雪载较大的屋盖。

3. 扭网壳

扭网壳为直纹曲面，壳面上每一点都可作根互相垂直的直线。因此，扭网壳可以采用直线杆件直接形成，采用简单的施工方法就能准确地保证杆件按壳面布置。由于扭网壳为负高斯曲壳（$K<0$），可避免其他扁壳所具有的聚焦现象，能产生良好的室内声响效果。扭壳造型轻巧活泼，适应性强，很受建筑师和业主的欢迎。

单层扭网壳杆件种类少，节点连接简单，施工方便。单层扭网壳按网格形式的不同，有正交正放网格和正交斜放网格两种（图 2-34）。

60

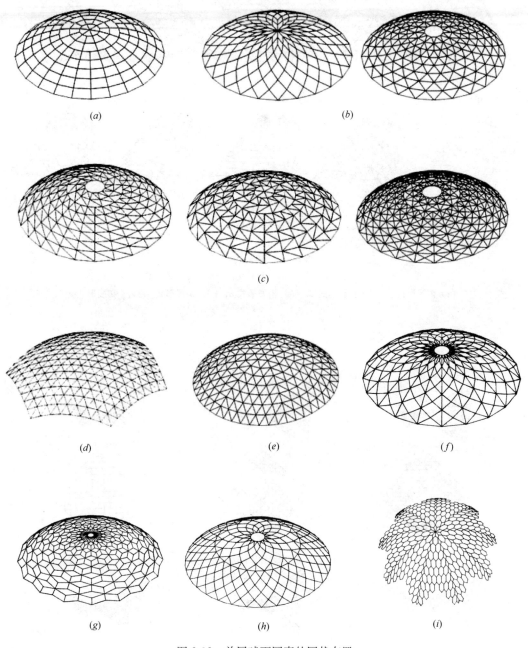

图 2-32 单层球面网壳的网状布置

(*a*) 肋环型（节点刚接，中、小跨度）；(*b*) 联方型（抗风、抗震好，大、中跨度）；

(*c*) 施威德勒型（Schwedler）（能承受较大的非对称荷载，大、中跨度）；

(*d*) 短程线型（侧地线穹顶，球面上两点的曲线最短，变分）；

(*e*) 凯威特型——扇形三向网格（Kiewitt，K6，匀称的三角形网格，大、小跨度）；

(*f*) 变化形式 1；(*g*) 变化形式 2；(*h*) 变化形式 3；

(*i*) 变化形式 4

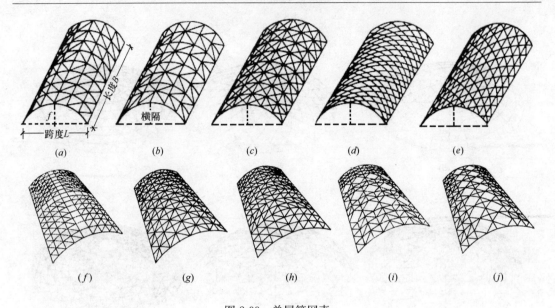

图 2-33 单层筒网壳

(a) 单斜杆型；(b) 人字型（弗普尔）；(c) 双斜杆型；(d) 联方型；(e) 三向型；
(f) 拓展形式 1；(g) 拓展形式 2；(h) 拓展形式 3；(i) 拓展形式 4；(j) 拓展形式 5

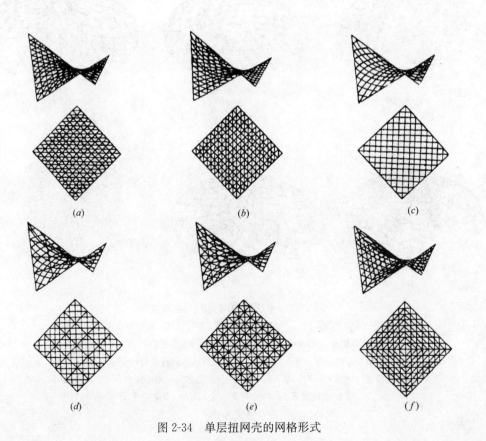

图 2-34 单层扭网壳的网格形式

图 2-34(*a*)、图 2-34(*b*)所示杆件沿两个直线方向设置，组成的网格为正交正放。在实际工程中，一般都在第三个方向再设置杆件，即斜杆，从而构成三角形网格。杆件沿曲面最大曲率方向设置，组成的网格为正交斜放（图 2-34*c*）。此时，杆件受力最直接。但其中由于没有第三方向的杆件，网壳平面内的抗剪切刚度较差，对承受非对称荷载不利。改善的办法是在第三方向全部或局部地设置直线方向的杆件如图 2-34(*d*)～图 2-34(*f*)所示。

单层扭网壳面内具有较好的稳定性，但因其平面外刚度较小，因此，控制扭网壳的挠度成了设计中的关键。

在扭网壳屋脊处设加强桁架，能明显地减少屋脊附近的挠度，但随着与屋脊距离的增加，加强桁架的影响则下降。由于扭网壳的最大挠度并不一定出现在屋脊处，因此，在屋脊处设桁架只能部分地解决问题。

同时，边缘构件的刚度对于扭网壳的变形控制具有决定意义。分析表明，相同结构边缘构件无垂直变位（如网壳直接支承在柱顶上）比边缘构件有垂直变位的网壳挠度增大近 2 倍。在扭壳的周边，布置水平斜杆，以形成周边加强带，可提高抗侧能力。

由于扭网壳的支承脊线为直线，会产生较大的温度应力，如采用固定约束，对网壳受力不利，对于支承柱也会产生较大的水平推力，因此做成橡胶支座，有助于放松水平约束。

几种多姿的扭壳如图 2-35 所示。

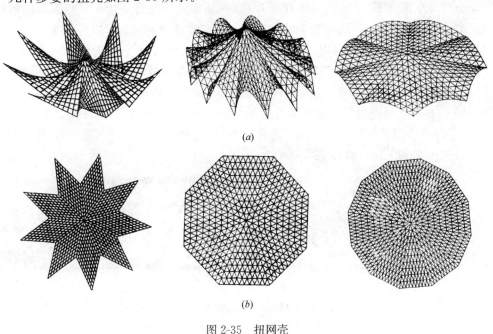

(*a*)

(*b*)

图 2-35　扭网壳

(*a*) 透视图；(*b*) 相应平面图

2.2.2　双层网壳

双层网壳的形式很多，主要分交叉桁架体系和角锥体系两大类。

1. 球网壳

（1）交叉桁架体系

单层球面网壳的网格形式（图 2-32）均可适用于双层交叉桁

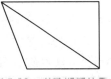

图 2-36　交叉桁架体系

架体系，只要将单层网壳中的每根杆件用网片来代替（图 2-36），即可形成双层球面网壳。必须注意网片每个杆的轴线必须通过球心。

（2）角锥体系

由角锥体系组成的双层球面网壳的基本单元为四角锥或三角锥，而实际工程中以四角锥体居多。图 2-37 所示任意平面形状上的球面网壳组合。

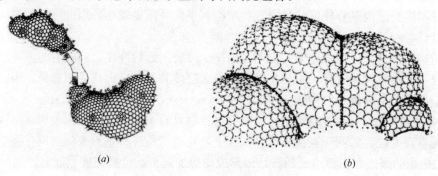

图 2-37　三角锥体系球网壳组合
(a) 三角锥体系；(b) 局部

老山自行车馆（图 2-38），2008 年北京第 29 届奥运会比赛场馆，屋盖采用四角锥体系双层球面焊接球网壳，网壳顶标高 35.29m。屋盖系统由 24 组向外倾斜 15°、高度 10.35m 的人字支柱（钢管 $\phi1000 \times 18$，长 12m），人字支柱下端为铸钢支座（材质：GS16Mn5N——德国标准 DIN17182，每套 8.5t）与下部混凝土结构铰接连接。网壳的人字柱柱顶支承跨度 $D=133.06m$，$f=14.69m=D/9.1$。网壳厚度 $h=2.8m=D/47.5$。满足表 1-10 的要求。网壳钢管和焊接球材质 Q345B：钢管直径 $114 \sim 203mm$，（五种），杆长约 4m；焊接球直径 $300 \sim 600mm$（六种）。环形桁架 Q345C——1 圈弦杆 $\phi1200 \times 20$，其余 3 圈弦杆 $\phi500 \times 16$；腹杆 $\phi245 \times (18-12)$。

图 2-38　老山自行车馆（2008 年，北京奥运会）
(a) 实景；(b) 室内；(c) 环形桁架（四圈弦杆）

由于老山自行车馆采用双层四角锥球网壳的杆件布置，从内部看杆件比较杂乱（图 2-38b），若将屋盖中央区改为单层网壳，边缘区采用双层肋环型球网壳（网壳厚度 $h=1.5 \sim 4.5m$，图 2-39a、c），杆件布局也许更为简洁、明快。图 2-39（b）所示施威德勒型球面网壳，它是 1863 年德国工程师施威德勒对肋环型网壳（图 2-32a）的发展和完善。他在每个梯形网格内再用斜杆分成四个小三角形，从而，内力顺球面分布更为均匀，结构的重量进一步减轻，可以建造更大跨度的屋顶。它实际上是一种真正的网壳，故施威德勒被誉为"穹顶结构之父"。

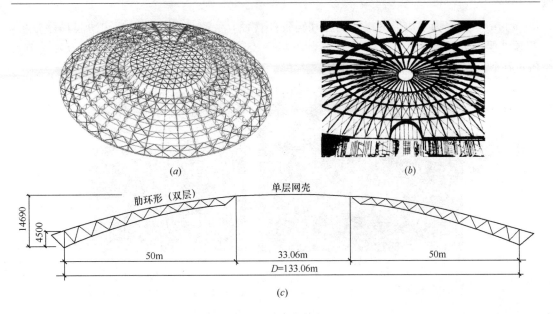

(c)

图 2-39 球面网壳

(*a*) 单、双层（肋环型）组合球面网壳；(*b*) 凯威特型单层网壳；(*c*) 图 (*a*) 的剖面

日本大阪会堂（1970 年），双层测地线穹顶 3/4 球面，外球直径 $D_1 = 30\text{m}$，内层直径 $D_2 = 27\text{m}$，两层间的空间可提供空调、照明及音响设备的用房。几何性质的说明图 2-40 所示。外层是全三角形网格，它是由以频率 8，球二十面体的第 1 类分割形成的（图 2-40*c*）。结构的约为四分之三球面，内层由五边、六边形及三角形组成。

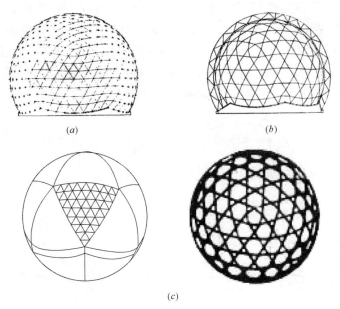

图 2-40 日本大阪穹顶（1970 年）

(*a*) 立面；(*b*) 剖面；(*c*) 第一类分割

加拿大蒙特利尔（Montreal）博览会美国厅（United States Pavilion，1967 年）（图 2-41），双层网壳，3/4 球体，直径 $D = 75.9\text{m}$。由于外层二向网格（外层管径 $d =$

88.9mm)、内层为六边形网格（内层和斜腹杆管径 $d=73$mm），根据结构薄膜程序分析，穹顶外层可近似承受荷载 $55\%\sim75\%$，内层仅 $25\%\sim45\%$。圆钢管杆件 2.4 万根，节点 0.6 万个。

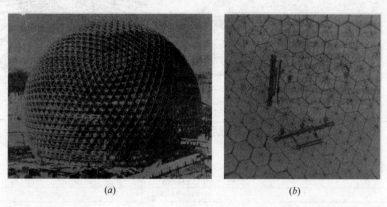

(a)　　　　　　　　　(b)

图 2-41　加拿大蒙特利尔博览会美国厅

(a) 外景；(b) 安装过程的内视

委内瑞拉加拉加斯的波里特罗穹顶（Poliedrode Caracas，1975 年）是最大铝合金测地线穹顶，基本形状是由等距支承在 4 个大圆边长拱上的球面六面体——球面立方体的 1/8（图 2-42a）。球底直径 171.9m，支座位置直径 $D=143$m。穹顶中心高 $f=38$m，穹顶厚度 $h=1.49$m。外层网格三角形（图 2-42c），内层六边形，基本网格如图 2-42 (b)所示。工厂预制节点 1981 个（顶层 685 个，底层 1296 个）采用锻铝球与加劲板，杆件 7636 个（顶层 1908 个，底层 1840 个，斜腹杆 3888 个）。杆件的初步截面由线弹性拟壳法求得，然后，用 29 种荷载组合采用刚度法进行动、静力分析。该穹顶在美国制造（要求精度高），组装成易拆卸的形式用船运至委内瑞拉。利用数控设备来控制"孔位"，并用特制的规尺来装配杆件，使预制误差最小，从而可以雇用没有任何空间结构安装经验的安装队在工地安装。该穹顶经受了加拉加斯（Caracas）发生的多次地震而未受到任何影响。

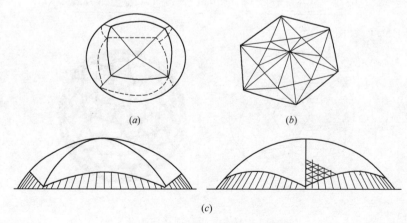

(a)　　　　　　　　　(b)

(c)

图 2-42　加拉加斯的波里特罗穹顶

2. 柱面网壳

单层柱面网壳的各种形式均可成为交叉桁架体系的双层柱面网壳。

四角锥体系的双层柱面网壳形式主要有四种（图 2-43）。

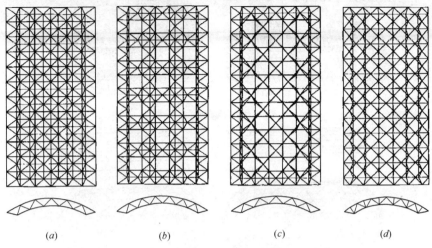

图 2-43　四角锥体系的柱面网壳

(a) 正放四角锥；(b) 正放抽空四角锥；(c) 正放棋盘四角锥；(d) 斜放四角锥

当建筑平面呈长椭圆形时，可采用柱面与球面相组合的壳面形式。即在中部为一个柱面网壳，在两端分别用四分之一球网壳，形成一个犹如半个鸡蛋的网壳结构。这种结构形式往往用于平面尺寸很大的情况，如日本的秋田体育馆，平面尺寸为 99m×169m，中间的柱面网壳长 70m，两端的四分之一球壳半径为 43m，四周以斜柱支承。由于跨度大，这类结构常常采用双层网壳结构，且一般为等厚的。

由于柱面壳部分和球壳部分具有不同的曲率和刚度，如何处理两者之间的连接和过渡是结构选型中首先要遇到的问题。一般的过渡方式有 2-44(b) 三种方式。图 2-44(a) 在柱面壳与球壳之间设缝，把屋盖分为独立的三部分；图 2-44(b)、(d) 中柱面壳与球壳网格的划分相对独立，但两者通过节点连接在一起；图 2-44(c)、(e) 中柱面壳与球完整地连在一起，且两者在网格划分时采取自然过渡的方法。

哈尔滨速滑馆（图 2-45d），其平面尺寸为 86.2m×91.2m，中间部分长为 105m，包括下部支承框架在内，则地面标高处的轮廓尺寸达到 101.2m×206.2m。网壳中部的柱面壳部分采用正放四角锥体系，两端球面壳部分半径为 43m 的半球网壳采用三角锥体系，一律采有螺栓球节点，全部采用双层网壳，网壳厚度为 2.1m，网格尺寸为 3m，为了平衡网壳中间部位的推力，在地下拱脚处附设了 PC 拉杆。端部球面网壳也附设了承担水平拉力的较大边缘构件。可见，设计网壳结构时，必须选用合理承担水平推力的边缘构件。

3. 扭网壳

双层扭网壳结构的构成与双层筒网壳相似。网格的形式与单层扭网壳相似，也可分为两向正交正放网格和两向正交斜放网格。为了增强结构的稳定性，双层扭网壳一般都设置斜杆形成三角形网格。

(1) 两向正交正放网格的扭网壳

两组桁架垂直相交且平行或垂直于边界。这时，每榀桁架的尺寸均相同，每榀桁架的上弦为一直线，节间长度相等。这种布置的优点是杆件规格少，制作方便。缺点是体系的

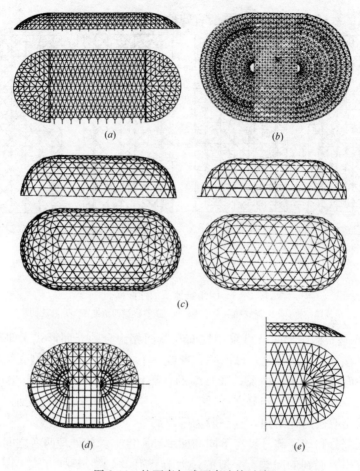

图 2-44 柱面壳与球面壳连接过渡

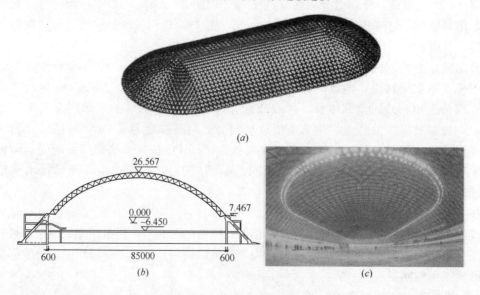

图 2-45 哈尔滨速滑馆
(a) 全貌；(b) 横剖面；(c) 内景

稳定性较差，需设置适当的水平支撑及第三向桁架来增强体系的稳定性并减少网壳的垂直变形，而这又会导致用钢量的增加。

（2）两向正交斜放网格的扭网壳

两组桁架垂直相交与边界成 45°斜角，两组桁架中，一组受拉（相当于悬索受力），一组受压（相当于拱受力），充分利用了扭壳的受力特性。并且上、下弦受力同向，变化均匀，形成了壳体的工作状态。这种体系的稳定性好，刚度较大，变形较小，不需设置较多的第三向桁架。但桁架杆件尺寸变化多，给施工增加了一定的难度。

图 2-46 为北京体育学院体育馆，屋盖结构为四块组合型扭网壳，采用了正交正放网格的双层扭网壳。建筑平面尺寸 59.2m×59.2m，跨度 52.2m，挑檐 3.5m，四角带落地斜撑，矢高 3.5m。整个结构桁架中，上、下弦等长，斜腹杆等长，竖腹杆也等长，大大简化了网壳的制作与安装。用钢量 52kg/m²。

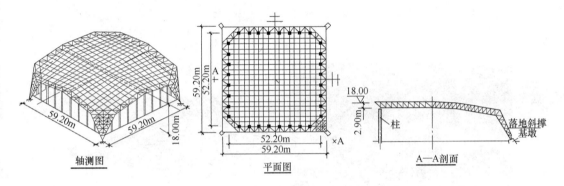

图 2-46　北京体育学院体育馆

四川省德阳市体育馆（图 2-47），屋盖平面为菱形，边长 74.87m，对角线长 105.8m，四周悬挑，两翘角部位最大悬挑长度为 16.5m，其余周边悬挑长度为6.6m。

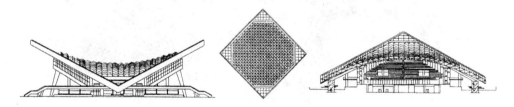

图 2-47　四川省德阳市体育馆

屋盖结构为两向正交斜放网格的双层扭网壳。网壳曲面矢高 14.5m，最高点上弦球中心标高 32.1m，屋盖覆盖平面面积 5575.68m²。网壳上面铺设四棱锥形 GRC 屋面板，构成了新颖、美观、别具一格的建筑造型。

澳大利亚艺术中心的双曲抛物面网壳（图 2-48），该网壳与塔架的巧妙结合，令人叹服。

1990 年北京亚运会石景山体育馆（图 2-49），该建筑平面是正三角形边长为 99.7m，屋盖由三块双曲抛物面双层钢网壳组成，各网壳支承在中央的三叉形格构式钢刚架和外缘的 RC 边梁上。每片网壳由两簇立放的直线形平行弦桁架组成基本网格，再加上第三方向

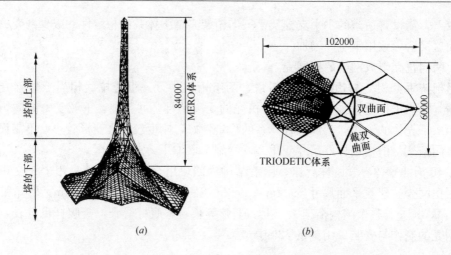

图 2-48　维多利亚艺术中心塔
(a) 正视图；(b) 平面图

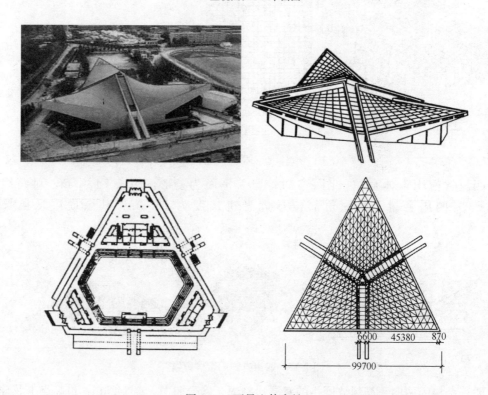

图 2-49　石景山体育馆

（网格的对角线方向）的桁架（不再是直线形），形成完整的网壳。网壳的厚度 $h = 1.5\text{m}$。三叉形刚架的每个叉梁由箱形截面的立体型钢桁架组成，与 RC 刚架方案比较，其优点是自重轻、温度应力小、便于制作安装、施工工期短。整个屋盖结构体系受力明确，钢刚架拔地而起形成三足鼎立之势，刚架的三个支点较低，在三角形屋盖的三个边的中点。而扭网壳的三个角向上悬翘，呈现出展翅欲飞的建筑造型。用钢量 62kg/m^2。

　　几个双层网壳工程用钢量见表 2-1。

双层网壳工程用钢量 表 2-1

	工程名称	网壳形式	平面尺寸（m）	矢高 f（m）	厚度 h（m）	用钢量(kg/m²)
穹顶	美国新奥尔良超级穹顶	凯威特 K12	D213	83	2.24	126（图 1-3）
	瑞典地球体育馆	短程线	D110	85	2.1	30（按曲面）
	老山自行车馆	四角锥	D133.06	14.69	2.8	100
	广州南湖乐院太空漫游馆	球面	D50	19.23	1.5	45（按曲面）
扭面	北京体院体育馆	扭面	53.2×53.2	3.5	2.9	52
	北京石景山体育馆（图 2-49）	扭面	三角形边长 99.7	13.34	1.5	62

2.3 网壳分析方法

网壳结构分析是网壳设计过程中的重要环节。分析方法见表 2-2。

由表 2-2 可见，有限单元法[15]（Finite Element Method，简称 FEM）作为一种结构分析的通用分析方法，它不受形状、边界条件和荷载情况的限制，但其计算分析过程必须借助计算机来完成。当前计算机的软、硬件发展迅速，各种数据的前后处理数值分析方法也日趋成熟，因此，有限元法已成为网壳结构分析的主要手段。

网壳分析方法 表 2-2

方法 网壳层		有限单元法（离散化假定）		拟壳法（连续法假定）
		矩阵位移法（刚度法）	矩阵力法（柔度法）	
单层	节点刚接	空间刚架位移法 （梁-柱单元模型）	通用软件中极少采用	结构设计人员可利用薄壳理论中有关球面壳和柱面壳的有关知识理解网壳的受力性能，并能方便地求得网壳的内力。但对曲面形状不规则、网格不均匀、边界条件和作用情况复杂的网壳结构，等代后的光面实体壳，通常很难求出解析解
	节点铰接			
双层		空间桁架位移法 （轴力单元模型）		

注：规程［6］强制性条文 3.1.8 单层网壳应采用刚接节点，作者认为：单层球面网壳的跨度≤30m，节点可采用铰接。

有限元法的要点是：先把整体（结构）拆开，分解成若干个单元，这个过程称为离散化——单元分析；然后，再将这些单元按一定的条件集合成整体——整体分析。在一分一合，先拆后搭的过程中，把复杂结构的计算问题，转化为若干单元的分析和集合问题。

为何通用软件大多数采用有限单元刚度法编写[15]，极少采用柔度法编写？可用表 2-3 的框架结构进行说明。可见，用刚度法编写的程序中，节点的未知位移求解是唯一的，有利于程序交流。

刚度法、柔度法的基本结构比较[15] 表 2-3

原结构	基本结构	
	刚度法（节点位移为未知数）	柔度法（节点力为未知数）
结构坐标系（右手法则） y p （线位移） θ（角位移） x z	动定结构 刚臂 p 链杆 动不定结构次数 $n=2$，计算模型的未知位移是唯一的	静定结构 p 或 p y（力） m_z（力矩） 静不定结构次数 $n=1$，计算模型可采用 2 个中的任 1 个，即计算模型中的未知力不是唯一的

由于电算与手算有不同的特点：手算怕繁，讨厌重复性的大量运算；电算怕乱，喜欢程序简单、精度高、通用性强的方法。因此，绝大多数通用程序采用刚度法编写，便于软件交流。刚度方程表示杆端力 $\{\overline{F}\}^{(e)}$ 与杆端位移 $\{\overline{D}\}^{(e)}$ 之关系：

$$\{\overline{F}\}^{(e)} = [\overline{S}]^{(e)} \{\overline{D}\}^{(e)} \tag{2-12}$$

式中　$\{\overline{F}\}^{(e)}$——单元 e（element）的杆端力向量（列阵）；

$\{\overline{D}\}^{(e)}$——单元 e 的杆端位移向量（列阵）；

$[\overline{S}]^{(e)}$——单元 e 的刚度矩阵。

2.3.1　空间刚架位移法

用刚度法计算空间刚架的原理与平面刚架相同，只是空间刚架杆的两端各有六个位移分量，即 3 个节点线位移 $\overline{u}$、$\overline{v}$、$\overline{w}$ 和 3 个节点角位移 $\overline{\theta}_x$、$\overline{\theta}_y$、$\overline{\theta}_z$。所以，空间杆件的单元刚度矩阵为 12 阶方阵。

1. 等截面杆的单元刚度矩阵

（1）单元坐标系：$\overline{x}\,\overline{y}\,\overline{z}$

图 2-50 所示，单元用（e）表示。取形心轴为 $\overline{x}$ 轴，横截面的主轴分别为坐标系的 $\overline{y}$ 轴

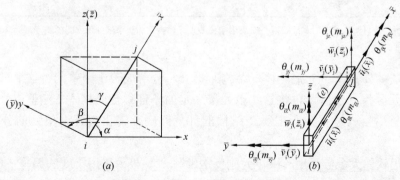

图 2-50　单元坐标系

（a）结构坐标系 xyz 与单元坐标系 $\overline{x}\,\overline{y}\,\overline{z}$；（$b$）单元坐标系中的节点位移（括号内为相应节点力）

和 $\bar{z}$ 轴，坐标系符合右手定则。这样，单元在 $\bar{x}\bar{y}$ 平面内的位移与在 $\bar{x}\bar{z}$ 平面内的位移是彼此独立的。

设杆的横截面面积为 A，在 $\bar{x}\bar{z}$ 平面内的抗弯刚度为 EI_y，线刚度为 $i_y = EI_y/l$；在 $\bar{x}\bar{y}$ 平面内的线刚度为 $i_z = EI_z/l$；杆绕 x 轴的抗扭刚度为 GJ/l。图 2-50 (b) 中用单箭头表示单元坐标系中的杆端线位移（括号内为相应的力）的指向，双箭头表示角位移（括号内为相应的力矩），指向由右手法则确定，图中所示的杆端位移和杆端力均为正方向。

单元的杆端力、位移编号如图 2-51 所示。

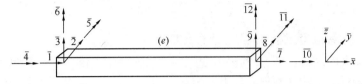

图 2-51　单元的杆端力、位移编号

空间杆件的杆端位移列阵 $\{\overline{D}\}^{(e)}$ 和杆端力列阵 $\{\overline{F}\}^{(e)}$ 分别为：

$$\{\overline{D}\}^{(e)} = \begin{bmatrix} \bar{u}_i \\ \bar{v}_i \\ \bar{w}_i \\ \theta_{i\bar{x}} \\ \theta_{i\bar{y}} \\ \theta_{i\bar{z}} \\ \cdots \\ \bar{u}_j \\ \bar{v}_j \\ \bar{w}_j \\ \theta_{j\bar{x}} \\ \theta_{j\bar{y}} \\ \theta_{j\bar{z}} \end{bmatrix}^{(e)}_{12\times1\text{阶}} \tag{2-13}$$

$$\{\overline{F}\}^{(e)} = \begin{bmatrix} \bar{x}_i \\ \bar{y}_i \\ \bar{z}_i \\ m_{i\bar{x}} \\ m_{i\bar{y}} \\ m_{i\bar{z}} \\ \cdots \\ \bar{x}_j \\ \bar{y}_j \\ \bar{z}_j \\ m_{j\bar{x}} \\ m_{j\bar{y}} \\ m_{j\bar{z}} \end{bmatrix}^{(e)}_{12\times1\text{阶}} \tag{2-14}$$

空间杆单元刚度矩阵 $[\overline{S}]^{(e)}$ 中的元素——刚度系数 $\overline{s}_{ij}$ 可根据位移和力在各平面内的已知刚度关系分别列出（忽略剪切变形，并只列出非零项）：

$$[\overline{S}]^{(e)} = \begin{bmatrix} \overline{s}_{11} & \overline{s}_{12} & \cdots & \cdots & \overline{s}_{1.12} \\ \overline{s}_{21} & \overline{s}_{22} & \cdots & \cdots & \overline{s}_{2.12} \\ \vdots & \vdots & \vdots & \vdots & \vdots \\ \vdots & \vdots & \vdots & \vdots & \vdots \\ \overline{s}_{12.1} & \overline{s}_{12.2} & \cdots & \cdots & \overline{s}_{12.12} \end{bmatrix}_{12 \times 12 阶}$$

矩阵 $[\overline{S}]^{(e)}$ 中各刚度系数 $\overline{s}_{ij}$ 的力学意义是：单元分别处于各个方向的单位位移状态下各约束处所产生的反力，即 $\overline{s}_{ij}$ 的第 2 个脚标 j 代表产生单位位移，其余 11 个地点的位移为 0 时，在脚标 i 位置处产生的反力。因此，$[\overline{S}]^{(e)}$ 的第 1 列元素就代表 $\overline{u}_1 = 1$ 时，在 12 个位置上引起反力，即刚度系数 s_{i1}（$i=1$，2，……12），如图 2-52 所示（图上只标出 s_{11} 和 s_{71}，其他反力为 0，未在图上标出）。

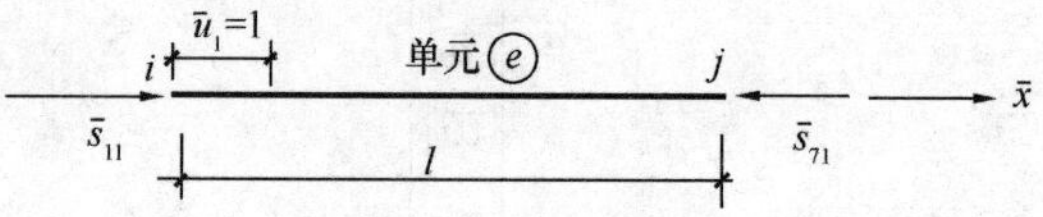

图 2-52　$\overline{u}_1 = 1$ 时，$[\overline{S}]^{(e)}$ 第 1 列（$j=1$）的刚度系数 $\overline{s}_{i1}$ 平衡图

$[S]^{(e)}$ 中的 $\overline{S}$ 具体写出如下：

$$[s]^{(e)} = \begin{bmatrix}
EA/l & & & & & & & & & & & \\
0 & 12i_z/l^2 & & & & & & & & & & \\
0 & 0 & 12i_y/l^2 & & & & & & & & & \\
0 & 0 & 0 & GI_t/l & & & 对称 & & & & & \\
0 & 0 & -6i_y/l & 0 & 4i_y & & & & & & & \\
0 & 6i_z/l & 0 & 0 & 0 & 4i_z & & & & & & \\
-EA/l & 0 & 0 & 0 & 0 & 0 & EA/l & & & & & \\
0 & -12i_z/l^2 & 0 & 0 & 0 & -6i_z/l & 0 & 12i_z/l^2 & & & & \\
0 & 0 & -12i_y/l^2 & 0 & 6i_y/l & 0 & 0 & 0 & 12i_y/l^2 & & & \\
0 & 0 & 0 & -GI_t/l & 0 & 0 & 0 & 0 & 0 & GI_t/l & & \\
0 & 0 & -6i_y/l & 0 & 2i_y & 0 & 0 & 0 & 6i_y/l & 0 & 4i_y & \\
0 & -6i_y/l & 0 & 0 & 0 & 2i_z & 0 & -6i_z/l & 0 & 0 & 0 & 4i_z
\end{bmatrix}$$

$$(2-15)$$

（2）结构坐标系 xyz

为了求结构坐标系中的 $[S]^{(e)}$，先求单元的坐标转换矩阵 $[T]$。先考虑单元 e 在端点 i 的三个杆端力分量。设 $\overline{x}$ 轴与 x、y、z 轴的夹角分别为 $\overline{x}x$、$\overline{x}y$、$\overline{x}z$（图 2-51a），$\overline{x}$ 轴

在 xyz 坐标系中的方向余弦为：$l_{\bar{x}x} = \cos(\bar{x}x)$、$l_{\bar{x}y} = \cos(\bar{x}y)$、$l_{\bar{x}z} = \cos(\bar{x}z)$，将杆端力 $\bar{x}_i$、$\bar{y}_i$ 和 $\bar{z}_i$ 在 $\bar{x}$ 轴上投影，即求得杆端力 $\bar{x}_i$

$$\bar{x}_i = x_i l_{\bar{x}x} + y_i l_{\bar{x}y} + z_i l_{\bar{x}z}$$

同理

$$\bar{y}_i = x_i l_{\bar{y}x} + y_i l_{\bar{y}y} + z_i l_{\bar{y}z}$$

$$\bar{z}_i = x_i l_{\bar{z}x} + y_i l_{\bar{z}y} + z_i l_{\bar{z}z}$$

矩阵式：

$$\begin{bmatrix} \bar{x}_i \\ \bar{y}_i \\ \bar{z}_i \end{bmatrix} = \begin{bmatrix} l_{\bar{x}x} & l_{\bar{x}y} & l_{\bar{x}z} \\ l_{\bar{y}x} & l_{\bar{y}y} & l_{\bar{y}z} \\ l_{\bar{z}x} & l_{\bar{z}y} & l_{\bar{z}z} \end{bmatrix} \begin{bmatrix} x_i \\ y_i \\ z_i \end{bmatrix} \tag{2-16}$$

式（2-16）就是在端点 i 由结构坐标系中杆端力 x_i、y_i、z_i 推算单元坐标系中杆端力 $\bar{x}_i$、$\bar{y}_i$、$\bar{z}_i$ 时的转换关系，其中的转换矩阵

$$[t] = \begin{bmatrix} l_{\bar{x}x} & l_{\bar{x}y} & l_{\bar{x}z} \\ l_{\bar{y}x} & l_{\bar{y}y} & l_{\bar{y}z} \\ l_{\bar{z}x} & l_{\bar{z}y} & l_{\bar{z}z} \end{bmatrix} \tag{2-17}$$

同理，可由 i 端杆端力矩 m_{ix}、m_{iy}、m_{iz} 推算 $m_{\bar{x}}$、$m_{\bar{y}}$、$m_{\bar{z}}$。J 端 x_j、y_j、z_j 推算 $\bar{x}_j$、$\bar{y}_j$、$\bar{z}_j$，由 m_{jx}、m_{jy}、m_{jz} 推算 $m_{\bar{jx}}$、$m_{\bar{jy}}$、$m_{\bar{jz}}$ 时，其转换矩阵也是 $[T]$。从而：

$$\{\bar{F}\}^{(e)} = [T]\{F\}^{(e)} \tag{2-18}$$

式中

$$[T] = \begin{bmatrix} [t] & [0] & \vdots & & [0] \\ [0] & [t] & \vdots & & \\ \cdots & \cdots & \cdots & \cdots & \cdots \\ & [0] & \vdots & [t] & [0] \\ & & \vdots & [0] & [t] \end{bmatrix} \tag{2-19}$$

同理可得，单元杆端位移的转换关系：

$$\{\bar{D}\}^{(e)} = [T]\{D\}^{(e)} \tag{2-20}$$

最后可求结构坐标系的单元刚度矩阵：

$$[S]^{(e)} = [T]^T[\bar{S}]^{(e)}[T] \tag{2-21}$$

可以证明 $[T]$ 为正交矩阵。因此，其逆矩阵 $[T]^{-1}$ 就等于转置矩阵 $[T]^T$，即

$$[T]^{-1} = [T]^T \tag{2-22}$$

或

$$[T][T]^T = [T]^T[T] = [I] \tag{2-23}$$

式中 $[I]$——与 $[T]$ 同阶的单位矩阵。

从而，可得式（2-18）的逆转换公式：

$$\{F\}^{(e)} = [T]^{-1}\{\bar{F}\}^{(e)} \tag{2-24}$$

2. 空间刚架矩阵分析

空间刚架结构刚度矩阵的形成、节点荷载列阵的形成和支承条件的引入，均与平面刚

架的处理方法相同。用刚度法计算空间刚架的步骤如下：

(1) 信息和准备工作

① 确定坐标系，对杆和节点编号；

② 输入、打印结构信息，EI、l 等；

③ 计算输入、打印节点的约束信息。

(2) 形成单元刚度矩阵

① 形成 $[\overline{S}]^{(e)}$——式（2-15）

② 计算 $[T]$——式（2-19）

③ 形成 $[S]^{(e)}$——式（2-21）

(3) 用刚度集成法形成结构刚度矩阵 $[S] = \sum [S]^{(e)}$

(4) 计算单元的等效节点荷载 $\{P_0\}^{(e)}$

将单元坐标系中的单元固端内力 $\{\overline{F}_0\}^{(e)}$，按照 $\{F\}^{(e)} = [T]^{\mathrm{T}} \{\overline{F}\}^{(e)}$ 转换为结构坐标系中的固端内力 $\{F_0\}^{(e)}$，再乘以 -1，便得出

$$\{P_0\}^{(e)} = -[T]^{\mathrm{T}} \{F_0\}^{(e)} \tag{2-25}$$

(5) 计算结构的等效节点荷载 $\{P_0\}$

$\{P_0\}$ 由各单元等效节点荷载列阵 $\{P_0\}^{(e)}$ 集成。因此，与集成总刚度矩阵的做法相似，可先将 $\{P_0\}$ 置 0，再把 $\{P_0\}^{(e)}$ 中的两个子块按单元码与整体码的对应关系累加到 $\{P_0\}$ 中去，最后即得 $\{P_0\}$。

如果刚架的节点上还有直接作用的节点荷载 $\{P_c\}$，则总节点荷载列阵为：

$$\{P\} = \{P_0\} + \{P_c\} \tag{2-26}$$

(6) 引入支承条件，形成基本方程，求出节点位移 $\{D\}$

(7) 解方程 $[S]^* \{D\} = \{P\}^*$，求 $\{D\}$

* 代表引入支承条件进行修改后的刚度法方程。

(8) 最后求

$$\{\overline{F}\}^{(e)} = [\overline{S}]^{(e)} \{\overline{D}\}^{(e)} + \{\overline{F}_0\}^{(e)} \tag{2-27}$$

2.3.2 空间桁架位移法

空间桁架位移法以网壳节点的三个线位移为未知数，详见文献[9]～[11]和文献[17]～[20]，本书不再论述。

2.4 网壳设计

2.4.1 单层网壳的常用形式[6]

1. 球面网壳（图 2-53）

2. 圆柱面网壳（图 2-54）

3. 双曲抛物面网壳，即扭网壳（图 2-55）

4. 椭圆抛物面网壳（图 2-56）

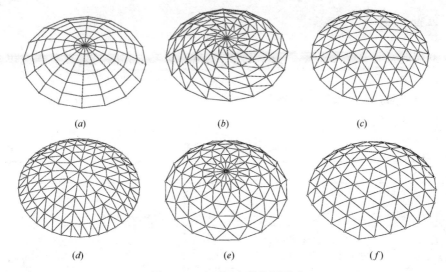

图 2-53　球面网壳的常用形式

(a) 肋环型；(b) 肋环斜杆型；(c) 三向网格；(d) 扇形三向网格；

(e) 葵花形三向网格；(f) 短程线型

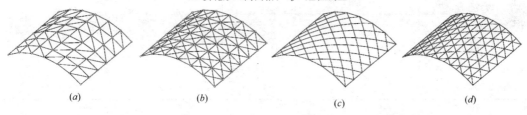

图 2-54　单层圆柱面网壳

(a) 正交正放单向斜杆网格；(b) 正交正放交叉斜杆网格；(c) 联方网格；(d) 三向网格

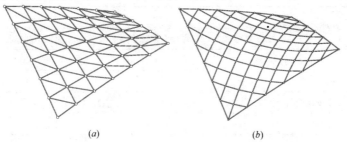

图 2-55　双曲抛物面网壳（扭网壳）的常用形式

(a) 直纹布置杆件；(b) 主曲率方向布置杆件

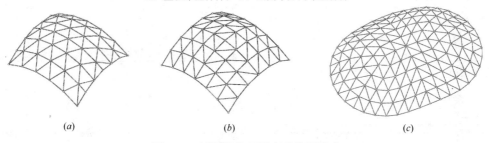

图 2-56　椭圆抛物面网壳的常用形式

(a) 三向网格；(b) 正交正放单向斜杆网格；(c) 椭圆底面网格

2.4.2　一般规定

（1）双层网壳的节点为铰接，它的设计与平板网架基本相同[21]，计算模型也是采用空间桁架位移法。单层网壳的节点一般为刚接，采用空间刚架位移法（表 2-2）。小跨度（$L \leqslant 30m$）单层网壳也可采用铰接节点。

（2）网壳结构的适用范围见表 2-4。

网壳结构的适应范围[6] 　　　表 2-4

		跨度 L	网壳厚度 h	宽度 B	矢高 f
球面网壳 （图 2-32）	单层	$\leqslant 80m$			$f/L \geqslant 1/7$
	双层		$L/30 \sim L/60$		
圆柱面网壳 （图 2-33）	单层	x 方向两边支承：$B \leqslant 35m$ y 方向两边支承：$B \leqslant 30m$		$B \geqslant L$	x 方的两边支承： $f = L/3 \sim L/6$ 四边支承或 y 方向两边 支承：$f = L/2 \sim L/5$
	双层		$L/20 \sim L/50$		
双曲抛物面鞍形 网壳（扭网壳） （图 2-29）	单层	$\leqslant 60m$		平面对角线之比： $\leqslant 2.0$	$f = L/2 \sim L/4$（单块） $f = L/4 \sim L/8$（四块组合）
	双层		$L/20 \sim L/50$		
椭圆抛物面网壳 （图 2-5d）	单层	$\leqslant 50m$		$L/B/ \leqslant 1.5$	$f = L/6 \sim L/9$
	双层		$L/20 \sim L/50$		

（3）网壳杆件的计算长度 l_0 见表 2-5。

l_0 值 　　　表 2-5

结构体系	杆件形式	节点形式				
		螺栓球	焊接空心球	板节点	毂节点	相贯节点
单层网壳	网壳面内	—	$0.9l$		$1.0l$	$0.9l$
	网壳面外		$1.6l$		$1.6l$	$1.6l$
双层网壳	弦杆及支座腹杆	$1.0l$	$1.0l$	$1.0l$	—	—
	腹杆	$1.0l$	$0.9l$	$0.9l$	—	—

（4）网壳杆件的容许长细比 $[\lambda]$ 见表 2-6。

$[\lambda]$ 值 　　　表 2-6

结构体系	杆件形式	杆件			
		受拉	受压	受压与压弯	受拉与拉弯
单层	一般杆件	—	—	150	250
双层	一般杆件	300	180	—	—
	支座附近杆件	250		—	—
	直接承受动力荷载杆件	250		—	—

（5）网壳结构的容许挠度 $[\nu]$ 见表 2-7。

[v]值 表 2-7

网壳层数	屋盖的短向跨度	悬挑结构（悬挑跨度）
单层	1/400	1/200
双层	1/250	1/125

2.4.3 节点设计

网壳结构的节点有：①螺栓球节点；②嵌入式毂节点；③相贯节点；④焊接球节点；⑤铸钢节点，本文只介绍前四种。对于螺栓球节点和嵌入式毂节点，由于在工地上不用焊接拼装，应优先采用。

1. 螺栓球节点[22]

螺栓球节点（图 2-57a）由钢球、高强度螺栓、套筒、紧固螺钉（销钉）、封板或锥头等零件组成，可用于连接网架和双层网壳等格构式结构的圆钢管杆件。

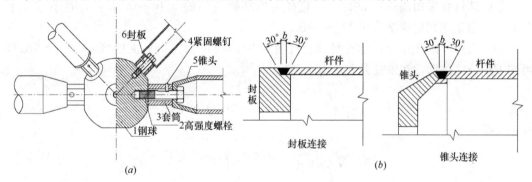

图 2-57 螺栓球节点

（a）螺栓球与杆件连接；（b）杆件端部连接焊缝

用于制造螺栓球节点的钢球、高强度螺栓、套筒、紧固螺钉、封板、锥头的材料可按表 2-8 的规定选用，并应符合相应标准技术条件的要求。产品质量应符合现行行业标准[22]规定。

螺栓球节点零件用材料 表 2-8

零件名称	推荐材料	文献编号	备注
钢球	45 号钢	[23]	毛坯钢球锻造成型
高强度螺栓	20Mn TiB，40Cr，35CrMo	[24]	规格 M12～M24
	35VB，40Cr，35CrMo		规格 M27～M36
	35CrMo，40Cr		规格 M39～M64×4
套筒	Q235B	[25]	套筒内孔径为 13～34mm
	Q345	[26]	套筒内孔径为 37～65mm
	45 号钢	[23]	
紧固螺钉	20Mn TiB	[24]	螺钉直径宜尽量小
	40Cr		
封板、锥头	Q235B	[25]	钢号宜与杆件一致
	Q345	[20]	

杆件端部应采用封板或锥头连接（2-57b），其连接焊缝的承载力应不低于连接钢管，坡口焊缝的底部宽度 b 可根据连接钢管壁厚取 2～5mm。锥头任何截面的承载力应不低于连接钢管，封板厚度应按实际受力大小计算确定，封板及锥头底板厚度不应小于表 2-9 中数值。锥头底板外径宜较套筒外接圆直径大 1～2mm，锥头底板内平台直径宜比螺栓头直径大 2mm。锥头倾角应小于 40°。

封板及锥头底板厚度

表 2-9

高强度螺栓规格	封板/锥头底厚（mm）	高强度螺栓规格	封板/锥头底厚（mm）
M12、M14	12	M36～M42	30
M16	14	M45～M52	35
M20～M24	16	M56×4～M60×4	40
M27～M33	20	M64×4	45

紧固螺钉宜采用高强度钢材，其直径可取螺栓直径的 0.16～0.18 倍，且不宜小于 3mm。一般紧固螺钉规格采用 M5～M10。

钢球直径应保证相邻螺栓在球体内不相碰并应满足套筒接触面的要求（图 2-58a），可按下列公式核算，并按较大者选用。

$$D \geqslant \sqrt{\left(\frac{d_s^b}{\sin\theta} + d_L^b\cot\theta + 2\xi d_L^b\right)^2 + \lambda^2 d_L^{b^2}} \qquad (2\text{-}28a)$$

$$D \geqslant \sqrt{\left(\frac{\lambda d_s^b}{\sin\theta} + \lambda d_L^b\cot\theta\right)^2 + \lambda^2 d_L^{b^2}} \qquad (2\text{-}28b)$$

式中　　D——钢球直径（mm）；

　　　　θ——两相邻螺栓之间的最小夹角（rad）；

　　　　d_L^b——两相邻螺栓的较大直径（mm）；

　　　　d_s^b——两相邻螺栓的较小直径（mm）；

　　　　ξ——螺栓拧入球体长度与螺栓直径的比值，可取为 1.1；

　　　　λ——套筒外接圆直径与螺栓直径的比值，可取为 0.8。

当相邻杆件夹角 θ 较小时，尚应根据相邻杆件及相关封板、锥头、套筒等零部件不相

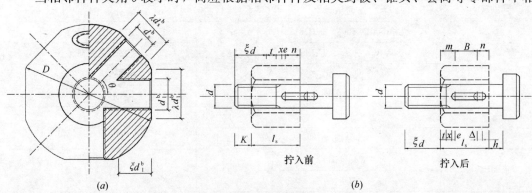

图 2-58　钢球直径的要求
（a）螺栓球与直径有关的尺寸；（b）套筒长度及螺栓长度

碰的要求核算螺栓球直径。此时可通过检查可能相碰点至球心的连线与相邻杆件轴线间的夹角不大于 θ 的条件进行核算。

套筒长度 l_s(mm) 和螺栓长度 l(mm) 可按下列公式计算（图 2-58b）：

$$l_s = m + B + n \qquad (2-29)$$

$$l = \xi d + l_s + h \qquad (2-30)$$

式中　B——滑槽长度（mm），$B = \xi d - K$；

　　　ξd——螺栓伸入钢球长度（mm），d 为螺栓直径，ξ 一般取 1.1；

　　　m——滑槽端部紧固螺钉中心到套筒端部的距离（mm）；

　　　n——滑槽顶部紧固螺钉中心至套筒顶部的距离（mm）；

　　　K——螺栓露出套筒距离（mm），预留 4~5mm，但不应少于 2 个丝扣；

　　　h——锥头底板厚度或封板厚度（mm）。

对于开设滑槽的套筒验算套筒端部到滑槽端部的距离，应使该处有效截面的抗剪力不低于紧固螺钉的抗剪力，且不小于 1.5 倍滑槽宽度。图 2-58（b）中：t 为螺纹根部到滑槽附加余量，取 2 个丝扣；x 为螺纹收尾长度；e 是紧固螺钉的半径；Δ 是滑槽预留量，一般取 4mm。

高强度螺栓的性能等级应按规格分别选用。对于 M12~M36 的高强度螺栓，其强度等级应按 10.9 级（极限强度 $f_u = 1000\text{N/mm}^2$，$f_y/f_u = 0.9$，f_y——屈服强度）选用；对于 M39~M64 的高强度螺栓，其强度等级应按 9.8 级选用。螺栓的形式与尺寸应符合现行国家标准[28]的要求。选用高强度螺栓的直径应由杆件内力确定，高强度螺栓的受拉承载力设计值 N_t^b 应按下式计算：

$$N_t^b = A_{eff} f_t^b \qquad (2-31)$$

式中　f_t^b——高强度螺栓经热处理后的抗拉强度设计值，对 10.9 级，取 430N/mm²；对 9.8 级，取 385N/mm²；

　　　A_{eff}——高强度螺栓的有效截面积，可按表 2-10 选取。当螺栓上钻有键槽或钻孔时，A_{eff} 值取螺纹处或键槽、钻孔处两者中的较小值。

常用高强度螺栓在螺纹处的有效截面面积 A_{eff} 和承载力设计值 f_t^b 　　表 2-10

性能等级	规格 d	螺距 s(mm)	A_{eff} (mm²)	N_t^b(kN)
10.9 级	M12	1.75	84	36.1
	M14	2	115	49.5
	M16	2	157	67.5
	M20	2.5	245	105.3
	M22	2.5	303	130.5
	M24	3	353	151.5
	M27	3	459	197.5
	M30	3.5	561	241.2
	M33	3.5	694	298.4
	M36	4	817	351.3

续表

性能等级	规格 d	螺距 s(mm)	A_{eff}（mm²）	N_t^b(kN)
	M39	4	976	375.6
	M42	4.5	1120	431.5
	M45	4.5	1310	502.8
9.8级	M48	5	1470	567.1
	M52	5	1760	676.7
	M56×4	4	2144	825.4
	M60×4	4	2485	956.6
	M64×4	4	2851	1097.6

注：螺栓在螺纹处的有效截面积 $A_{eff} = \pi (d - 0.9382p)^2/4$。

受压杆件的连接螺栓直径，可按其内力设计值绝对值求得螺栓直径计算值后，按表 2-10 的螺栓直径系列减少 1～3 个级差。套筒（即六角形无纹螺母）外形尺寸应符合扳手开口系列，端部要求平整，内孔径可比螺栓直径大 1mm。

套筒可按国家标准[28]的规定与高强度螺栓配套采用，对于受压杆件的套筒应根据其传递的最大压力值验算其抗压承载力和端部有效截面的局部承压力。

2. 嵌入式毂节点

嵌入式毂节点由柱状毂体、杆端嵌入件、盖板、中心螺栓、平垫圈、弹簧垫圈等零件组成（图 2-59），适用于跨度不大于 60m 的单层球面网壳以及跨度不大于 30m 的单层圆柱面网壳。

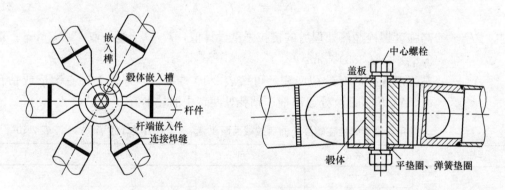

图 2-59 嵌入式毂节点

嵌入式毂节点的零件材料可按表 2-11 选用，产品质量应符合现行行业标准[29]的规定。

嵌入式毂节点的零件材料　　表 2-11

零件名称	推荐材料	文献编号	备注
毂体			毂体直径宜采用 100～165mm
盖体	Q235B	[26]	—
中心螺栓			
杆端嵌入件	ZG230-450H	[30]	精密铸造

毂体的嵌入槽以及其配合的嵌入榫应做成小圆柱状（图 2-60）。杆端嵌入件倾角 φ（即嵌入榫的中线和嵌入件轴线的垂线之间的夹角）和柱面网壳斜杆端嵌入榫不共面的扭角 α 可按《空间网格结构技术规程》JGJ 7—2010[6] 附录 J 进行计算。

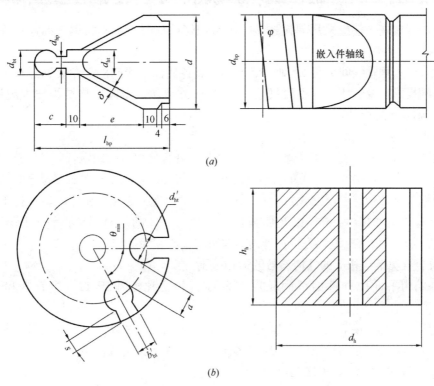

(a)

(b)

图 2-60　嵌入式毂节点的主要尺寸

(a) 嵌入件；(b) 毂体

毂体直径分别按式（2-32）计算，选用较大者：

$$d_{\mathrm{h}} = \frac{(2a + d'_{\mathrm{ht}})}{\theta_{\min}} + d'_{\mathrm{ht}} + 2s \tag{2-32a}$$

$$d_{\mathrm{h}} = 2 \left(\frac{(d + 10)}{\theta_{\min}} + c - l_{\mathrm{hp}} \right) \tag{2-32b}$$

式中　a ——两嵌入槽间的最小间隙；

d'_{ht} ——按嵌入榫直径加上配合间隙；

$\theta_{\min}$ ——毂体嵌入槽轴线件最小夹角（弧度）；

s ——按截面面积 $2d_{\mathrm{h}} \cdot s$ 的抗剪强度与杆件截面抗拉强度等强原则求得。

槽口宽度 b'_{hp} 等于嵌入件颈部宽度 b_{hp} 加上配合间隙；毂体高度 h_{h} 等于嵌入件高度（管径）加 1mm。中心螺栓直径宜采用 16～20mm，压盖厚度不宜小于 4mm。

嵌入件几何尺寸（图 2-60b）应按下列计算方法及构造要求设计：

① 嵌入件颈部宽度 d_{hp} 应按与杆件等强原则计算，宽度 d_{hp} 及高度 h_{hp} 应按拉弯或压弯构件进行强度验算；

② 当杆件为圆管且嵌入件高度 h_{hp} 取圆管外径 d 时，$d_{\mathrm{hp}} \geqslant 3tc$（$t_{\mathrm{c}}$ 为圆管壁厚）；

③ 嵌入榫直径 d_{ht} 可取 $1.7d_{\mathrm{hp}}$，且不宜小于 16mm；

④ 尺寸 c 可根据嵌入榫直径 d_{ht} 及嵌入槽尺寸计算；

⑤ 尺寸 e 可按下式计算：

$$e = \frac{1}{2}(d - d_{ht})\cot 30° \qquad (2-33)$$

杆件与杆端嵌入件应采用焊接连接，可参照螺栓球节点锥头与钢管的连接焊缝（图 2-57b）。焊缝强度应与所连接的钢管等强。

毂体各嵌入槽轴线间夹角 θ（即汇交于该节点各杆件轴线间的夹角在通过该节点中心切平面上的投影）及毂体其他主要尺寸（图 2-60b）可按《空间网格结构技术规程》JGJ 7—2010[6]附录 J 进行计算。

3. 相贯节点[30]

相贯节点适用于不直接承受动力荷载，在节点处直接焊接的圆钢管。其中连续贯通的杆件为主管，直接焊接在主管上的杆件为支管，支管的坡口应采用多轴联动数控机床切割成形。圆钢管的外径与壁厚之比：$d/t \leqslant 100(235 f_y)$。热加工管材和冷成型管材不应采用屈服强度 f_y 超过 345 N/mm² 以及屈强比 $f_y/f_u > 0.8$ 的钢材，且钢管壁厚不宜大于 25mm。在满足下列情况下，分析杆件内力时可将节点视为铰接：

① 符合各类节点相应的几何参数的适用范围；

② 在结构平面内杆件的节间长度与截面直径之比不小于 12（主管）和 24（支管）时。

若支管与主管连接节点偏心不超过式（2-34）限制时，在计算节点和受拉主管承载力时，可忽略因偏心引起的弯矩的影响，但受压主管必须考虑此偏心弯矩 $M = \Delta N \times e$ 的影响（ΔN 为节点两侧主管轴力之差值）。

$$-0.55 \leqslant e/d \leqslant 0.25 \qquad (2-34)$$

式中 e——偏心距；

d——圆主管外径。

主管的外部尺寸不应小于支管的外部尺寸，主管的壁厚不应小于支管壁厚，在支管与主管连接外不得将支管插入主管内；主管与支管或两支管轴线之间的夹角不宜<30°；支管与主管的连接节点处，除搭接型节点外，应尽可能避免偏心。支管与主管的连接焊缝，应沿全周连接焊接并平滑过渡，可沿全周采用坡口焊缝→部分坡口焊缝→角焊缝。支管管壁与主管管壁之间的夹角大于或等于 120° 的区域宜用对接焊缝或带坡口的角焊缝。角焊缝的焊脚尺寸不宜大于支管壁厚的 2 倍。支管壁厚小于 6mm 时可不坡口。在搭接节点中，当支管厚度不同时，薄壁管应搭接在厚壁管上；当支管钢材强度等级不同时，低强度管应搭接在高强度管上。

构件的主要受力部位应避免开孔，如必须开孔时，应采取适当的补强措施。

在管结构中，支管与主管的连接焊缝可视为全周角焊缝，并按公式[29]：$\sigma_f = \frac{N}{h_e l_w} \leqslant \beta_f f_f^w$ 进行计算，但取 $\beta_f = 1$。角焊缝的计算厚度沿支管周长是变化的，当支管轴心受力时，平均计算厚度可取 $0.7h_f$。焊缝的计算长度可按下列公式计算：

在圆管结构中，取支管与主管相交线长度：

当 $d_i/d \leqslant 0.65$ 时：

$$l_w = (3.25d_i - 0.025d) \left(\frac{0.534}{\sin \theta_i} + 0.466 \right) \tag{2-35}$$

当 $d_i/d > 0.65$ 时：

$$l_w = (3.81d_i - 0.389d) \left(\frac{0.534}{\sin \theta_i} + 0.466 \right) \tag{2-36}$$

式中　d、d_i——分别为主管和支管外径；

　　　　θ_i——支管轴线与主管轴线的夹角。

主管和支管均为圆管的节点焊缝承载力应按下列规定计算，其适用范围为：$0.2 \leqslant \eta \leqslant 1.0$；$d_i/t_i \leqslant 60$；$d/t \leqslant 100$；$\theta \geqslant 30^0$，$60^0 \leqslant \varphi \leqslant 120^0$（$\eta$ 为支管外径与主管外径之比；d_i、t_i 为支管的外径和壁厚；d、t 为主管的外径和壁厚；θ 为支管轴线与主管轴线之夹角；ϕ 为支管轴线在主管横截面所在平面投影的夹角）。

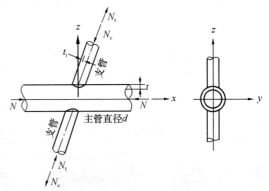

图 2-61　X 形节点

为保证节点处主管的强度，支管的轴心力不得大于下列规定中的承载力设计值：

（1）X 形节点（图 2-61）

① 受压支管在管节点处的承载力设计值 N_{cX}^{pj}：

$$N_{cX}^{pj} = \frac{5.45}{(1 - 0.81\eta)\sin\theta} \psi_n t^2 f \tag{2-37}$$

式中　ψ_n——参数，$\psi_n = 1 - 0.3\sigma/f_y - 0.3(\sigma/f_y)^2$ 当节点两侧或一侧主管受拉时，则取 $\psi_n = 1$。

　　　f——主管钢材的抗拉、抗压和抗弯强度设计值；

　　　f_y——主管钢材的屈服强度；

　　　σ——节点两侧主管轴心压应力的较小绝对值。

② 受拉支管在管节点处的承载力设计值：

$$N_{tX}^{pj} = 0.78 \left(\frac{d}{t} \right)^{0.2} N_{cX}^{pj} \tag{2-38}$$

（2）T 形（或 Y 形）节点（图 2-62）

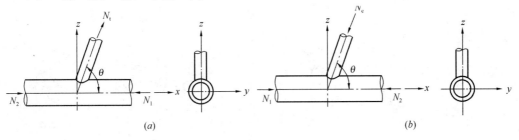

(a)　　　　　　　　　　　　　　(b)

图 2-62　T 形和 Y 形节点

① 受压支管在管节点处的承载力设计值：

$$N_{cT}^{pj} = \frac{11.51}{\sin \theta} \left(\frac{d}{t}\right)^{0.2} \psi_n \psi_d t^2 f \tag{2-39}$$

式中 ψ_d——参数；当 $\zeta \leqslant 0.7$ 时，$\psi_d = 0.069 + 0.93\zeta$；当 $\zeta > 0.7$ 时，$\psi_d = 2\zeta - 0.68$。

② 受拉支管在管节点处的承载力设计值：

$$N_{tT}^{pj} = 1.4N_{cT}^{pj} \quad （当 \zeta \leqslant 0.6 时） \tag{2-40}$$

$$N_{tT}^{pj} = (2-\beta)N_{cT}^{pj} \quad （当 \zeta > 0.6 时） \tag{2-41}$$

（3）K形节点（图 2-63）

① 受压支管在管节点处的承载力设计值：

$$N_{cK}^{pj} = \frac{11.51}{\sin \theta_c} \left(\frac{d}{t}\right)^{0.2} \psi_n \psi_d \psi_a t^2 f \tag{2-42}$$

式中 θ_c——受压支管轴线与主管轴线之夹角；

ψ_a——参数，按下式计算：

$$\psi_a = 1 + \frac{2.19}{1+7.5a/d}\left[1-20.1/(6.6+d/t)\right](1-0.77\zeta) \tag{2-43}$$

a——两支管间的间隙；当 $a < 0$ 时，取 $a = 0$。

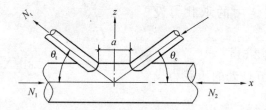

图 2-63　K形节点

② 受拉支管在管节点处的承载力设计值：

$$N_{tK}^{pj} = \sin \theta_c N_{cK}^{pj}/\sin \theta_t \tag{2-44}$$

式中 θ_t——受拉支管轴线与主管轴线之夹角。

（4）TT形节点（图 2-64）

① 受压支管在管节点处的承载力设计值：

$$N_{cTT}^{pj} = \psi_g N_{cT}^{pj} \tag{2-45}$$

式中 $\psi_g = 1.28 - 0.64\dfrac{g}{d} \leqslant 1.1$，$g$ 为两支管的横向间距。

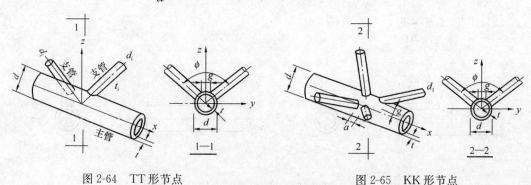

图 2-64　TT形节点　　　　　图 2-65　KK形节点

② 受拉支管在管节点处的承载力设计值 N_{tTT}^{pj} 应按下式计算：

$$N_{tTT}^{pj} = N_{tT}^{pj} \qquad (2\text{-}46)$$

（5）KK 形节点（图 2-65）

受压或受拉支管在管节点处的承载力设计值 N_{cKK}^{pj} 或 N_{tKK}^{pj} 应等于 K 形节点相应支管承载力设计值 N_{cK}^{pj} 或 N_{tK}^{pj} 的 0.9 倍。

4. 焊接空心球节点[6]

焊接空心球由两个半球焊接而成，可根据受力大小分别采用无肋空心球和有肋空心球（图 2-66b）。空心球的钢材宜采用国家标准[25]规定的 Q235B 钢或国家标准[26]规定的 Q345B、Q345C 钢。产品质量应符合行业标准[22]的规定。

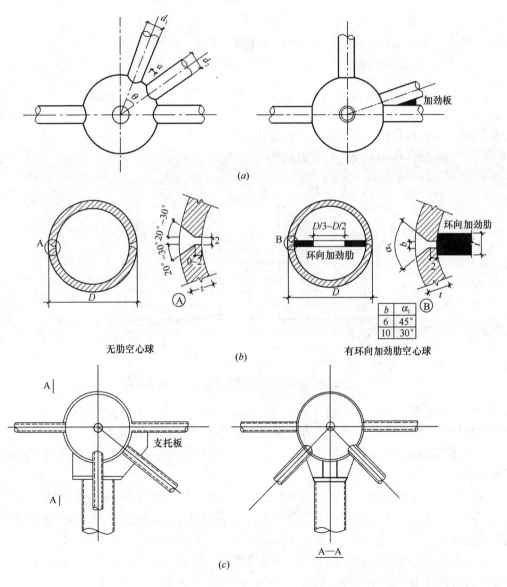

图 2-66　焊接空心球节点

（a）空心球外貌；（b）剖面；（c）汇交

当空心球直径为 120～900mm 时，其受压和受拉承载力设计值 N_R 可按下式计算：

$$N_R = \eta_0 \left(0.29 + 0.54 \frac{d}{D} \right) \pi t d f \qquad (2\text{-}47)$$

式中　D、t——空心球外径、壁厚（mm）；

　　　d——与空心球相连的主钢管杆件的外径（mm）；

　　　f——钢材的抗拉强度设计值（N/mm²）；

　　　η_0——空心球节点承载力调整系数，当 $D > 500$mm 时，$\eta_0 = 0.9$；其他，
　　　$\eta_0 = 1$。

对于单层网壳结构，空心球承受压弯或拉弯的承载力设计值 N_m 可按下式计算：

$$N_m = \eta_m N_R \qquad (2\text{-}48)$$

式中　N_R——空心球受压和受拉承载力设计值（N）；

　　　η_m——考虑空心球受压弯或拉弯作用的影响系数（图 2-67）。

在图 2-67 中，偏心系数　　　　　$c = \dfrac{2M}{Nd}$

式中　M——杆件作用于空心球节点的弯矩（N·mm）；

　　　N——杆件作用于空心球节点的轴力（N）；

　　　d——杆件的外径（mm）。

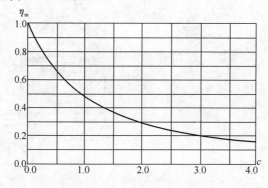

图 2-67　考虑空心球受压弯或拉弯作用的影响系数 η_m

对有肋空心球，当仅承受轴力或轴力与弯矩共同作用但以轴力为主（$\eta_m \geqslant 0.8$）且轴力方向和加肋方向一致时，其承载力可乘以加肋空心球承载力提高系数 η_d，受压球取 $\eta_d = 1.4$，受拉球取 $\eta_d = 1.1$。焊接空心球的设计及钢管杆件与空心球的连接应符合下列构造要求：

（1）双层网壳空心球的外径与壁厚之比宜取 25～45；单层网壳空心球的外径与壁厚之比宜取 20～35；空心球外径与主钢管外径之比宜取 2.4～3.0；空心球壁厚与主钢管的壁厚之比宜取 1.5～2.0；空心球壁厚不宜小于 4mm。

（2）无肋空心球和有肋空心球的成型对接焊接，应分别满足图 2-66（b）的要求。加肋空心球的肋板可用平台或凸台，采用凸台时，其高度不得大于 1mm。

（3）钢管杆件与空心球连接，钢管应开坡口，在钢管与空心球之间应留有一定缝隙并予以焊透，以实现焊缝与钢管等强，否则应按角焊缝计算。钢管端头可加套管与空心球焊接（图 2-68）。套管壁厚不应小于 3mm，长度可为 30～50mm。

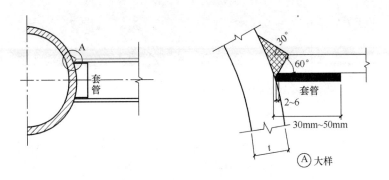

图 2-68　钢管加套管的连接

（4）角焊缝的焊脚尺寸 h_f 应符合下列规定：

① 当钢管壁厚 $t_c \leqslant 4\mathrm{mm}$ 时，$1.5 t_c \geqslant h_f > t_c$；

② 当 $t_c > 4\mathrm{mm}$ 时，$1.2 t_c \geqslant h_f > t_c$。

在确定空心球外径时，球面上相邻杆件之间的净距 a 不宜小于 10mm（图 2-66a），空心球直径可按下式估算：

$$D = (d_1 + 2a + d_2)/\theta \qquad (2\text{-}49)$$

式中　θ——汇集于球节点任意两相邻钢管杆件间的夹角（rad）；

d_1、d_2——组成 θ 角的两钢管外径（mm）；

a——球面上相邻杆件之间的净距（mm）。

当空心球直径过大且连接杆件又较多时，为了减少空心球的直径，允许部分腹杆与腹杆或腹杆与弦杆相汇交，但应符合下列构造要求：

（1）所有汇交杆件的轴线必须交于球中心，如图 2-66（a）所示；

（2）汇交两杆中，截面积大的杆件必须全截面焊在球上（当两杆截面积相等时，取受拉杆），另一杆坡口焊在相汇交杆上，但应保证有 3/4 截面焊在球上，并应按图 2-66（b）设置加劲板；

（3）受力大的杆件，可按图 2-66（c）增设支托板。

当空心球外径 $D > 300\mathrm{mm}$，且杆件内力较大需要提高承载能力时，可在球内加肋；当空心球外径 $D \geqslant 500\mathrm{mm}$，应在球内加肋。肋板必须设在轴力最大杆件的轴线平面内，且其厚度不应小于球壁的厚度。

2.5　网壳结构的稳定性[16]

2.5.1　失稳

图 2-69（a），单层网壳在屈曲前以某种变形模式与外荷载 N 平衡，当外荷载小于临界荷载 N_{cr} 时，平衡是稳定的，当 $N > N_{cr}$ 时，基本平衡状态成为不稳定的平衡，在它附近还存在另一个平衡状态，此时一旦有微小扰动，平衡形式就会发生质变，由基本平衡状态屈曲后到达新的平衡状态，由于结构平衡路径在 A 点发生分枝，所以这种屈曲被称为分枝点屈曲，也叫质变屈曲（第一类稳定）[31]。

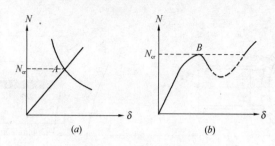

图 2-69　失稳的种类

(a) 分枝点屈曲；(b) 极值点屈曲

如果网壳存在初始缺陷，并考虑结构的非线性性能，一般情况下结构的屈曲就不再是分枝点屈曲，而是极值点屈曲。此时结构的平衡路径不存在分枝现象，但当外荷载增大到 N_{cr} 以后，系统的平衡状态变为不稳定的平衡状态，荷载必须逐渐下降才能维持结构内外力之间的平衡，否则即使荷载保持不变，结构会发生很大位移，由于临界荷载对应的平衡路径上的 B 点表现为极值点（图 2-69b），所以这种屈曲称为极值点屈曲，也叫量变屈曲（第二类稳定）[31]。

1. 屈曲分析

屈曲分析的目的是确定结构从稳定的平衡状态变为不稳定的平衡状态时的临界荷载及其屈曲模态的形状。目前普遍采用的两种方法是理想结构的线性屈曲分析（特征值屈曲分析）和缺陷结构的非线性全过程分析（非线性屈曲分析）。

（1）线性化

线性屈曲分析用来预测一个理想线性结构的理论屈曲强度，优点是无须进行复杂的非线性分析，即可获得结构的临界荷载和屈曲模态，并可为非线性屈曲分析提供参考荷载值。线性屈曲分析的控制方程为

$$([K_L] + \lambda [K_\sigma]) \{\Psi\} = \{0\} \tag{2-50}$$

式中　　λ——特征值，即通常意义上的荷载因子；

$\{\Psi\}$——特征位移向量；

$[K_L]$——结构的小位移（即弹性）刚度矩阵；

$[K_\sigma]$——参考初应力矩阵。

（2）非线性化

为了考虑初始缺陷对结构理论屈曲强度的影响，必须对结构进行基于大挠度理论的几何非线性屈曲分析，其单元增量刚度方程（忽略高阶少量的影响）为

$$[K_T]^e \{\Delta u\}^e = \{R\} - \{r\}^e \tag{2-51}$$

式中　　$[K_T]^e$——单元切线刚度矩阵，$[K_T]^e = [K_L]^e + [K_\sigma]^e$；

$\{\Delta u\}^e$——位移增量矩阵；

$\{R\}$——外力矩阵；

$\{r\}^e$——残余力矩阵。

非线性有限元增量方程的最基本的求解方法是牛顿-拉斐逊法（Newtom Raphson Method）或修正的牛顿-拉斐逊法（Modified Newton Raphson Method）。基于这个基本方法，近年来各国学者作了大量的研究工作，其中比较有参考价值而又行之有效的一种方

法即等弧长法（Arc Length Method）。该法最初由 Riks 和 Wemprer 提出，继而由 Cris-field 和 Ramm 等人加以改进和发展，目前已成为结构稳定分析中的主要方法。

（3）临界点的判别准则

单层网壳在某一特定平衡状态的稳定性能可以由它当时的切线刚度矩阵来判别：正定的切线刚度矩阵对应于结构的稳定平衡状态；非正定的切线刚度矩阵对应于结构的不稳定平衡状态；而奇异的切线刚度矩阵则对应于结构的临界状态。矩阵是否正定需根据定义来判别：如果矩阵左上角各阶主子式的行列式都大于零，则矩阵是正定的；如果有部分主子式的行列式小于零，则矩阵是非正定的；如果矩阵的行列式等于零，则矩阵是奇异的。

结构计算通常采用 LDL^T 分解法，每步计算都需将刚度矩阵分解为下面的形式：

$$[K_L] = [L][D][L]^T \tag{2-52}$$

其中，$[L]$ 是主元为 1 的下三角矩阵，$[D]$ 是以对角元矩阵，

$$[D] = \begin{bmatrix} D_1 & & & & \\ & D_2 & & O & \\ & & D_3 & & \\ & O & & \cdots & \\ & & & & D_n \end{bmatrix} \tag{2-53}$$

对式（2-54）取行列式

$$|K_L| = |L||D||L^T| = |D| = D_1 \cdot D_2 \cdot D_3 \cdots\cdots D_n \tag{2-54}$$

即切线刚度矩阵的行列式与对角矩阵的行列式相等。由矩阵的分解过程还可以知道，矩阵 $[K_T]$ 和 $[D]$ 的左上角各阶主子式的行列式也都是相等的。因此矩阵 $[K]_T$ 是否正定完全可以由矩阵 $[D]$ 来判别。如果矩阵 $[D]$ 的所有主元都是正的，则它的左上角各阶主子式的行列式也必然大于零，这时结构的切线刚度矩阵是正定的，因此结构处于稳定的平衡状态；如果矩阵 $[D]$ 的主元有小于零的，则切线刚度矩阵是非正定的，这时结构的平衡是不稳定的；从理论上来说，临界点的切线刚度矩阵是奇异的，它的行列式应该等于零，这时矩阵 $[D]$ 的主元至少有一个为零。然而在实际计算中选择的加载步长正好使刚度矩阵奇异的可能性几乎是没有的，但是我们可以由矩阵 $[D]$ 的主元符号变化来确定临界点的出现。

在增量计算中，每加一级荷载都可以观察矩阵 $[D]$ 的主元符号变化，结构在屈曲前的平衡是稳定的，因此矩阵 $[D]$ 的所有主元都大于零。假设加到第 k 级荷载时矩阵 $[D]$ 的所的主元仍大于零，在 $k+1$ 级荷载矩阵 $[D]$ 的主元有个别的小于零，则可以断定第 $k+1$ 级荷载已超过了临界点。为了确定临界点的类型需要比较 N_P 和 N_{k+1} 的大小：如果 $N_k > N_{k+1}$，则该临界点为极值点（图 2-70a）；如果 $N_k < N_{k+1}$，则还需要计算第 $k+2$ 级荷载；如果 $N_{k+1} > N_{k+2}$，则该临界点为极值点（图 2-70b）；如果 $N_{k+1} < N_{k+2}$，则该临界

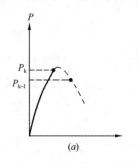
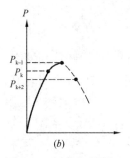
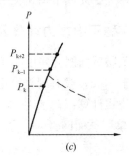

图 2-70 极值点判别

点为分枝点（图 2-70c）。

2. 初始缺陷的影响

对于单层网壳等缺陷敏感性结构，其临界荷载可能会因极小的初始缺陷而大大降低。结构的初始缺陷对于极值点失稳和分枝点失稳的影响是不同的。如果理想结构的失稳属极值点失稳，则考虑初始缺陷以后，结构仍发生极值点失稳，但临界荷载一般情况均有不同程度的降低。对分枝点失稳情况，初始缺陷将可有使分枝点失稳转化为极值点失稳而降低结构的临界荷载值。对单层网壳，初始缺陷主要表现为节点的几何偏差。在理论研究中，通常可以采用以下两种方法进行缺陷分析。

（1）随机缺陷模态法

该方法认为，结构的初始缺陷受各种不定因素的影响，如施工工艺、现场条件等，因此结构的初始缺陷是随机变化的。虽然其大小及分布无法预先确定，但可以假定每个节点的几何偏差近似符合正态分布，用正态随机变量模拟每个节点的几何偏差，然后对缺陷网壳进行稳定性分析，取所得临界荷载最小值作为实际结构的临界荷载。该方法能较为真实地反应实际结构的稳定性能，但由于需要对不同缺陷分布进行多次的反复计算后才能确定结构的临界荷载值，因此计算量太大。

（2）一致缺陷模态法

初始缺陷对结构稳定性影响的程度不仅取决于缺陷的大小，还取决于缺陷的分布。结构的最低阶屈曲模态是结构屈曲时的位移倾向，是潜在的位移趋势。如果结构的初始缺陷分布恰好与结构的最低阶屈曲模态相吻合，无疑将对结构的稳定性产生最不利影响。一致缺陷模态法的基本思想就是采用对结构稳定性最不利的缺陷分布对缺陷结构进行稳定性分析，因此只需对具有与结构屈曲最低阶模态一致的初始缺陷的缺陷结构进行稳定性分析，得到的临界荷载即可用为实际结构的临界荷载。

可以认为，初始缺陷对网壳稳定性的影响本质上类似于平衡路径转换时对结构施加的人为扰动，不同之处在于初始缺陷的扰动作用是在结构一开始承受荷载时就存在的。当荷载较小时，结构变形也较小，此时结构刚度较大，初始缺陷的扰动对结构地影响较小；但当荷载接近临界荷载时，结构刚度矩阵趋于奇异，即使是很小的扰动也将使结构沿扰动方向发生较大的变形，此时初始缺陷的扰动作用将十分显著。显然，采用一致缺陷模态法对缺陷结构进行稳定性分析时，如果理想结构的第一个临界点为分枝点，由于与其屈曲模态一致的初始缺陷的扰动作用，从加载开始，结构就将逐渐偏离其基本平衡路径而向分枝平衡路径靠近，结构最终无法达到理想结构的临界点而发生分枝失稳，而是以临界荷载较低的极值点失稳完成平衡路径的转换。

2.5.2 稳定承载力计算公式

当单层球面网壳跨度小于 50m、单层圆柱面网壳宽度小于 25m、单层椭圆抛物面网壳跨度小于 30m，或对网壳稳定性进行初步计算时，其容许承载力标准值 $[q_{ks}]$(kN/m²) 可按下列公式计算：

1. 单层球面网壳

$$[q_{ks}] = 0.25 \frac{\sqrt{B_e D_e}}{r^2}$$ (2-55)

式中　B_e——网壳的等效薄膜刚度（kN/m）；

　　　D_e——网壳的等效抗弯刚度（kN·m）；

　　　r^2——球面的曲率半径（m）。

扇形三向网壳的等效刚度 B_e 和 D_e 应按主肋处的网格尺寸和杆件截面进行计算；短程线型网壳应按三角形球面上的网格尺寸和杆件截面进行计算；肋环斜杆型和葵花形三向网壳应按自支承圈梁算起第三圈环梁处的网格尺寸和杆件截面进行计算。网壳径向和环向的等效刚度不相同时，可采用两个方向的平均值。

2. 单层椭圆抛物面网壳，四边铰支在刚性横隔上

$$[q_{ks}] = 0.28\mu \frac{\sqrt{B_e D_e}}{r_1 r_2} \tag{2-56}$$

$$\mu = \frac{1}{1 + 0.956\dfrac{q}{g} + 0.076\left(\dfrac{q}{g}\right)^2} \tag{2-57}$$

式中　r_1、r_2——椭圆抛物面网壳两个方向的主曲率半径（m）；

　　　μ——考虑荷载不对称分布影响的折减系数；

　　　g、q——作用在网壳上的恒荷载和活荷载（kN/m²）。

注：式（2-58）的适用范围为 $q/g = 0 \sim 2$。

3. 单层圆柱面网壳

(1) 当网壳为四边支承，即两纵边固定铰支（或固结），而两端铰支在刚性横隔上时：

$$[q_{ks}] = 17.1 \frac{D_{e11}}{r^3 (L/B)^3} + 4.6 \times 10^{-5} \frac{B_{e22}}{r(L/B)} + 17.8 \frac{D_{e22}}{(r+3f)B^2} \tag{2-58}$$

式中　L、B、f、r——分别为圆柱面网壳的总长度、宽度、矢高和曲率半径（m）；

　　　D_{e11}、D_{e22}——分别为圆柱面网壳纵向（零曲率方向）和横向（圆弧方向）的等效抗弯刚度（kN·m）；

　　　B_{e22}——圆柱面网壳横向等效薄膜刚度（kN/m）。

当圆柱面网壳的长宽比 L/B 不大于 1.2 时，由式（2-58）算出的容许承载力应乘以考虑荷载不对称分布影响的折减系数 μ。

$$\mu = 0.6 + \frac{1}{2.5 + 5\dfrac{q}{g}} \tag{2-59}$$

注：式（2-59）的适用范围为 $q/g = 0 \sim 2$。

(2) 当网壳仅沿两纵边支承时：

$$[q_{ks}] = 17.8 \frac{D_{e22}}{(r+3f)B^2} \tag{2-60}$$

(3) 当网壳为两端支承时：

$$\left.\begin{array}{c} [q_{ks}] = \mu\left[0.015\dfrac{\sqrt{B_{e11}D_{e11}}}{r^2\sqrt{L/B}} + 0.033\dfrac{\sqrt{B_{e22}D_{e22}}}{r^2(L/B)\xi} + 0.020\dfrac{\sqrt{I_h I_v}}{r^2\sqrt{Lr}}\right] \\[2mm] \xi = 0.96 + 0.16(1.8 - L/B)^4 \end{array}\right\} \tag{2-61}$$

式中　B_{e11}——圆柱面网壳纵向等效薄膜刚度；

I_h、I_v——边梁水平方向和竖向的线刚度（kN·m）。

对于桁架式边梁，其水平方向和竖向的线刚度可按下式计算：

$$I_{h,v} = E(A_1 a_1^2 + A_2 a_2^2)/L \tag{2-62}$$

式中 A_1、A_2——分别为两根弦杆的面积；

a_1、a_2——分别为相应的形心距。

两端支承的单层圆柱面网壳尚应考虑荷载不对称分布的影响，其折减系数可按下式计算：

$$\mu = 1.0 - 0.2\frac{L}{B} \tag{2-63}$$

注：式（2-63）的适用范围为 $L/B = 1.0 \sim 2.5$。

2.6 地震作用下网壳的内力计算

2.6.1 网壳结构的抗震分析[32]

1. 基本假定

（1）网壳的节点均为完全刚结的空间节点，每一个节点有六个自由度、三个位移、三个转角。

（2）质量集中在各节点上，仅考虑线性位移加速度引起的惯性力，不考虑角加速度引起的惯性力。

（3）作用在质点上的阻尼力与对地面的相对速度成正比，但不考虑由角加速度引起的阻尼力。

（4）支承网壳的基础按地面的地震波运动。

2. 网壳结构的抗震分析

由于网壳结构具有很强的非线性性能，因此抗震分析一般采用时程分析法，分两个阶段。第一阶段为多遇地震作用下的分析。网壳在多遇地震作用时应处于弹性阶段，因此应作弹性时程分析，根据求得的内力，按荷载组合的规定进行杆和节点的设计。二是为罕遇地震作用下的分析。网壳在罕遇地震作用下处于弹塑性阶段，因此应作弹塑性时程分析用以校核网壳结构的位移以及是否会发生倒塌。

采用时程分析法时，宜按烈度、近远震和场地类别选用适当数量的实际记录或人工模拟的加速度时程曲线。所选地震波的卓越周期应与建筑场地特征周期值接近，加速度曲线幅值应根据设防烈度的加速度峰值进行调整。

按时程分析法分析时，其动力平衡方程为：

$$MX'' + CX' + SX = MX''_g \qquad (2-64)$$

式中 M、C、S ——网壳结构的质量矩阵、阻尼矩阵和刚度矩阵，对于周边固定铰支承的网壳结构其阻尼比可取 0.002;

$\qquad X''$、X'、X ——网壳节点在整体坐标系下的加速度、速度和位移向量;

$\qquad X''_g$ ——地面地震运动加速度向量。

在对网壳结构进行地震效应计算时可以采用振型分解反应谱法，则网壳结构 j 振型，i 质点的水平或竖向地震作用标准值应按下式确定:

$$F_{EKx_{ji}} = \eta \alpha_j \gamma_j X_{ji} G_i$$
$$F_{EKy_{ji}} = \eta \alpha_j \gamma_j Y_{ji} G_i \qquad (2-65)$$
$$F_{EKz_{ji}} = \eta \alpha_j \gamma_j Z_{ji} G_i$$

式中 $F_{EKx_{ji}}$、$F_{EKy_{ji}}$、$F_{EKz_{ji}}$ —— j 振型、i 质点分别沿 X、Y、Z 方向地震作用标准值;

$\qquad \eta$ ——阻尼比影响系数，可取 1.5;

$\qquad G_i$ —— i 质点的重力荷载代表值;

$\qquad \alpha_j$ ——相应于 j 振型自振周期的水平地震影响系数，按《建筑抗震设计规范》(GB 50011—2010) 确定。竖向地震影响系数 α_{vj} 取 $0.65\alpha_j$;

$\qquad X_{ji}$、Y_{ji}、Z_{ji} ——分别为 j 振型、i 质点的 X、Y、Z 方向的相对位移坐标;

$\qquad \gamma_j$ —— j 振型参与系数。

当计算水平地震作用时，j 振型参与系数按式 (2-66)、式 (2-67) 计算:

X 方向: $\qquad \gamma_{E_{xj}} = \dfrac{\sum\limits_{i=1}^{n} X_{ji} G_i}{\sum\limits_{i=1}^{n} (X_{ji}^2 + Y_{ji}^2 + Z_{ji}^2) G_i} \qquad (2-66)$

X 方向: $\qquad \gamma_{E_{yj}} = \dfrac{\sum\limits_{i=1}^{n} Y_{ji} G_i}{\sum\limits_{i=1}^{n} (X_{ji}^2 + Y_{ji}^2 + Z_{ji}^2) G_i} \qquad (2-67)$

当计算竖向地震作用时，j 振型参与系数按式 (2-68) 计算:

$$\gamma_{E_{V_i}} = \dfrac{\sum\limits_{i=1} Z_{ji} G_i}{\sum\limits_{i=1}^{n} (X_{ji}^2 + Y_{ji}^2 + Z_{ji}^2) G_i} \qquad (2-68)$$

其中 n 为网壳节点数。

按振型分解反应谱法分析时，网壳水平或竖向地震作用效应可按式 (2-69) 计算:

$$N_i = \sqrt{\sum_{j=1}^{m} N_{ij}^2}$$ (2-69)

式中　N_i——第 i 杆水平或竖向地震作用效应；

　　　N_{ij}——第 j 振型第 i 杆水平或竖向地震作用效应；

　　　m——计算中考虑的振型数。

2.6.2　地震作用下网壳结构的内力计算

1. 地震作用下网壳结构的内力计算的规定

对于 7 度抗震设防区，可不进行网壳结构竖向抗震计算。对设防烈度为 8 度、9 度地区必须进行网壳结构的水平与竖向抗震计算。对网壳结构进行地震效应计算时可以利用振型分解反应谱法；对于体型复杂或重要的大跨度网壳结构，应利用时程分析进行补充计算。在抗震分析时，宜考虑支承结构对网壳的实际约束刚度。对于网壳的支承结构应按有关规定进行抗震计算。

2. 地震作用下网壳结构内力计算的简化方法

（1）对于轻屋盖单层网壳结构，当按 7 度设防，在类场地上进行多遇地震效应计算时，周边固定铰支承球面网壳及四角铰支承带边梁的单块扭网壳的水平地震作用标准值可按下式确定：

$$F_{EK_i} = |\psi_E G_i|$$ (2-70)

式中　F_{EK_i}——作用在网壳第 i 节点上水平地震作用标准值；

　　　G_i——网壳第 i 节点重力荷载代表值，其中恒荷载取 100%，雪荷载及屋面积灰取 50%，不考虑屋面活荷载；

　　　ψ_E——水平地震作用系数，按表 2-12 采用。

单层网壳水平地震作用系数 ψ_E 值　　　　　　　　表 2-12

网壳类型　矢跨比	0.167	0.200	0.250	0.300
单层球面网壳	0.280	0.400	0.520	0.650
单层块扭壳	—	0.120	0.280	0.420

注：本表系数适用于类场地、7 度多遇地震。

对Ⅰ类、Ⅱ类、Ⅳ类场地情况，当结构基本周期大于场地特征周期 T_g 时，应将地震作用系数 ψ_E 乘以场地修正系数 C，C 值按表 2-13 采用。

场地修正系数 C　　　　　　　　表 2-13

场地类别	Ⅰ	Ⅱ	Ⅲ	Ⅳ
场地修正系数	0.54	0.75	1.0	1.55

（2）对于沿两纵边固定铰支、两端铰支在刚性横隔上的正交正放四角锥轻屋盖双层圆柱面网壳结构，当按 7 度设防、在类场地上进行多遇地震效应计算时，其横向弦杆及腹杆的地震作用标准值产生的轴向力 N_E 可由静荷载标准值产生的轴向力 N_S 乘以地震内力系数 ζ_1 求得，即

$$N_E = \zeta_1 N_S \tag{2-71}$$

纵向弦杆可取等截面设计，其杆件地震作用标准值产生的轴向力 N_E 可按各纵向弦杆的最大静载标准值产生的轴向力 $N_{S\max}$ 乘以地震内力系数 ζ_2 求得，即

$$N_E = \zeta_2 N_{S\max} \tag{2-72}$$

其中 ζ_1 及 ζ_2 按表 2-14 采用。

双层圆柱面网壳地震内力系数值　　　　　表 2-14

系数	杆件类型	图示 / 矢跨比		0.167	0.200	0.250	0.300
ζ_1	横向上下弦杆	沿纵向中部 1/2 跨度内的横向弦杆	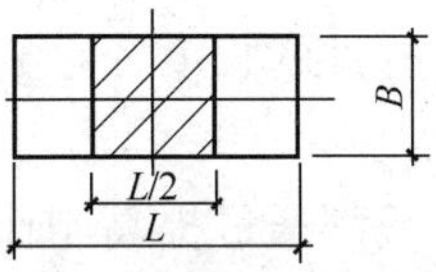	0.24	0.32	0.42	0.60
		沿纵向两端 1/4 跨度内的横向弦杆	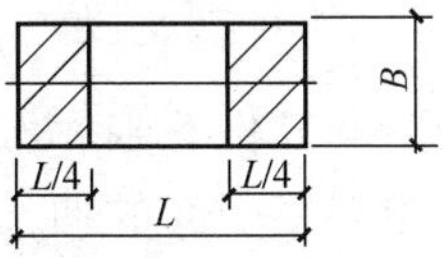	0.16	0.22	0.28	0.42
ζ_1	腹杆	沿周边一个网格的腹杆	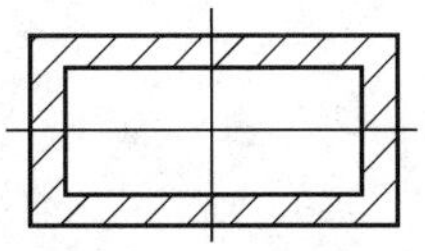	0.52			
		其他腹杆	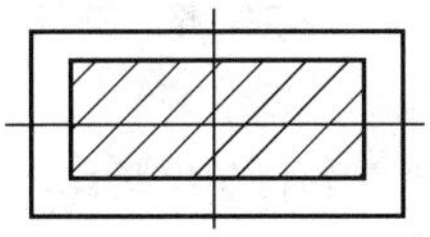	0.26			
ζ_2	纵向	上弦杆		0.18	0.32	0.56	0.80
		下弦杆		0.10	0.16	0.24	0.34

注：本表系数适用于Ⅲ类场地、7 度多遇地震。同样，对Ⅰ、Ⅱ、Ⅳ类场地也需对地震内力 ζ_1、ζ_2 乘以表 2-3 的场地修正系数 C 进行修正。

2.7　网壳的温度应力和装配应力

网壳一般都用于大跨度建筑，往往具有比较复杂的几何曲面，在结构组成上也是高次超静定结构。为了保证整体结构具有足够的刚度，支座通常设计得十分刚强，这样在温度变化时，就会在杆件、节点和支座内产生不可忽视的温度应力。另外，网壳因制作原因使

杆件具有长度误差和弯曲等初始缺陷，在安装时就会产生装配应力。由于网壳是一种缺陷敏感性结构，对装配应力的反应也是极为敏感的。

1. 温度应力

网壳的温度应力的计算应采用空间杆系有限元法进行，基本原理同第 2.3 节，即首先将网壳各节点加以约束，根据温度场分布求出因温度变化而引起的杆件固端内力和各节点的不平衡力，然后取消约束，将节点不平衡力反向作用在节点上，求出因反向作用的节点不平衡力引起的杆件内力，最后将杆件固端内力与由节点不平衡力引起的杆件内力叠加，即求得网壳杆件的温度应力。

温度应力是由于温度变形受到约束而产生的，降低温度应力的有效方法应是设法释放温度变形，其中最易实现的是将支座设计成弹性支座，但应注意支座刚度的减少会影响网壳的稳定性。

2. 装配应力

装配应力往往是在安装过程中由于制作和安装等原因，使节点不能达到设计坐标位置，造成部分节点间的距离大于或小于杆件的长度，在采用强迫就位使杆件与节点连接的过程中就产生了装配应力。

由于网壳对装配应力极为敏感，一般都通过提高制作精度，选择合适安装方法以控制安装精度使网壳的节点和杆件都能较好地就位，装配应力就可减少到可以不予考虑的程度。

当需要计算装配应力时，也应采用空间杆件有限元法，采用的基本原理与计算温度应力时相仿，即将杆件长度的误差比拟为由温度引起的伸长或缩短即可。

参 考 文 献

[1] 王仕统 . 衡量大跨度空间结构优劣的五个指标[J]. 空间结构，2003(1).

[2] [英] Z. S. Makowski. 赵惠麟等译著 . 穹顶网壳分析、设计与施工[M]. 南京：江苏科学技术出版社，1992.

[3] 沈世钊，陈昕 . 网壳结构稳定性[M]. 北京：科学出版社，1999.

[4] 唐家祥，王仕统，裴若娟 . 结构稳定理论[M]. 北京：中国铁道出版社，1989.

[5] 王仕统 . 钢结构设计[M]. 广州：华南理工大学出版社，2010.

[6] 中华人民共和国行业标准空间网格结构技术规程 JGJ 7-2010[S]. 北京：中国建筑工业出版社，2010.

[7] 沈祖炎 . 必须还钢结构轻、快、好、省的本来面目[J]. 钢结构与建筑业，2010(12).

[8] 广东省地方标准 . 钢结构设计规程(DBJXXX). 2014.

[9] 董石麟 . 空间结构[M]. 北京：中国计划出版社，2003.

[10] 尹德钰，刘善维，钱若军 . 网壳结构设计[M]. 北京：中国建筑工业出版社，1996.

[11] 王仕统，空间结构，广东省执业资格注册中心，2004.5.

[12] 杨耀乾 . 薄壳理论[M]. 北京：中国铁道出版社，1984.

[13] 罗福午，张惠英，杨 军 . 建筑结构概念设计及案例[M]. 北京：清华大学出版社，2003.

[14] 清华大学土建设计研究院 . 建筑结构形式概论[M]. 北京：清华大学出版社，1982.

[15]　罗崧发、王仕统、蒋发祥，等. 有限单元刚度法在建筑结构工程实践中的应用[J]. 华南工学院（现华南理工大学）学报，1975(12).

[16]　刘锡良、韩庆华. 网格结构设计与施工[M]. 天津：天津大学出版社，2004.

[17]　沈祖炎、陈扬骥. 网架与网壳[M]. 上海：同济大学出版社，1997.

[18]　沈祖炎、严慧、马克俭、陈扬骥. 空间网架结构[M]. 贵州：贵州人民出版社，1987.

[19]　钱若军、杨联萍、胥传熹. 空间格构结构设计[M]. 南京：东南大学出版社，2007.

[20]　肖炽、李维滨、马少华. 空间结构设计与施工[M]. 南京：东南大学出版社，1999.

[21]　刘锡良、刘毅轩. 平板网架设计[M]. 北京：中国建筑工业出版社，1979.

[22]　中华人民共和国行业标准. 钢网架螺栓球节点 JG/T 10[S]. 北京：中国标准出版社，2010.

[23]　中华人民共和国国家标准优质碳素结构钢 GB/T 699[S]. 北京：中国标准出版社，2000.

[24]　中华人民共和国国家标准合金结构钢 GB/T 3077[S]. 北京：中国标准出版社，2000.

[25]　中华人民共和国国家标准碳素结构钢 GB/T 700[S]. 北京：中国标准出版社，2007.

[26]　中华人民共和国国家标准低合金高强度结构钢 GB/T 1591[S]. 北京：中国标准出版社，2009.

[27]　钢网架螺栓球节点用高强螺栓 GB/T 16939[S]. 北京：中国标准出版社，2004.

[28]　中华人民共和国行业标准. 单层网壳嵌入式毂节点 JG/T 136[S]. 北京：中国建筑工业出版社，2001.

[29]　中华人民共和国国家标准焊接结构用铸钢件 GB/T 7659[S]. 北京：中国标准出版社，2011.

[30]　中华人民共和国国家标准钢结构设计规范 GB 50017—2003[S]. 北京：中国计划出版社，2003.

[31]　王仕统. 结构稳定[M]. 广州：华南理工大学出版社，1997.

[32]　完海鹰，黄炳生. 大跨空间结构(第三版)[M]. 北京：中国建筑工业出版社，2008.

第3章 膜 结 构

3.1 国内外膜结构发展概况

膜结构是一种柔性屋盖形效结构。

现代膜结构的发展伴随现代工业技术发展，包含膜材、设计、制造与施工技术等，现代建筑膜材是现代膜结构之基础，膜结构工业技术集中体现于膜结构体系发展，因此，膜结构的发展可概括为膜材和膜结构体系的发展。

3.1.1 国外膜结构发展概况

1. 膜材发展概况

早期的膜材，以聚氯乙烯为表面涂层、聚酯纤维为基布的膜材为主，现称 C 类膜（PVC/PES），建筑与结构受力性能较差。同时，以玻璃纤维为基布氯丁橡胶为涂层的膜材和棉纱天然纤维膜亦有较少应用。

20 世纪 60 年代，玻璃纤维织物膜技术得到发展，并在较大范围应用，但表面涂层材料仍为聚乙烯基类（B 类膜）。膜材强度较高、模量大、徐变小，但建筑自洁性、耐久性仍不理想。同期，C 类膜材制造技术不断进步，结构与建筑特性逐渐改善。

70 年代初，具有优异建筑性能的聚四氟乙烯（化学名 PTFE，商品名 Teflon®，1938年）表面涂层材料由 NASA 研制成功，同时 B 纱、DE 纱玻璃纤维织物膜技术日趋成熟，使得以玻璃纤维为基布 PTFE 为涂层的现代织物膜材问世（A 类膜），并开始工程应用。

80 年代，由于航天科技发展与需求，精细化工技术发展，氟化物纤维（PTFE、FEP、PFA 等）、碳纤维（CF）、聚酯纤维（PBO、PET 等）等织物膜相继研制问世，这些膜材具有高强、高比强、高模量、耐强辐射、耐原子氧化、性态稳定，但目前主要应用于航空航天、半导体电子工业等特殊领域，很少应用在建筑工程领域。

A 类膜材发展趋势：提高柔韧性、改善制造工艺、使用环保材料、提高性价比。C 类膜材发展趋势：研制新型高性能合成纤维、改善基布编织工艺、提高受力稳定性，研制新型环保涂层材料，提高建筑自洁性、耐久性。

新型膜材及其应用技术是膜结构发展的基石。氟化物热塑性薄膜（ETFE、THV、FEP、PTFE 等）、相应织物膜材问世和应用技术解决，促进了新的膜结构技术的发展。

虽然目前有众多膜材应用于膜建筑，但以玻璃纤维（B、DE 纱）为基布 PTFE 为涂层的 A 类膜材和以聚酯纤维为基布聚乙烯基类为涂层（PVC 类，主要为 PVDF/PVF/Acrylic）的 C 类膜材仍然被认为是主流的建筑膜材[1-4]。

2. 膜结构体系发展概况

随建筑制作安装技术、计算机、设计数值分析理论与方法的发展，膜结构体系不断演变进化，包括充气膜、张拉膜以及新型膜结构体系，膜结构属于空间屋盖形效结构（表1-7）。

（1）气承式充气膜

1917 年，英国人 W. Lanchester 发明了一种充气膜作为野外医院，这是一种安装便捷、造价经济的屋面体系，但他本人并未建成[1]。

1946 年，美国人 Walter Bird 建成第一个现代充气膜结构，多普勒雷达穹顶（Doppler Radome），直径 15m，矢高 18.3m，采用以玻璃纤维为基布氯丁二烯橡胶为涂层的膜材。1950～1970 年期间，相继在美国、德国等地建造大量类似穹顶，最大直径达到 60m[1,4,6]。

1970 年，日本大阪世博会（EXPO′70）为膜结构发展提供了契机[2]。因日本多地震，且展馆多位于软土地基，因此，展馆宜采用轻结构体系。由 David Geiger 完成结构设计的美国馆，首次建成了大跨低轮廓（小矢高）气承式膜，平面为 139m×78m 椭圆，B 类膜[4,8]。

1972～1984 年，由 David Geiger 设计，Birdair 公司在美国建成银色穹顶（Silver Dome，220m×159m）等 7 座大型气承式膜结构，但多数膜穹顶被证明难以有效抵抗恶劣气候条件而维持正常使用。1985 年，银色穹顶因强风和暴雪几乎完全毁坏[4,8]。

1988 年，日本建成东京穹顶（Toyko Dome）。虽然气承式膜结构技术达到了一个新的台阶，但之后世界各地再也少建大型气承式膜建筑[2]。

气承式膜结构在大跨索杆体系出现之前，创造了一段大跨空间建筑的辉煌发展史。

（2）气囊式充气膜

与气承式充气膜在大跨建筑取得的成就相比，气囊式充气膜对膜建筑发展以及对大跨空间结构的贡献显得"渺小"。EXPO′70 日本富士馆为气囊拱构成屋面，并有不少景观气囊膜，但之后并无多少大型经典气囊膜建成。1992 年巴塞罗拿世界博览会（EXPO′92），德国馆屋顶为气囊式膜结构，为屋顶咖啡厅，具备遮阳与建筑标识造型[1]。

2000 年以前，单纯气囊膜在大跨建筑体系较少应用，但气囊膜在人类航空史上却写下了骄人的一页。1960 年 3 月，美国研制了 ZPG-3W 飞艇，长 121.9m，直径 36.6m，仍是迄今最大气囊膜结构[10,15]。

由于建筑技术的进步，近年来气囊膜似乎又被建筑师、工程师重新审视和应用。EXPO′2002 瑞士在苏黎世建造了 3 个直径约 100m 的气囊膜展馆，以及瑞士 Aigle（2002 年）自行车竞技场，屋面为椭圆形气囊膜，平面为 90.8m×66.83m。这些气囊膜仍应用传统气囊膜设计思想，并采用经典气囊膜形式[22]。

多气室结构、气肋组合结构是气囊膜结构的新形式[24]，充气张拉整体结构（Tension＋Air＋Integrity）[25]亦是新型气囊。ETFE 气枕膜用于建筑，拓展了气囊膜的设计思想、形式与应用领域，已经成功用于屋面、体育场罩棚等。

气囊小型化、网格化、模块化、独立或局部并列、低轮廓（小矢高），与其他结构体系有机结合，如刚性（骨架）、柔性（索网）、半刚性（悬挂）体系等，这是气囊膜发展趋势。

（3）张拉膜

现代张拉膜始于 1955 年 Frei Otto 在德国 Kassel 园艺展设计建成的帐篷——经典马

鞍型双曲抛物面（图 3-1），采用棉纱纤维膜，由 $\phi10$ 平行钢丝嵌套膜加劲，边索 $\phi16$，桅杆 5m。1957 年在 Cologne 建成一个较复杂张拉膜展览场舞厅（图 3-2），高低点相间隔，对称各 6 个点，高点桅杆 10.4m，低点拉索锚固，跨度约 33m，膜张力 1.2kN/m，1mm 厚棉纱纤维膜[5]。按现在的技术来看，这是两个十分简单的膜结构，但它标志着张拉膜的开始。Frei Otto 代表作有：EXPO′67 德国帐篷，斯图加特大学轻结构所（ILK，1968 年），曼海母园艺展馆（1970 年），慕尼黑奥林匹克公园（1972 年）。Frei Otto 无疑是对世界张拉膜结构影响最深远的先驱[1,5]。

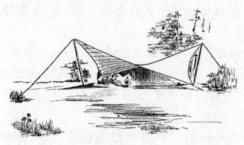

图 3-1 Kassel 园艺展帐篷

图 3-2 Cologne 展览场舞厅

加州 La Verne 学院学生活动中心为首次采用 PTFE/GF 的膜结构。随 PTFE/GF 膜、高性能 PVC/PES 膜应用，在随后近 40 年发展中，高点张拉锥形膜、脊谷形膜应用于各领域，包括大中型体育场馆、机场、文化娱乐设施、展览馆、交通枢纽等，小型景观作品等[1]。

（4）大跨索系支承膜结构

大跨索系支承膜结构是以索杆构成张力承载结构体系，再结合膜结构，是目前实现大跨轻结构的最有效结构体系，其典型体系为：索穹顶、轮毂式体系。

1）索穹顶

索穹顶结构的思想和技术主要源于美国。1948 年 Kenneth Snelson 提出了第一个张拉整体结构，但张拉整体结构概念的提出和深入研究却是 Buckminster Fuller（1950 年），基于协同几何学原理与思想，发明了多个专利，并由此开拓了一个崭新的研究领域[9]。

由整体张拉思想，Fuller 提出了索穹顶，如图 1-6 所示，球面穹顶，圆平面布置均匀径向索系，竖杆为压杆，环索为下弦拉杆。在非对称荷载作用下，Fuller 穹顶稳定性较低。

Geiger 改进了 Fuller 穹顶，将球面穹顶改为在球面的脊谷形索穹顶，环向拉索为下弦，提高了非对称荷载下穹顶整体稳定性，平面可为圆形、椭圆、八边形等多边形，构造简化。1988 年韩国汉城奥运会体操馆（120m 跨）和拳击馆（90m 跨）是第一个成功按 Geiger 网格建成的索穹顶（图 1-14）。平面为 90m×77m 椭圆的红鸟穹顶是美国建成的第一个索穹顶。20 世纪 90 年代，美国、日本、中国台湾地区等地相继建成多座 Geiger 式索穹顶[6]。

Geiger 索穹顶主要仍为径向索系，整体稳定性较差。M. Levy 将穹顶发展为稳定三角形张拉索网格，垂直杆为压杆，环索为下弦拉索，空间整体性、稳定性更强，但构造复杂[8]。1992 年美国亚特兰大奥运会，首次建成 Levy 式索穹顶（Georgia Dome），平面为

240.79m×192.02m 椭圆（图 1-7）。在阿根廷建成平面为 220m×170m 的 La Plata Stadium 双塔穹顶，韩国 Busan Dome（2002 年）穹顶，这些索穹顶都为美国 Weidlinger 设计事务所 M. Levy 负责设计[7]。

2）轮毂式体系

轮毂式体系是一种经典久远的高效结构体系，但将其应用于大跨体育场屋盖，并演绎至经典代表的是德国斯图加特学派杰出学者 Schleish 教授[26]，代表性工程：西班牙塞维利亚体育场、马来西亚国家体育场、深圳宝安体育场等。

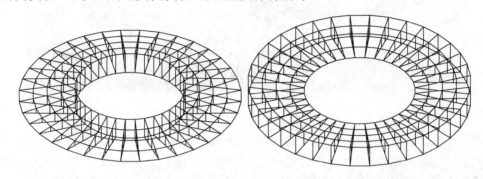

图 3-3　轮毂式索杆体系

图 3-3 为轮毂式体系基本形式，类似自行车轮，径向辐射索和环向索构成张力平衡体系，基本形式为内环单层外环双层或内环双层外环单层，屋面可在上层或下层，平面可圆形、椭圆以至于非规则矩形等，立面可等高、马鞍形。基于基本型，从建筑美学、功能可创新衍生丰富的建筑结构形态。

充分利用索-杆预张力结构体系实现大跨，并与膜结构完美结合，今后仍将是大型膜结构主要应用发展方向。

3.1.2　国内膜结构发展概况

我国现代膜结构应用与发展历时很短，但膜结构应用与膜结构技术发展十分迅速。从膜结构应用、膜结构技术特征，可概括发展阶段见表 3-1。

中国膜结构发展阶段　　　　　　　　　　　　　　表 3-1

阶段	年份	特征
1	1997 年之前	小型 PVC 张拉膜、气承膜应用，应用启蒙阶段
2	1998~2000 年	大型 PTFE 膜结构应用，但设计、制造、安装均为国外技术；国内开始具有较大 PVC 膜结构集成能力，或联合与引进技术完成大型体育场 PVC 膜结构能力
3	2001~2003 年	国内具备独立完成大型 PVC 张拉膜、中型 PTFE 骨架膜结构工程能力，地方规程制定
4	2004~2008 年	国内具备完成大型 PTFE 膜结构工程能力，国家膜结构设计规程制定，中型 PVC 气承膜应用，ETFE 膜应用开启，国产 PVC 建筑膜材开始应用
5	2009~2010 年	大型 PTFE 张拉膜、大跨索系支承膜、ePTFE 膜、BIPV 气枕、网格膜结构应用
6	2011 年~至今	大跨 PVC 气承膜、气肋组合膜、索穹顶、轮毂式索支承膜结构应用与发展，ETFE 膜、网格膜等新型膜结构快速发展，国产 PTFE 建筑膜材开始应用，膜结构体系应用全面，国家技术规程制定、修订完善，技术日臻成熟

1997 年建成的上海体育场（图 3-4）被公认为是我国现代膜结构应用的标志，采用 Sheerfill-II® PTFE 膜，面积 2.89 万 m^2，悬挑最长 73m。1999 年建成的我国第一个专业足球场——上海虹口足球场，亦采用 SF-II® PTFE 膜。这两个项目膜结构均由美国 BirdAir® 膜结构公司承担[6,7]。

图 3-4　上海体育场（1997 年）

图 3-5 为青岛颐中体育场，由北京纽曼帝公司承建，Geiger 公司提供技术咨询。体育场呈椭圆，长轴 226.0m×180.0m，悬挑长 37.0m，采用 Ferrari 1302T2 膜。其后 2001～2003 年，国内相继完成了威海、烟台、芜湖体育场膜结构，在上海出版了国内第一个膜结构设计规程[17]和膜结构设计与分析方面的著作[16]。

图 3-5　青岛颐中体育场[12]（2000 年）

以 2008 年北京奥运会为契机，一批开创性的膜结构工程得以建成，ETFE 膜结构成为代表。国家体育场"鸟巢"（图 1-30），外层为单层 ETFE，内层为 PTFE 网格膜，膜面积约 11.0 万 m^2。国家水上运动中心"水立方"（图 1-31），采用 ETFE 气枕结构，在立方体网格钢构内外层设两层气枕共 3065 个，ETFE 面积约 10.0 万 m^2。

在 2004～2008 年间，中型气承膜开始应用和推广，北京朝阳公园羽毛球场气承膜，采用 PVC 膜（图 3-6），内有保温层，平面 107.0m×37.0m。佛山世纪莲体育场（图 3-7），采用轮毂式索系支承体系，圆形平面：外径 310.0m、内径 125.0m、罩棚悬挑 92.5m，采用 Ferrari1302T2 膜，面积约 7.1 万 m^2。其间，膜结构技术规程[18]促进了膜结构发展[18]。在膜结构学术研究领域亦取得重要成果，出版多部著作[21,23]。

在 EXPO'2010，又一批标志性膜结构建成。图 3-8 所示世博轴膜结构，长 843.0m、宽 97.0m，面积约 6.4 万 m^2，是目前世界最大单体膜建筑，采用 A 级 PTFE 膜材，并首次应用了现场膜结构健康监测技术，突破了系列设计、施工技术，如考虑重力和协同找形、抗倒塌分析、大面积补强、高强 PTFE 膜材应用等。图 3-9 为日本馆，首次应用太阳能光伏一体化（BIPV）ETFE 气枕。图 3-10 为挪威馆，首次应用 ePTFE 膜材与木结构结合。在本次盛会中，ETFE 与竹结构结合，以及大量网格膜应用，如德国馆、能源馆等。

图 3-6　北京朝阳公园羽毛球场气承膜

图 3-7　佛山世纪莲体育场[12]

图 3-8　Expo'2010 世博轴膜结构[14]

图 3-9　Expo'2010 日本馆[14]　　　　　　　　图 3-10　Expo'2010 挪威馆[14]

近三年，索系支承膜结构技术得到了突破，并快速发展。2011年鄂尔多斯体育馆膜结构建成（图1-15），是国内第一个大跨Geiger体系索穹顶膜结构，采用PTFE膜材，突破整体张拉提升施工成形技术，其设计、安装和索材均由国内完成。深圳宝安体育场（图3-11），采用轮毂式索结构体系，平面近似圆形，长轴237m、短轴230m，立面呈马鞍型，外环为单钢箱梁，内环双层索，径向36道索桁架，采用PTFE膜材，整体张拉提升成形。浙江乐清体育场（2012年）为弯月形非封闭空间索桁体系覆盖PTFE膜（椭圆平面229×221m、最大挑长57m），2013年十二届全运会盘锦体育场亦采用轮毂式索系结构（椭圆平面270×238m、最大挑长41m），且都在体系上作了创新，均由国内设计、制作、安装和提供主要索材，这表明我国大跨索系支承膜结构技术整体成熟[12]。

图3-11　深圳宝安体育场[14]

3.2　膜材及特性

3.2.1　膜材构成与分类

膜材是现代精细化工技术的结晶，是各类高分子复合材料薄膜。表3-2是目前主要制备现代薄膜的高分子材料，可分别用于基底（基布）、涂层或面层[27,37]。基底材料可制成纤维，并纺织成布，主要织法为平纹编织。面层材料可制成薄膜，作为膜材的层合薄膜，或直接作为非织物膜材。

薄 膜 材 料

表3-2

膜　材	面层或涂层	基布（基底）
Polyurethane	Polyurethane	Nylon
Tedlar™(PVF)	Tedlar™(PVF)	Polyester
PVDF	PVDF	Glass fiber
PET	PET	ePTFE
Saran™	Saran™	Lycra™
PETG	PETG	Kevlar™
Polyester	Polyester	Vectra™
Mylar™	Mylar™	Nomex™
Capran™	Capran™	Spectra™
PVC	PVC	Carbonate fiber
FEP	FEP	Tylon™(PBO)

续表

膜　材	面层或涂层	基布(基底)
EVA	EVA	M5
EVOH	EVOH	
PVDC	PVDC	
ePTFE	ePTFE	
PTFE	PTFE	
TiO₂	TiO₂	
ETFE	ETFE	
Silicone	Silicone	
TPU	TPU	

　　关于膜材分类，可以从不同角度和标准来分。从膜材基布形式，可分为织物膜材、非织物膜材（热塑性工程塑料薄膜）；从膜材表观，可分为普通膜材（膜面）、网格膜材；从用途分，可分室外膜、室内膜、结构膜、装饰膜、隔热膜、防腐膜等。考虑基布织物材料、编织方法、面层（涂层）材料的综合性能指标，并根据综合指标分类，是目前国内外建筑结构领域较常用的工程分类方法。

　　织物膜材是膜建筑工程中广泛应用的膜材，其基本构成见图 3-12，主要包括纤维基布、涂层、表面涂层，以及胶粘剂等。纤维基布由各种织物纤维编织而成，决定膜材的结构力学特性。涂层保护基布，且具有自洁、抗污染、耐久性等作用。涂层可为单层或多层、单面或双面。对多层涂层，基础涂层主要起保护纤维，表面涂层起自洁、抗老化等作用。纤维基布、各涂层以及面层之间用胶粘剂胶合。

　　不同的纤维基布、涂层或表面涂层，将构成具有不同性能的膜材，从而适应不同层次的膜建筑与特定技术需求。膜材常以面层材料表征其特性，并多以此材料命名，如 PT-FE 膜、PVDF 膜、TiO₂ 膜等。

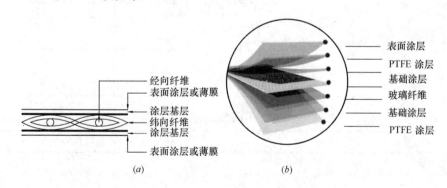

图 3-12　织物膜构成

（a）聚酯纤维基布 PVDF 涂层膜材；（b）玻璃纤维基布 PTFE 涂层模材

1. 主要建筑织物膜

规程[18]规定膜材类别和代号见表 3-3。

常用膜材的类别代号和构成 表 3-3

类别	代号	基材	涂层	面层
G	GT	玻璃纤维	聚四氟乙烯 PTFE	—
P	PCF	聚酯纤维	聚氯乙烯 PVC	聚偏氯乙烯 PVC
	PCD	聚酯纤维	聚氯乙烯 PVC	聚偏二氯乙烯 PVDF
	PCA	聚酯纤维	聚氯乙烯 PVC	聚丙烯 Acrylic

注：GT 称 G 类，为不燃类膜材；PCF、PCD、PCA 统称 P 类，为阻燃类膜材。

规程[17]规定膜材类别和代号见表 3-4。

常用基材与涂层组合 表 3-4

组合	基材	表面涂层或薄膜
1	玻璃纤维（B 纱）	聚四氟乙烯（PTFE）
2	玻璃纤维（B 纱）	氟化树脂（PTFE＜90％）
3	玻璃纤维（DE 纱）	聚氯乙烯（PVC）
4	聚酯类纤维	聚氯乙烯（PVC）
5	聚乙烯醇类纤维	聚氯乙烯（PVC）
6	聚酰胺类纤维	聚氯乙烯（PVC）

注：B 纱，纱线直径 $3\mu m$；DE 纱，纱线直径 $6\mu m$。

在欧洲[3]、美国（ASCE-1852）[4]，膜材亦主要分两类：以聚酯纤维（PES）平织法编织基布和 PVC 涂层（缩写 PVC/PES）、玻璃纤维（GF）平织法编织基布和 PTFE 涂层（缩写 PTFEGF），分类见表 3-5、表 3-6。

PVC/PES 膜基本参数 表 3-5

膜材类型	I	II	III	IV	V
面密度（g/m²）	700~800	900	1050	1300	1450
经纬强度（N/5cm）	3000/2900	4200/4000	5700/5200	7300/6300	9800/8300
经纬撕裂强度（梯形法）	300/310	520/510	880/900	1150/1300	1600/1800
极限伸长（%）	15~20	15~20	15~25	15~25	15~25
透光率（500nm 波段,%）	13	9.5	8	5	3.5

PTFE/GF 膜基本参数 表 3-6

膜材类型	I	II	III	IV	备注
面密度（g/m²）	800	1050	1250	1500	
经纬强度（N/5cm）	3500/3000	5000/4400	6900/5900	7300/6500	不同厂商提供的技术标准与参数略有差异
经纬撕裂强度（梯形法）	300/300	300/300	400/400	500/500	
极限伸长（%）	3~12	3~12	3~12	3~12	
透光率（500nm 波段,%）	15±3	15±3	13±3	7±2	

日本 JIS-MSAJ/M-03：2003[38]规定，膜材分类见表 3-7。

膜 材 分 类 表 3-7

分类	分类		膜材构成
膜材 (1)	A 型	A1	符合 JIS R 3413《玻璃纤维》中长丝玻璃纤维织物［限于 3（B）：长丝直径 3.30～4.05μm］，涂层为聚四氯乙烯（PTFE），树脂质量比不小于 90％
		A2	符合 JIS R 3413《玻璃纤维》中长丝玻璃纤维织物［限于 3（B）：长丝直径 3.30～4.05μm］，涂层为聚四氯乙烯（PTFE），树脂质量比小于 90％，全氟烷基共聚物（PFA），氟化乙丙共聚物（FEP）
		A3	符合 JIS R 3413《玻璃纤维》中长丝玻璃纤维织物（网格尺寸＞0.5mm）［限于 3（B）：长丝直径 3.30～4.05μm］，涂层为聚四氯乙烯（PTFE），树脂质量比小于 90％，全氟烷基共聚物（PFA），氟化乙丙共聚物（FEP）
膜材 (2)	B 型		符合 JIS R 3413《玻璃织线》的长丝玻璃纤维基布，涂层为聚氯乙烯、聚氨酯、氟树脂（除聚四氯乙烯、全氟烷基共聚物（PFA），氟化乙丙共聚物（FEP）外），氯丁二烯橡胶或氯磺化聚乙烯橡胶
膜材 (3)	C 型		由聚酰胺、聚芳酰胺、聚酯或聚乙烯醇纤维或其他类似纤维织成基布，涂层为聚氯乙烯、聚氨酯、氟树脂（除聚四氯乙烯、全氟烷基共聚物（PFA），氟化乙丙共聚物（FEP）外），氯丁二烯橡胶或氯磺化聚乙烯橡胶

2. 其他织物膜

（1）氟化物织物膜

目前最重要的氟化物织物膜为 PTFE、ETFE、THV 膜[11,27]，B1 级防火，强度近 1.2～4.5kN/5cm，0.25～0.71kg/m²。根据织物厚度，其透光可达到 37％，最高可达 90％，寿命 25 年以上。氟化物织物膜由氟化树脂纤维织成，无任何涂层，膜材轻质、高强、弹性系数大，尺寸稳定，变形小，自洁性好，防腐、防菌、防潮，耐高温。氟化物织物膜常用于遮阳伞系统，由于价钱贵，目前在建筑领域应用少。

（2）膨化聚四氟乙烯（ePTFE）膜

膨化聚四氟乙烯（ePTFE）膜以高强膨化聚四氟乙烯（ePTFE）纱为基布，表层再涂氟化树脂，形成 100％氟聚合物膜材，耐紫外线辐射性能极佳，自洁性能优良，使用寿命长，最显著特征是柔软性好、透光率高，特适合收缩、折叠、开合膜结构，如温布尔顿网球场、法兰克福足球场等。

目前这种膜材料（Gore Tenara®）[39]只有Ⅰ型、Ⅱ型二大类，Ⅰ型的面密度为 630g/m²，厚度为 0.38mm，透光率 20％；Ⅱ型的面密度为 830 g/m²，厚度为 0.43 mm，透光率 40％。根据透光率不同，又各分为二种：Ⅰ型分为 3T20 及 3T40，Ⅱ型分为 4T20 及 4T40。

（3）高性能织物膜

以碳纤维、芳烃纤维、PBO 纤维、聚乙烯 PE 等高性能纤维构成织物基布，并涂覆或层合氟化物涂层或面层，在航空航天等特殊工业领域应用[27]。

3. 非织物膜

非织物膜主要指热塑性化合物薄膜，化合物薄膜由热挤塑成形，薄膜张拉各向同性。建筑中用热塑性薄膜，主要有氟化物（ETFE 和 THV）、PVC 薄膜。

ETFE（Ethyl Tetra Fluro Ethanc，Hostaflon®）[37]厚度常在 0.05～0.25mm，密度

$87.5 \sim 350 \text{g/m}^2$，膜材幅宽 $1.55 \sim 1.60$m。ETFE 强度低，小于 0.5kN/m，约为同等厚度聚酯纤维织物膜的 $1/6$，适宜小跨度单元空间，一般小于 6m，但可通过双层或多层膜增大跨度，如 $15 \sim 20$m。ETFE 膜透光 95%，紫外线穿透高。强度 $3.2 \sim 10.4$N/5cm（$0.064 \sim 0.208$kN/m），剥离强度 $22.5 \sim 64.5$N，极限断裂变形 $400 \sim 500\%$，B1 级防火。ETFE 为化学惰性，自洁性与耐候性好，使用寿命可达 25 年。

3.2.2 膜材特性

膜材特性主要包括物理指标、建筑特性、力学特性[3,22,23,42]，规程 [18] 规定主要技术指标，日本膜材料 JIS 1446（2000 年）、膜结构 JIS 666（2002 年）规定了膜材性能指标，下面给出此两规程特性参数。

1.《膜结构技术规程》CECS 158：2004[18]

（1）膜材可根据其强度、重量和厚度按表 3-8、表 3-9 分级。设计时应根据结构承载力要求选用不同级别的膜材。

玻璃纤维膜材（G 类）的分级 表 3-8

级别	A 级		B 级		C 级		D 级		E 级	
受力方向	抗拉强度(N/3cm)	厚度(mm)，重量(g/m²)	抗拉强度(N/3cm)	厚度(mm)，重量(g/m²)	抗拉强度(N/3cm)	厚度(mm)，重量(g/m²)	抗拉强度(N/3cm)	厚度(mm)，重量(g/m²)	抗拉强度(N/3cm)	厚度(mm)，重量(g/m²)
经向	5200	$0.9 \sim 1.1$，$\geqslant 1550$	4400	$0.75 \sim 0.9$，$\geqslant 1300$	3600	$0.6 \sim 0.75$，$\geqslant 1050$	2800	$0.45 \sim 0.6$，$\geqslant 800$	2000	$0.35 \sim 0.45$，$\geqslant 500$
纬向	4700		3500		2900		2200		1500	

聚酯纤维膜材（P 类）的分级 表 3-9

级别	A 级		B 级		C 级		D 级		E 级	
受力方向	抗拉强度(N/3cm)	厚度(mm)，重量(g/m²)	抗拉强度(N/3cm)	厚度(mm)，重量(g/m²)	抗拉强度(N/3cm)	厚度(mm)，重量(g/m²)	抗拉强度(N/3cm)	厚度(mm)，重量(g/m²)	抗拉强度(N/3cm)	厚度(mm)，重量(g/m²)
经向	5000	$1.15 \sim 1.25$，$\geqslant 1450$	3800	$0.95 \sim 1.15$，$\geqslant 1250$	3000	$0.8 \sim 0.95$，$\geqslant 1050$	2200	$0.65 \sim 0.8$，$\geqslant 900$	1500	$0.5 \sim 0.65$，$\geqslant 750$
纬向	4200		3200		2600		2000		1500	

注：表中抗拉强度是指 3cm 宽度膜材上所能承受的拉力值。

（2）膜材的质量保证期和膜结构的设计使用年限可参照表 3-10 确定。当生产企业出质量问题保证期证书时，宜以企业提供的质量保证期为依据。

膜材的质量保证期和膜结构的设计使用年限 表 3-10

膜材代号	GT	PCF	PCD	PCA
膜材质量保证期（年）	$10 \sim 15$	$10 \sim 15$	$10 \sim 12$	$5 \sim 10$
膜结构的设计使用年限（年）	> 25	$15 \sim 20$	$15 \sim 20$	$10 \sim 15$

（3）膜材的光反射率和透光率可参照 3-11 采用。

膜材的反光率和透光率　　　　　　　　表 3-11

膜材种类	颜色	反光率（%）	透光率（%）
G 类	米白	70～80	8～18
P 类	白	75～85	6～13
	有色	45～55	4～6

（4）膜材的保洁效果可参照表 3-12 采用。

膜材的保洁效果　　　　　　　　表 3-12

效果	GT	PCF	PCD	PCA
优	●			
良		●		
较好			●	
一般				●

（5）膜材的耐火性能可参照表 3-13 采用。

膜材的耐火性能　　　　　　　　表 3-13

性能	GT	PCF	PCD	PCA
优	●			
良		●	●	
一般				●

2. 日本膜材料

日本膜材料 JIS 1446（2000 年）[40]、膜结构 JIS 666（2002 年）[41]规定的膜材性能指标见表 3-14、膜材节点特性见表 3-15。

膜材特性与参数　　　　　　　　表 3-14

项次	A1，A2 型	A3 型	B 型	C 型
外观	无不正常现象			
质量（膜材）	不小于 550g/cm²			不小于 500 g/cm²
质量（基布）	不小于 150g/cm²			不小于 550g/cm²
质量（涂层）	不小于 400g/cm²			
膜材厚度	不小于 0.5mm			
单位距离纱线数量	散布数量：不大于±5%			
弓斜和纬斜	不大于 10%			
抗拉强度	不小于 200N/cm			
经纱/纬纱抗拉强度差	不大于 20%			
断裂伸长率	不大于 35%			
撕裂强度	不小于初始抗拉强度（N/cm）15%，不小于 100N			
涂层粘结强度	不小于初始抗拉强度（N/cm）1%，不小于 10N/cm			
抗吸水性	吸水长度不大于 20mm			

111

项次	A1，A2 型	A3 型	B 型	C 型
湿工况下抗拉强度	浸水 72h 不小于初始抗拉强度 80%			—
高温下抗拉强度	温度 150℃ 不小于初始抗拉强度 70%		温度 60℃ 不小于初始抗拉强度 70%	
抗拉伸徐变性	室温：规定抗拉强度 1/4，24h 150℃：规定抗拉强度 1/10，6h 伸长率不大于 15%，无断裂		室温：规定抗拉强度 1/4，24h 60℃：规定抗拉强度 1/10，6h 伸长率 B：15%，C：25%，无断裂	
抗反复拉伸疲劳性	重复次数：300000，1/5 规定抗拉强度不小于初始抗拉强度 80%		重复次数：5000，1/5 规定抗拉强度不小于初始抗拉强度 80%	
抗反复折叠性	1000 次，使用 MIT 试验机折叠不小于初始抗拉强度的 70%		—	
抗折皱和折叠性	圆柱在试件折痕上以 10N/cm 荷载来回滚动 10 次不小于初始抗拉强度 70%			
抗折叠/磨损性	1000 次，Scott 试验机，10N 力挠曲和磨损。无涂层剥落，涂层裂缝或其他不正常现象			
耐磨性	Taber 耐磨试验机，500 转 Taber 耐磨试验机，300 转　基布无裸露		—	
抗渗性	2m 水压，无渗水			
抗低温挠曲性	−25℃，2h 然后折叠 无裂缝或其他不正常现象			
抗化学物质腐蚀性	浸泡在硝酸溶液，氢氧化钠溶液和氯化钠溶液中 7 天 涂层无裂缝，等等			
抗加速风化、直接风化性	大于 10 年风化时间或大于紫外线辐照度 1350MJ/m²（300～400nm） 不小于初始抗拉强度 70%	大于 10 年风化时间或大于紫外线辐照度 1350MJ/m²（300～400nm） 不小于初始抗拉强度 60%	大于 2 年风化时间或大于紫外线辐照度 270MJ/m²（300～400nm） 不小于初始抗拉强度 80%	

膜材节点特性与参数　　　　表 3-15

项次	A1，A2 型	A3 型	B 型	C 型
节点抗拉强度	（焊接）不小于膜材初始抗拉强度的 80% （缝纫）不小于膜材初始抗拉强度的 70%			
节点粘结结度	不小于抗拉强度的 1%，不小于 10N/cm（缝纫除外）			
高温下抗拉强度	温度 150℃和 260℃ 150℃：不小于节点初始抗拉强度的 60% 260℃：不小于 200N/cm		温度 60℃ 不小于节点初始抗拉强度的 60%	
湿工况下抗拉强度	浸于水中 72 小时 不小于初始抗拉强度的 80%			—

项次	A1，A2 型	A3 型	B 型	C 型
抗拉伸徐变性	室温：规定抗拉强度的 1/4，24 小时 150℃：规定抗拉强度的 1/10，6 小时		室温：规定抗拉强度的 1/4，24 小时； 60℃：规定抗拉强度的 1/10，6 小时	
	伸长率不大于 15%，无断裂		伸长率不大于 25%，无断裂	
抗加速风化和直接风化性	大于 10 年风化时间或大于紫外线辐照度 1350MJ/m² (300~400nm)	大于 10 年风化时间或大于紫外线辐照度 1350MJ/m² (300~400nm)	大于 2 年风化时间或大于紫外线辐照度 270MJ/m² (300~400nm)	
	不小于节点初始抗拉强度 70%	不小于节点初始抗拉强度 60%	不小于节点初始抗拉强度 80%	

3.2.3　膜材弹性常数测试与计算方法

在目前膜结构设计分析理论中，一般仍然采用膜材弹性假设，仅考虑几何非线性，因此，膜材工程弹性常数是结构设计分析基础，弹性常数仍是表征膜材力学行为的重要参数。

1. 织物膜材弹性常数测试与计算方法

织物膜材具有正交异性、非线性、非弹性，弹性常数受荷载水平、加载次数、经纬加载比例、加载历史等因素的影响，因此，试验只能测定在特定条件下膜材的弹性常数，可分别用单向拉伸与双向拉伸试验进行测试。弹性常数主要包括：经向模量、纬向模量、经向泊松比、纬向泊松比、剪切模量。

（1）单向拉伸试验方法

① 单调拉伸试验

采用单向膜带拉伸试验，一般要求：试件宽度 50±0.5mm 或者 30±0.1mm，有效长度 200±0.5mm，在单向拉力机上试验。温度 20±2℃，湿度 65%±2%，大气环境。夹具夹持力 0.6MPa 以上。常速加载，50mm/min 拉伸至破坏，每组试验有效试件 6 个（3个以上）。经向加载至应变 3%~5%，纬向加载至应变 20%。

因膜非弹性，取荷载应变曲线初始切线作为膜材在该荷载下的线弹性模量。对经向纤维，取应变 0~0.8% 范围内的切线模量。对纬向，由于非弹性与徐变显著，取两个荷载范围的弹性模量，应变 0~3.5% 和 3.5%~5%。对试验结果作平均，且超过均值 10% 的结果无效，最后得到有效试验荷载应变历史曲线。

图 3-13 给出了 PVDF1002T 膜材单向试验结果，经向弹性模量 $E_{11}=932.2$kN/m，纬向弹性模量 $E_{22}=122.0$、256.2kN/m，此数值比双向试验值略低。采用单向拉伸试验测定的法拉利 PVDF1202T2 经向弹性模量 997.94kN/m、米勒 FR1000 的为 1035.98kN/m、希运 6204 的为 1068.53。FGT800 PTFE 膜，$E_{11}=1396$kN/m，$E_{22}=890$kN/m[22]。

② 循环拉伸试验

单向循环拉伸试验主要测试膜材正常工作阶段力学行为，取最大拉力为 1/5 单向拉伸强度，最小拉力取单 1/25 向拉伸强度。反复加载共做 15 次，加载速度为 10mm/min，经纬向各五个试件。

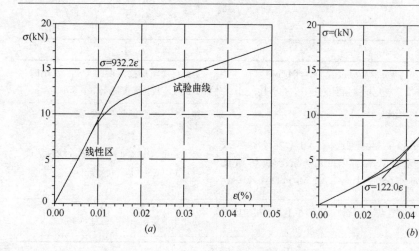

图 3-13

(a) 经向弹性模量确定；(b) 纬向弹性模量确定

图 3-14 为 PVDF 膜材循环拉伸试验应力应变曲线，取第 15 循环加载段应力应变曲线，近一步线性化拟合，并取均值可得经纬向模量，分别为 $E_J = 1264.34$ kN/m、$E_w = 1194.26$ kN/m[43]。

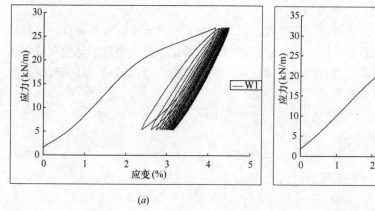
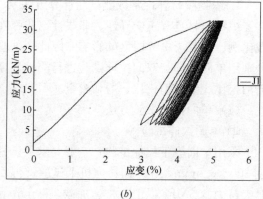

图 3-14

(a) 经向循环加载应力-应变曲线；(b) 纬向循环加载应力-应变曲线

③ 剪切常数试验

单向拉伸试验有两种方法：a、测定角度变化，并计算其与侧向力、膜带宽度间关系，进而确定；b、分别采用单向膜带拉伸试验测定经向模量 E_1、纬向模量 E_2 以及 E_{45}，E_{45} 指膜材经纬向与拉力呈 45°的单向拉伸试验，最后由 IASS 建议公式计算剪切弹性模量 G[44]。

$$\frac{1}{G \cdot t} = \frac{4}{E_{45} \cdot t} - \frac{1}{E_1 \cdot t} - \frac{1}{E_2 \cdot t} + \frac{2\nu_w}{E_1 \cdot t} \tag{3-1}$$

式中　t——膜材总厚度。

(2) 双向拉伸试验方法

1) 欧洲（德国）试验方法

德国斯图加特大学 Blum 博士采用十字形试件双向拉伸试验，建立了一套标准的试验与分析方法，并为 DIN18200 采纳和欧洲采用[3]。

① 线弹性模量[3,22,23,48]

双向拉伸试验是为测定膜材线弹性模量、泊松比、剪切模量，确定应变补偿，因此，试验拉力应在实际工作荷载范围。通常安全系数 5（实际个案不同），则工作应力为单向拉伸极限强度的 1/5，而预力为 1/5～1/10（决定于膜面曲率与膜材强度）工作应力，同时膜双向受力不同，所以，双向拉伸试验应力取：

$$F_{warp} : F_{weft} = 1 : 2 = \frac{F_b}{50} : \frac{F_b}{25} \tag{3-2}$$

$$F_{warp} : F_{weft} = 1 : 1 = \frac{F_b}{25} : \frac{F_b}{25} \tag{3-3}$$

$$F_{warp} : F_{weft} = 2 : 1 = \frac{F_b}{25} : \frac{F_b}{50} \tag{3-4}$$

式中　F_b——单向拉伸极限强度；

F_{warp}、F_{weft}——双向拉伸经向和纬向拉力。

另外试验还模拟膜实际受力行为，膜面通常主要受雪载和风升。当膜受力主向与经纬向一致，则当经向受力时纬向卸载（如风升），反过来纬向受力则经向卸载（如雪压），循环往复。常以荷载上限作为设计荷载，实际应小于此，取 80％工作应力是偏安全，因此，双向拉力为式（3-2）～式（3-4）的 0.8 倍。

图 3-15 为双向拉伸试验加载历史，a、经纬向加 2kN/m（与纤维预张力相当）；b、经向加大至 10kN/m（前 5 次重复荷载），纬向不变；c、经向维持低预张力值不变，纬向逐渐增加至 10kN/m（后 5 次重复荷载）；d、经纬向均维持预张力值。

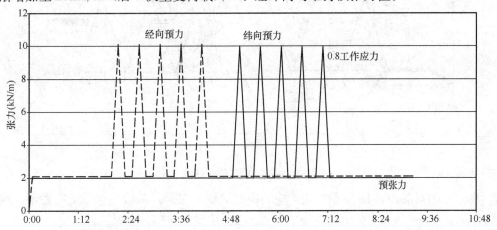

图 3-15　双向拉伸试验加载历史[3]

膜材应力与应变之间为非线性、非弹性，其本构关系只能用应力增量与应变增量局部线性化表示为

$$\left\{ \begin{matrix} \Delta n_1 \\ \Delta n_2 \end{matrix} \right\} = \begin{bmatrix} E_{11} & E_{12} \\ E_{21} & E_{22} \end{bmatrix} \left\{ \begin{matrix} \Delta \varepsilon_1 \\ \Delta \varepsilon_2 \end{matrix} \right\} \tag{3-5}$$

式中　Δn_1、Δn_2——经纬向应力增量；

$\Delta\varepsilon_1$、$\Delta\varepsilon_2$ ——经纬向应变增量；

E_{11}、E_{22} ——分别为经向纬向线弹性模量。

$$\nu_{12} = \frac{E_{12}}{E_{11}} \qquad \nu_{21} = \frac{E_{21}}{E_{22}} \tag{3-6}$$

式中　ν_{12}、ν_{21} ——膜材经纬向泊松比，表示膜材经向或纬向受力对纬向或经向变形的影响。

式（3-5）矩阵张量可以展开表示为显式

$$\Delta n_1 = E_{11}(\Delta\varepsilon_1 + \nu_{12}\Delta\varepsilon_2) \tag{3-7a}$$

$$\Delta n_2 = E_{22}(\nu_{21}\Delta\varepsilon_1 + \Delta\varepsilon_2) \tag{3-7b}$$

膜材在不同的应力水平、加载历史条件下具有不同的弹性模量，从稳定的预张力到典型工作荷载平均值间的增量关系是设计者最关注的区域。因此，假定预张力水平 2kN/m，荷载历史见图 3-15，其步骤与典型的膜面负载形式一致，即先加风升，然后加雪压。

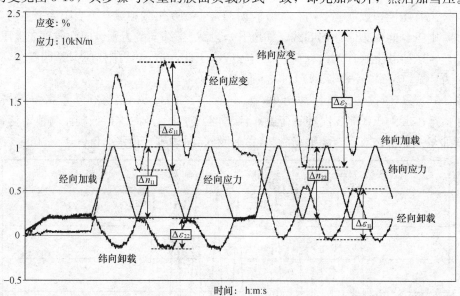

图 3-16　应力-应变历史曲线[7]

图 3-16 为对应图 3-15 加载历史的应力应变曲线，在第一阶段 5 次重复荷载下，应力增量 $\Delta n_1 \neq 0, \Delta n_2 = 0$，相应的应变增量 $\Delta\varepsilon_1$、$\Delta\varepsilon_2$ 可测量得到。于是

$$\Delta n_1 = E_{11}\Delta\varepsilon_1 + E_{12}\Delta\varepsilon_{12} \tag{3-8a}$$

$$0 = E_{21}\Delta\varepsilon_1 + E_{22}\Delta\varepsilon_2 \tag{3-8b}$$

在第二阶段 5 次重复荷载下，应力增量 $\Delta n_1 = 0, \Delta n_2 \neq 0$，与此相应的应变增量 $\Delta\varepsilon_1$、$\Delta\varepsilon_2$ 可测量得到。于是

$$0 = E_{11}\Delta\varepsilon_1 + E_{12}\Delta\varepsilon_{12} \tag{3-9a}$$

$$\Delta n_2 = E_{21}\Delta\varepsilon_1 + E_{22}\Delta\varepsilon_2 \tag{3-9b}$$

膜材 PVDF1002T 弹性模量测量计算结果（kN/m）　　　　　表 3-16

试件	M462	M463	M464	M465	均值	M462	M463	M464	M465	均值	M463
荷载	2~10					2~20					2~30
E_{11}	973	1017	1093	1089	1043	818	876	962	955	901	1039
E_{12}	295	344	467	464	392	241	273	199	188	222	281
E_{22}	778	804	1001	988	893	743	755	778	777	763	803
ν_{12}	0.303	0.338	0.427	0.426	0.376	0.295	0.312	0.207	0.197	0.246	0.271
ν_{21}	0.379	0.428	0.467	0.470	0.439	0.324	0.362	0.256	0.242	0.291	0.350

由式（3-8）、式（3-9）四个独立的表达式可计算出四个未知量 E_{11}、E_{22}、E_{12}、E_{21}。采用相同的方法可重复测定并计算其他荷载历史下的弹性模量，表 3-16 给出了 Blum 博士用法拉利 PVDF1002T 膜材弹性模量测量计算结果，泊松比可根据（3-6）式计算。

表 3-17 为 Ferrari1302 膜材试验计算弹性常数[43]。

Ferrari1302 膜材弹性常数计算值　　　　　表 3-17

编　　号	E_{11} (kN/m)	E_{12} (kN/m)	E_{21} (kN/m)	E_{22} (kN/m)	ν_{12}
1	1509.6	1029.6	981.4	1495.9	0.656
2	1383.8	941.6	753.5	1345.9	0.559
3	1467.8	954.0	912.0	1408.5	0.647
平均值	1457.7	975.1	882.3	1416.6	0.623

② 剪切模量[3,22,23,48]

在线弹性模量测试双向拉伸试验中，拉力与膜纤维纱线方向平行，而实际膜工程由于裁切、形状等原因，不可避免膜主应力方向与纤维纱线不一致，则膜纤维纱线存在剪应力。膜应力张量 n_α 包括剪应力和初预力，可写为行列式

$$n_\alpha = \begin{vmatrix} n_1 & \varepsilon_{12}E_{12} \\ \varepsilon_{12}E_{12} & n_2 \end{vmatrix} \qquad (3-10)$$

膜主应力必须非负，即

$$n_\alpha = n_1 n_2 - \varepsilon_{12}E_{12}\varepsilon_{12}E_{12} > 0 \qquad (3-11)$$

于是，可得

$$E_{12} < \frac{\sqrt{n_1 n_2}}{\varepsilon_{12}} \qquad (3-12)$$

这是膜剪切模量应满足的条件，剪切模量限制膜最大可能剪切角度变化，大于此角意味膜出现褶皱现象，而膜剪切模量对计算膜应力分布影响非常小。

如图 3-17（a）所示，试件纤维纱线方向与双向拉力呈 45°夹角，坐标系 1'-2' 为整体

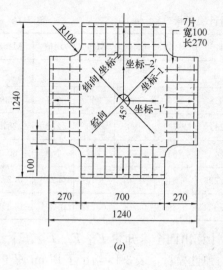

(a)   (b)

图 3-17 双向拉伸剪切模量试验
(a) 十字形试件[3,22]；(b) 双向拉伸试验机[45]

坐标，与外拉力平行，主坐标系 1-2 与纤维纱线（膜经纬向平行）。

当膜拉力为 n'_1、n'_2 时，则膜经纬向的拉应力为

$$n_1 = n_2 = \frac{1}{2}(n'_1 + n'_2) \tag{3-13}$$

$$n_{12} = \frac{1}{2}(n'_2 - n'_1) \tag{3-14}$$

表明要确定线性变化剪应力 n_{12}，则先要求线性变化的外拉力 n'_1、n'_2 之间的关系。假设图 3-18 为加载历史曲线，则图 3-19 为由式（3-13）确定的剪力模式。

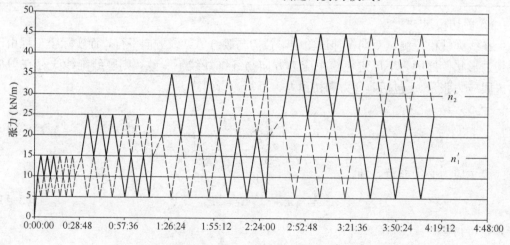

图 3-18 加载历史曲线

由试验加载，可测定经向伸长量 ε_1、纬向伸长量 ε_2、外拉力方向伸长量 ε'_1、ε'_2。据此计算出主坐标系 1-2 下应力、应变张量。在主坐标系下，剪应力与剪应变关系为

$$n_{12} = G\varepsilon_{12} = 2E_{12}\varepsilon_{12} \tag{3-15}$$

118

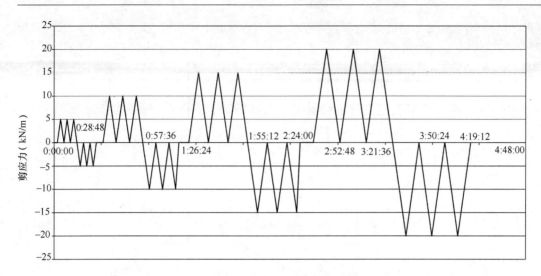

图 3-19　剪应力变化历史曲线

因膜材物理非线性，剪切模量写为增量关系

$$G = \frac{\Delta n_{12}}{\Delta \varepsilon_{12}} \tag{3-16}$$

非主应变 ε_1' 可表示为主应变量的关系

$$\varepsilon_1' = \frac{1}{2}(\varepsilon_1 + \varepsilon_2) + \varepsilon_{12} \tag{3-17}$$

则剪应变可表示为

$$\varepsilon_{12} = \varepsilon_1' - \frac{1}{2}(\varepsilon_1 + \varepsilon_2) \tag{3-18}$$

据此可计算出剪切模量。当然，可进一步将测得的矢量位移转化为标量应变进行计算。

2）日本试验方法

日本膜结构协会通过长期研究，建立了双向比例加载试验和计算方法[46]，规程 [19] 亦采用此方法。

① 线弹性模量[19,42,46]

采用双轴拉伸试验机，对十字形切缝试样，沿膜材经向、纬向施加荷载，得到不同加载状况下膜材经向的荷载—应变曲线，计算得到工程中实用的膜材的经向、纬向的弹性模量和泊松比。

采用十字形切缝试样，如图 3-20 所示。试样应按照模材的经纬向对称取样，且试样核心区域的臂宽以及臂宽的臂长均不小于 160mm。沿悬臂方向间隔 30～50mm 做均匀切缝处理，试样过渡圆弧半径 5～15mm。每个检测批至少应包括 3 块试样。

最大荷载取抗拉强度的 1/4。当模材经向、纬向的抗拉强度有所区别时，取其中较低值的 1/4 作为试验中的最大荷载。试验中张拉速率应保持恒定，应取 2～10mm/min。荷载施加荷载顺序是 1∶1、2∶1、1∶2、1∶0、0∶1，如表 3-18 所示，全程加载历史曲线如图 3-21 所示。

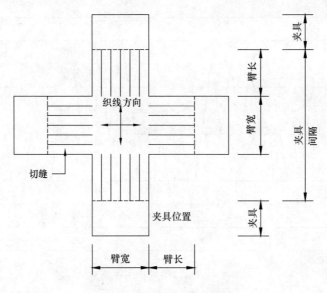

图 3-20 切缝十字形试样

荷 载 比 例   表 3-18

织物方向	荷 载 比 例				
经向	1	2	1	1	0
纬向	1	1	2	0	1

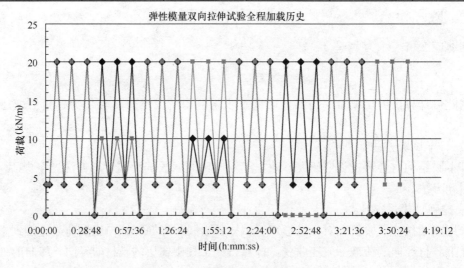

图 3-21 全程加载历史（荷载-时间曲线）

采用应变项残差平方和最小二乘法计算试样弹性模量和泊松比。取三次试验计算的平均值作为最终的试验结果。

应变残差平方和最小的最小二乘法的计算步骤如下：

假定膜材为正交各向异性弹性材料，本构关系按式（3-19）确定。

$$\varepsilon_x = \frac{N_x}{E_x t} - \frac{N_y}{E_y t} \upsilon_y \quad \varepsilon_y = \frac{N_y}{E_y t} - \frac{N_x}{E_x t} \upsilon_x \qquad (3-19)$$

式中　N_x ——十字形膜材试样经向荷载（kN/m）；

N_y——十字形膜材试样纬向荷载（kN/m）；

ε_x——十字形膜材试样经向应变；

ε_y——十字形膜材试样纬向应变；

E_x——膜材经向弹性模量（N/mm^2）；

E_y——膜材纬向弹性模量（N/mm^2）；

υ_x——膜材经向泊松比；

υ_y——膜材纬向泊松比；

t——膜材厚度（mm）。

按式（3-20）计算五条不同经、纬向荷载比例下得到的荷载-应变曲线的应变残差平方和。

$$S = \Sigma\{(E_{11}N_{xi} + E_{12}N_{yi} - \varepsilon_{xi})^2 + (E_{22}N_{yi} + E_{12}N_{xi} - \varepsilon_{yi})^2\}$$
$$+ \Sigma\{(E_{11}N_{xi} - \varepsilon_{xi})^2\} + \Sigma\{(E_{22}N_{yi} - \varepsilon_{yi})^2\} \tag{3-20}$$

其中　$E_{11} = \dfrac{1}{E_x t}, E_{22} = \dfrac{1}{E_y t}, E_{12} = -\dfrac{\upsilon_y}{E_y t} = -\dfrac{\upsilon_x}{E_x t}$

式（3-20）的最后一项对应于荷载比例 0∶1 的状况，倒数第二项对应于荷载比例 1∶0 的状况，第一项平方和对应于 1∶1、2∶1、1∶2 三种双轴拉伸状态。

E_{11}、E_{22}、E_{12} 相互独立，应用最小二乘法，根据式（3-21）计算 E_{11}、E_{22}、E_{12}。

$$\frac{\partial S}{\partial E_{11}} = \frac{\partial S}{\partial E_{22}} = \frac{\partial S}{\partial E_{12}} = 0 \tag{3-21}$$

根据式（3-22）计算 E_x、E_y、ν_x、ν_y。

$$E_x = \frac{1}{E_{11}t}$$

$$E_y = \frac{1}{E_{22}t}$$

$$\upsilon_x = -\frac{E_{12}}{E_{11}} \tag{3-22}$$

$$\upsilon_y = -\frac{E_{12}}{E_{22}}$$

根据式（3-21）可求出未知量 E_x、E_y，同时考虑弹性模量泊松比的互逆关系，可进一步求出双轴弹性模量和泊松比。基于各双轴试验结果，并分别取不同加载模式，根据式（3-21），可计算其对应弹性模量和泊松比，如表 3-19 所示。

Ferrari1302 膜材弹性常数[43,45]　　　　　　　　　　　表 3-19

试验数据选择		试验编号	弹性模量（kN/m）		泊松比	
			$E_x t$	$E_y t$	ν_x	ν_y
1	所有比例	T1	625	476.19	0.75	0.57
		T2	588.24	454.55	0.82	0.64
		T3	588.24	476.19	0.76	0.62

续表

试验数据选择		试验编号	弹性模量（kN/m）		泊松比	
			$E_x t$	$E_y t$	ν_x	ν_y
2	1：1/2：1	T1	1111.11	666.67	0.44	0.27
		T2	1020.93	720.17	0.55	0.45
		T3	986.87	858.1	0.57	0.48
3	1：1/1：2	T1	1250	909.09	0.5	0.36
		T2	1039.91	800.4	0.79	0.61
		T3	1366.73	894.36	0.65	0.43
4	1：0/2：1	T1	769.23	909.09	0.85	0.99
		T2	833.33	1000	1.15	1.26
		T3	769.23	1000	0.85	1.1
5	1：2/0：1	T1	625	666.67	0.81	0.86
		T2	434.78	666.67	0.74	1.13
		T3	714.29	666.67	1.05	0.97

从表 3-19 可以看出，在总的双轴拉伸试验加载谱范围内，取不同加载谱范围，计算的膜材弹性常数差异大。弹性模量 $E_x t$ 在 $435\sim1367\text{kN/m}$，$E_y t$ 在 $455\sim1000\text{kN/m}$，ν_x 在 $0.44\sim1.15$，ν_y 在 $0.44\sim1.13$。泊松比大于一般各向同性材料，由于纤维编织摩擦所致。

取双轴拉伸试验各比例加载最后一个循环周期的试验数据，进行三次多项式插值拟合得到曲面函数，拟合应力应变响应曲面，如图 3-22 所示。经纬向应力对应变影响较复杂，呈三维非线性关系，曲面有显著曲率变化域和相对平缓域，双向受力在显著变化区域下的平滑区域内，膜材处于较有利双轴受力态。

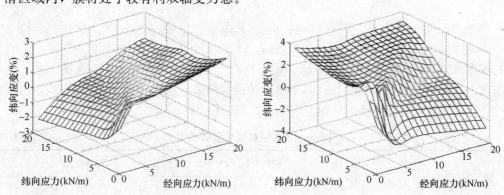

图 3-22 经纬向 3D 应力应变响应面[43,45]

② 剪切模量[19,42,47]

试样的经向、纬向对齐面内剪切变形检测装置的框架，沿经向、纬向两个方向施加预

122

张力，膜面的预张力可取 3.0kN/m。

将固定到框架上的试样沿对角线方向安装在试验机上，如图 3-23 所示，按照恒定速率进行拉伸和压缩。重复拉压三次至预定位移，并记录第二次和第三次拉、压过程中正、负最大位移点对应的荷载值。

预定位移应使试验平面的剪切变形角为 ±1℃。在边长 16cm 的情况下是 $\delta_1 = 2.001$mm 和 $\delta_2 = 1.99$mm，实际中取 $\delta_1 = \delta_2 = 2.0$mm。

按式（3-23）计算试样剪切模量，单位取 N/mm^2。三次试验计算的平均值作为最终的试验结果，修约至 $1N/mm^2$。

$$G = \frac{N_{XY1} + N_{XY2}}{(\gamma_1 + \gamma_2)t} = \frac{F_1 + F_2}{\sqrt{2}L(\gamma_1 + \gamma_2)t} \qquad (3\text{-}23)$$

$$\gamma_1 = 2\left[\frac{\pi}{4} - \cos^{-1}\left(\frac{\sqrt{2}L + \delta_1}{2L}\right)\right] \qquad (3\text{-}24)$$

$$\gamma_2 = 2\left[-\frac{\pi}{4} + \cos^{-1}\left(\frac{\sqrt{2}L - \delta_2}{2L}\right)\right] \qquad (3\text{-}25)$$

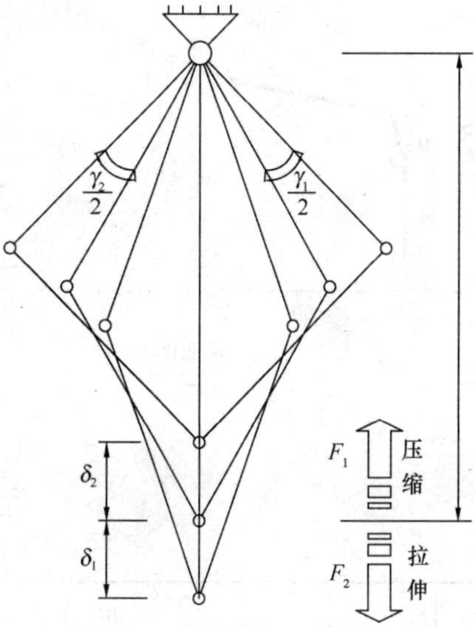

式中　G ——膜材的剪切模量（N/mm^2）；

$\quad$ t ——材的厚度（mm）；

$\quad$ L ——正方形试样的边长（mm）；

$\quad$ F_1 ——第二次和第三次拉伸过程中记录的拉力值的平均值（N）；

图 3-23　剪切模量试验装置图

$\quad$ F_2 ——第二次和第三次压缩过程中记录的压力值的平均值（N）；

N_{XY1} ——相应于 F_1 的单位宽度的面内剪切应力绝对值（N/mm）；

N_{XY2} ——相应于 F_2 的单位宽度的面内剪切应力绝对值（N/mm）；

$\quad$ γ_1 ——相应于 F_1 的剪切变形角（rad），其数值由式（3-24）确定；

$\quad$ γ_2 ——相应于 F_2 的剪切变形角（rad），其数值由式（3-25）确定；

$\quad$ δ_1 ——相应于 F_1 的在剪切变形检测器的对角线方向上的位移绝对值（mm）；

$\quad$ δ_2 ——相应于 F_2 的在剪切变形检测器的对角线方向上的位移绝对值（mm）。

2. ETFE 膜材弹性常数测试与计算方法

ETFE 薄膜被认为是各向同性黏弹性、黏弹塑性薄膜，因此，其 TD/MD 方向差异性

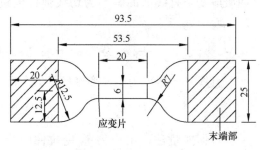

图 3-24　哑铃形试样尺寸（单位：mm）

可不予考虑。近来亦有关于双向受力行为研究[49,50]，但仍采用单向试验为主。

试验采用 ETFE 薄膜，型号为 250NJ，厚度为 $250\mu m$。ETFE 薄膜卷材幅宽 $1.55 \sim 1.60$m，沿其长度方向标记为 MD，垂直方向为 TD。分别沿 MD 和 TD 方向取样，试样为哑铃形试样，尺寸如图 3-24 所示。试验加载速度 50mm /min，试验温度

$20℃$，相对湿度为 $40\%^{[19,42]}$。

图 3-25 分别为 TD/MD ETFE 薄膜单向拉伸试验应力-应变关系曲线。ETFE 在初始受力阶段呈弹性，第一屈服，软化变形至第二次屈服，然后发生显著塑性变形。按文献[51] 数据分析方法，可计算得 ETFE 薄膜力学参数，见表 3-20。

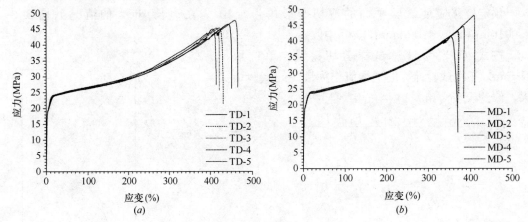

图 3-25　ETFE 薄膜单向拉伸应力-应变曲线
(a) TD；(b) MD

ETFE 薄膜力学参数[50]　　　　　　　　　　　　　表 3-20

方向	屈服强度（MPa）	屈服应变（%）	切线弹性模量（MPa）	割线弹性模量（MPa）	第二屈服强度（MPa）	第二屈服应变（%）	第二弹性模量（MPa）	第三弹性模量（MPa）
TD	17.5	2.1	862	667	23.9	15.6	45.4	3.2
MD	17.3	1.9	891	643	23.8	14.8	47.3	3.0

采用哑铃型试件，通过单向拉伸试验得到拉伸应力-应变曲线，如图 3-25 所示。取应变<30% 以下曲线，如图 3-26 所示，首先确定两个转折点，作曲线初始段的切线 a，作两转折点间曲线的近似直线 b，直线 a 与 b 相交于 A 点，过点 A 作水平线 c 与拉伸曲线相交于点 B，点 B 与曲线初始点的连线为直线 $d^{[51]}$。

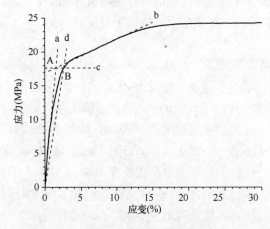

图 3-26　屈服点和弹性模量分析方法

点 A 对应的应力 σ_t 和应变 ε_t，点 B 对应的应力 σ_s 和应变 ε_s，将与点 A 对应的应力和应变规定为 ETFE 薄膜的屈服应力和屈服应变，直线 a 的斜率为切线弹性模量 E_t，即

$$E_t = \frac{\sigma_t}{\varepsilon_t} \qquad (3-26)$$

直线 d 的斜率为割线弹性模量 E_s，即

$$E_s = \frac{\sigma_s}{\varepsilon_s} \qquad (3-27)$$

根据能量法，由应力-应变拉伸曲线，总应变能可写为

$$W = \int \sigma_s d\varepsilon_s \qquad (3-28)$$

将式（3-27）分别表示为应力、应变函数，并带入式（3-28），可得应变能。

$$W = \frac{1}{2} E_s \varepsilon_s \varepsilon_s = \frac{1}{2} E_s \varepsilon_s^2 \qquad (3-29)$$

由式（3-29）可以得到基于等效能量法关于应变的弹性模量 $E_{e\varepsilon}$，即

$$E_{e\varepsilon} = \frac{2W}{\varepsilon_s^2} \qquad (3-30)$$

根据上述方法对 ETFE 薄膜单向拉伸试验得到的应力-应变曲线进行分析，可以得到 ETFE 薄膜的屈服应力、屈服应变、切线弹性模量、割线弹性模量和能量法弹性模量，见表 3-21。由表可知，割线模量较小，初始切线模量较大，等效能量法模量略小于初始切线模量。

ETFE 薄膜弹性参数[52]　　　　　　　　　　　　　表 3-21

方向	屈服强度 （MPa）	屈服应变 （%）	切线弹性模量 （MPa）	割线弹性模量 （MPa）	等效能量法弹性模量（应力） （MPa）
MD	17.3	1.9	891	643	867

当采用循环拉伸试验时，仅当应力<3MPa，徐变可忽略；即使应力小于 16MPa，仍具有显著塑性应变；当应力大于 18MPa，塑性应变较大，但卸载后仍具有弹性。ETFE 薄膜表现较显著的黏弹性、黏弹塑性特征。

3.3　膜建筑设计[22]

膜材是一种特殊的新型建筑材料，具有显著区别于其他建筑材料的特征，因此，以膜材作为主要覆盖体系的膜建筑就具有特定的建筑物理特征。膜建筑可以实现丰富的空间曲面造型，但必须符合膜张力曲面的固有特性。膜材一般具有较高的透光率，可以充分考虑自然光采光。但膜材传热系数大，制冷能耗高。在膜建筑设计时应充分利用其优点，避免相应缺点，采取合理技术措施，取得好的建筑效果与经济技术指标。

3.3.1　膜建筑设计年限

根据建筑结构可靠度设计统一标准，设计使用年限 5 年的为临时性建筑，25 年为易于替换的结构构件，50 年为普通建筑物。膜材的设计使用基准期一般较小，PTFE 膜材可达到 30 年，PVC 类膜一般少于 25 年，属于易于替换的结构构件。膜建筑在规定的使用年限内应满足的功能要求：自洁与建筑视觉效果，承受可能出现的各种作用，具备良好的工作性能，足够的耐久性，经历偶然事件后仍能保持必需的整体稳定性。膜建筑安全等级设计宜为Ⅱ、Ⅲ级，其易于替换，破坏不致引起严重财产与人员损失。

以易于替换的建筑构件作为膜的设计年限考虑，但有必要进行更细的划分，以便合理确定膜建筑设计使用年限，作到技术先进、经济合理。鉴于建筑膜材的建筑、结构受力特性，一般可分为[??]：

永久性膜建筑：使用年限 15 年以上，体育场馆、机场、展览中心等重要建筑，使用膜材为 A 类膜（PTFE/GF 膜、silicone/GF 膜）、B 类膜（PVC/GF）、C 类膜（PVC/PES-Ⅲ～Ⅴ）、ETFE、FEP 等氟化物薄膜。

耐久性膜建筑：使用年限 10～15 年，中小型体育设施、交通设施等，膜材多为聚酯类纤维 PVDF 或 PVF 涂层膜（PVC/PES-Ⅱ～Ⅲ）、PTFE/GF-Ⅰ～Ⅲ。

耐用性膜建筑：使用年限 3～10 年，小型体育设施、交通设施、商业活动场所、景观小品等，膜材为聚酯类纤维 PVDF、PVF、Acrylic、PVC 涂层膜。

临时性膜建筑：使用年限低于 3 年，博览会展场、娱乐场、商业展场等，膜材为聚酯类纤维 PVF、Acrylic、PVC 涂层膜、无涂层织物膜、PVC 薄膜。

膜建筑设计规划时，应根据主体建筑的重要等级，结合膜材的特点，选用特定设计使用基准期的膜材、支撑体系及其材料，并考虑建筑环境，确定膜建筑的合理设计年限。

3.3.2 膜建筑造型

膜建筑总体规划可凭建筑师想象、创造，但由于膜材柔性无定形，只有维持张力平衡的形状才是稳定的造型，并充分发挥膜材抗拉强度高的特点。负高斯曲面是一种最基本稳定的空间膜曲面，复杂的膜建筑是由各种符合膜受力特点的各种基本造型组合实现。下面介绍主要膜基本单元建筑造型与特点[22]。

1. 双曲抛物面膜单元

如图 3-27（a）所示四点支承，两高点两低点，四边自由，张拉为典型双曲抛物面，两个正交方向的曲率反向，为负高斯曲面。风压或雪（活）荷载下，沿高点连线方向纤维受拉力大。风升作用下，低点连线膜纤维拉力大。支点高低差值、跨度需依建筑造型和结构受力取合理值。支点可多于四个、对称或非对称，如图 3-27（b）所示。在多支点时，相邻支点宜高低错落，或按一定增高、降低布置，但需要保证膜中间区域最小曲率 3/100，且最小曲率膜范围直径宜小于 ϕ4～6m。边缘索曲率决定于膜内张力、索内张力和初始几何形状。索曲率愈大，索拉力愈小，膜张力值愈低。膜内最小力应大于 1.0kN/m，边缘索曲率一般应在 1/8～1/12 范围。

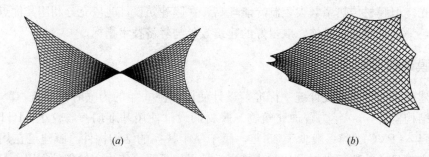

(a)   (b)

图 3-27 双曲抛物面膜单元与组合形式
(a) 四边自由双曲抛物面；(b) 多点对称抛物面

2. 马鞍形双曲面膜单元

马鞍形双曲抛物面，具有稳定的负高斯曲面特征，刚性支承边界可以是向外倾斜的拱，平面投影为椭圆，如图 3-28 所示，拱可平衡膜拉力和承受较大的压力。

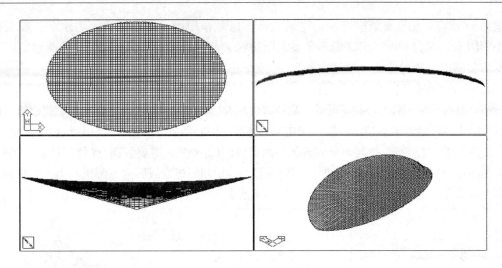

图 3-28　马鞍形曲面膜单元

3. 锥形双曲面膜单元

锥形（Cone）或唢呐（Horn）双曲面膜单元是另一种最基本的膜单元，具有双向负高斯曲率的稳定几何形状，表现为环向（纬向）、径向（经向）为膜主拉力方向。在风升作用下，膜纬向纤维拉力大。在风压、雪荷载作用下，则膜经向受力大。

锥形双曲面膜单元成形可采用两种方式：第一为直接抬高锥顶点张拉成形，无膜内索，水平环向曲率变化连续，经向曲率主要受经纬向应力比控制，如图 3-29 所示。第二种设膜内索，纬向曲率在膜内脊索处跳跃，经向曲率主要受膜内索曲率控制。前者凸显膜的柔软平滑曲面，后者则彰显膜成形的力感与力流。

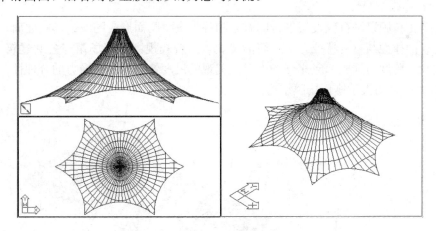

图 3-29　锥形双曲面膜单元

锥形双曲面膜单元平面形状可为四边形以上的任意规则、非规则多边形，或对称，或非对称，或柔性索边界，或刚性边界。同时，在具体工程中可将刚性边界、柔性边缘索作到有机结合，与建筑环境、造型整体规划协调统一。且一个锥形单元亦可同时采用刚性与柔性边缘索的混合机制。

锥形双曲面锥顶高度与平面跨度之比 r/s 一般大于 $1/5$，小于 $1/1$。$r/s=1/5$ 时，膜面最大坡度 $11.3°$；$r/s=1/1$ 时，膜面最大坡度 $45°$；坡度为 $30°$时，锥顶高度与平面跨度比值为 1/1.73。从排水最小坡度、建筑立面、风载作用面、径向环向预力水平、膜面积大小等因素，综合考虑确定锥形顶高度。膜边缘索曲率一般为 1/8～1/12，特殊建筑或结构受力要求时，膜边缘曲率可增大到 1/15 或缩小 1/2。

4. 拱支承张拉膜

拱具有高抗压承载力，而膜可承受高拉力，两者结合可形成以拱为主要支承的膜建筑。拱支承膜形式多，如图 3-28 所示。拱可在建筑对称轴、中心布置，如图 3-30(a) 所示，此时膜具有负高斯曲率。拱阵列、排列，形成近似零高斯曲面(骨架式、可展膜面)或竹节马鞍形(仍负高斯曲面)，如图 3-30(b) 所示，此时，需要在膜上一定间隔压索或固定克服风升力。曲线和曲面膜有机结合，充分发挥各自优点，并可实现灵活多样的建筑造型与丰富的无柱建筑空间。

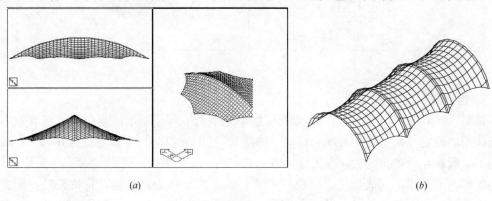

(a)　　　　　　　　　　　　　　　(b)

图 3-30　拱支承膜建筑

(a) 中心拱支承膜；(b) 平行拱支承膜

5. 脊谷形张拉膜

脊谷形张拉膜以平行或近似平行的脊索和谷索张拉膜而形成的波浪形膜曲面，具有建筑一致性、韵律性与重复特征，形式简洁美观，适合较规则建筑场馆与公共建筑。波峰、波谷、波长，跨度与柱距，应充分考虑建筑美观的尺度效应与结构受力的合理性。

图 3-31 为台州大学体育场膜结构。

图 3-31　台州大学体育场膜结构

6. 整体张拉膜

整体张拉是由结构工程师提出的一类特殊膜建筑，充分体现膜、索的张力特性，极少数受压杆（悬浮桅杆，Flying Mast），形成造型独特、美观、简洁、轻盈的膜建筑。整体张拉膜建筑包括由整体张拉单元和整体张拉体系构成的膜建筑。

整体张拉单元由正放锥形双曲面膜单元与悬浮桅杆和下拉索构成，又称为张弦膜结构单元。拉索或桅杆可调节，使膜索达到设计张力。张拉单元平面可为四边形或多变形，边缘可刚性或柔性边缘索。单元可应用于休闲小品，与索网或骨架结合，阵列组合成复杂膜建筑，如其他大型体育场、体育馆等支承体系上采用整体张弦膜结构单元。

如图 3-32 整体张拉膜单元小品，四柱支承，柱后平衡索，锥形双曲面膜单元下四根拉索和中间悬浮桅杆构成整体张拉平衡体系，柱顶与锥顶可根据造型需要设置平衡拉索。

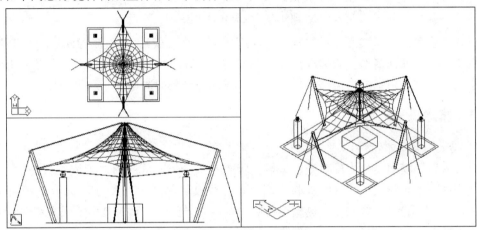

图 3-32 张弦膜结构

7. 充气膜

充气膜建筑具有特殊的膜建筑造型，包括气囊式（Air-inflated）、气承式（Air-supported），它们都具有正高斯曲率和稳定的几何形态。气承式膜建筑可直接作为建筑的支承（必要的稳定索系）与覆盖体系，形式简洁美观。

图 3-33 为气承膜，分别为低矢高（Low profile）大跨屋面和大矢高屋面（可大于 1/2）。图 3-34 为气囊式膜，分别为气枕、气肋体系。气枕由双层膜构成，或三层膜，其矢高小于 1/10，平面可为六边形、八边形等，可与钢网格结构体系组合[53,49]。气肋体系由充气管（气梁）构成气肋网格体系，可实现大矢高体系。

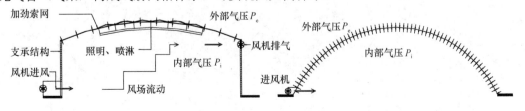

图 3-33 气承式膜建筑

膜建筑设计在遵循一般建筑设计的普遍原则下，还必须满足膜建筑所独有的特征。既要超脱于严格的原则束缚，同时又要符合一些基本的思想。负高斯曲面是稳定张力膜面的

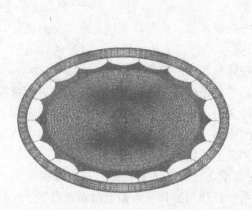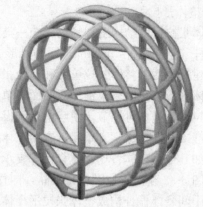

图 3-34　气囊式膜建筑

合理形式，避免零曲率膜面，尽量减小零曲率膜面（平拉膜）。充气膜建筑具有正高斯曲率，具有特殊的曲面造型。宜追求简洁、明快的形式，柔软、流畅、飘逸、刚劲有力的自然形态曲面外观，清晰的力流路线，过于复杂雕琢、夸张的造型并非理想选择。

3.3.3　膜建筑光环境

1. 膜太阳光基本特性

光线入射到膜面会分为反射光、透射、吸收三部分。不同膜材对不同波段光的反射、吸收、透射率差异较大。红外线吸收率高、紫外线投射率高。对大约 550nm 波段可见光（自然日光、太阳光），织物膜、热塑性薄膜光特性差异巨大。膜对典型太阳光特性，如图 3-35，反射光 73%，透光 13%，膜吸收 14%。对 C 类膜 PVC/PES-Ⅰ～Ⅴ，透光率 3.5%～13%；对 A 类膜 PTFE/GF-Ⅰ～Ⅳ，透光率 7%～15%。对特殊室内膜、遮阳膜，透光率可高达 50%。ETFE、FEP 等膜可达 95%。因此，在膜建筑光设计时，应充分了解不同膜材日光基本特点。

2. 采光设计计算

膜建筑光环境设计考虑两个层次，第一为照明光设计，第二为艺术光设计。从采光照明设计考虑，应充分利用膜对自然日光高透光率，实现天然光采光，从而获得充足、均匀的光照度，满足工业与民用作业面上"采光等级一般或精细"要求，节约能源。

膜建筑光环境见图3-36，日光照射膜面，部分透射入室内，照明室内工作面，在地

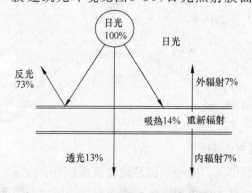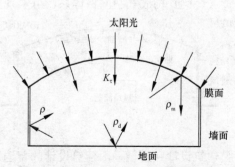

图 3-35　典型膜太阳光基本特性　　　　　图 3-36　膜建筑光环境

面、墙面以及膜内面反射，形成柔和光环境。

假设膜建筑屋面全部为透光的膜屋面，其屋面采光系数 C_{av} 可按下式计算

$$C_{av} = C_m \cdot K_\tau \cdot K_\rho \qquad (3-31)$$

式中 C_m —— 膜屋面采光系数；

K_τ —— 膜屋面总透射比；

K_ρ —— 室内反射光增量系数。

C_m 可根据膜屋面积 A_m 与地面面积 A_d 之比（类似窗地比）确定。如整个屋面为膜，则 C_m 可取 1.0。如局部为膜屋面，可具体分析确定 C_m 值。

膜屋面总透射比

$$K_\tau = \tau_m \cdot \tau_w \cdot \tau_j \qquad (3-32)$$

式中 τ_m —— 膜透光率，由不同膜材型号、单层膜、双层膜、隔热层透光率确定；

τ_w —— 膜面污染折减系数，可参照类似玻璃污染折减系数取值；具体宜根据膜自洁性、建筑所处地区（南方多雨水地区、北方干燥少雨区）、膜曲面类型、污染程度确定；PVC 膜要求至少一年清洁一次，PTFE 膜宜根据情况定期清洗，如 3~5 年；

τ_j —— 膜面支承构件挡光折减系数，根据具体支承结构体系确定，如索杆体系可取 >0.9、骨架体系 0.5~0.9，可以按照内部杆件遮挡率计算。

膜面采光的室内反射光增量系数 K_ρ，根据室内各表面饰面材料的反射比确定。室内各表面饰面材料反射比的加权平均值 ρ_j，按照下式计算：

$$\rho_j = \frac{\rho_q A_q + \rho_d A_d + \rho_m A_m}{A_q + A_d + A_m} \qquad (3-33)$$

式中 ρ_q、ρ_d —— 分别为墙面、地面材料的反射比，可根据现有规范材料取值；

ρ_m —— 膜内表面的反射比，可根据膜材型号确定，一般膜材仅给出外表面的反射系数，内表面反射比系数可向膜材厂家咨询；

A_q、A_d、A_m —— 分别为墙、地、膜面积。

如上述方法可计算膜建筑内膜面的采光系数，同时根据建筑的立面设计，计算侧面窗采光的最小采光系数 C_{min}，从而确定建筑内的采光系数。并根据建筑所在光气候分区（Ⅰ～Ⅴ），最后确定膜屋面采光系数 C_{av}、侧面最小采光系数 C_{min} 与天然光临界照度。选择合适透光率的膜材、曲面造型、支承结构体系、膜面覆盖范围，力求天然光采光，采光系数达到 3%、天然光照度 150lx 以上。

透过膜面的日光为漫射光线（截然不同于玻璃），无眩光现象，无强映像，无显著方向性，光线柔和均匀。合理的支承体系和室内构件布置可保证采光均匀系数在 0.7 以上。

3. 艺术光设计

艺术光设计是膜建筑设计重要的一环，特别是大型公共建筑。由于膜材的透光（双向性）、漫射光特性，在膜建筑内布置特定功率、数量、颜色的彩色灯具，在夜间、节日喜庆等场合使用艺术灯，可得到极佳的建筑艺术效果。

ETFE 膜透光 95%，无色透明，其色彩完全由灯光决定。采用 LED 灯，并通过智能网控制，可实现特殊的建筑艺术效果，如"水立方"、"鸟巢"等。

3.3.4 膜建筑热环境

膜建筑热环境设计主要包括保温、隔热、通风与空调设备的综合设计。随目前建筑能耗控制要求提高，膜建筑（封闭性建筑空间）的热设计是日益重要的技术问题。

第一，要准确掌握单层膜、双层膜或多层膜的热物理特性，如冬季夏季的传热系数（k 值）、遮阳系数（sc）、热阻值（R 值）、导热系数（λ）等。

第二，明确建筑功能对热环境的具体要求指标，在保障建筑功能时以节约运营中的能源为宗旨，提高膜建筑的保温隔热性能，并充分利用太阳能。

第三，根据建筑热工设计基本分区及设计要求，采用相应不同的膜建筑设计方案。严寒地区、寒冷地区应采用双层膜，增加 60～100mm 厚透明隔热玻璃纤维；夏热冬冷地区、夏热冬暖地区，可采用双层膜，要求遮阳系数 sc 值低和充分天然光采光要求；温和地区可用单层或双层膜。

1. 基本热物理特性

日光照射到地面的平均能量为 1365～1373w/m²，典型值为 1350±2w/m²，夏至 1310±10w/m²，冬至 1390±10w/m²，地面反照率 0.33。紫外光(0.31～0.40μm)约 7%，可见光(0.4～0.69μm)约 46%，红外光(>0.7μm)约 47%。紫外光线都穿透膜面，红外光线几乎反射，可见光大部分反射、一部分透射膜面。采光设计，主要利用膜面对可见光的特性，试验常取 0.5μm 波段代表可见光。地球辐射热为 236±38w/m²(16%)，因地区、纬度、地形、地貌、季节而不同。

图 3-36 为天然日光能量在一般膜面（Sheerfill®-Ⅱ）的反射、透射关系。反射光 73%，透光 13%，膜吸收 14%，吸收的 14% 又重新向室内外各辐射 7%。膜材不同，这些指标将有一定差异，宜根据所采用具体膜材型号进行热设计。

透射入室内太阳能越高，夏季防热制冷能耗越高。遮阳系数是衡量膜建筑内太阳能增益的参数。遮阳系数愈小，室内太阳能增益愈少，相应制冷空调功率就愈小。夏热冬冷、夏热冬暖地区对夏季防热作出明确要求，对保温要求较低，膜建筑（封闭性膜建筑）适合这些地区，特别是夏热冬暖和温和地区。

双层膜传热系数可由下式确定：

$$U = \cfrac{1}{\cfrac{1}{U_e} + \sum_{i=1}^{n} \cfrac{d_i}{k_i} + R_a + \cfrac{1}{U_i}} \tag{3-34}$$

式中　U_e——膜外表面涂层传热系数，取 23.0 W/（m²·K）；

U_i——膜内表面涂层传热系数，取 7.0 W/（m²·K）；

d_i——第 i 层膜纤维基布厚度或保温材料厚度（m）；

k_i——第 i 层膜材料织物纤维导热系数［W/（m·K）］，玻璃纤维膜取 0.05。

R_a——空气层热阻［（m²·K）/W］，其值与空气间层厚度有关。一般空气间层 60～100mm 左右，冬天热阻 0.2、0.17、0.18（m²·K/W），对应热流向下、热流向上和垂直空气层；夏天则为 0.15、0.13、0.15（m²·K/W）。

如双层膜构造：1mm 外层膜+60mm 空气层（60mm 以上空气间层的热阻值相同）+1mm 内层膜，则此膜建筑的夏天热流向下传热系数为：

$$U = \cfrac{1}{\cfrac{1}{23} + \cfrac{0.001}{0.05} + 0.15 + \cfrac{0.001}{0.05} + \cfrac{1}{7}} = 2.657 \qquad (3\text{-}35)$$

如双层膜构造：1mm 外层膜＋30mm 空气层＋3mm 玻璃棉保温层＋30mm 空气层＋1mm 内层膜，一般 30mm 空气层夏天热流向下的热阻为 0.15，玻璃棉保温层（宜无铝铂、半透明）导热系数 0.05，则此膜建筑的传热系数为：

$$U = \cfrac{1}{\cfrac{1}{23} + \cfrac{0.001}{0.05} + 0.15 + \cfrac{0.003}{0.05} + 0.15 + \cfrac{0.001}{0.05} + \cfrac{1}{7}} = 1.706 \qquad (3\text{-}36)$$

式（3-34）可同样用于确定单层膜的传热系数，此时，无空气层热阻，仅单层膜。如 0.8mm 玻璃纤维单层膜，其传热系数为：

$$U = \cfrac{1}{\cfrac{1}{23} + \cfrac{0.0008}{0.05} + \cfrac{1}{7}} = 4.942 \qquad (3\text{-}37)$$

由式（3-35）～式（3-37）可知，双层膜传热系数比单层小，相当于双层玻璃窗。单层膜传热系数大，相当于单层玻璃窗。而双层膜加适当隔热材，其隔热性能甚至优于一般屋面。因此，从膜建筑热环境设计考虑，应根据建筑功能、环境、预算，采用双层膜、双层膜含绝热层、单层膜方案。

由 3.3.3 节可知，透射率越高，采光系数就越大，天然光光照强度越高，采光照明能源消耗降低。但由此导致遮阳系数增大，夏季制冷空调功率增大，能源消耗增加。这是一对矛盾体，应根据建筑功能特点、照明与制冷能耗的总体水平，综合确定膜建筑方案。

2. 冷凝结露

膜内表面温度低于空气露点，膜内空气会结露。冷凝结露除了与工作环境温度有关外，还与室内空气湿度相关。控制冷凝结露，则要求通过热工计算，选用相应膜设计方案，膜材厚度、单层、双层膜以及加保温隔热层。表 3-22 给出常见空气相对湿度与室内温度范围的结露点。一般公共建筑确定露点的室内空气相对湿度 60%（标准空气相对湿度）。根据膜建筑具体所处地区、室内湿度、室内温度，可计算出室内空气露点。避免室内膜结露和冷桥现象，宜满足一定的保温要求。如夏热冬冷地区、寒冷地区，应采用双层膜建筑、双层膜（含保温层）。

结 露 点 表 3-22

室内温度	空气相对湿度（%）						
	80	75	70	65	60	55	50
38	34	33	32	30	29	27	26
32	28	27	26	24	23	22	20
27	23	22	21	19	18	17	15
18	15	14	13	12	10	9	7

3. 通风排气

膜建筑通风首先应从造型设计着手，保证顺畅的空气流动路径，设计锥顶、尖顶、穹顶，并在此设排气窗，充分利用膜建筑这些常有的烟囱效应，尽量实现自然通风，必要时可辅以强制机械排风设备，特别是气承式膜结构。

不同膜材，基材和涂层材料厚度不同，对空气、水蒸气等的渗透率有较大差异，应咨询供应商确定。

开敞的膜建筑（如体育场、景观小品等）或对热环境要求较低的膜建筑，可根据具体情况选择膜建筑设计方案。对热环境要求较高的膜建筑，保温、隔热、通风等需根据膜建筑的特点，选择合适的膜建筑方案，单层膜、双层膜（空气间层厚度可变化）、双层膜加保温层（保温层厚度变化 50～100mm，适当空气间层厚度，50mm 左右），并按照规范计算确定相应的热工参数，进行制冷空调、通风等热工设计。

3.3.5 膜建筑声学环境

膜建筑声环境设计通常集中围绕两方面的声学品质进行。第一，如何屏蔽外部噪声对建筑内部的影响；第二，建筑内部轮廓对回声作用与混响时间的影响。噪声与回声需要考虑的因素截然不同，但两者必须同时考虑，并评价建筑声环境综合品质。

1. 内部回声

回声时间与建筑内部体积成正比，与内表面吸声率成反比。好的语音品质要求回声时间短，从而避免声波间的相互干扰，这对小型会议室一般不会有困难，但大型闭合的建筑空间有效解决这一问题非常困难，如体育馆、室内田径场、水上活动中心、体育场等。

降噪系数（NRC-Noise Reduction Coefficient）可非常方便地表征建筑膜吸声率。一般膜屋顶或天棚对 63Hz 以下低频噪声是透明无阻的，此频段声波的回声可很好控制。因此，图 3-37（a）仅给出了美国化学织物公司（ChemFab）PTFE 声学衬膜（Fabrasorb Ⅱ）对 63Hz 以上八度音不同波段中心频率的噪声降低系数（吸声系数），NRC 为 0.65。

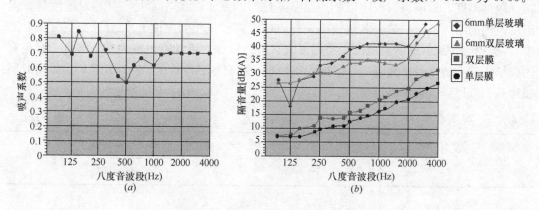

图 3-37　八度音波段膜噪声降低特性

(a) 八度音波段膜吸声特性；(b) 八度音波段膜隔声特性

大型膜建筑或有特殊要求的膜建筑空间，可采用增加吸声内衬膜设计方案。组合膜屋顶、天棚的降噪系数显著高于单层覆盖膜的降噪系数，衬膜吸声量占绝大部分，而普通镀膜涂层的光面膜吸声量很小。声学内衬膜可显著降低建筑内部空间回声，具有比一般镀膜玻璃硬表面更优异的吸声率。

美国 ChemFab 公司的 Fabrasorb$^{®}$-Ⅰ、Ⅱ 内膜（PTFE/GF 膜）已被广泛应用于许多大型建筑里进行建筑回声问题处理，包括膜建筑和传统建筑，如 Georgia Dome、新丹佛国际机场。其他厂家 PTFE 内膜亦具有相似的性质和应用领域，如美国 Taconic Solus^{TM} 400SWL、500SGL，日本中兴化成的 FGT$^{®}$-250，德国 Duraskin^{TM} B18909、B18656。另外，还有价格较低，但仍具有较高吸声系数的 PVC 内膜。

根据建筑设计的总体规划、功能、经济预算，选择最优性价比的膜设计方案。双层膜方案：PVC 外膜加 PVC 内膜、PTFE 外膜加 PVC 内膜、PTFE 外膜加 PTFE 内膜，内衬膜主要控制吸声指标，外膜以建筑耐久性、结构性为主。双层膜加隔声层方案：隔声材料与隔热保温材料兼容性，以及与透光率的协调。PTFE、PVC 单层膜方案。

2. 外部噪声隔离

根据建筑用途，一般设计为相应的特定的噪声标准（NC-Noise Criteria），规定最大容许背景噪声水平。噪声水平可从音乐厅的约 NC-20 变化至运动场的高达约 NC-50 水平。背景噪声由建筑外部噪声产生，并进入建筑内部的部分噪声。建筑的不同围护材料具有不同的对外部噪声阻挡降低水平（隔声能力、声音穿透损耗）。

膜材重量轻、厚度非常薄，阻隔外部噪声能力较低，特别是低频噪声尤其如此。不同屋顶构造的噪声降低能力可大致分为：重量在 1.0～2.0p. s. f.（4.88～9.76kg/m^2）的单层屋面系统，隔声量达到 30dB（A），如彩板、木板、板加隔热层等构成的屋面系统；相似的单层板加玻璃纤维棉吊顶、内膜系统，隔声量达到 45～50dB（A）。图 3-37（b）给出了八度音频段声波在单双层玻璃屋面、单双层膜屋面的隔声特性，即声波穿透屋面的损失。声波频率愈小，穿透损失越小。声波频率 63Hz 以下，穿透损失可忽略。声波频率越高，则穿透损耗越高。

单层膜的隔声能力较差，保温隔热玻璃纤维棉具有非常显著的隔声效果，而仅仅增加一层内膜对隔声效果的改善十分有限。当外部环境噪声高，而要求噪声标准高（NC 低）时，采用普通膜建筑比较不合适。因此，对隔声有特殊要求的膜建筑，需要采用双层膜、双层膜加隔声材料（保温隔热材料双重功能）的屋面系统。

3.3.6 膜建筑设计要素

膜建筑设计主要考虑要素包括：造型与体系、采光照明、保温隔热、音响效果，这些在 3.3.1～3.3.5 节已论述。本节主要简述其他建筑设计要素：消防与防火、排水与防水、裁切线、避雷系统、防护与维护、节点设计等。

1. 排水

膜建筑排水设计依然可采用无组织排水或有组织排水方式。由于膜建筑的造型奇特，自由曲面，应充分考虑造型与排水的合理方式。膜排水坡度要求大于一般建筑。平膜坡度 15%～20% 以上，双曲膜脊度（曲率）应大于 10%。同时膜面预张力 1.0～2.0kN/m 以上，避免膜在雨水作用下发生较大变形，从而在膜面产生积水、兜水。膜面积水具有马太效应特点，积水将导致局部凹陷变形，凹陷变形反过来加剧积水现象。足够坡度、曲率和张力水平是保证排水顺畅的必要条件。导水板（可为不锈钢、铝板、膜带）、导水沟、落水管等设计宜与膜细部节点设计协调。

大型公共膜建筑（3000m^2 以上）宜采取有组织排水，小型开敞膜建筑（500m^2 以下）

可无组织排水，中型公共膜建筑（500～3000m²）宜根据其高程、密闭和开敞性，选取合适的排水形式，可部分自由排水，结合组织排水。

2. 消防与防火

小型景观膜建筑无须考虑消防防火设计，但大型公共建筑必须明确防火设计思想，基于性能防火设计、专家论证或国家规范。除基本的消防分区、消防设施、消防通道之外，针对膜建筑的特点，必须明确选用膜材的防火等级。如为双层膜，须明确内层膜的防火等级。

膜建筑消防应以耐火和安全综合特性进行设计，而不应按照传统抗火耐火进行设计。膜材基布材料自身具有不燃性或难燃性。膜材抵抗外部火焰燃烧能力，外部火焰多高温度在多长燃烧时间下可将膜引燃或烧灼。膜表面阻止自身燃烧火焰传播，火焰扩散指数。膜面产生烟尘特性。根据这些特性参数，膜材可分为 A1、A2、B1、B2 级，A 级为不然，B 级为难燃。膜材的这些特性必须满足当地防火规范或试验要求，或厂商提供国际规范或试验[23-26]。玻璃纤维为不燃材料，PTFE 高温燃烧产生有毒烟气，聚酯纤维为难燃物，PVDF/PVF/Acrylic 高温燃烧可产生烟尘，Silicone 为纯净燃烧，不产生有毒气体。一般玻璃纤维膜 PTFE 或 Silicone 涂层材能达到 A 级防火标准，后者具有更优异的防火性能。PES/PVC 膜材能达到 B 级防火标准。

当膜距离楼面、地面约 6.0m 以上时，膜材的防火可不要求。封闭膜建筑空间可采用自动喷淋系统。由于膜建筑的大跨、无构件支承空间大，喷淋系统难以满足规范平面距离、高度要求。在膜离地面不超过 3m 高时，可在约 15m² 左右范围内布置一个喷淋器。同时可在建筑周围布置喷淋器。

另外，在锥形膜曲面锥顶、穿顶、周围设置足够大的排风口，当建筑着火时能迅速采用自然或强制机械方式排除建筑内部烟雾，避免烟雾聚集。

膜建筑支承体系的防火应根据建筑总体设计作出明确要求，在离地面 3m 高程以内支承构件（钢构件、木构件、铝构件等）必须防火，给出防火做法和耐活时间。3m 高以上支承构件可不要求或做低一级的防火要求。

3. 裁切线

任何复杂膜建筑都是由膜片按照一定的规律焊接组合而成，裁切线的布置应综合考虑建筑美观、经济、结构受力。膜裁切线首先应根据膜建筑总体造型和膜基本单元的特点布置。如无脊索锥形膜单元，一般放射状布置。膜建筑单元对称，则裁切线应对称。多锥连续膜面，相邻单元裁切线应对缝。如为有脊索锥形膜单元，则可采用两种平行的裁切线布置方式。膜建筑的对称性、重复性、韵律，要求裁切线与之协调。裁切线位于对称点、高点，与膜建筑方向平行、垂直等，宜对称、均匀。

另外，膜建筑裁切线应尽量符合结构分析要求，膜材经线方向为主受力方向，裁切线宜与经线平行。焊缝宽度 40mm 以上，满足膜材纬向与焊缝强度受力。膜裁切片应充分利用膜材幅宽，减少裁切线，降低膜材损耗浪费。但并不意味在膜幅宽内不能裁切，当膜幅宽较大，如 3.5～4.0m 以上，而膜曲面曲率大时，应将膜裁片。即膜裁切必须满足一个最基本条件，膜曲面展成平面膜片时，曲面扭转变形满足精度要求。

4. 防护与维护设计

考虑膜建筑可能的定期上人清洗膜面、局部修理维护膜面或设备维修等，根据建筑大小、功能、造型特点，设置必要的可供上人的猫道、临时固定拉点等。膜面容易被利器划伤，设计中应尽量避免使用时人对膜面可能的接触，可采用最小高程限制（如 2.5～3.0m 以上），或采取必要的隔离构造措施。

3.4 膜结构设计分析[22]

由于膜材所特有的非线性力学特点以及膜结构整体所表现的柔性、张力与形态的统一性，其结构设计原理显著区别于传统的混凝土结构、钢结构设计，但又源于一般结构工程学的设计思想、原理、设计准则。膜结构一般涵盖膜、钢索、支撑体系、锚固系统等，涉及诸多专业，是一项复杂的综合性工程。

结构选形是膜结构工程设计的第一步，是整个工程结构设计的基础，关系到整个工程结构体系是否合理、经济、美观。结构选形属于结构概念设计，需要与建筑师紧密配合、协作讨论，同时充分发挥结构设计师的创造力，基于对各种结构体系与材料的基本受力特性、经济性、安装制作难易度等综合评价，创作出合理、美观、经济的结构形式。膜可实现新颖、独特、丰富的造型，但膜造型的可塑性又囿于某些固有的形式，负高斯双曲面是合理的稳定膜面，是构造一切膜面的基石。结构选形阶段需要确定：膜的形式与材料类型、支承体系与材料类型、主要节点构造、制作工艺和安装方法等。

膜结构工程设计第二步为结构设计分析与结构特性综合评价。由于膜结构为预张力体系且荷载作用下发生大变形，因此，膜结构分析要求进行几何非线性分析，一般采用专用分析软件完成。由于非线性算法、单元本构模型的不一致，以及膜材参数的离散差异性，另外不同膜结构的结构响应参数不尽一致，所以，不应过分拘泥于分析结果数值的大小和指标界限，应对分析结果综合评价，抓住本质与规律，然后作出合理设计。

膜结构工程设计第三步为结构构件与节点设计。根据整体分析与局部构件、节点分析，按照允许应力设计法或极限状态设计法，选取具有一定安全度的膜材型号，构件截面配置，节点板件以及附件构造处理等。构件与节点设计应充分考虑到材料的采购（包括市场是否有货源以及市场价格）、制作难易度（同一性、个性、工业化程度）、安装和维护便易性以及美观性。美观性应始终作为膜结构的构件、节点设计的一个着眼点和归宿，但连接功能与受力安全是必要的条件。

1. 膜结构设计内容

图 3-38 为膜结构设计内容概念，主要包括三个阶段：找形优化分析、荷载分析、裁减分析，找形分析是基础，荷载分析是关键，裁减分析是目标和归宿。

找形分析需要建筑师、业主、结构工程师紧密配合，创造出具有个性特征的作品，既满足建筑意象，又符合膜受力特性的稳定平衡形态。

荷载分析首先要建立正确合理的分析模型，然后考虑荷载作用的合理取值，并进行综合结构响应评价，确定最优安全度、材料量、经济指标。

裁剪分析必须准确模拟膜的任何边界约束，预张力与找形分析和荷载分析所认为合理预张力完全一致，以及考虑材料、加工、安装运输等因素，进而得到合理裁剪分析结果。

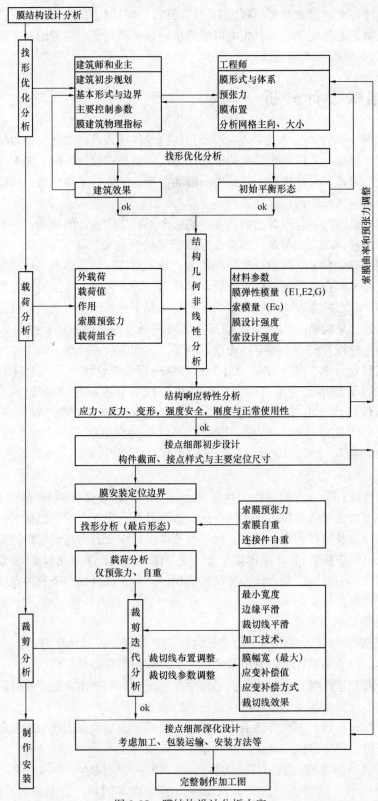

图 3-38　膜结构设计分析内容

2. 找形分析

找形分析是工程师应用专业计算软件对建筑师提出的初步建筑形式和概念设计进行数值分析，或用物理模型模拟，寻找是否存在合理膜曲面，以及曲面的具体形态的一个过程。初始形态是否就是建筑师和业主所期望的造型呢？如不满意，建筑师与结构工程师紧密配合、协同工作，创造出更具特色的作品。

找形分析与建筑师的关系主要为追求建筑特色与技术实现的统一，具体考虑因素包括：膜建筑物理指标，防火、年限等，以及不同膜具有不同合理经济张拉跨度与曲率；主要控制参数，如跨度、柱距、拱壳矢高、膜面曲率、拉索曲率等；基本的形式与体系，创作意图。围绕创作主题，不断调整，进而完善、升华。

找形分析的方法目前主要是计算机模拟技术，有力密度法、动力松弛法、小模量几何非线性分析方法，以及一些特殊方法，如面力密度法、受约束最小曲面法等。物理模型是找形分析的有益补充和工具，用皂泡、弹力丝绸等，可确定膜面自然等应力最小曲面，准确合理、清晰直观，但如何将得到的曲面转化为工程应用比较复杂困难。

膜的形态与体系是建筑与结构的统一。稳定的张拉膜曲面为负高斯曲率曲面，其最基本单元为马鞍形双曲抛物面和锥形双曲面。充气膜（气囊式或气承式）曲面为正高斯曲率曲面，平拉膜（跨度一般小于 4～6m）为零高斯曲率曲面。任何复杂建筑形体都由基本形式进行组合，并通过调整具体参数实现设计。

预张力是找形分析重要参数，与膜材、结构体系、膜单元形式、外荷载以及安装方法等密切相关，需综合分析选择。不同膜材具有不同的极限强度、线弹性模量、徐变特性与应变补偿值；柔性、半柔性体系结构特性受预张力影响大，而刚性体系影响小；在任何外荷载作用下，膜结构内任何一点两主应力不应同时小于零（褶皱）。

膜空间曲率与预张力是一组紧密关联参数。曲率愈大维持稳定性预张力愈小，曲率愈小则预张力愈大。曲率太小，预张力很大，结构抵抗外荷载能力大，反之则小。片面增加预张力来平衡外荷载或者保证计算收敛，将导致下部结构过于不合理增强，以及预张力能否在施工中引入和保持。因此，适当曲率与合理预张力才能实现膜结构"形"与"态"的完美结合，保证合理结构形态与经济性。张拉膜曲率一般 1/8～1/20，边缘索曲率一般 1/8～1/12，特殊情况可 1/5～1/15。A 类膜预张力一般为 4～8kN/m，C 类膜预张力一般为 1～4kN/m。

膜面布置指膜面经纬向的空间几何方向排列，使膜面经向纤维纱线与膜最大主应力方向一致或尽量一致，纬向纤维纱线与另一主应力方向基本一致，保证受力合理。膜面布置主要与膜结构基本构成形式和连接构造以及相应的受力特点有关。膜面布置也基本决定了膜裁切线的方向，必要的经济性考虑。

图 3-39 (a) 锥形双曲面经线为径向，纬线为环向，裁切线放射状径向布置。图 3-39 (b) 为四根膜内索张拉而成的锥形双曲面，一般这种形式锥形曲面比较大，膜面经线为环向，纬线为径向，裁切线环向布置。对三棱、五棱、六棱等锥形曲面一般亦采用相同膜面布置。当这种形式锥形曲面由于特殊建筑要求尺度比较小时，以及从节省材料考虑，也可以将膜经线设为径向，纬线设为环向，裁切线放射径向布置。

图 3-40 (a) 为典型马鞍形双曲抛物面，A、B 为高点，C、D 为低点，10m 跨，矢高 3m。膜面经线纬线与膜边平行，裁切线亦沿此方向布置，但受力不合理。图 3-40 (b) 为

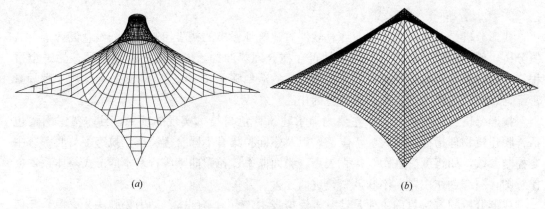

(a)   *(b)*

图 3-39　锥形双曲面膜经纬向布置

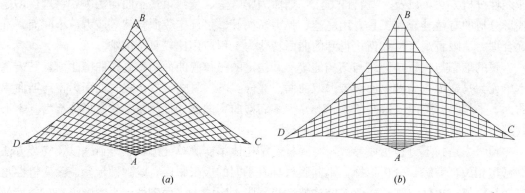

(a)   *(b)*

图 3-40　马鞍形双曲面膜经纬向布置

相同马鞍形双曲抛物面，但膜面经向纬向沿 AB（凹曲）和 CD（凸曲）两受力主方向布置，裁切线可沿 AB 或 CD，可根据是受风升还是雪压控制设计确定，受力构造合理。

连续拱支承膜，当膜与每跨拱固定，且跨度大于柱距，一般经线为母线方向，纬线为拱跨方向。当膜仅搁置于拱上，一般膜经线为拱跨方向，纬线为母线方向。根据建筑或膜材特性，膜布置也可调整。

以膜经线为膜最大受力主应力方向，这是膜面布置的基本原则。对复杂结构，宜让膜经线尽可能接近膜受力主向。

找形分析数值模拟网格主向与膜面布置一致，要注意"尺度效应"，网格尺寸必须保证准确反映空间膜曲面几何特性，边缘曲线足够平滑度，拟合膜面足够平顺，同时，减小计算工作量，提高计算效率。另外网格大小对计算收敛性也有影响。难以用绝对网格尺寸大小作出规定，与计算模型规模、曲面尺度效应有关。只要在建立模型时给予一定关注和经验积累就可容易确定网格尺寸。

3. 荷载、作用与荷载组合

设计统一标准[101]规定，建筑设计基准期为 25、50、100 年，50 年为一般工业与民用建筑，100 年为特别重要建筑，25 年为临时性建筑。

膜结构设计总的原则应与此相适应，然而一般膜材的使用寿命（C 类膜一般小于 20 年）、建筑物理特性、特殊功能膜建筑都难以符合此原则。因此，应以主结构作为设计基准期。对膜维持统一可靠度，但设计基准期降低。

　　膜结构是一种特殊新型建筑结构形式，设计荷载选择取值在遵循荷载规范[102]基本原则下，宜根据具体建筑环境、建筑功能、形式，仔细分析确定。膜结构设计实际为非统一可靠度设计方法，如按 50 年设计基准期，则按 95% 保证率确定 50 年设计期内荷载设计值，主体支承体系、连接体系皆与此具有统一可靠度，而膜 95% 保证率设计基准期小于 50 年（如 20 年），在 50 年设计基准期必须更换膜。

　　（1）荷载类型

　　荷载包括风荷载、雪荷载、预张力、自重、活荷载、施工荷载等，其中风荷载、雪荷载、预张力一般为膜结构工程设计控制工况荷载。

　　1）风荷载

　　风荷载是膜结构设计控制荷载之一，组合值 0.6、频遇值 0.4、准永久值系数 0。风荷载标准值 ω_k 为

$$\omega_k = \gamma_0 \beta_z \mu_s \mu_z \omega_0 \quad (\text{kN/m}^2) \tag{3-38}$$

$$\omega_0 = 0.6134 v_c^2 \times 10^{-3} \tag{3-39}$$

式中　γ_0——结构重要系数，一般取 1.0，重要建筑取 1.1，小于 25 年的建筑取 0.95；

　　　　μ_z——风压高度变化系数，与场地类别（分四类 I～IV）、建筑平均高度有关；

　　　　ω_0——基本风压（kN/m²）；

　　　　β_z——高度 z（m）处风振系数；

　　　　μ_s——体形系数。

　　基本风压系数 ω_0 指标准平坦场地，离地面高 10m，10 分钟平均风速（v_c，m/s）。根据极值-I 型概率统计模型，在一定重现周期里的风压值。《建筑结构荷载规范》GB 50009 给出了我国部分大中城市 10、50、100 年重现期的基本风压。一般工业与民用结构应按 50 年重现期取基本风压，景观小品、临时性建筑、仓储、不重要构筑物等，可按 10、30 年重现期取值，或由风速计算确定。附录 E 为风速、风压、蒲福风级参考表。

　　风振系数指将 10 分钟平均风压系数转化为瞬时风压系数，同时考虑风荷载脉动与结构动力之间的谐振效应。风振系数不仅与建筑场地有关，且与结构自振特性有关，很难给出"准确值"。大型空间结构属柔性结构体系，自振频率小，振形密集，以至存在大量同频率振形，振形间模态相关性强。对动力效应起作用的频率高，且低阶振形并不一定为主振形，某些高阶振形动力效应反而大。因此，不能用低阶或某阶振形频率确定风振系数，需要综合评价结构整体动力特性，结合既往相似工程，选取合理值。膜结构风振系数一般在 1.25～3，大多在 1.55～2.5 之间，这仍是目前膜结构的重要研究问题之一。

　　一般膜结构造型独特，风压分布十分复杂，风压体形系数比较难以确定，通常可遵循下面三个层次和方法选择。

　　①规范或资料

　　对比较标准简单的膜曲面，如马鞍形、锥形曲面，可参照已有工程或试验。当张拉膜"主要"形体与规范相似，如连续波浪形（脊谷形）、单坡、双坡、V 形等，可参阅规范并适当调整。当形式与规范一致的刚性膜结构，如球面、柱面等，可按照规范建议选择。

　　②CFD 技术

　　对大中型工程，无资料或规范可参考，可采用 CFD 技术。CFD 指计算流体动力学，又称为数值风洞。虽然湍流理论、流固边界效应以及计算方法等尚在深入研究和完善，但

国外 CFD 技术已成功用于航空、机械、船舶工业，对飞机（飞艇）、舰船等进行气动力优化设计，具有足够科学性与实用可靠性。近年 CFD 已较广泛用于复杂空间结构风压分布系数计算，需要时间短，费用较低，适合中型工程设计和大型工程初步设计。

③模型风洞试验

对大型或特大型工程，一般无规范可参照，进行风洞试验可获得详实的风压分布体形系数。模型风洞试验首先要求模型应具有足够大的比例，并严格按相似律制作，模拟建筑环境因素，以及各种风工况。模型风洞试验无疑是确定风压分布系数最准确可行的方法，但试验周期长，费用昂贵，一般只适用于大型或重要工程。

对大型、特大型膜结构工程，即使有风洞试验，确定合理风荷载计算值也应综合分析结构、环境等因素，由专家组论证研究决定。

2）雪荷载

一般雪荷载为我国（除华南）膜结构设计控制荷载之一，组合值 0.7、频遇值 0.6，准永久值系数按雪荷载分区 Ⅰ、Ⅱ、Ⅲ 分别对应为 0.5、0.2、0.0。雪荷载标准设计值为

$$s_k = \mu_r s_0 \quad (kN/m^2) \tag{3-40}$$

式中 s_0——基本雪压（kN/m^2）；

μ_r——积雪分布系数。

基本雪压一般参照规范或者当地气象记录资料。规范给出我国部分大中城市地区 10、50、100 年基本雪压。一般结构取 50 年基本雪压，景观小品、临时性建筑、仓储、不重要构筑物等，可按 10、30 年取值，或适当调整。

另外针对建筑环境、高度、形式等具体情况，可考虑除雪措施，如高压喷水、高压喷气、人工除雪，适当降低基本雪压值。除雪可降低雪荷载对结构作用，降低结构造价。除雪措施切实可行，维护管理严格，当雪荷载过大时，可确保有效减载，否则不可折减。

积雪分布系数，一般可参照规范取值。由于膜面不同以往建筑屋面材料，其滑雪临界角度不同，且与温度、湿度、膜面等有关。由日本的调查研究表明[63]，一般干燥地区（如西北、华北），湿度小、风大、气温较低，滑雪临界角可取 21.8°。东北、华东、西南地区，湿度大、风较小、气温低，滑雪临界角可取 28°。当膜面坡度大于滑雪临界坡度后，膜面一般难以积雪，雪荷载很小，不过仍然有必要考虑一定的雪荷载，如 0.25～0.5 的积雪系数，模拟下雪、积雪及滑雪。正是由于滑雪现象的存在，某些区域可能出现积雪兜雪，如谷线带（1.0～2.0m）、低角隅（直径 1～2m）等，雪荷载需特别加大，以及在构造上特殊处理。

3）预张力

预张力是任何膜结构设计必要荷载，按长期荷载，同恒载效应分析。膜结构预张力是一个十分复杂的因素，主要与膜材、建筑形式、安装方法等有关。

表 3-23 为规程[17]建议膜材初始预张力最小值 F_{min}，表中组合为膜材不同基布与不同涂层组合。

膜材初始预张力最小值 F_{min} 表 3-23

膜 材 类 型	膜材初始预张力最小值 F_{min}（kN/m）
组合 1	2～3
组合 2、3	1～2
组合 4、5、6	1～2

文献［4］建议，PTFE/GF-Ⅲ、Ⅳ膜（0.5mm 厚以上）预张力 6～8kN/m，PTFE/GF-Ⅰ、Ⅱ膜（0.8mm 厚以下）4～6 kN/m，保温隔热音响等 PTFE/GF 内衬膜 1～2 kN/m，PES/PVC 膜 1～4kN/m。钢索预张力为 4～10％破断极限强度，不大于 20％Fu。从日前工程实践和膜结构应力监测数据看，表 3-23 数据较适合 PVC 膜，而 ASCE-1852 建议数据较高，目前在规程修订时拟降低。

4）恒荷载

恒荷载是任何膜结构的基本设计荷载，包括膜、索、支承体系自重，以及空调排气设备、检修猫道、灯具音响设备等，根据具体设计情况确定。膜自重按膜切面积分布，约 1.0～1.5kg/m²，索（连接组件）为线荷载，其他可为集中点荷载或线荷载。

5）活荷载

活荷载指在正常使用状态下，膜结构承受的各种变化荷载，主要为膜结构膜面清洗维护、内部设备维护检修等荷载。一般按水平投影面计算折算活荷载，如果严格要求活动线路或区域，可为线荷载。面荷载一般可取 0.3kN/m²，明确要求和说明的膜面可适当减小或增加，如 0.15～0.2kN/m²。对线荷载，根据具体情况确定，如猫道 2kN/m。对景观小品等，无上人维护或明确无使用荷载，可不考虑活荷载。

6）施工荷载

施工荷载指膜面安装过程承受的荷载，如膜面就位后，二次膜安装、防水处理、膜面清理等产生的荷载，可按照水平投影面计算折减施工安装荷载或具体施工荷载。

7）内气压 P_i[56,58]

针对充气膜结构，内气压是气承式膜的一个独特参数。它既是一个结构特性参数，可调整以增加结构强度和刚度，与环境变化相适应；它又是一种长期荷载，与其他长期荷载一致。保持合适内气压值可保证结构合理刚度，在各种设计荷载下，膜面不出现过大变形、振动、褶皱、局部低沉凹陷等。下面五个关于膜内气压的概念：

①设计最大内气压（P_m）：指充气系统能向建筑内提供的最大充气气压，决定电机最大功率、风扇最大流量和膜最大受力。

②最大工作气压（P_{max}）：气压控制系统容许的瞬时或连续气压最大值，为满足恶劣自然环境荷载的内气压上限值，如局部膜面凹陷积水，以及膜设计强度可承受的最大值气压，可达到 0.5～0.8kN/m²。

③最小工作气压（P_{min}）：结构设计容许气压最小值，在正常环境和工作条件下，低于此气压，结构将出现不稳定状态。最小工作气压应根据单位面积恒荷载最大值确定，即最小工作气压应大于平均恒荷载最大值。

平均恒荷载由恒荷载除以相应从属区域面积，可以加劲索、稳定索、支承索边界为计算单元，计算所有膜面恒荷载平均值及最大值。最小工作气压一般为 1.5～2.0psf，即（0.07177～0.095697kN/m²）。可容许短暂出现小于此气压情况，如卡车出入等，否则不容许低于最小工作气压情况发生。

④正常工作气压（P_0）：在正常气候、主导荷载工况（长期荷载，如恒载）、正常使用情况下，不需要任何其他支承方法，结构能维持稳定的屋面体系所需的气压值或气压范围。随建筑使用状态、进出口系统、气候因素等，正常工作气压可在最小工作气压和最大工作气压间变化。由于建筑舒适性和使用功能要求，降低室内风速，以及减小内部气压对

门窗等较大的气压力，公共建筑设施的正常工作气压一般不超过 6.0psf（0.287kN/m²），对仓储等建筑在卡车等交通工具进出时可略高。

⑤残余气压（P_r）：用于计算排气缩小指数 D_i 的膜内气压，在特定荷载组合（主要为恒载）下，膜屋面塌落降低至平均高度 2.1m、进出口通道开启自然排气（排气足够大），维持膜面稳定状态的气压。

风荷载作用下，通常应增加膜内气压，从而提高膜屋面刚度。但对任何特定风速，气压增加量是有限的。因大多数气承式膜建筑形体，屋面主要部分为负压。风荷载效应与膜内最大工作气压效应总体一致，膜受力叠加，受力大。在任何荷载组合下，膜和索、索网计算应力应为拉力，避免结构塌落失稳或过大运动。当在飓风时，低矢高外形充气膜（一般整个屋面风压为负）的工作气压通常比强风时低。

雪荷载下，亦增加膜内工作气压。雪荷载平衡抵消一部分气压作用，降低了膜结构应力，此时，内气压增加相当于直接用于承受雪荷载。因此，当雪荷载和任何可能的风荷载组合，内气压极值为膜抗拉容许的最大内气压。

（2）作用类型

膜结构重要作用包括温度效应、地震作用、支座不均匀沉降以及偶然作用等。

1）温度作用

温度作用指膜结构在正常使用状态下，由于一年四季自然环境变化，气温冷热循环，膜结构各种构件热胀冷缩变形，使各构件之间产生作用力和变形。一般用设计基准期内年最大正负温差值（如±25°，一个循环，由冷到热和由热到冷）分析其引起热变形导致整个结构内力与变形。温度效应导致膜预张力的增减，以及膜发生松弛徐变。对刚性结构体系，温度对下部支承结构影响较大。温度作用对充气膜影响较大，宜采用气体热力学定律分析。

2）地震作用

地震作用指由于地震源产生地震波，传播到膜结构地基，地面运动使结构发生振动，产生动力响应，可按照地震设防烈度和地震分类加速度，直接计算动力响应。由于膜自重非常小，其动力效应很小。对刚性支承结构体系，必须考虑地震作用，并进行严格抗震设计。抗震设防水平与当地其他建筑水平相适应。

3）沉降作用

沉降作用指由于支承膜结构的基座发生沉降，特别不均匀沉降，使结构体系内产生内力和变形。直接根据沉降量、沉降模式计算其结构响应。沉降作用对刚性结构体系影响大。

4）偶然作用

偶然作用指在正常使用状态之外的以外作用，如节点破坏、索（头）断裂、偶然撞击等，使结构产生偶然作用力，根据结构体系、重要性等适当考虑。

（3）荷载组合

按承载力极限状态设计膜结构时，应考虑膜结构的基本荷载组合，对大型复杂结构，必要时应考虑偶然作用、荷载的偶然组合。

对可变荷载起控制作用的组合，组合设计值 S 应为

$$S = \gamma_G S_{G_k} + \gamma_{Q_1} S_{Q_{1k}} + \sum_{i=2}^{n} \gamma_{Q_i} \psi_{ci} S_{Q_{ik}} \tag{3-41}$$

式中 γ_G——永久荷载分项系数，当荷载对结构不利时取 1.2，当荷载对结构有利时取 1.0；

γ_{Q_i}——第 i 个可变荷载的分项系数，γ_{Q_1} 为第一个主要可变荷载，取 1.4；

G_k——永久荷载标准值（恒载、预张力）；

Q_{ik}——可变荷载标准值，Q_{1k} 为各可变荷载中起控制作用者；

ψ_{ci}——可变荷载的组合值系数，按荷载规范[102]取值。

对永久荷载起控制作用的组合，组合设计值 S 应为

$$S = \gamma_G S_{Gk} + \sum_{i=1}^{n} \gamma_{Q_i} \psi_{ci} S_{Q_{ik}} \tag{3-42}$$

按容许应力法进行设计时，可参照 ASCE-1852[4]、ASCE17-96[57]进行组合，并调整相应组合系数，以及荷载计算中的某些参数，保持计算方法的一贯性。

按正常使用极限状态设计，考虑荷载效应标准值组合，式（3-41）和式（3-42）分项系数取 1.0。

针对充气膜结构的特点，设计荷载组合考虑了最大工作气压、正常工作气压。气压既是荷载又是抗力因素。另外，还包括充气成形或排气过程状态。基本荷载组合应包括[56]：

① $1.4D - 1.0P_0$

② $0.9D - 1.6P_0$

③ $1.2D + (0.2L_r \text{ 或 } 1.6S \text{ 或 } 1.6R) - 1.0P_0$

④ $1.2D + 1.3W + (0.1L_r \text{ 或 } 0.5S \text{ 或 } 0.5R) - 1.0P_0$

⑤ $1.2D - 1.3W + (0.1L_r \text{ 或 } 0.5S \text{ 或 } 0.5R) - 1.6P_0$

⑥ $0.9D - 1.3W - 1.1P_m$

⑦ $1.2D + 1.0E - 1.0P_0$

⑧ $0.9D - 1.0E - 1.6P_0$

L_r 为活荷载，可取 0.3kN/m^2。W 为风荷载，E 为地震作用。R 为雨荷载，这是一个常被忽视但对气承式膜结构（特别是低矢高比较平坦的膜面）比较重要的荷载，包括正常设计气象条件的雨水量，以及膜面积水。

这些荷载组合考虑了充气压力对风压的有利效应、对风吸耦合的不利效应，同时，在 ETFE 气枕结构设计时存在相应的特征[60]。

4. 结构设计与荷载分析

（1）分析模型与方法

膜结构由于材料柔性，在初始预张力和外荷载作用下易发生大位移，在变形后的形状下结构达到平衡，因此，结构的平衡方程不能在初始位形建立，须考虑变形过程，采用几何非线性分析理论与方法进行分析。膜结构荷载分析可按极限承载力状态理论或容许应力理论进行计算分析。膜结构荷载非线性分析方法应与初始找形分析方法一致，如找形采用力密度法，则荷载分析为等待膜线（索）网格。如找形为小模量法，则荷载分析为三角形膜单元几何非线性分析方法。第 3.5 节将详细讲述膜结构荷载分析理论与方法，本节主要讲述分析模型要素。

膜受力由三组方程描述，首先膜两个主曲率方向拉力 T_1、T_2 和剪力 T_{12} 应满足

$$T_1 > 0, T_2 > 0, T_1 \cdot T_2 > T_{12}^2 \tag{3-43}$$

膜平衡方程为

$$\frac{T_1}{R_1} + \frac{T_2}{R_2} = q_n \tag{3-44}$$

式中 R_1、R_2 ——膜主曲率半径；

        q_n ——膜面法向外荷载。

当无外荷载作用时，$q_n = 0$，则式（3-44）可写为

$$T_1 = -\frac{R_1}{R_2} T_2 \tag{3-45}$$

式（3-45）表明，在预张力作用下，$T_1 > 0$，只有 $R_1/R_2 < 0$，即负高斯曲率，拉力 $T_2 > 0$。膜双向张力比常小于 2，即膜主曲率比应小于 2。

分析模型必须考虑支承结构对膜结构的影响。对柔性张拉膜体系，宜采用索、膜、杆或梁整体作用的模型，进行整体协同分析。对刚性支承体系，主要为骨架式膜，可对索膜分离计算，但膜的边界和约束要与实际支承和构造一致。对组合半柔性体系，宜根据具体情况建立合理分析模型。

荷载分析模型中膜面布置应与找形分析膜布置一致，保持相同的预张力标准值，但应根据荷载组合，采用预张力设计值进行分析。

因膜结构非线性，结构效应不满足线性迭加原理，须先按照荷载组合原则，确定各组合工况的荷载组合值，但预应力不变，施加到结构，然后分析各种荷载组合值的结构响应特性。

（2）膜应力分析与强度设计

当按极限承载力状态理论计算时，各种荷载组合下产生的膜面内任何点的最大主应力应满足下列条件[46]：

$$\sigma_{max} \leqslant f_y \tag{3-46}$$

$$f_y = \frac{f_k}{\gamma_R} \tag{3-47}$$

式中 σ_{max} ——各种荷载组合下膜面主应力最大值；

      f_y ——膜材强度设计值；

      f_k ——膜材强度标准值，$f_k = \dfrac{F_k}{t}$ ；

      F_k ——膜材极限抗拉强度标准值；

      γ_R ——膜材抗力分项系数，见表 3-24；

      t ——膜材厚度。

在长期荷载作用下，膜面任何点的最小主应力应满足下列条件：

$$\sigma_{max} \geqslant \sigma_p \tag{3-48}$$

式中 σ_{min} ——各种荷载组合下膜面主应力最小值；

      σ_p ——维持膜曲面形状设计最小应力值，$\sigma_p = \dfrac{F_{min}}{t}$ ；

      F_{min} ——膜材初始预张力最小值，见表 3-23。

当在短期荷载作用下，膜面任何点的最小主应力应满足下列条件：

$$\sigma_{min} > 0 \tag{3-49}$$

对式（3-46）～式（3-49）规定的原则应分层次对待和理解。式（3-46）规定在任何荷载组合下膜面最大主应力不大于膜材设计强度，应严格满足。

在长期荷载作用下，膜面任何点的最小主应力不小于维持膜面形状设计最小应力值，应严格满足此条件。

膜材抗力分项系数 γ_R　　　　表 3-24

荷 载 组 合	抗力分项系数 γ_R
恒载（结构自重、设备等）＋初始预张力＋活荷载	7.0
恒载（结构自重、设备等）＋初始预张力＋雪荷载	
其他组合	3.5

在短期荷载下，膜面上任何点最小主应力大于 0，一般可满足此条件。不少张拉膜在短期风荷载等作用下会出现局部褶皱现象（最小主应力小于 0.0），但风荷载消失后，膜面可以恢复正常状态。因此，可容许短期荷载下膜面最小主应力小于 0.0（仅单向），但应为局部性区域，如小于 15%、直径 2～3m 以内等，膜面仍能维持稳定形状，并在荷载消失后恢复正常形态。

对景观小品、仓储、临时构筑物等不重要建筑或构筑物，抗力分项系数可适当降低，各项控制指标都可以根据具体情况适当调整。

由于膜材特性离散性大，不同批号的同型号膜材物理常数不同，包括对结构设计分析影响比较大的线弹性常数、极限抗拉强度，将导致分析结果差异。另外，由于膜材有一定的物理非线性，以及几何非线性计算方法不同，也将影响数值分析结果。因此，对膜结构分析结果，应仔细分析规律性、主应力方向、分布，控制参数的变化（最大主应力量级、量值）及影响等，不应过于关注微小数值大小差异。

当采用容许应力法进行设计时，膜材应具有适当安全系数。ASCE 1852[4] 规定膜材安全系数 3～8。JIS 93[2] 规定膜材在各种荷载效应下安全系数见表 3-25。

膜结构设计安全系数　　　　表 3-25

构件类型	永久建筑		临时建筑	
	短期荷载（风、雪）	长期荷载（恒载、活载）	仓储或相似建筑	其他
膜材	4	8	2.5	3.3
膜锚固件	3	6	3	3
纤维索	4	8	3	3
钢索	2.2	3	3	3

（3）膜缝合与接点强度

膜材连接部位主要包括膜片之间缝合、膜与钢索、膜与刚性支承构件或边界，任何连接部位的强度应满足下列条件

$$\sigma_{max} \leqslant f_y^c \tag{3-50}$$

$$f_y^c = \frac{f_k^c}{\gamma_R} \tag{3-51}$$

式中　　$\sigma_{\max}$——各种荷载组合下膜面主应力最大值；

　　　　f_y^c——对应最大主应力部位的膜材连接部位强度设计值；

　　　　f_k^c——对应最大主应力部位的膜材连接部位强度标准值，$f_k^c = \dfrac{F_k^c}{t}$；

　　　　F_k^c——对应最大主应力部位的膜材连接部位极限强度值；

　　　　γ_R——连接部位接点抗力分项系数，可与膜材相当，或者适当提高，按"强接点"设计；

　　　　t——膜材厚度。

　　根据膜整体受力，以及一般构造原则，对不同连接部位进行接点设计，保证具有足够接点强度。膜缝合是膜最基本接点，主要有普通热合、高频热合、缝纫、胶合等，而高频熔合是目前一般工业采用方式。C 类膜（PVC/PESC）搭接宽度一般 30～60mm，A 类膜（PTFE/GF）一般 40～70mm。膜缝合接点极限强度 F_k^c 一般按照膜材极限强度的 85% F_k，即 $F_k^c = 0.85F_k$。表 3-26 为三种 C 类膜用 50mm 宽膜带拉伸试验测得缝合接点极限强度平均值及与膜极限强度比值平均值。

膜缝合接点极限强度

表 3-26

膜 材 料	法拉利 1202T2®			米勒 FR1000®			希运 6204®		
搭接宽度（mm）	30	50	70	30	50	70	30	50	70
缝合强度（kN）	4.4612	4.8884	4.9486	4.4575	5.0432	5.0860	3.7487	4.1699	4.2319
缝合强度比值（%）	79.66	87.29	88.37	74.29	84.05	84.77	85.20	94.77	96.20

（4）膜变形分析

　　在各种荷载组合下，膜面任何点的位移应满足下列条件

$$\delta_{\max} \leqslant [\delta] \tag{3-52}$$

式中　　$\delta_{\max}$——各种荷载组合下膜面最大位移；

　　　　$[\delta]$——膜面容许最大设计变形，$[\delta] = \dfrac{1}{15} \sim \dfrac{1}{40} L_0$；

　　　　L_0——膜面净跨度，指刚性支承或柔性索之间膜面最大跨度，对风荷载下，膜面脱离支承，膜面净跨度应根据实际构造调整。

　　膜结构设计过程，应对结构变形进行仔细分析，合理控制。在风荷载短期作用下，变形可较大，但须保持稳定形状和刚度，并可恢复；但在暴雨、大雪短期荷载下，应较严格控制变形，避免比较平缓膜面严重积雪和兜水现象（因积雪、兜水都易形成恶性循环，积水导致膜面凹陷，凹陷又进一步加剧积水、兜雪），造成膜面局部受力迅速增大，以至于使结构失去平衡或膜布撕破。

　　5. 裁剪设计分析

　　（1）裁剪设计初始曲面

　　膜裁剪设计分析时采用的膜面状态是膜裁切分析的基础，将决定裁切膜片的准确性、合理性，以及安装方法。裁剪设计初始曲面应基于长期荷载作用下的膜面，包括：

　　1）膜面具有准确的边界与支承条件。根据荷载分析以及结构整体分析，设计结构主要构件尺寸，以及决定了膜与刚性支承或边界的连接接点形式，膜与钢索、钢索在钢构或

边界上连接方式与定位，锥形曲面锥顶直径，扇形连接板半径与定位等。根据实际构件尺寸、连接构造确定膜面"实际"的边界，一般不能直接采用初始成形与荷载分析模型的建筑设计轴线和初始支承条件。

2）合理膜面布置。膜面布置宜与初始成形分析膜面布置保持一致，或者，根据荷载分析发现膜面主应力与初始膜面布置有较大差异，可调整膜面使经纬向纱线与膜长期荷载组合下主应力一致或尽量小的偏角。

3）合理预张力。预张力宜与初始成形分析设定的预张力保持一致，或者根据荷载分析发现初始预张力不满足膜面主应力设计条件，应采用最后调整的预张力模态。

4）大型边缘索、膜内索及其连接配件、膜面自重对膜面形状的影响。

裁切设计分析的膜面应由①～③条件决定的膜找形曲面，一般工程可采用此膜面作为裁切分析初始曲面。对大型项目，复杂曲面，应进一步考虑第四条件，进行预张力、"自重"荷载作用（采用标准值）下的荷载分析，得到稳定曲面，然后以此曲面作为裁切分析设计的初始曲面。

（2）裁剪设计方法

膜结构裁剪设计是在"初始曲面"上确定裁切线，将空间曲面划分为膜片，并展开为平面形状的过程。"初始曲面"为基于找形和自重下形态，并准确反映膜定位、主体结构变形。

裁切线确定的主要方法有：测地线法、切面法。测地线法指在曲面两点间确定最短的一条线，测地线，作为膜裁切线。测地线法具有普遍适用性，裁切线最短。切面法一般指垂直面与膜面交线，以交线作为裁切线。切面法适宜曲率小、平缓膜面，裁切线投影均匀、平直。

（3）裁剪设计要素

裁剪设计需要综合分析各种因素，主要包括：剪切线建筑效果、应变补偿、膜材技术参数、膜片技术性、加工制作、经济性等。

1）裁切线建筑效果

膜结构裁切线宜与膜荷载下最大主应力方向平行，或尽可能平行。双曲抛物面马鞍形，裁切线宜沿正或负主曲率。锥形曲面，无径向拉索时，裁切线常沿径向辐射。当锥形曲面有径向索时，裁切线常经纬向，但特殊情况，如与周围环境或膜建筑单元协调，亦可径向布置。同时力求好的建筑效果，裁切线与建筑整体方向协调，保证裁切线布置均匀性、对称性、韵律，与建筑的对称、韵律性统一。相邻对接膜片之间裁切线宜对缝，保证视觉连续和整齐。图 3-41 为浙江大学新校区风雨操场膜裁切线，标准峰膜、谷膜单元保持对称性、韵律、纵向对缝，以及端膜各分片之间对缝。

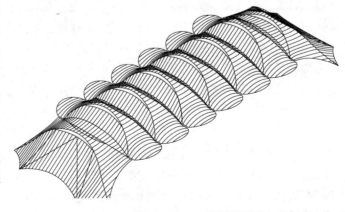

图 3-41 浙江大学新校区风雨操场膜裁切线

2）应变补偿

应变补偿是膜结构裁切设计最重要的技术环节，主要考虑应变补偿方式、应变补偿值。应变补偿值主要与膜预张力水平、荷载大小（特别是长期荷载）、膜材料特性（线弹性模量、徐变特性）有关，一般通过双向拉伸试验确定补偿值大小。膜片补偿值一般在 $0.5\%\sim3\%$，多数在 $0.8\%\sim1.5\%$，特别是 C 类膜，部分 PTFE 膜可达 3%。

膜片应变补偿可采用应变补偿比列法，进行灵活计算。首先在裁切线确定的展开膜片基础之上，确定膜片几何中心 P_c 坐标 $(x_c y_c)$，如图 3-42，然后根据补偿值大小，计算新的膜片边界平滑拟合曲线坐标。

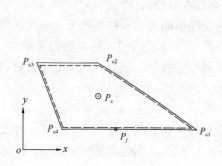
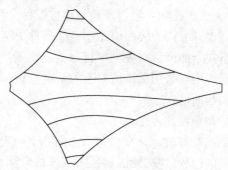

图 3-42　膜片补偿计算模型　　　图 3-43　膜片一般形状（开口笑、香蕉形）

设膜片各角点 $P_{ci}(i=1\sim n$，一般为 4～5 个角点）坐标为 $(x_{ci} y_{ci})$，则膜片中心点 P_c 坐标 $(x_c y_c)$ 可表示为

$$x_c = \frac{1}{n}\sum_{i=1}^{n} x_{ci} \qquad y_c = \frac{1}{n}\sum_{i=1}^{n} y_{ci} \tag{3-53}$$

设膜片边界拟合曲线上点 $P_j(j=1\sim m)$ 的坐标为 $(x_{j0} y_{j0})$，则考虑补偿值后，膜片边界拟合曲线点坐标 $(x_j y_j)$ 为

$$x_j = x_{j0} - \xi_w(x_{j0} - x_c) \qquad y_j = y_{j0} - \xi_f(y_{j0} - x_c) \tag{3-54}$$

式中　ξ_w——经向补偿值；

　　　ξ_f——纬向补偿值。

应变补偿方式主要与膜结构形式、体系，施工安装方法有关。一般对经纬向按照补偿率按比例均匀补偿，对自由索边界的张拉膜非常适合，这是一种普遍适用的方法，计算见式（3-54）。对膜与刚性边界（钢管等）固定，如类似单向板受力的膜面等，则可采用非协调补偿，使膜边长与刚性边界相同，便于安装定位，但仍保证膜面预张力。

非协调补偿计算方法，对膜片经向两对边坐标计算满足下列条件

$$x_j = x_{j0} - \xi_w(x_{j0} - x_c) \quad j = k_1\cdots\cdots k_2, k_1 > 1, k_2 < m \tag{3-55a}$$

$$y_j = y_{j0} \tag{3-55b}$$

式中　m——膜片纬向边长上拟合线控制点数量；

k_1、k_2——边长内点，$k_1\cdots\cdots k_2$ 一般应占边长 $70\%\sim80\%$。

端部区段（$1\cdots k_1, k_2\cdots m$），一般应为总边长 $10\%\sim15\%$，按下式计算

$$x_j = x_{j0} - \xi_{wt}(x_{j0} - x_c) \quad j = 1\cdots k_1, k_2\cdots m \tag{3-56a}$$

$$y_j = y_{j0} \tag{3-56b}$$

式中　ξ_{wt}——经向应变补偿值，在 $0.0 \sim \xi_w$ 间线性插值。

对纬向亦可采用式（3-55）、式（3-56）的非协调补偿方式，此时 x 与 y 互换，也可采用式（3-55）进行均匀等比例补偿，将根据纬向对应边界和安装方法而定。非协调补偿计算比较麻烦，但与制作工艺、安装方法吻合，安装容易、受力合理。

3）膜片技术性

膜片技术性主要包括膜片形状、裁切线和边缘线拟合曲线平滑度、极大值、极小值等。膜片是裁切设计分析的最后结果，其技术特性将直接影响整个膜结构性能，应注意任何可能影响膜片特性的技术细节。

首先，膜片的形式宜尽量"规则、匀称"，长宽比例合理，避免犄角等。一般应双面弯曲呈开口笑形式，充分利用膜材，见图 3-43。开口曲率基于膜面曲率，在此也可判定膜面曲率的合理性。减少单向弯曲的香蕉形膜片，因其材料消耗较多。避免直边曲边的凹形膜片，虽然对边操作和焊接较容易，但受力难均匀，易出现单边细微皱纹。

其次，膜片裁切线和边缘线拟合曲线足够平滑度。边缘索等份数、膜面网格尺寸、测地线控制点数、测地线位置是影响裁切线和边缘线平滑度的主要因素，具体数量难以统一或给出一个参考值，且相互之间存在计算算法上的影响，如长度接近于零的极短线段出现将使计算溢出，需要仔细调整，并应将其放大到与实际尺寸接近的状态，仔细观察膜片裁切线，保证拟合曲线平滑连续，避免锯齿性、小波形、局部扭曲等。

另外，膜片控制尺寸，包括膜片最大宽度、最小宽度、长度，由膜材幅宽、加工技术、膜曲面等决定。

一般膜片最宽（已包括膜片缝合搭接宽度扩出偏移量）宜用尽膜的 $95 \sim 98\%$ 幅宽，仅留窄边 $50 \sim 100$ 以扣除膜边可能存在的缺陷和瑕疵，如 1780mm 幅宽可用到 $1695 \sim 1740$mm（一般约 1700），这样可以充分利用膜材、减少膜材消耗、减少裁切线及相应制作和焊接量。但对幅宽比较大的膜材，如 4500mm，要分析最大膜片对膜形状的影响、裁切分析误差和收敛性，如果不收敛、误差大、形状影响大，应依据情况将膜幅宽对半开或三分裁剪设计。

一般膜片最窄受加工技术和膜形状决定。对锥形膜曲面放射状布置裁切线时，锥顶处膜片最窄，须避免膜片间搭接缝合重叠，如缝合宽 50mm，则膜片至少大于 50mm。因此，对这类膜片，最窄应大于 60mm，一般应 $80 \sim 100$mm 以上。此条件可作为锥顶最小直径计算的必要条件之一，如不满足应加大锥顶直径。对"方形、矩形"膜片，最窄一般应大于 $500 \sim 600$mm。如膜片很长且窄，易扭曲变形，于受力、构造、视觉不好。

相邻缝合搭接膜片，其缝合裁切线拟合曲线长度应相等，但由于计算方法、裁切线控制点数、膜曲面曲率大小等，计算结果可能不一致，应严格控制此"对边"相对差值，一般应小于 10mm，当比较大（>20mm），应仔细寻找原因，调整参数，并解决。

膜片长度原则上没有限制，取决于结构形式，一般不超过 50m。过长膜片将增加制作难度，以及膜经向纱线存在缺陷而影响膜结构性能、材料利用率。

膜片与结构尺度效应，结构愈小，特别造型奇特、曲率较大膜小品，较大膜片对理想曲面、边缘曲率扭曲变形效应愈显著，而对曲率较小的大型工程，则扭曲效应较小。从某种意义说，做好膜小品比大型膜结构更难。

3.5 膜结构设计分析理论与方法[22]

膜结构设计分析理论与方法主要包括三部分：找形分析理论、荷载非线性分析理论、裁剪分析理论，找形分析理论是基础，荷载分析是关键和难点，荷载分析理论与找形分析理论保持理论和方法的一致性。裁剪分析理论基于找形与荷载分析的系统方法，根据找形分析或荷载分析结果（稳定面域），采用非线性平衡模拟技术或动力松弛法。图3-44 为膜结构各设计分析基本理论与方法及相互关系。

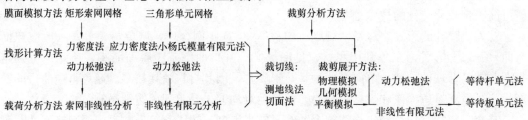

图 3-44 膜结构设计分析基本理论方法及相互关系

3.5.1 找形分析力密度法

F. Otto（1969 年）提出的张拉索膜结构，之初应用于 Kassel、Koin、Hamburg 等小型展览蓬，直到大型的慕尼黑奥林匹克公园（体育场东看台罩篷、连廊和游泳池屋盖）[5]。Argyris（1970 年）等进行这些工程结构计算时，建立了非线性结构分析与找形分析方法[1,2]。基于非线性找形分析理论基础，Linkwitz 和 Schek（1971 年）首先提出了力密度法（FDM-Force Density Method），随后经（Schek、Linkwitz、Argyris、Grundig 等，1974）逐渐发展完善[63~67]，至今仍然是欧洲特别是德国最流行的索网和张拉膜结构找形分析方法[61~67]。Singer Peter（1995 年）[68]推广力密度概念，提出了应力密度概念（SSDM-Surface Stress Density Method），并建立了应力密度膜结构找形分析方法。

（1）膜面模拟

将连续平滑面域的膜面离散为经纬向索网格，空间铰接索段（膜线）连杆网格，如图 3-45 (a)所示，用双向网格索段的受力表示膜曲面受力。设膜经纬向弹性模量分别为 E_w、E_f(kN/m)，则见图 3-45 (b)，索段 mi 或 ni 表示相邻索段单元 ki、ji 一半从属膜面积，

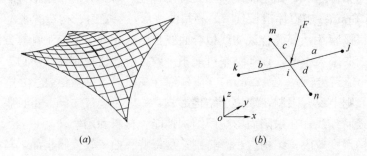

图 3-45 膜找形分析力密度法计算模型

(a) 膜等待索网（膜线）模型；(b) 索节点受力计算模型

其轴向抗拉刚度 EA_{m-i} 与膜一致，即

$$EA_{m-i} = E_w \frac{1}{2}(a+b) \tag{3-57}$$

按相似方法，索段 k-i、j-i 的轴向抗拉刚度 EA_{k-i} 为

$$EA_{k-i} = E_f \frac{1}{2}(c+d) \tag{3-58}$$

在膜面尚未确定情况下，一般通过投影平面形成索段网格，为联方形或极坐标系下联方形（径向环向）。当找形完成，膜面稳定形态确定后，计算索段长度，按式（3-57）、式（3-58）计算并赋予索段物理特性。网格数学描述方法可采用：网络原理、图论拓扑（节点矩阵）、形式代数、矩阵方法等，网格形成方法具有交互友好环境是实用化基础。

(2) 力密度与膜面几何特性

如图 3-45 (b) 所示，记索段 j-i 两端节点坐标向量

$$X_i = (x_i \quad y_i \quad z_i) \qquad X_j = (x_j \quad y_j \quad z_j) \tag{3-59}$$

则索段 j-i 的长度 l_{ij}

$$l_{ij} = \sqrt{(X_j - X_i)(X_j - X_i)^T} \tag{3-60}$$

记索网中与节点 i 连接索段长度和为 Γ，

$$\Gamma = \sum_{j=1}^{n_j} \sqrt{(X_j - X_i)(X_j - X_i)^T} \tag{3-61}$$

节点 i 的平衡方程为

$$\sum_{j=1}^{n_j} N_j \frac{(X_j - X_i)^T}{L_{ij}} = F_i^T \tag{3-62}$$

式中 F_i ——节点荷载向量，$F_i = (f_x \quad f_y \quad f_z)$；

       n_j ——与节点 i 连接索段数；

       N_j ——索段拉力。

索段拉力与长度之比定义为力密度，$q_j = N_j / l_{ij}$。当无节点荷载时，则索段节点平衡方程简化为

$$\sum_{j=1}^{n_j} q_j (X_j - X_i)^T = 0 \tag{3-63a}$$

$$\sum_{j=1}^{n_j} q_j (X_j)^T = \sum_{j=1}^{n_j} q_j (X_i)^T \tag{3-63b}$$

记索网中与节点 i 连接索段长度平方和 Ω 为

$$\Omega = \sum_{j=1}^{n_j} (X_j - X_i)(X_j - X_i)^T \tag{3-64}$$

索段长度平方和 Ω 对节点 i 坐标 X_i 偏导数为

$$\frac{\partial \Omega}{\partial X_i^T} = 2 \sum_{j=1}^{n_j} (X_i - X_j)^T = 2n_j X_i^T - 2 \sum_{j=1}^{n_j} (X_j)^T \tag{3-65}$$

如果索网中所有索段力密度 q_j 相等，则将式（3-63）代入式（3-65），可得 $\partial \Omega / \partial X_i^T = 0$，表明与节点 i 连接所有索段平方和最小。索网中不与节点 i 连接索段长度表达式不含节点 i 坐标 X_i，如 Ω 代表总索段长度和，$\partial \Omega / \partial X_i^T = 0$ 同样成立，因此，整个索网长度

平方和亦满足上述极值条件。力密度相等的索网为等力密度曲面[63,64]。

由式（3-61），索段长度和 Γ 对节点 i 坐标 X_i 偏导数为

$$\frac{\partial \Gamma}{\partial X_i^{\mathrm{T}}} = \sum_{j=1}^{n_j} \frac{(X_i - X_j)^{\mathrm{T}}}{l_{ij}} = \sum_{j=1}^{n_j} \frac{q_j}{N_j}(X_i - X_j)^{\mathrm{T}} \tag{3-66}$$

如果索段中拉力值相等，即 $N_j = N_0$，且引入式（3-63a）节点平衡条件，则式（3-66）可进一步写为

$$\frac{\partial \Gamma}{\partial X_i^{\mathrm{T}}} = \frac{1}{N_0} \sum_{j=1}^{n_j} q_j (X_i - X_j)^{\mathrm{T}} = 0 \tag{3-67}$$

式（3-67）表明：如果索网中各索段拉力相等，则索段长度和为最小值，即曲面为最小曲面[63,64]。

等力密度曲面和等应力曲面（最小曲面）为两种基本膜曲面，最小曲面与皂泡模型一致。空间网格结构常采用满应力设计（FSD），充分发挥材料强度。但是，膜结构刚度主要决定于四因素：曲面曲率、预张力、膜材、边界或支承结构刚度，另外，外荷载结构效应远大于长期荷载效应。因此，一般并不按照等应力确定膜面形状和按满应力思想设计[65,66]。最小曲面并不一定是实际最合理膜面，需综合评价结构效率、建筑造型、实际构造与制作等，最小曲面可作为参考曲面而非唯一目标曲面。

高点锥形双曲面等应力曲面离桅杆远点区域曲率很小，承受风载、雪载能力低，可出现积雪、积水现象，须采用适当锥顶尺寸（一般锥顶直径 1/4～6 边长可保证局部受力）、边界高程、径环向应力才可得到合理锥形曲面[64,66]。图 3-46 为锥形双曲面，环向径向应力比分别为 1、2、3。等应力膜面并不一定是合理膜面，但应力比通常不应大于 2～3。

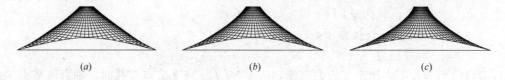

(a)   *(b)*   *(c)*

图 3-46 膜曲面与应力

(a) $N_{\mathrm{h}}/N_{\mathrm{r}} = 1$；*(b)* $N_{\mathrm{h}}/N_{\mathrm{r}} = 2$；*(c)* $N_{\mathrm{h}}/N_{\mathrm{r}} = 3$

对模拟索网各节点建立式（3-63a）平衡方程，并引入边界约束条件，可得到集合方程组矩阵表达式。系数矩阵为大型稀疏矩阵。由式（3-60）、式（3-57）、式（3-68）可知，索段长度为节点坐标函数，内力依赖于索网格和等待面积，因此式（3-62）为非线性方程组。当引入力密度，平衡方程成为线性方程，可用高斯变换或共轭梯度法求解[64,66]。

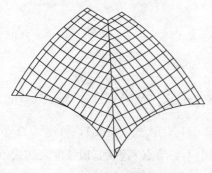

图 3-47 膜面与膜界线模拟

（3）T-单元列式

因膜面和边缘索常采用相对独立参数模拟，边缘索分位点和索段节点一般不完全重合，如图 3-45a 所示。因边界或支承条件、膜面受力等，相邻膜面模拟索段节点在交界线与模拟界线索段节点、膜节点亦常不重合，如图 3-47 所示。如果仍然采用式（3-63）描述的索单元，则会使边界索出现折线

锯齿形状，如图 3-48 所示。为了模拟索段与边缘索连接节点、不同膜面分界线节点间力的平衡关系，提出了 T-单元分析模型[66,68]。

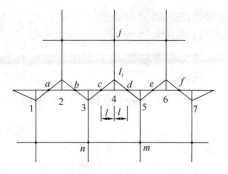

图 3-48　T-单元计算模拟

首先，将边界索离散为若干单元（根据索长度、曲率，以及膜面用途，如初步找形、结构分析、裁剪初始膜面），由膜面等待离散的膜线（Link）单元与边界/分界索交点不作为平衡节点，将索及与其相连接的膜线单元作为一个整体的宏单元，称 "T-单元"。根据索节点的坐标插值，可求出膜线单元与索的交点的坐标。假设索单元仅延伸或缩短，无侧向变形、弯曲刚性[67]。

如图 3-48 所示，$a \sim f$ 为索等分点，$1 \sim 7$ 为膜线与索的交点，m、n、j 为膜线节点，则 $c4d$-j 为其中一个 "T-单元"。

包括 T-单元的膜线单元的节点（如 j 节点）的平衡方程为

$$\sum \frac{N_i}{l_i}(x_{ki} - x_{ji}) + \frac{N_j}{l_j}\left(\frac{l_a}{l_{cd}}x_d + \frac{l_b}{l_{cd}}x_c - x_j\right) = 0 \tag{3-68}$$

式（3-68）可写为力密度形式

$$\sum q_i(x_{ki} - x_{ji}) + q_j\left(\frac{l_a}{l_{cd}}x_d + \frac{l_b}{l_{cd}}x_c - x_j\right) = 0 \tag{3-69}$$

分界索（边缘或加劲索）节点（如节点 c）的平衡方程为

$$\sum \frac{N_i}{l_i}(x_{ki} - x_{ci}) + \sum \frac{N_j}{l_j}\left[x_j - \left(\frac{l_a}{l_{cd}}x_d + \frac{l_b}{l_{cd}}x_c\right)\right] \cdot \frac{l_b}{l_{cd}} = 0 \tag{3-70}$$

力密度表示形式为

$$\sum q_i(x_{ki} - x_{ci}) + \sum q_j\left[x_j - \left(\frac{l_a}{l_{cd}}x_d + \frac{l_b}{l_{cd}}x_c\right)\right] \cdot \frac{l_b}{l_{cd}} = 0 \tag{3-71}$$

式中　N_i、l_i、q_i、x_{ki}、x_{ji}——分别为相交于 j 节点的膜线单元 i 的拉力、长度、力密度及坐标；

N_j、l_j、q_j——分别为 T-单元中膜线单元 j 的拉力、长度、力密度；

l_{cd}——T-单元中索单元长度；

l_a、l_b——膜线单元 j 与索单元交点 4 距索单元端点 c、d 的距离。

3.5.2　找形分析动力松弛法

动力松弛法（DRM-Dynamic Relaxation Method）是一种求解非线性系统平衡状态的通用数值方法。动力松弛法由 Otter（1964 年）首先提出，计算预应力钢筋混凝土核壳。Day 和 Bunce（1970 年）首次将动力松弛法用于索网结构找形与荷载非线性分析[69]，随后（Barnes，1974 年、1988 年；Lewis，1984 年、1989 年）相继发展完善了动力松弛法在索网和张拉膜结构找形分析，以及非线性结构分析的应用[70,70]。英国学者十分推崇动力松弛法的研究与应用[69-74]。

（1）基本原理

动力松弛法的基本原理是结构状态方程的逐步迭代跟踪，给定微小时间增量步，结构从初始荷载作用状态，经运动逐渐到达稳定平衡状态。

由 D′Alembert 原理，分析模型中任意一节点 j 的 i 向动力学方程可写为[71]

$$R_i = m_i \ddot{d}_i + c_i \dot{d}_i \quad (i = x, y, z) \tag{3-72}$$

式中　R_i——节点不平衡力；

m_i、c_i——节点团聚质量和阻尼；

$\ddot{d}_i$、$\dot{d}_i$——节点加速度和速度。

动力方程一般可积分、有限差分求解，将式（3-73）写为中心差分形式

$$R_i^t = \frac{m_i}{\Delta t}(\dot{d}_i^{t+\Delta t/2} - \dot{d}_i^{t-\Delta t/2}) + \frac{c_i}{2}(\dot{d}_i^{t+\Delta t/2} + \dot{d}_i^{t-\Delta t/2}) \tag{3-73}$$

式中　t、Δt——运动迭代时间和时间增量差分步长。

将式（3-73）整理，写为

$$\dot{d}_i^{t+\Delta t/2} = A\dot{d}_i^{t-\Delta t/2} + BR_i^t \tag{3-74}$$

其中，$A = \left(\frac{m_i}{\Delta t} - \frac{c_i}{2}\right) \bigg/ \left(\frac{m_i}{\Delta t} + \frac{c_i}{2}\right)$，$B = 1 \bigg/ \left(\frac{m_i}{\Delta t} + \frac{c_i}{2}\right)$

节点位移迭代递推公式为

$$d_i^{t+\Delta t} = d_i^t + \Delta t \dot{d}_i^{t+\Delta t/2} \tag{3-75}$$

动力方程（3-73）求解过程一般如图 3-49a 所示，由黏滞阻尼（Viscous Damping）耗散能量，节点振动逐渐衰减，最后趋于稳定平衡状态。索网、张拉膜结构找形分析，在边界、桅杆支承点区域不平衡力较大，迭代很难收敛，需采用特殊阻尼、虚拟质量、虚拟刚度等才可保证收敛，此法称为"黏滞阻尼动力松弛法"。

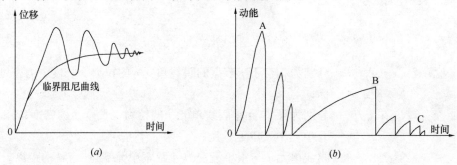

图 3-49　动力松弛法迭代过程
（a）黏滞阻尼振动；（b）"动能阻尼"振动

Barnes（1977 年）发现"动能阻尼"可解决动力迭代局部扰动严重问题，跟踪迭代稳定，收敛速度快[70]。"动能阻尼（Kinetic Damping）动力松弛法"，跟踪无阻尼自由振动，当跟踪到动能峰值点，将所有速度置零，并计算相应形态坐标，在新形态基础上继续跟踪，直到所有振动模态耗散。图 3-49（b）为索膜找形分析动能跟踪典型过程。初始动

能峰值点 A 为边界、桅杆支承点区域较大不平衡力对应的高频模态。当高频模态耗散后，随后峰值点 B 对应整体结构的低频模态，这些模态中节点振动沿曲面法向（动能最速下降）。当接近收敛时，动能最低点出现，对应节点平衡状态，节点运动仅在局部平面内微小振动[72]。

当采用动能阻尼法时，节点振动方程、迭代差分方程可简化为

$$R_i = m_i \ddot{d}_i \tag{3-76a}$$

$$R_i^t = \frac{m_i}{\Delta t}(\dot{d}_i^{t+\Delta t/2} - \dot{d}_i^{t-\Delta t/2}) \tag{3-76b}$$

$$\dot{d}_i^{t+\Delta t/2} = \dot{d}_i^{t-\Delta t/2} + \frac{\Delta t}{m_i}R_i^t \tag{3-76c}$$

$$d_i^{t+\Delta t} = d_i^t + \Delta t \dot{d}_i^{t+\Delta t/2} \tag{3-76d}$$

迭代启动初值条件：初始坐标 d_i^0 已知，节点不平衡力 R_i^0 由节点平衡方程计算，节点速度可由初始不平衡力 R_i^0 计算

$$\dot{d}_i^{\Delta t/2} = \frac{\Delta t}{2m_i}R_i^0 \tag{3-77}$$

在跟踪迭代过程，当 $t+\Delta t/2$ 时刻动能小于 $t-\Delta t/2$ 时刻动能，表明动能峰值点位于其间，应采用二次拟合曲线内插法确定"准确峰值点"，并求对应形态坐标。然后继续跟踪，直到所有振动模态耗散，结构达到平衡。

（2）索网格模型找形分析

对索网或模拟膜面的索网，见图 3-45 (a)，任意节点 $t+\Delta t$ 时节点不平衡力为[71,72]

$$R_i^{t+\Delta t} = p_i + \sum_{j=1}^{n_j} \frac{X_j - X_i}{L_j} T_j^{t+\Delta t} \tag{3-78}$$

式中　　p_i ——节点荷载向量，找形分析仅考虑膜索自重或忽略为零；

n_j ——与节点 i 连接索段数；

L_j ——索段当前长度；

X_i、X_j ——当前节点坐标；

$T_j^{t+\Delta t}$ ——索段拉力。

伴随迭代过程形态变化，索段拉力 $T_j^{t+\Delta t}$ 为

$$T_j^{t+\Delta t} = T_j^0 + \frac{(EA)_j}{L_j^0} \Delta L_j^{t+\Delta t} \tag{3-79}$$

式中　　T_j^0 ——索段初始预张力，根据曲面形状调整；

$(EA)_j/L_j^0$ ——索段弹性抗拉刚度，荷载分析取实际刚度，找形阶段可取小模量或置零；

$\Delta L_j^{t+\Delta t}$ ——相对初始态索段伸长量。

为保证迭代数值稳定性，时间步长和虚拟质量按下述计算。时间步长参数上限为[72]

$$\Delta t \leqslant \sqrt{2m_i/S_i^{\max}} \tag{3-80}$$

式中　　$S_i^{\max}$ ——节点最大可能刚度。

可假设交于节点 i 的索段方向一致，因此，可取

$$S_i^{\max} = \sum_{j=1}^{n_j} \left(\frac{EA}{L_j^0} + \frac{T_j^0}{L_j^t} \right) \qquad (3\text{-}81)$$

节点刚度为索段轴向弹性刚度和几何刚度之和。找形分析时常取 $EA = 0$，初始预张力为常数，索段长度变化大，必须考虑几何刚度影响，否则迭代难以收敛。

虚拟节点团聚质量 m_i 为

$$m_i = \Delta t^2 S_i^{\max} / 2 \qquad (3\text{-}82)$$

为方便计算，可进一步取 $\Delta t = 1$ [16]。

（3）三角形单元网格模型找形分析

将连续膜面模拟为三角形平面网格，见图 3-50。单元间位移连续，受力平衡。三角形单元边线假设为弹性索段连杆，仅几何非线性。膜剪切模量小，忽略膜面剪应力。

三角形单元受力和边线受力关系见图 3-51。假设主应力（σ_{x0}, σ_{y0}）与膜纤维经纬向一致，同局部坐标系 $x_0 - y_0$。当 $\sigma_{x0} = \sigma_{y0} = \sigma$ 时，取节点③分别向膜拉力的节点合力方向投影，可建立平衡方程。

$$T_1 \sin\alpha_3 = \frac{1}{2}\sigma_{y0}(L_2 - L_1 \cos\alpha_3) \qquad (3\text{-}83a)$$

$$T_2 \sin\alpha_3 = \frac{1}{2}\sigma_{y0}(L_1 - L_2 \cos\alpha_3) \qquad (3\text{-}83b)$$

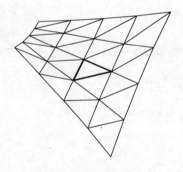 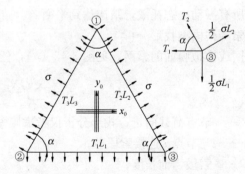

图 3-50　三角形单元膜面　　　　图 3-51　单元受力、边线受力

由几何关系 $L_2 - L_1\cos\alpha_3 = L_3\cos\alpha_2$ 和正弦定理 $L_3/\sin\alpha_3 = L_2/\sin\alpha_2$，可简化为

$$T_1 = \frac{1}{2}\sigma_{y0}L_1\mathrm{ctg}\alpha_1, \quad T_1/L_1 = \frac{1}{2}\sigma_{y0}\mathrm{ctg}\alpha_1 \qquad (3\text{-}84)$$

同理，可得边线 2、3 内力

$$T_2 = \frac{1}{2}\sigma_{y0}L_2\mathrm{ctg}\alpha_2, \quad T_2/L_2 = \frac{1}{2}\sigma_{y0}\mathrm{ctg}\alpha_2 \qquad (3\text{-}85a)$$

$$T_3 = \frac{1}{2}\sigma_{y0}L_3\mathrm{ctg}\alpha_3, \quad T_3/L_3 = \frac{1}{2}\sigma_{y0}\mathrm{ctg}\alpha_3 \qquad (3\text{-}85b)$$

如果 $\sigma_{x0} \neq \sigma_{y0}$，则边线 1 的内力修正为[72]

$$T_1 = \frac{1}{2}\sigma_{y0}L_1\mathrm{ctg}\alpha_1 + A(\sigma_{x0} - \sigma_{y0})/L_1 \qquad (3\text{-}86)$$

膜应力（单位宽度拉力）可表示为[72]

$$\sigma_{x0} = \sigma_{x0}^0 + E_{xx0}\varepsilon_{x0} + E_{xy0}\varepsilon_{y0} \tag{3-87a}$$

$$\sigma_{y0} = \sigma_{y0}^0 + E_{xy0}\varepsilon_{x0} + E_{yy0}\varepsilon_{y0} \tag{3-87b}$$

式中　　σ_{x0}^0、σ_{y0}^0——初始预张力；

E_{xx0}、E_{xy0}、E_{yy0}——膜弹性常数。

对应膜的应变量为

$$\varepsilon_{x0} = L_1 / L_1^0 - 1, \varepsilon_{y0} = (AL_1) / (L_1^0 A^0) - 1 \tag{3-88}$$

式中　L_1^0、A^0——初始态单元边线 1（平行局部坐标 x_0）的长和三角形单元面积；

L_1、A——当前状态下单元边线长和面积。

动力松弛法迭代过程时间步长、虚拟质量同式（3-80）、式（3-82）。节点最大可能刚度为

$$S_i^{\max} = \sum_{j=1}^{n_j} \left(k_j + \sum_{l=1}^{2} \frac{T_j^l}{L_j^l} \right) \tag{3-89}$$

式中　k_j——膜对节点弹性刚度，找形分析时常取 $k_j = 0$；

$\sum_{l=1}^{2} \dfrac{T_j^l}{L_j^l}$——几何刚度。

$t + \Delta t$ 时节点不平衡力为[72]

$$R_i^{t+\Delta} = p_i + \sum_{j=1}^{n_j} \sum_{l=1}^{2} \frac{X_j^l - X_i}{L_j^l} T_{j\ l}^{t+\Delta} \tag{3-90}$$

在动力松弛法迭代过程中，应力和应变分量不耦合，仅节点平衡方程，无单元刚度矩阵和总刚，求解无需分解刚度矩阵，因此，虽然迭代次数远大于非线性有限元分析，但迭代速度快。分析模型节点自由度数量比较大时，动力松弛法比非线性分析节省时间、效率高。

3.5.3 找形分析几何非线性有限元法

几何非线性有限元法是找形分析最基础的一种方法，包括索网格模型和三角形膜单元模型。最早的索网找形分析便采用非线性迭代、控制点逼近迭代等方法[61,62]，后有力密度、应力密度、动力松弛法等，并推广到膜结构找形分析。

（1）索网格模型找形分析

对索网结构或模拟为索网的膜结构，索（杆）单元模型见图 3-52，节点方向余弦为

$$c = \begin{bmatrix} c_x & c_y & c_z \end{bmatrix}^t = \frac{1}{L} \begin{bmatrix} x_2 - x_1 & y_2 - y_1 & z_2 - z_1 \end{bmatrix}^t \tag{3-91}$$

单元的弹性刚度矩阵和几何刚度矩阵可分别表示为[2]

$$k_E = \frac{EA}{L_0} \begin{bmatrix} cc^t & -cc^t \\ -cc^t & cc^t \end{bmatrix}_{6\times6} \quad k_G = \frac{P_s}{L_0} \begin{bmatrix} (I_3 - cc^t) & -(I_3 - cc^t) \\ -(I_3 - cc^t) & (I_3 - cc^t) \end{bmatrix}_{6\times6} \tag{3-92}$$

式中　EA——单元拉伸刚度；

L_0——无应力长度；

I_3——3×3 单位阵；

P_s——初应力。

节点平衡方程为

$$p = k\delta = [k_\text{E} + k_\text{G}]\delta \tag{3-93}$$

式中　δ——节点位移向量 $\delta = \begin{bmatrix} u_1 & v_1 & w_1 & u_2 & v_2 & w_2 \end{bmatrix}^t$；

　　　p——节点荷载向量。

找形分析，可忽略自重、外荷载，则节点不平衡力 R_ui 仅为内力所致，迭代格式为[62]

$$R_\text{ui} = -cP_\text{si}, \Delta\delta_i = [k_\text{E} + k_\text{G}]^{-1}R_\text{ui}, X_{i+1} = X_i + \Delta\delta_i \tag{3-94}$$

式中　$\Delta\delta_i$——当前不平衡荷载下位移增量；

　　　X_i——节点坐标向量。

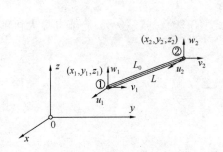

图 3-52　索单元模型

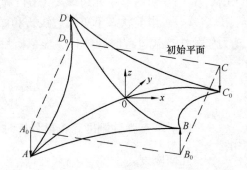

图 3-53　找形过程

初始状态与给定预张力的平衡态愈接近，迭代次数愈少，愈稳定。对初始态边界控制点（张拉支承点、桅杆支点等）与设计定位点不一致，先采用欧拉迭代，即分步给定控制点坐标增量，求不平衡力、解新位形，直至控制点达到设计点，然后用 Newton-Raphson 法求最后平衡方程[62]。如图 3-53 所示，初始态为平面（通常如此），A_0～D_0 可分步或同步设坐标增量，求解对应位形，直到设计点 A～D，最后找平衡曲面。加速收敛措施：边缘索刚度折减至与内部索网刚度同量级，受压单元刚度置零[61]。

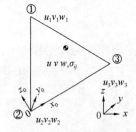

图 3-54　三角形单元模型

（2）三角形单元网格模型找形分析

三角形单元可灵活模拟任何边界、任何曲面，数值算法规范，是最基本最有效的膜结构找形模拟方法[75]。设单元模型如图 3-54，节点位移向量为

$$\{\delta_\text{e}\} = \begin{bmatrix} u_1 & v_1 & w_1 & u_2 & v_2 & w_2 & u_3 & v_3 & w_3 \end{bmatrix}^T \tag{3-95}$$

假设单元内位移为双线性函数，即常应变单元，同时单元处于弹性阶段，可写出应变几何关系式、应力应变关系式，最后根据虚功原理，可推导出膜单元的增量平衡方程

$$[k]_\text{t}\{\Delta\delta_\text{e}\} = \{p_\text{e}\} - \{f_\text{e}\} \tag{3-96}$$

式中　$\{p_\text{e}\}$、$\{f_\text{e}\}$——单元体力、面力等效节点荷载；

　　　$[k]_\text{t}$——单元切线刚度矩阵。

$$[k]_\text{t} = [k_\text{e}] + [k_\sigma] + [k_\epsilon] \tag{3-97}$$

式中　$[k_\text{e}]$——线弹性刚度矩阵；

　　　$[k_\sigma]$——初应力几何刚度矩阵；

　　　$[k_\epsilon]$——大位移刚度矩阵。

采用平面三角形单元，适当增密网格，比采用较少稀疏网格的曲面三角形单元更适合工程设计。

刚度矩阵可采用 TL 或 UL 列式，UL 列式采用 Cauchy 应力和 Almansi 应变，TL 列式采用第二 Poila-Kirchhoff 应力与 Green 应变，初应力（预张力）被认为是 Cauchy 应力，因此，采用 UL 列式较方便。如采用 TL 列式，应将初应力转化为第二 Poila-Kirchhoff 应力[75]。

增量平衡方程为非线性方程，可采用牛顿迭代、拟牛顿迭代、牛顿拉夫逊迭代和修正牛顿拉夫逊迭代等方法[76-78]。找形分析常用全牛顿迭代，单步直接迭代。为加快迭代收敛速度，常将膜杨氏弹性模量取非常小值，如 $10^{-4} \sim 10^{-5}$，约为实际模量 $1/(10^6 \sim 10^7)$，但模量不能置零，否则膜单元面内刚度将消失，因此，该方法又称为"小杨氏模量法"。同时，为保证迭代过程稳定性，对膜内索刚度亦折减，保持与膜刚度为同量级，如折减 $10^7 \sim 10^{8}$[79]。

3.5.4 荷载分析理论与方法

荷载分析理论与方法主要指基于膜结构工程设计应用的静力几何非线性分析理论与方法，一般不包括随机风振、地震等动力分析以及接触滑移等复杂静力物理非线性分析理论。荷载分析过程就是从结构初始态（零应力态）出发，经过预张力态，荷载作用态，见图 3-55，由非线性迭代方法计算最后稳定平衡形态下结构状态参数，如构件的内力、变形。

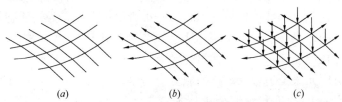

图 3-55　膜结构状态

（a）零应力态；（b）预应力态；（c）载荷作用态

因找形分析方法的差异，荷载分析理论应和找形分析理论一致。同时，荷载分析系统应具有工程设计应用的完整性、系统性，适合柔性或特殊体系结构分析。

（1）理论与方法一致性

对索网格模型力密度找形法，根据找形分析结果，求出对应力密度稳定形态的初始零应力状态，即无应力长度、预张力，基于此进行非线性荷载分析。

根据第 3.5.1 节中赋予索段单元的物理特性，弹性模量和影响面积（等待面域），由虎克定律[67-80]

$$N_j = E_{wf} A_j \frac{L_j - L_{j0}}{L_{j0}} \tag{3-98}$$

式中　E_{wf}——膜经纬向弹性模量；

　A_j、L_{j0}——索段 L_j 等待面积和无应力长度。

将力密度 $q_j = N_j/L_j$ 代入式（3-98），无应力长度可表示为

$$L_{j0} = \frac{E_{wf}A_jL_j}{q_jL_j + E_{wf}A_j} \qquad (3\text{-}99)$$

式中 L_j——当前位形节点坐标函数；

L_{j0}——无应力长度，为力密度和节点坐标函数。

荷载作用下，无应力长度 L_{j0} 应固定不变，L_j 随结构状态而变化。将力密度表示为节点位移（杆伸长量）、弹性常数函数，即

$$q_j = \frac{N_j}{L_j} = E_{wf}A_j\frac{L_j - L_{j0}}{L_{j0}}\frac{1}{L_j} = E_{wf}A_j\frac{e}{L_{j0}}\frac{1}{L_j} \qquad (3\text{-}100)$$

单元初始无应力长度 L_{j0}、当前长度 L_j 和变形量 e（$L_{j0} \gg e$）可分别表示为

$$L_{j0}^2 = \sum_{i=1}^{3}(X_{2i} - X_{1i})^2 \qquad (3\text{-}101a)$$

$$(L_{j0} + e)^2 = \sum_{i=1}^{3}(X_{2i} + u_{2i} - X_{1i} - u_{1i})^2 \qquad (3\text{-}101b)$$

$$e = \frac{1}{L_{j0}}\sum_{i=1}^{3}\left((X_{2i} - X_{1i})(u_{2i} - u_{1i}) + \frac{1}{2}(u_{2i} - u_{1i})^2\right) \qquad (3\text{-}102)$$

式中 u_{2i}、u_{1i}——单元 L_j 两节点位移分量；

X_{2i}、X_{1i}——单元 L_j 两节点坐标分量。

把式（3-102）代入式（3-100），然后代入节点平衡方程式（3-62），化简整理，可得到与非线性有限元方程一致的方程，可采用迭代方法求解。

动力松弛法不仅适用于膜结构找形分析，同样适合大型结构静力计算非线性迭代分析，具有相同的迭代格式和数值特点。以找形分析所得平衡形态为初始态，在外荷载作用下，索网模型和三角形单元节点不平衡力表达式分别为式（3-78）、式（3-90），弹性物理参数按实际取值，按照 3.5.1 基本迭代可得到荷载作用下最后稳定形态。

几何非线性有限元法是适合膜结构荷载分析的通用方法，因此，与找形分析几何非线性分析方法具有统一的理论和数值分析技术。式（3-93）、式（3-96）分别为索网模型、三角形膜单元模型平衡方程，取实际物理参数，采用非线性迭代方法求解。

（2）理论与方法完整性

膜为柔性复合织物材料，正交异性，无抗弯、抗压能力，仅能承受拉力。荷载分析理论应能有效处理膜在荷载作用下的三种基本状态：双向张力（张紧）、褶皱、松弛，可用主应力、主应变或两者表述[84,85]。假设膜内任意点主应力为 σ_1、σ_2，且 $\sigma_1 \gg \sigma_2$，则

张紧状态：

$$\sigma_1 > 0 \qquad\qquad \sigma_2 > 0 \qquad (3\text{-}103)$$

褶皱状态：

$$\sigma_1 > 0 \qquad\qquad \sigma_2 = 0 \qquad (3\text{-}104)$$

松弛状态：

$$\sigma_1 = 0 \qquad\qquad \sigma_2 = 0 \qquad (3\text{-}105)$$

荷载非线性分析过程，当主应力小于零时，常修正弹性系数矩阵 D，忽略小于零对应方向刚度，重新迭代计算，但该方法计算量大，不易收敛[79,82]。一些新的算法值得应用，如参数变分原理[81]、数学规划、动力松弛等。动力松弛法中单元应力和应变不耦合，处理褶皱、松弛以及单元相对滑移的接触问题很容易，且找形分析和结构荷载分析方法的迭

代格式基本一致[70,74,83]。任何荷载作用下，不应有松弛状态；短期荷载下，可有适当区域褶皱，宜小于 10%～20% 膜面；长期荷载下应保持张紧状态。

膜结构中常包含承受压力的杆件和承受弯矩轴力的梁构件，且随荷载作用发生大位移，应采用协调的非线性统一计算方法。轴力单元刚度同式（3-61），但可承受压力。膜外拉索采用相同单元列式，为拉杆单元，但仅适合长度较小截面小自重小的拉索。如索段长、截面和自重较大，应考虑拉索垂度非线性影响，可采用等效弹性模量、多节点索单元，或索段再分单元。细分为较多索杆单元比采用较少高阶索单元方法更有效、更适合于工程设计应用。拉索等效弹性模量 E_{eq}，即 Ernst 公式为[87]

$$E_{eq} = E_0 / \left(1 + \frac{(\gamma L)^2}{12\sigma_t^3} E_0 \right) \qquad (3-106)$$

式中　E_0——索弹性模量；

　　　γ——索密度；

　　　σ_t——索拉应力；

　　　L——索水平跨度。

等效弹性模量为非线性，随荷载分析协同迭代。

3.5.5　膜裁剪分析理论与方法

空间膜曲面由平面膜裁切片缝合而成，合理裁切片确定对膜结构设计十分重要。当膜面为可展曲面，如圆柱面、棱锥、平拉膜等，可展开为准确平面，由几何设计确定裁切片。当膜面为不可展曲面，如球面、马鞍形抛物面、锥形负高斯曲面等，可采用特定算法和准则展开为近似平面。膜裁切设计过程：首先应设置合理优化裁切线，然后采用合理算法展开为近似平面，最后考虑应变补偿确定膜裁切片[88-92]。

（1）裁剪方法

膜面展开裁剪方法主要有：物理模型、几何计算、计算机平衡模拟技术[40,44]。

1）物理模型

物理模型常用长条形 PVC 薄膜片张拉在合适支承边界，膜带（片）由白色胶带粘合成曲面。膜带常为一直边一曲边，在膜带内按一定间隔做法线，取适当宽度连线构成裁切片，由比例和几何关系计算最后实际应用膜裁切片。

物理模拟通常为建筑模型，可帮助建筑师工程师获得直观认识，分析结构可行性；另外，可由比例关系得到实际几何曲面。直边曲边膜片减少裁剪量、膜损耗少，但曲率较大膜面的相邻膜片易出现细微褶皱。物理模拟有益于深入认识张拉膜结构特性，时至今日，仍然具有较大实用价值。

2）几何计算

几何计算主要用于少数可展或规则解析曲面，简单、快捷、有效，直接由几何方程描述裁剪膜片，如温室（平拉膜）、飞艇（椭球、抛物回转曲面）、圆柱面等。

3）平衡技术

平衡模拟技术是一种通用数值计算方法，采用节点力平衡条件，计算展开膜面平衡状态，可考虑应变补偿等，是现在主要应用的膜裁剪分析方法。

（2）平衡模拟技术

平衡模拟技术有三个主要步骤：裁切线生成和布置，三维裁切膜片压平展开，考虑预张力的平衡裁切片。裁剪分析的一个重要方面便是裁切线，它不仅决定膜裁切片技术特性，也影响建筑美观。裁切线重要参数为：线型、端点位置、离散程度。线型主要有：测地线、平面切割线，或不规则线型、准测地线等。

1) 测地线

空间曲面内任意两点最短曲线（更严格数学定义应包括方位角），在切平面内展开为直线。采用测地线裁切膜片面积最小，膜纤维与主应力夹角最小，因此，用料最省，使用受力性能好。

2) 平面切割线

以简单平面（垂直面、水平面等）切割膜曲面所得交线，此方法适合特殊曲面，如对称曲面、双线性边界曲面等。

测地线确定方法较多，常用动力松弛法和投影法。动力松弛法在膜面引入虚拟弦线，张拉成短程线，不致影响所找形曲面，需保持节点力平衡。投影法直接将测地线投影到找形分析确定的曲面上形成裁切线，调整裁切线跨越网格，三个等待三角形模拟原三角形。

膜面压平（展平）是裁剪分析比较复杂的一步，常用膜布单元展开法。以三角形膜布单元的一边为轴旋转至一基准面，逐渐展开所有单元，此方法为几何方法，膜布单元须为可展面。当膜单元为非可展面，需采用动力松弛法或非线性有限元法压平，如等效杆单元、等效板单元法。以展开平面三角形和原空间曲面三角形网格边长差最小，即总体应变最小非膜单元弹性应变能最小，因此，可取小弹性模量[88,92]。

（3）等效板单元有限元法

任意空间曲面模拟为图 3-50 所示的三角形平面单元集合 T_0，展开平面集合 T_d，两者具有相同单元数 N_e，面积相差最小。

记集合 T_0 内节点 i 坐标为 (x_i^0, y_i^0, z_i^0)，单元边线 j 长度 l_j^0，展开面 T_d 内对应节点 i 坐标为 (x_i, y_i)，边线 j 长度 l_j。

任意三角形单元，如图 3-56a，$x-y$ 为局部坐标，设单元应变为 $\{\varepsilon^e\} = \{\varepsilon_x, \varepsilon_y, \gamma_{xy}\}^t$，边线长 $\{l\} = \{l_1, l_2, l_3\}^t$，边线应变 $\{\varepsilon^l\} = \{\varepsilon_1, \varepsilon_2, \varepsilon_3\}^t$，边线内力 $\{T^l\} = \{T_1, T_2, T_3\}^t$。假设单元变形微小，由材料力学或几何变化矩阵及奇异值分解并结合热应力方法[91]，单元应变与边线应变之间可建立关系式

$$\varepsilon_i = \cos^2\theta_i\varepsilon_x + \sin^2\theta_i\varepsilon_y + \sin\theta_i\cos\theta_i\gamma_{xy}(i=1,2,3) \tag{3-107}$$

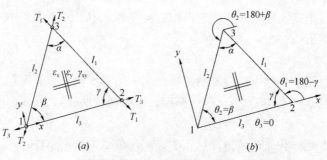

图 3-56 三角形单元模型

(a) 单元定义；(b) 角度定义

式中 θ_i——局部坐标 x 轴与边线 i 夹角，逆时针转，如图 3-56b 所示。

根据图 3-56b 对三角形边线的定义，式（3-108）可写成显式矩阵

$$\begin{Bmatrix} \varepsilon_1 \\ \varepsilon_2 \\ \varepsilon_3 \end{Bmatrix} = \begin{bmatrix} \cos^2\gamma & \sin^2\gamma & -\sin\gamma\cos\gamma \\ \cos^2\beta & \sin^2\beta & \sin\beta\cos\beta \\ 1 & 0 & 0 \end{bmatrix} \begin{Bmatrix} \varepsilon_x \\ \varepsilon_y \\ \gamma_{xy} \end{Bmatrix} \tag{3-108}$$

由式（3-108）可得到：

$$\{\varepsilon^e\} = [B]\{\varepsilon^l\} \tag{3-109}$$

式中 $[B]$——边线应变与单元应变转换矩阵，为式（3-108）矩阵的逆阵。

假设单元应力为 $\{\sigma^e\} = \{\sigma_x \quad \sigma_y \quad \tau_{xy}\}^t$，则单元应力与应变满足弹性虎克定律，即

$$\{\sigma^e\} = [D]\{\varepsilon^e\} = [D][B]\{\varepsilon^l\} \tag{3-110}$$

式中 $[D]$——单元材料弹性系数矩阵。

单元应力 $\{\sigma^e\}$ 和边线应力 $\{T^l\}$ 之间转换关系同式（3-109），则

$$\{T^l\} = [B]^t\{\sigma^e\} = [B]^t[D][B]\{\varepsilon^l\} = [K_l]\{\varepsilon^l\} \tag{3-111}$$

根据三角形单元边线内力，可建立整体坐标下节点平衡方程

$$\{p^e\} = \begin{Bmatrix} p_{1x} \\ p_{1y} \\ p_{2x} \\ p_{2y} \\ p_{3x} \\ p_{3y} \end{Bmatrix} = \begin{bmatrix} 0 & (x_1-x_3)/l_2 & (x_1-x_2)/l_3 \\ 0 & (y_1-y_3)/l_2 & (y_1-y_2)/l_3 \\ (x_2-x_3)/l_1 & 0 & (x_2-x_1)/l_3 \\ (y_2-y_3)/l_1 & 0 & (y_2-y_1)/l_3 \\ (x_3-x_2)/l_1 & (x_3-x_1)/l_2 & 0 \\ (y_3-y_2)/l_1 & (y_3-y_1)/l_2 & 0 \end{bmatrix} \begin{Bmatrix} T_1 \\ T_2 \\ T_3 \end{Bmatrix} \tag{3-112}$$

式（3-112）为空间曲面三角形展为平面三角形时，各边线变化量（应变）$\{\varepsilon^l\} = \{\varepsilon_1 \quad \varepsilon_2 \quad \varepsilon_3\}^t$ 引起的作用于平面三角形节点力。对每一个单元建立节点力 $\{p^e\}$，可得展开后所有单元总节点力 $\{p\}$。当 $\{p\} = 0$ 时，空间曲面三角形与展开平面三角形的边线差最小。

空间曲面展开计算基本步骤为：

①首先假设一与空间曲面对应展开平面，常取 $x-0-y$ 投影平面。

②求出对应三角形单元边线应变量 $\{\varepsilon^l\} = \{\varepsilon_1 \quad \varepsilon_2 \quad \varepsilon_3\}^t$，由式（3-111）求边线内力 $\{T^l\}$，然后由式（3-112）求等效节点力。对每一个单元循环，求展开面的等效节点荷载 $\{p\}$。

③求解平衡方程：

$$[K(\delta)]\{\Delta\delta_i\} = \{p(\delta)\} \tag{3-113}$$

可得到节点位移增量 $\{\Delta\delta_i\}$，则第 $i+1$ 步膜面几何坐标为：

$$\{x_{i+1}\} = \{x_i\} + \{\Delta\delta_i\} \tag{3-114}$$

④根据新几何 $\{x_{i+1}\}$，返回第②步，求 $i+1$ 步展开膜面等效节点力。当等效节点力达到预定计算精度，迭代结束，否则，继续迭代计算。

上述空间曲面近似展开计算方法没有考虑预应力作用效应。考虑预应力释放的薄膜曲面展开方法分两步：首先不计预力展为平面；然后在展开面上释放膜面预应力。预应力释放计算模型，采用常应变三角形膜单元，实际物理参数和初预应力。具体计算步骤：

① 根据不计预力的展开平面$\{x\}_0$，初预应力$\{\sigma\}_0$，求节点不平衡力$\{p\}_0$。

② 修正牛顿法迭代方程：

$$[K]\{\Delta\delta\}_i = -\{p\}_i \quad \{x\}_{i+1} = \{x\}_i + \{\Delta\delta\}_i \quad \{\sigma\}_{i+1} = \{\sigma\}_i + \{\Delta\sigma\}_i \qquad (3\text{-}115)$$

式中　$[K]$——初始弹性刚度矩阵。

③ 循环迭代直到不平衡力满足预定计算精度。

等效板单元法与小杨氏模量法找形和非线性荷载分析方法具有一致的三角形常应变板单元理论基础，几何描述格式统一，设计系统性好，裁剪分析收敛快，计算精度较高。

3.6　钢索的特性与设计[22,42]

钢索是膜结构重要结构性构件之一，特别是张拉膜结构，包括膜外自由张拉索和膜内拉索。从结构整体角度而言，钢索为柔性受拉构件，承受压力不计，非线性结构受力特点。从构件而言，不同的钢索材质、构造形式、制作工艺、细部设计等，决定了钢索复杂的结构特征，可适应不同的工作环境与受力特性。因此，钢索设计不仅是单纯强度设计，还包括钢索各种构造与工艺要求，满足柔韧性、弹性、延性、耐腐蚀性等。

3.6.1　钢索术语

钢索（Cable），任何力学意义的柔性张拉构件，包括单根或多根钢筋、单股或多股钢丝组成的各类钢丝索、钢丝绳、缆索。钢索是受拉力构件统称。

钢丝（Wire），通常由各种材质钢棒（钢筋条）冷拉挤压成圆形或非圆形的高强金属丝，是构成任何钢索的最基础线材。

钢丝索（Strand），由多根钢丝绕芯（常为单根中心钢丝）按照特定方式紧密排列而成的索股、钢索、缆索，包括两类：平行钢丝索和螺旋形钢丝索。

平行钢丝索（Parallel Wire Strand，PWS），指钢丝横截面紧密排列、纵向相互平行构成的索股、钢索、缆索，如图 5-57 所示。直径较小，用于进一步构成平行钢索，一般称为索股。直径较大，直接用于工程结构设计，一般称为平行钢丝索、缆索。

螺旋钢丝索（Helical Spiral Wire Strand，HSWS），指钢丝紧密排列、纵向按照螺旋线旋转 $2°\sim4°/\text{m}$ 捻成的索股、钢索、缆索。根据旋捻方向，分右捻法、左捻法。右捻法，钢丝绕芯线逆时针捻。左捻法，钢丝绕芯线顺时针捻，见图 3-58。直径较小的，用于进一步构成钢丝绳，一般称其为索股。直径较大的，直接用于工程结构设计，一般称其为螺旋钢丝索、缆索。

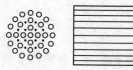
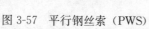

图 3-57　平行钢丝索（PWS）

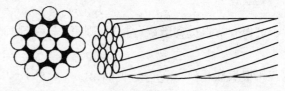

图 3-58　螺旋钢丝索（HSWS）

钢丝绳（Rope），由多根索股按一定规则紧密排列，并绕索芯按照特定方向捻绕而成的钢索，常称为钢绞索。捻绕一周长度为 9～12 倍索股直径。愈细捻绕愈长，强度、弹性模量愈大。愈粗捻绕愈短，强度、模量愈小。钢丝绳分"同向捻法（Lang Lay，LL）"和"反向捻法（Regular Lay，RL）"。"同向捻法"，索股旋捻方向与螺旋钢丝索股自身旋捻方向一致。"反向捻法"，索股旋捻方向与螺旋钢丝索股自身旋捻方向相反。根据钢丝和索股旋捻方向，有五种捻法：右向同向捻法、右向反向捻法、左向同向捻法、左向反向捻法、交替旋捻法，见图 3-59。

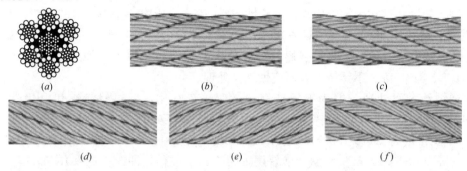

图 3-59　钢丝绳（钢绞索）

(a) 7×19—IWRC；(b) 左旋反向捻法（LRL）；(c) 右旋反向捻法（RRL）；

(d) 右旋同向捻法（RLL）；(e) 左旋同向捻法（LLL）；(f) 交替双向捻法（RL-LL）

平行钢索（Parallel Strand，PS），多指平行钢丝索股进一步按照特定设计排列，且索股间相互保持平行。但亦有钢丝绳按特定形式排列，且纵向平行构成平行钢索。见图 3-60。

锁芯钢索（Locked Coil Strand，LCS），不是由通常圆钢丝或扁钢丝构成索股，而是由特殊钢丝分层组合构造而成。中芯为圆钢丝同心平行排列为索股，围绕芯索股，由特殊形状钢丝（如 Z、S、马牙形等）绕芯分单层或多层排列，或与圆钢丝组合排列，外层钢丝间紧密联锁。外层钢丝形状与组合根据钢索直径和用途决定，见图 3-61。

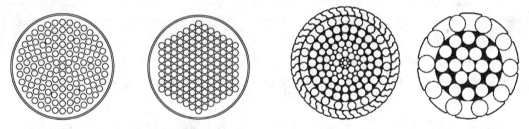

图 3-60　平行钢索（PWS，PS/PR）　　　　图 3-61　锁芯钢索（LCS）

钢丝索、钢丝绳、钢索、缆索、索股，在通常是不区分而混合使用的术语，但在此作出相应定义，对认识清楚钢索构造、特点，以及对设计应用是十分必要的。

3.6.2　钢索形式与特点

钢索具体形式与构造较多，可适合不同工作环境和结构特性。主要介绍常用钢丝索和钢丝绳构造与特点，另外简要介绍其他钢索，如锁芯索、钢棒等。

1. 钢丝

钢丝通常由热轧钢棒（钢筋，直径<12mm）冷拉成圆形细钢丝，经过热处理、淬火、表面处理等主要工艺制成，最后一般酸浸洗、浸润滑剂，并制成卷。热扎、冷拉、热

处理、淬火工艺可改变钢材化学成分、金相结构，提高强度、硬度。

钢丝原材料可为低碳钢（含碳量 0.5%～0.8%）、低合金钢 Q345、合金钢 40Cr、35CrMo、20MnTiB 等，对应钢丝破断强度（F_u）常分：1470、1570、1670、1770、1870MPa 级。国外常用钢称为犁钢（Plow Steel，PS）、改进犁钢（IPS）、特别改进犁钢（EIPS），钢丝破断强度：1770、1860、1960、2160MPa。牵引、吊装等钢丝要求延性好、强度较高。锚固、结构用钢丝应高强、延性较好。膜结构用钢丝常选择 1670MPa 级。

建筑工程用不锈钢丝常为 SUS304、316，强度分 1570、1770MPa 级[25]，SUS316 比 304 强度略低 5%～10%，但耐强腐蚀。其他不锈钢号亦有应用，如 SUS 302、304L、305、316L、317L 等。不锈钢丝表面应做光亮处理。

普通钢丝表面处理一般为镀锌或镀铝。镀锌较常用，分热浸镀锌和电化学镀锌。ASTM A586 和 A603 规定镀锌为三级：A 级，锌纯度≥99.95%，镀锌层均匀，25～40μm，平均重量为 0.4～1.0oz/ft² （122.0～305.0g/m²）；B 级，镀锌层重为 A 级的两倍，即 244.0～610.0g/m²；C 级，镀锌层重为 A 级的三倍，即 366.0～915.0g/m²。因镀锌层增加钢丝重与直径，则相同尺寸钢索的强度将降低，A 级降低约 8%，C 级钢丝强度比 A 级低，钢丝愈细影响愈大。因此，应根据钢索工作环境、受力特性，选择合适镀锌标准，取得合理结构与防腐性能。

钢丝粗细均匀性、直径加工偏差量大小是影响钢丝强度的最重要因素。表 3-27 为钢丝直径最大容许加工偏差。

钢丝直径最大容许加工偏差　　　　　　　　　　　　　　　　　　表 3-27

钢丝名义直径（mm）	容许偏差（mm）
1.04～1.52	0.05
1.55～2.29	0.08
2.31～3.05	0.10
＞3.07	0.13

2. 钢丝绳

钢丝绳（钢绞索）是应用最广泛的钢索形式，由索芯、索股构成，常用两个数 $N_1 \times N_2$ 表示钢丝绳结构，如 6×37，N_1 代表索股数，N_2 代表每股索钢丝数。

（1）索芯

钢丝绳索芯主要有三类：纤维芯（FC）、独立钢丝绳芯（IWRC）、钢丝索（WSC），如图 3-62 所示。索芯笔直位于钢丝绳中心，支承、垫护外层捻绕索股，便于外层索股捻绕，避免或减小索股间钢丝摩擦、磨损、挤压、刻痕，另外主要抗热变形。IWRC 可挤塑

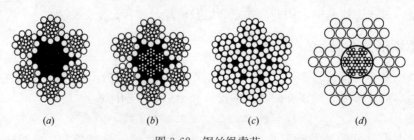

图 3-62　钢丝绳索芯
(a) FC；(b) IWRC；(c) WSC；(d) S-IWRC

柔性好与耐磨性强的 PVC 密封套,更好保护索股钢丝,记 S-IWRC。

纤维芯有天然纤维,如大麻、剑麻、木棉等。合成纤维,如石棉、塑胶(PVC)、聚酯等,或 PVC 封套亚麻芯。IWRC 比 FC 钢丝绳强度高,约 7.5%,柔韧性接近。WSC 钢丝绳强度高,比 FC 钢丝绳高 7.5%~15%,但柔韧性、抗弯较差。FC 钢丝绳截面、长度变化较大,弹性模量低,常用于牵引、起吊等,少用于结构工程。IWRC、WSC 常用于建筑工程。IWRC 较柔,强度、模量较高,更适合膜内拉索。WSC 强度、模量高,截面与长度变形较小,柔性较低,适合膜外结构性拉索。

(2) 索股

索股就是直径较小钢丝索,分螺旋形和平行钢丝索。WSC 索芯为平行钢丝索,IWRC 为螺旋形钢丝索,索芯外捻绕索股都为螺旋形钢丝索索股。

标准索股每股钢丝数常为 $1×7$ (1+6)、$1×19$ (1+6+12)、$1×37$ (1+6+12+18) 三种,钢丝直径相同,见图 3-63。为了增加截面系数,提高填充率,可采用不同级配钢丝组合,根据这三种基本组合构造更多截面形式,如 $1×13$、$1×21$、$1×25$、$1×41$、$1×61$、$1×91$ 等,见图 3-63。索股钢丝名义标称非确指,仅表分类级别,如 $1×37$,钢丝数可 27~49。钢丝愈细,柔韧性愈好、疲劳性好,但耐磨损性较差。

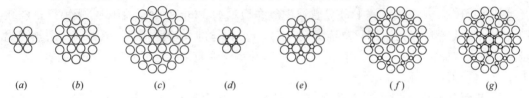

(a) (b) (c) (d) (e) (f) (g)

图 3-63 钢丝索股

(a) $1×7$;(b) $1×19$;(c) $1×37$;(d) $1×13$;(e) $1×25$;(f) $1×49$;(g) $1×61$

(3) 钢丝绳

钢丝绳技术要点:索芯、索股,两者关系以及捻法。钢丝绳索股数一般 3~9,常为 6、7、8。如常见规格为:$6×7$-FC、$6×19$-FC、$6×37$-FC、$6×7$-IWRC、$6×19$-IWRC、$6×37$-IWRC、$7×7$-WSC、$7×19$-WSC、$7×37$-WSC、$8×19$-IWRC、$8×37$-IWRC,如图 3-64。$6×7$-IWRC 表示 6 股,不包括索芯,每股 7 丝,独立钢丝绳索芯。$7×7$WSC 表示 7 股,包括索芯,每股 7 丝,钢丝索芯。钢丝绳索股基本捻法见图 3-59,不同捻法对钢丝绳特性有一定影响,如表面粗糙度、扭转变形等。

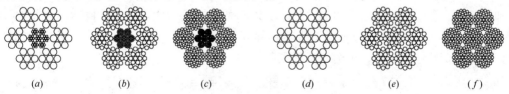

(a) (b) (c) (d) (e) (f)

图 3-64 钢丝索

(a) $6×7$-IWRC;(b) $6×19$-IWRC;(c) $6×37$-IWRC;(d) $7×7$-WSC;(e) $7×19$-WSC;(f) $7×37$-WSC

索股愈多,钢丝愈细,钢丝绳愈柔。$6×7$ 钢丝绳较硬,$6×19$ 较柔,$6×37$ 柔性好。膜结构设计中,膜内索可采用 $6×19$-IWRC、$6×37$-IWRC,膜外结构拉索可采用其他形式。索网结构可采用 $7×7$-WSC、$7×19$-WSC,强度高、变形小、刚度较大。

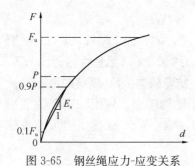

图 3-65　钢丝绳应力-应变关系

（4）结构特性

钢丝绳结构特性主要包括：最小破断力、有效截面率、弹性模量、柔性与弯曲等。

① 最小破断力 F_u：指钢丝绳拉断、钢丝应变 0.2%、钢丝绳应变 2% 时的拉力，为钢丝绳名义破断拉力。相同直径、索股与材质时，FC 芯最低，IWRC 高 FC 约 7.5%，WSC 高 FC 约 15%。同直径、不同索体形式，最小破断力差异较大。

② 弹性模量 E_s：因钢丝绳呈非线性本构曲线，弹性模量取 $10\%F_u$ 最小破断力与 $90\%P$ 预张力两点间荷载位移割线模量，见图 3-65，表达式为

$$E_s = \Delta F \cdot L\Delta\delta / (A_{eff} \cdot \Delta d) \tag{3-116}$$

式中　ΔF——$10\%F_u \sim 90\%P$ 拉力增量；

Δd——相应伸长；

L——钢索试件长，不小于 254cm，愈长愈准确；

A_{eff}——钢丝绳有效截面积。

$\phi 10 \sim \phi 102$mm A 级镀锌 IWRC 普通钢丝绳模量约 138kN/mm²，B、C 级镀锌钢丝绳模量分别降低 $3\% \sim 6\%$，钢丝愈细降低较大。FC 钢丝绳尚应降低 $5\% \sim 10\%$。钢丝绳模量差异较大，应根据具体构造确定。如一些特殊钢丝绳模量接近或超过普通钢丝索、平行钢丝索，达到约 170kN/mm²。

③ 截面有效率：指实际钢丝面积与钢丝绳名义直径确定面积之比。FC 钢丝绳约 50%，IWRC、WSC 钢丝绳约 60%，普通钢丝绳有 $\pm2\%$ 变化。特殊钢丝绳截面有效率较高，如 CASAR SuperLift™ 达到 75%[93]。

④ 柔性与弯曲：钢丝绳弯曲导致内圈钢丝松弛，外圈钢丝挤压和弯曲拉伸。外层钢丝因弯曲产生附加应力为

$$\sigma = E_s d / (2R) \tag{3-117}$$

式中　E_s——钢丝绳模量；

d——名义直径；

R——索鞍或卷轴半径。

表 3-28 钢丝绳直径、鞍座半径比值与强度折减系数，R_s 为鞍座半径，d_s、d_r 为钢丝索和钢丝绳直径，表中为 IWRC 钢丝绳。钢丝绳比钢丝索柔，FC 比 IWRC 钢丝绳柔，IWRC 比 WSC 钢丝绳柔。弯曲应力原则应小于钢丝强度，但实践表明，由于钢丝塑性、松弛可消除初始弯曲应力，可适当降低限制。

钢丝绳、钢丝索弯曲强度折减系数 ζ_d　　　　　　　　　　表 3-28

R_s/d_s（钢丝索）	R_s/d_r（钢丝绳）	折减系数 ζ_d（%）
≥20	≥15	100
19	14	95
18	13	90
17	12	85
16	11	80
≤15	≤10	75

钢丝绳与卷轴或鞍座之间压力为

$$p = T / (dR) \tag{3-118}$$

式中 T——钢丝绳拉力。

钢丝绳与鞍座之间压力应小于钢丝绳挤压承载力。从 $\phi76$（$3'$）以上钢丝绳或钢丝索，最大容许压应力为 27.6MPa，到 $\phi25$（$1'$）压应力线性逐渐增大为 41.4MPa。锁芯索无软索鞍鞘和有鞘时，侧压力分别为 1、2.5kN/mm。平行钢丝索则分别为 0.7、1.8kN/mm。软金属索案鞘可为铅、铜、铝，厚大于 2mm。对 HDPE 索套，挤压应力应小于索套承压应力，一般为 1.0～1.5kN/mm，除以钢索直径可得压应力，如 $\phi50$ 压应力则为 20～30MPa。

鞍座索槽应比钢索名义直径大，最小和最大值常为 3%～11%。钢索与索槽间设计摩擦系数取 7%，但实际可高达 12%～15%。索槽边钢丝索偏转角宜小于 2°、钢丝绳宜小于 4°，否则，应特别试验钢索柔性及疲劳寿命。

⑤ 疲劳：钢丝绳在动载长期作用下产生疲劳效应。膜结构静载、预力作用小，钢丝绳拉力仅 15%～30%F_u，而最大风荷载下将达到 50%左右，应力扰动幅度大，但达到此应力幅度振动频率低。小应力幅振动循环次数大，但对疲劳影响小。因此，常要求钢丝绳疲劳强度 300～400MPa，最大应力 0.45～0.55F_u，200 万次。

⑥ 松弛：钢丝绳在长期荷载作用下，随时间增长索内力逐渐减小。膜结构使用的钢索要求具有较低的松弛，特别对整体张拉、索网等结构，对预张力水平敏感、松弛导致预张力变化将严重影响结构特性与安全。

所谓低松弛（ASTM-A886，886M-94），指在常温 20±2℃、1000h、荷载为 70%F_u 松弛损失不大于 2.5%，或者荷载 80%F_u、1000h 松弛损耗不大于 3.5%。试件长度不小于 60 倍钢丝索直径。专用预引力索（7 绞线）松弛很小，索芯 WSC 钢绞索比 IWRC 索松弛小、平行索较钢绞索小。

⑦ 结构索

由钢丝绳制成结构索还必须经过预张拉，直径不大于 $\phi63$（钢丝绳预张拉力不小于 50%F_u，常不大于 55%F_u），变形小于 0.01%，且给出预张拉时的最小弹性模量。

结构索长度测定，在预张拉状态而非无应力自由状态下准确测定并切断为规定索长。索长误差须根据不同结构设计要求确定。对误差缺陷敏感的结构体系，误差较高，如特殊索网体系，平均索长约 30m 长，误差 7.5mm（±0.025%），而内力变化±20%，局部达 60%。索长精度要求太高，增加制作技术难度和成本，误差过大将影响结构施工安装与结构性能。对膜结构，10～50m 长索，长度误差应在±（0.015%～0.025%）之间，且在±10mm 之内；50～100m 长索，误差小于±20mm；长度大于 100m，误差小于 0.02%。

钢丝绳成品为圈，盘卷半径需大于 20 倍钢丝绳直径。无论 FC、IWRC、WSC 钢丝绳，一般取 30 倍钢丝绳直径，可不计钢丝绳弯曲影响。

结构索基本标识：L（长度）－ϕ（名义直径）－材质等级－索股数×每股钢丝数－索芯－镀锌级－捻法，如 13500－$\phi28$－1670－6×37－IWRC－A－LL。有时需说明索股为标准钢丝或填充型。在结构设计，捻法不很重要，可不作要求，但镀锌级须明确规定。

常规不锈钢丝绳直径为 $\phi6$～$\phi18$，可做到 $\phi22$～$\phi28$，但需定制。结构设计常用普通镀锌钢丝绳直径 $\phi12$～$\phi63$。结构索实际直径一般比名义直径有偏大公差 1%～3%，不应偏小。

3. 螺旋钢丝索（Spiral Strand，HSWS）

螺旋钢丝索亦是应用较为广泛的钢索，单根索股，见图 3-63，常为 1×7（七线索）、1×19、1×37，以及不同钢丝组合截面，提高有效截面率。螺旋钢丝索强度、模量、有效截面率、比强度较钢丝绳高，具有一定的刚度，柔性较钢丝绳差。螺旋钢丝索适合膜外张拉钢索、索网结构等。

螺旋钢丝索弹性模量：钢丝 A 级镀锌，一般为 $145 \sim 170 \text{kN/m}^2$。$\phi12 \sim \phi65$，$169.7 \text{kN/m}^2$；$\phi66 \sim \phi75$ 约 157.9kN/m^2；$\phi86.4 \sim \phi137$ 约 147.2kN/m^2[94]。

螺旋钢丝索截面有效率约 75%[94]，$\phi12.7 \sim \phi101.6$ 为 $76.4\% \sim 76.9\%$。钢索弯曲强度折减系数见表 3-28[57]。$\phi51$ 以下钢丝索卷绕半径需大于 25 倍直径，$\phi51$ 以上应大于 28 倍[57]。

4. 平行钢丝索（PWS）

平行钢丝索具有抗拉强度高、弹性模量高、尺寸稳定、变形小，是承受较大拉力的最理想钢索。大型膜结构外部张拉索、稳定索宜采用平行钢丝索。

平行钢丝索截面见图 3-64，常采用等直径钢丝排列成六边形或圆形，如 $\phi5$、$\phi7$ 钢丝国内常用，5×19（$\phi25$）$\sim 5 \times 301$（$\phi95$），7×37（$\phi49$）$\sim 7 \times 301$（$\phi133$）。国外常用 $\phi5 \sim \phi5.5$（5.04、5.23、5.37）、$\phi7$。平行钢丝索最小弹性模量为 $189.7 \sim 196.6 \text{kN/m}^2$，有的接近钢丝弹性模量 205GPa。钢丝索有效截面率 $75\% \sim 83\%$，比普通螺旋钢丝索、钢丝绳高。

5. 锁芯钢索（LCS）

锁芯钢索有效截面率为 $85\% \sim 90\%$，弹性模量约为 158.4kN/m^2（$\phi24 \sim \phi116$），可达 180GPa、$\phi180$。因外层钢丝联锁，防腐性好。但外层钢丝为 Z、I 等异形，没有普通冷拉圆钢丝强度高，常为 $1370 \sim 1570 \text{MPa}$，且对挤压、缺陷敏感，疲劳强度较低，为 $120 \sim 150 \text{MPa}$（最大应力 $0.45F_u$，200 万次）。锁芯钢索现较少应用。

6. 其他形式

在膜结构设计中，除上述几种主要钢索外，还应用平行钢索、钢棒、平行钢棒等。

（1）平行钢索股（Parallel Strand，PS）

由多股平行或螺旋钢丝索平行排列构成，强度与模量高，截面小、索轻、柔性好，可分别锚固索股。如 $\phi15.24$（$0.6'$）7 线预应力索（ASTM A416-80），钢丝强度 1860MPa，这类索高强、高弹性模量、徐变松弛小，整体张拉结构常采用此类索，便于分散锚固。

（2）钢棒

钢棒可作为膜结构斜拉杆、吊杆、稳定拉杆，具有构造简洁、制作方便。可根据设计，选择低碳结构钢 Q235、低合金结构钢 Q345、优质碳钢 20 号，或合金结构钢，如 40Cr、35CrMo、20MnTiB。20Cr 钢强度较高，但韧性较差，仅可用于较小工程或短小拉杆。常见规格有 $\phi12 \sim \phi64$，大规格需定制，国内可制造 $\phi120 \sim \phi150$。

对受力大的大型工程，宜采用较小双根或多根平行钢棒构成拉杆，便于制作、采购与安装，大直径钢棒产生较大次弯矩效应。

3.6.3 钢索防腐

根据钢索形式、结构用途，从钢丝、索股、钢索到最后结构索，采用不同方法分层次防腐。钢丝防腐是基础，采用镀锌、锌铝合金。普通室内、室外可采用 A 级镀锌，潮湿环境 B 级，强腐蚀、盐、酸性环境 C 级。

1. 镀锌

ASTM 规定钢丝索、索股镀锌方法：（a）全部钢丝 A 级镀锌；（b）内部钢丝 A 级，外部钢丝 B 级；（c）内部钢丝 A 级，外部钢丝 C 级。强度逐渐降低 3%～8%[95]。钢棒亦可采用镀锌防腐，分 A、B、C 级。

2. 锌－5%铝－混合稀土合金镀层防腐

根据《锌－5%铝－混合稀土合金镀层钢丝、钢绞线》GB/T 20492—2006[96]，热镀用锌－5%铝－混合稀土合金锭的化学成分应符合规程规定。对于一步镀法，合金镀槽内熔体中的铝含量应控制在 4.2%～6.2%；对于两步镀法，先镀锌（热镀锌或电镀锌），然后镀锌－5%铝－混合稀土合金，合金镀槽内熔体中的铝含量允许达到 7.2%，以防止镀液中铝含量贫化。钢丝镀层中的铝含量不小于 4.2%。普通强度级钢丝镀层重量设为二级：A、B；高强度级钢丝镀层重量设为三级：A、B、C；特高强度级钢丝镀层重量只有 A 级。

3. 挤塑索套

现在最好的防腐是挤塑成形高密度 HDPE 索套，适合钢丝绳、钢丝索。如果不是完全密封的挤塑成形套管，而是穿入套管，尚应高压灌入塑胶、防锈剂、水泥浆等。HDPE（ASTM D305，P33 级）套管应满足[7]：屈服点变形 16%，屈服点＞20.7MPa，破断延伸率＞100%，径向变形＜2%，高密度、含炭黑量足以抗紫外线老化，适温区间－35～80℃。HDPE 套管径厚比不小于 18/1，且厚度不小于 5～7mm。颜色多为银灰色、乳白色，其他颜色较少用。

4. 喷塑

可采用环氧树脂喷涂，可对单索股、钢棒喷塑进行防腐，这是最新的防腐工艺。喷塑涂层为 60～80μm，表面光滑，常哑光，表面附着力、弯曲、柔韧需满足特定规范或设计指标。喷塑是耐湿热、盐雾、酸性环境的较好防腐方法。

5. 油漆

油漆是应用最普遍的防腐方法之一，根据结构性质、室内外环境决定合理油漆搭配组合与厚度。油漆适合钢棒、索头锚具，钢丝则应减少使用。在刷油漆之前，需要对钢棒、锚具等除锈，达到 Sa2.5，使表面清洁。

室外油漆厚＞200μm，如水性无机富锌底漆 100、环氧云铁密封漆 60、绿化橡胶面漆 60。室内油漆厚＞150μm，如水性无机富锌底漆 70、环氧云铁密封漆 40、聚胺酯面漆 2×35，可再加环氧树脂中涂漆 50～70。

3.6.4　钢索锚具、锚固与连接

膜结构拉索常具有不同的索头锚具。连接构造决定索头锚具形式，结构特性（拉力大小、疲劳强度等）决定锚固方法。索头锚具极限强度取拉索强度 1.1 倍，在设计拉力作用时，索头平均计算应力小于屈服点强度，处于弹性阶段，但接触面、螺杆可有局部屈服[57,93,94]。

1. 索头基本形式

图 3-66 为压接二种基本索头，开口叉耳、闭口眼、螺杆丝杠[57]。基本索头可与调节

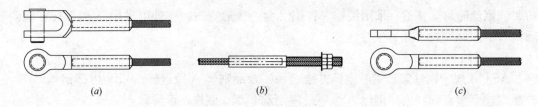

图 3-66　压接索头基本形式

(a) 开口叉耳；(b) 螺杆丝杠；(c) 闭口眼

器组合，满足索精度、施工、预力调整需要。由三种索头、调节器可根据连接构造组合 5 种索体，常见四种索体：两端螺杆、一端螺杆一端开口叉耳、两端开口叉耳加调节螺杆、螺杆加叉耳，均可保证索体具有至少一个螺母调节，实现一定的可调范围。

根据索体结构，通常索体设计长度为：对索头为螺杆丝杠应在理想模型计算长度之上增加 2～3 倍螺母厚度作为实际设计制作长度，开口叉耳、闭口眼直接以轴线定位，调节器应置平均（半调节量）为计算状态。根据实际设计，可改变调节器初始态、调节量、螺杆长度，满足施工、预力调整。调节器可为受力较小的封闭套筒、受力较大的回形开口双螺杆。对膜内索，保证索体具有适当调节机制，以及足够调节能力十分必要。压接索头较小、形式简洁、美观，制作容易，造价较低。

图 3-67 为浇铸锚具典型索头，基本形式为开口叉耳、闭口眼、螺杆丝杠，螺杆丝杆可为内螺纹和外螺纹。根据这四种典型索头，可实现多种结构索体，与各种外部构造连接，以及索段连接。浇铸锚具可锚固受力较大钢索。当钢索较大、拉力大时，其调节机制常为桥式锚具，分开口和闭口形式，见图 3-68，可用于大型工程[57]。

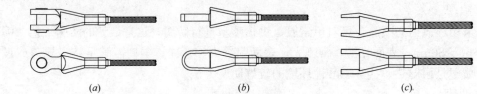

图 3-67　浇铸锚具索头

(a) 开口叉耳；(b) 闭口眼；(c) 内（上）、外（下）丝杠螺杆

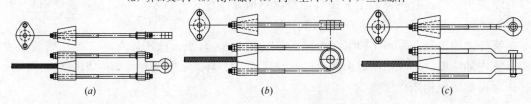

图 3-68　浇铸桥式锚具

(a) 闭口桥式锚具－A；(b) 闭口桥式锚具－B；(c) 开口桥式锚具

钢棒作为膜外拉杆、吊杆等，其端头节点与索体基本形式相似，见图 3-69，节点板与钢棒间采用焊接，保证受力强度，节点形式简洁，可现场制作，方便简单，造价低。中间套筒可满足较长拉杆增长连接，同时可调整长度满足施工需要。

2. 锚固方法与特性

索头锚固方法主要有：压接、浇铸、机械楔锚、环形扣接等，浇铸又分热铸和冷铸。

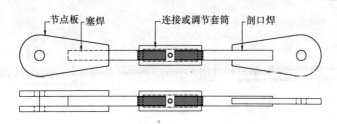

图 3-69 钢棒拉杆节点与形式

（1）压接锚

由液压机挤压索头，使其咬紧索体，宜控制液压和挤压过程，不损伤套筒胚件、钢丝。压接段长 8～10 倍索直径，套筒直径为索直径 1.5～2 倍。压接适合于较小螺旋钢丝索和钢丝绳（钢绞索），钢丝索直径 $\phi12$～$\phi35$，钢丝绳直径 $\phi10$～$\phi50$。索头与索体锚固应等强度，锚固力至少不小于 95％F_u，且疲劳性能较好。

（2）热铸锚

热铸锚有几个主要步骤，首先将索伸入锚杯足够长，并散开钢丝为钢刷状；清洗净钢丝，浸胺粘剂；散开钢丝使每根钢丝能被锌包裹，注入高纯度熔态锌，冷却凝固。

浇铸温度影响钢丝疲劳强度，450℃比 480℃浇铸钢丝疲劳强度高。热沉现象（Heat sink），锚杯吸热比钢丝多，外部锌冷却快，钢丝锚固裹紧力比内部钢丝小。锚固滑移，因锌冷却后锌锚锥体积小于锚杯。热铸锚具疲劳强度低，为 80～100MPa，最大应力 0.45F_u，200 万次。

锚具常铸造、锻造或锚杯铸造、耳板锻造后焊接，材质为低合金钢或合金钢，锚杯深度为 5～6 倍钢索直径，锚杯口径为 2～3 倍钢索直径。热铸可锚固较大钢索，钢丝索 $\phi12$～$\phi101$，钢丝绳 $\phi10$～$\phi101$，适宜静力较大、动力较小且幅度小。因芯锚锥与钢丝表面摩擦系数较小，约 0.2，锚杯倾斜角大、杯口较厚，锚具尺寸较大。锚具防腐以镀锌为主，然后表面处理，如彩镀、抛光等，使外表美观光洁。

（3）冷铸锚

在常温环境下浇铸，锚固材料为细钢珠、锌粉、环氧树脂黏合剂，称巴氏合金。冷铸锚又称 HiAm 锚，即高幅应力锚固。因在常温浇铸，且维修温度亦仅 100℃，钢丝无热铸锚高温影响，钢索疲劳强度与单索相近，为 250～300MPa，最大应力 0.45F_u，200 万次。钢锚杯与 HiAm 锚锥表面摩擦系数约 0.45，为热铸锚（0.2）2 倍以上，使锚杯锥角减小、锚具显著变小。锚杯深 4～5ds，杯口 2.5～3ds，倾角正切 1/8～1/12。浇铸料硬，无温度变化影响，粘结滑移与徐变极小。

冷铸锚可适合大型结构钢索，受拉力大、动载幅度与频率高。螺旋钢丝索、平行钢丝索、钢绞索均采用冷铸锚。为满足大型桥梁需要，研制的 HiAm 锚主要有：适合平行钢丝索的 BBRV-HiAm，可达 $\phi7 \times 313$（钢索 $\phi245$），疲劳强度＞300MPa，最大应力 0.44F_u，200 万次；适合钢丝索的 VSL 系统，可达 91×7（钢索 $\phi245$）。

（4）机械楔锚

机械楔锚就是利用楔形铁件挤压钢丝绳索股，由挤压力产生钢索与锚杯、钢丝间摩擦力，并决定锚固力，见图 3-70（a）。索头常为内螺纹丝杠，然后可接螺杆、开口叉耳、闭口眼杆，见图 3-70（b），具有灵活的索体形式。

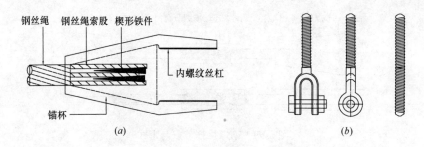

图 3-70　机械楔锚

(a) 机械楔锚原理构造；(b) 索头连接件

机械楔锚由于局部挤压钢丝，应力集中和磨损，锚固力较小，疲劳强度低，为普通钢索的 60%～70%，且钢丝滑移徐变大。因此，机械楔锚不适合较大拉力索。机械楔锚可现场制作，构造简单，造价低，形式灵活，可用于较小拉力、临时性拉索。

（5）扣接锚

图 3-71 为扣接锚固方法，直接将钢索绕回，由套筒、U 形卡等扣件采用手工、机械夹持、液压压接。扣件锚固可用于柔韧性好的钢丝绳，不宜用于较硬钢丝索。扣件锚固形式简洁，可现场连接，制作简单，造价低，可用于较小、临时性、建筑要求较低的膜结构工程。

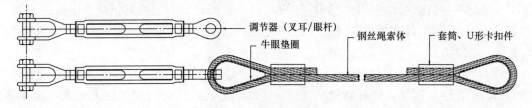

图 3-71　环形扣接锚

当钢索锚固完索头，尚应按不小于 $50\%F_u$ 预张拉，检核钢索弹性、强度、非线性特性，另应对同类索做极限破断拉伸试验。

3. 连接构造

膜结构中索连接主要为索段连接、悬挂索节点等。索段接长常用螺杆或套筒，压接螺杆、钢棒较细用套筒接，浇铸大索头用螺杆，见图 3-72，或图 3-66 (a)、图 3-66 (c)、图 3-67 (a)、图 3-67 (b)，叉耳与眼杆配合用螺栓连接，但接点尺寸大。索交叉节点与索网结构一致。图 3-73 (a) 为夹板节点，图 3-73 (b) 为 U 形紧固螺栓，单索交叉。夹板节点板可铸造，可适应不同面材，如玻璃、金属板、复合板，U 形螺栓简洁。图 3-74 为双索交叉节点，图 3-74 (a) 为双夹板，图 3-74 (b) 为四夹板，双索锁紧再与相交索

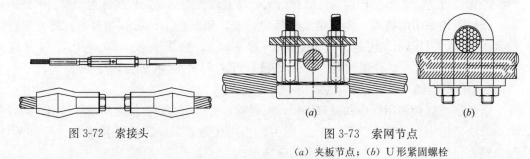

图 3-72　索接头

图 3-73　索网节点

(a) 夹板节点；(b) U 形紧固螺栓

连接，钢索间互不接触，无钢丝磨损，图 3-74（c）为边缘索节点。膜结构中常在主索上悬吊结构索或悬挂装饰，较小受力可采用 U 形紧固螺栓，见图 3-73（b），较大受力可采用节点夹板，见图 3-74（c）。

图 3-74 索网节点

（a）双夹板；（b）四夹板；（c）边缘索节点

节点设计除满足钢索、螺栓构造外，还需分析钢索承压强度、摩擦力滑移验算。螺旋钢索（裸索）与钢节点板间摩擦系数、钢索容许强度，德国曾作过大量试验研究，且 AISI 规定，摩擦系数 7%，容许压应力 27.6MPa（$\geqslant \phi 76$）～41.4MPa（$\leqslant \phi 25$）[57]。钢索间摩擦系数离散大，与钢丝大小、捻法有关，可保守按钢、钢索设计。HDPE 索套摩擦系数、承压强度应根据具体试验决定设计。

3.6.5 钢索强度设计

钢索强度设计应包括 5 种必要荷载组合下钢索拉力：①拉力 T_1，恒载 D＋预力 P；②拉力 T_2，恒载 D＋预力 P＋活载 L（屋面活载 L_r、雪 S 或雨 R）；③拉力 T_3，恒载 D＋预力 P＋风 W 或地震 E；④拉力 T_4，恒载 D＋预力 P＋活载 L＋风 W 或地震 E；⑤拉力 T_5，施工荷载 C＋可能的 D、L、P、W[57]。钢索预力常取值为 4%～10%F_u，宜小于 20%F_u。

钢索设计强度 S_d 应不小于：①$2.2T_1$，②$2.2T_2$ 或 $1.6T_1 + 2.7T_2'$，③$2.0T_3$，④$2.0T_4$，⑤$2.0T_5$[57]。T_2' 为活荷载引起钢索拉力增量。

钢索设计强度 S_d 应考虑索头或弯曲影响，表示为

$$S_d = F_u \times \zeta_f \tag{3-119a}$$

$$S_d = F_u \times \zeta_d \tag{3-119b}$$

$$S_d = F_u \times \zeta_d \times \zeta_f \tag{3-119c}$$

式中　F_u——钢索破断强度；

　　　ζ_f——索头锚固强度折减系数；

　　　ζ_d——弯曲强度折减系数。

表 3-29 为索头强度折减系数[57]。环形扣接套筒长、壁厚保证索头不小于此强度，U 形卡扣数量、紧固螺杆直径宜据此设计。钢棒端节点保证等强。表 3-29 为钢索弯曲强度折减系数 ζ_d。

钢索强度设计可按照国家索结构、膜结构、预应力结构等规程设计[07 00]。

索头锚固强度折减系数（ζ_f） 表 3-29

索头锚固	ζ_f		机械扣接（钢丝绳）直径	ζ_f	手工扣接直径（mm）	ζ_f	手工扣接直径（mm）	ζ_f
	钢丝绳	钢丝索				钢丝绳		不锈钢钢丝绳
热铸	1.0	1.0	0～25.4	0.95	6.5	0.9	6.5	0.80
冷铸	1.0	1.0	25.4～50.8	0.925	12.7	0.86	12.7	0.76
压接	1.0[(1)]	1.0[(2)]	50.8～89	0.9	19.9	0.82	19.9	0.72
楔锚	0.75～0.8	—	U形扣接	0.8	22～38	0.80	22	0.70

注：反向捻法，小于 ϕ50.4；小于 ϕ38。其他钢索强度折减系数，应咨询厂商或做试验确定。国内有厂商压接大于 ϕ40，但无试验与详细技术参数。

钢索强度设计还应考虑动载对结构与单索体影响，如风振与疲劳、地震等。疲劳强度 200～250MPa，最大应力 0.45～0.55F_u，200 万次。高温时效特性，因钢丝为经冷拉提高的钢丝强度，当经过高温（大于 200℃）后，钢丝将向普通钢退化，强度大幅降低。

3.7 节点细部设计[22,42]

节点细部设计是膜结构工程设计最重要技术环节，不仅影响膜建筑整体与局部建筑艺术性，且影响构件制作、安装、结构受力安全、造价等。连接节点构造设计充分体现了膜结构设计的美学、专业性、综合性与精密技术性，可以说是膜结构设计的灵魂。

膜结构节点具体形式纷繁复杂，十分丰富。根据膜作用与连接关系，可分为膜节点（Fabric-to-Fabric）、膜与刚性边界（Fabric-to-Rigid-Edge）、膜与柔性边界索（Fabric-to-Cable）；根据节点位置与构造形式，可分为顶点（高或低点）、脊线、谷线、角隅节点等。

本节将先介绍节点设计一般原则，然后详细介绍膜结构的常用节点形式、特点及其设计。

3.7.1 一般设计原则

个性化膜建筑与节点细部永远为设计师所推崇，但节点细部设计仍遵循一定的普遍设计思想。个性化设计衍生于共性的一般原则，基于共性原则创造个性设计。

节点设计共性原则主要包括：结构设计、建筑设计、几何设计、材料与制作工艺、安装与维护、预张力导入机制、造价控制等。

1. 结构设计

任何连接节点应传力路径直接、简洁，有效传递内力，具有与运动协调的约束机制，同时具有足够结构强度，符合"强节点"思想，节点一般不先于结构构件破坏，以及必要的赘余度。高（低）点、角隅节点膜应力集中效应大，节点细部须可靠扩散并传递应力。气承式、气囊式膜特殊节点须满足气密性。

2. 建筑设计

节点设计与膜建筑总体设计协调，选择相适应的材料与工艺，同时满足不同建筑环境的防腐、防水要求。至于节点美观是无论如何重视都不过分，任何节点设计都应放到特定局部与整体环境，以唯美去审视、思量，如连接件的光滑精美外形、力流的连续流畅、对称与平衡、轻灵简洁性等。

3. 几何设计

精细的几何设计对膜结构连接节点尤为重要。首先仔细分析清楚连接节点的几何关系，如空间几何、连接与约束、定位；然后考虑膜曲面平滑协调连接、必要的尺寸和空间，以及节点体量与整体比例。

4. 材料与制作工艺

如果说其他因素主要体现设计者的智慧和思想，材料与制作工艺则主要依据膜建筑的总体定位选择，对造价有直接影响。现在主要材料为钢材（Q235、Q275、Q345）、不锈钢（304、316、316L）、铝合金（ASTM A60/61、LD30/LD31）、复合材料。钢节点成型工艺可采用焊接、锻造、铸造，铝合金节点由模具挤塑成型，聚酯节点由模具合成等。

5. 安装与维护

连接节点应便于膜、索安装定位，压板与二次膜安装，有效引入膜张力，以及必要的调节机制，便于维护或更换。另外，对重要的公共膜建筑，设计必要的维护、清洗设施。

6. 造价与预算

节点设计必须基于成本预算，采用经济合理的设计手法。不同膜结构体系、节点体系、材料、制作工艺，造价差异较大，如为工程造价 5%～15%。

节点设计的一般原则需要在不断的设计实践中去认识、领悟，由丰富的个体感性认识逐渐升华为总体的理性原则，在理性原则指导下去设计。

3.7.2 膜节点

膜节点主要包括膜片连接和膜片加劲补强节点，膜片连接基本方法主要有：缝纫、焊接、粘结以及组合方式，另外，还有机械连接方法，如螺栓、束带、拉链等。

1. 缝合膜节点

缝合膜节点采用工业缝纫机缝制而成，缝纫线、行列距（针脚）决定节点类型与受力，见图 3-75。膜材质或缝合形式决定针脚受力影响面域（影响半径），常为单层叠合平缝三或四针、双折二或三针。针距由影响域半径确定，为 8～25mm，常取 12mm。缝合宽度为 35～75mm，节点达到 80%膜材强度。膜裁切片须在理想曲面裁切片边线（定位线）扩边 $a/2$ 或 $3a/2$。缝合膜节点由缝纫线法向作用于膜传递作用力，膜受力不连续，应力集中，易撕裂。缝合膜节点适合无涂层织物、不可焊织物，不防水，宜工厂加工。

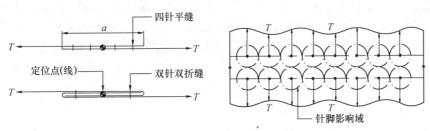

图 3-75 缝合膜节点

2. 焊合膜节点

焊合膜节点工业化程度高、技术品质易保障，是膜结构应用最广泛的节点。膜节点形式常有三种：搭接、单面背贴、双面背贴，见图 3-76。搭接宽度由结构受力和膜材强度

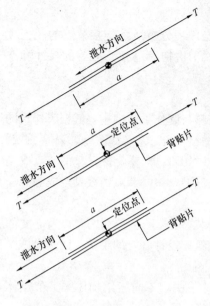

图 3-76 焊合膜节点

决定，最小宽度需满足结构受力最低安全度，最大宽度至膜材等强。PVC/PES 膜搭接宽度 a 常为 $25\sim65\text{mm}$，PTFE/GF 膜搭接宽度 a 常为 $40\sim75\text{mm}$。膜裁切片须在理想曲面裁切片边线（定位线）扩边 $a/2$。单面背贴宽度 $50\sim100\text{mm}$，双面背贴宽度 $30\sim60\text{mm}$。膜裁切片为理想曲面，主体膜利用率高。背贴条可采用与结构一致的膜，或专用背贴条膜。专用背贴条膜基布纤维应保持与主体膜等强，且纤维方向呈 $\pm45°$，单面涂面层涂层，而另一面涂层可焊。

PVC/PES 膜常用焊合方法有：高频焊、热吹风机、热烙铁等，后两种适合有经验工程师现场二次膜、修补作业，不应用于主体结构。焊合膜节点由膜涂层或表面层焊合，剪切传力，膜受力均匀、连续，单向拉伸至少应到 85% 膜材强度。焊合膜节点适合可焊膜材，部分不可焊膜需要焊合面打磨。PTFE/GF 膜在工厂和现场用热脉冲（高温）焊合。焊合加热，然后收缩，PVC/PES 约 0.5%，PTFE 约 1%，因此，长缝焊合过程中需施加特定预张力。

图 3-77（a）所示焊合膜节点易撕裂，焊合面受法向拉力，此时，应增加连接膜片，见图 3-77（b），连接膜片应工厂焊合，视为主结构体而非二次膜。

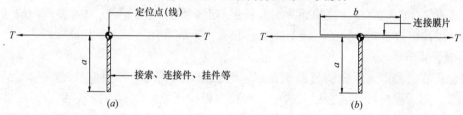

图 3-77 焊合膜节点

焊合膜节点破坏形式常为：粘结滑移撕裂或剥裂（图 3-78a）、邻近焊合缝处断裂（图 3-78b）、搭接区撕裂与断裂（图 3-78c）。搭接宽度较小，易出现粘结撕裂；搭接较宽，由于焊合过程局部温度升高（PVC/PES 膜 70℃左右）对膜材的影响，因此，在接近焊合缝区域应力畸变，发生破坏，或者复杂的破坏形式，焊合区域撕裂与破坏。当焊合节点强度处于 85% 膜材强度时，节点破坏多为第二种情况，应力畸变所致膜受损。

焊合膜节点防水和气密性好，但搭接宜按图 3-76 进行，利于膜面泄水，减少积尘纳

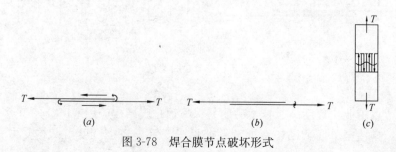

图 3-78 焊合膜节点破坏形式

污。焊合缝方向应与膜经纬向一致、对称正交，特别是大型重要结构，但较小膜、曲率大或边缘膜，焊合缝常与膜经纬向非正交，在应变补偿和膜片放样时应予区别。在加工制作时，如无熟练技术保障，至少每批膜应做一组（三件以上）焊合节点性能测试，保证焊合膜节点品质。

3. 组合膜节点

在现场无法施焊达到工厂品质的特殊情况下，可先缝合主体结构膜片，然后附加连接覆盖膜片用热吹风机焊合，可防水、增强抗 UV 能力，此类节点称为组合膜节点。在高温环境（50～60℃），涂层弱化，焊合膜节点强度低，如图 3-77（a）所示焊合缝受力非切向，可采用组合节点。组合节点多适合于 PVC/PES 膜，造价较高。

4. 粘合膜节点

粘合膜节点由特殊胶水、胶合剂（聚碳酸酯、聚亚胺酯）粘合而成，常用于 PVC/PES 膜现场修补、二次膜安装，费时费钱，受力较小。粘合节点达到 60%～80% 膜强度，就需要较宽粘合缝，如 100～120mm。粘合膜节点用于 Silicone 涂层玻璃纤维膜，或其他非织物膜。粘合节点形式与焊合节点形式一致，可见图 3-76。Silicone 涂层玻璃纤维膜除缝合节点外，常为粘合节点（适当加热），尚无其他更有效连接方法。

5. 螺栓压板连接

大件膜现场连接常用螺栓压板连接，节点传递内力通过摩擦力、边索法向挤压力，膜打孔比螺栓大 2～3mm，因此，螺母须拧紧产生足够摩擦力、边索与压板吻合可靠传递压力。压板可错位搭接、平齐安装，错位搭接更常用，如图 3-79 所示，且相邻压板可并联。铝合金压板长可为 300～500mm，宽为 40～80mm，厚为 5～10mm。螺栓间距 75～150mm 时，节点传递力可为膜强度 60%～85%，压板较小、螺栓小、间距小，膜受力更均匀更合理，但节点板数多、安装费时间。当螺栓间距较大，如大于 200mm，可打暗销，保证膜可靠、均匀受力。螺栓连接膜节点适合 C 类膜 PVC/PES-Ⅲ～Ⅴ、A 类膜 PTFE/GF 等。

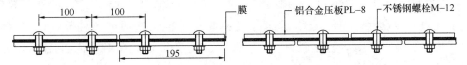

图 3-79　螺栓连接压板排列

6. 其他膜节点

束带节点亦为应用较多的膜节点，多用膜边界、环圈顶等，易安装，便于调整形态与拉力，但松紧度难恰当控制、易松弛。拉链亦可应用于膜片连接，主要为 PVC/PES 膜非永久性、临时性膜工程或膜制品。

7. 膜加劲与修补节点

膜角隅和锥顶点附近受力大，且作用力复杂，常应作加劲膜片，加劲膜片的范围根据受力分析确定。锥顶可加劲圆环（图 3-80a）、较小圆环外再加辐射条带（图 3-80b），角隅节点加劲（图 3-80c）。加劲膜片设置应有效加强膜传递内力，避免应力集中，避免局部迭层过多，如四层以上，便于加工焊合。

在安装现场由于意外事故，如大风、大雨等，膜面磨损并伤及基布纤维，尖锐物刺

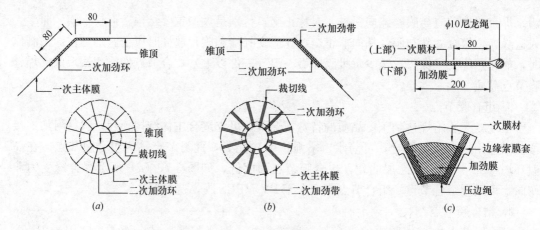

图 3-80 加劲膜节点

穿、戳破、撕裂，均应对膜局部修补。补强膜片应与缺陷形状接近，常为圆形、矩形、多边形，至少比撕裂缝边缘、损伤边缘大 50 以上，见图 3-81。补强可采用粘合、热吹风机焊合，强度应达到 65%膜材强度，可在一次膜上方或下方（主膜可焊侧，多为内/下侧）。

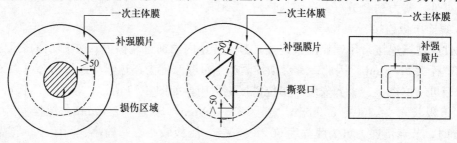

图 3-81 补强膜节点

3.7.3 膜柔性边界节点

膜柔性边界节点（Fabric-to-Cable）主要指膜与柔性索连接的各种节点，常用膜套、束带、U 形件、调节器等，根据膜材、边缘曲率、受力大小、预张力导入机制等决定。

1. 膜套节点

膜套节点是应用最广泛的柔性膜边界节点。对 C 类 PVC/PES-Ⅱ-Ⅲ膜、A 类 PTFE/GF-Ⅰ-Ⅱ膜，膜面受力较小，钢丝绳直径较小，常为压接索头，可用图 3-82 整体式膜套节点。膜套大小主要根据钢丝绳直径 d_1，更确切的说，根据钢丝绳索头压接段螺杆参数和边缘曲率$1/R$决定。螺杆直径 $d_2 \approx 1.5 \sim 2 \times d_1$，长度 $l_1 = 8 \sim 10 d_1$。膜套周长（宽度）一般为 $1.5 \sim 1.8 \times \pi \times d_2$，再反过来确定 a 值，$a \approx （1.5 \sim 1.8 \times \pi \times d_2）/2 - \pi \times d_1$，进而加上焊合宽度 b，确定膜裁切片放样膜片延伸和缩进量。延伸膜片需切均匀 V 形开口，便于焊合，V 形口深度可比焊合宽度 b 大 $10 \sim 20$mm，间距主要由曲率$1/R$决定，可为 $100 \sim 500$mm。

对 C 类 PVC/PES 膜，考虑膜幅宽，基于主膜充分利用，或边缘曲率较大，易导致边缘膜套扭曲，或者 A 类 PTFE/GF-Ⅰ-Ⅲ膜，比较硬、柔韧性较差，加工边缘膜套较困难、不易保证品质，可采用图 3-83 所示的分离式膜套节点，主体膜与膜套分离，定位原

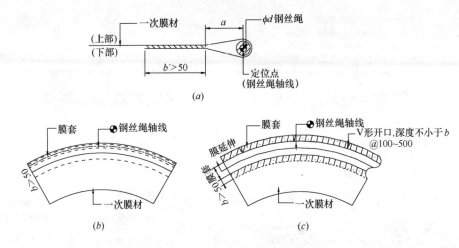

图 3-82 整体式膜套节点

(a) 剖面; (b) 俯视; (c) 膜片展开放样

则与图 3-82 相似, 主体膜片边缘缩进量 a。

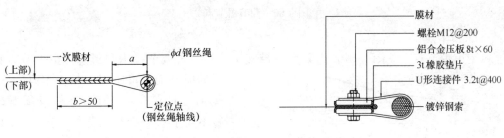

图 3-83 分离式膜套节点   图 3-84 U 形件夹板节点—A

2. U 形件夹板节点

对 C 类 PVC/PES-Ⅲ-Ⅴ膜, 受力大、边缘索直径较大、长度较长, 索头锚具为热铸或冷铸, 索头尺寸大, 难于直接穿膜套, 可采用 U 形件夹板连接节点, 见图 3-84。

对 A 类 PTFE/GF-Ⅲ、Ⅳ膜, 膜较硬、脆, 膜套制作、边缘索安装不便, 亦可采用图 3-84 所示的 U 形件夹板连接节点。

U 形件节点主要为 U 形件、压板、螺栓。压板可常为铝合金板 (5~10mm 厚), 可为镀锌钢板 (4~8mm)、不锈钢 (4~6mm)。不锈钢螺栓 M8~12@100~300。U 形件常为铝合金, 2.5~3.5t@100~400, 也可采用镀锌钢板、不锈钢。相邻压板端可用较薄铝合金板用 M6~8 并联。钢丝绳直径 ($\phi18$~$\phi32$) 宜与压板、橡胶垫厚度之和相差小于 5mm, U 形件半径大于钢丝绳半径 2~5。压板排列方式可对齐或错位, 见图 3-79。当钢丝绳直径远大于压板厚度、橡胶垫、膜厚度之和, 可采用图 3-85 (a) 所示的方式, 或基于安装简便, U 形件分为两块压板, 可采用图 3-85 (b) 所示的方式。

为安装和调节方便, 或考虑造型因素, 可采用调节器 (Turnbuckle)、U 形件组合连接, 如图 3-86 所示。调节器 (可调螺栓) M12~20@200~400, 铝压板@75~200, U 形件、节点板、压板、螺栓可根据实际设计。根据 U 形件、调节器及其定位, 确定膜片定位、放样调整量。

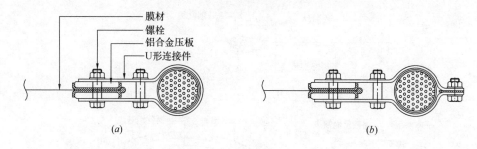

图 3-85　U 形件夹板节点

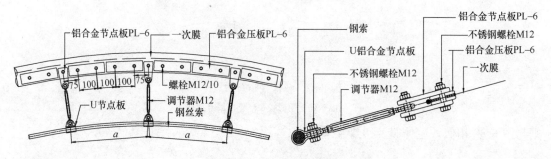

图 3-86　调节器节点

3. 束带节点

典型束带节点，见图 3-87，由柔性系带交叉缠绕，可调节拉力与形态。束带节点具

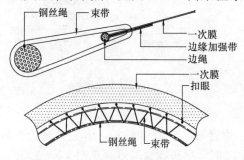

图 3-87　束带节点

有较广泛的应用面，可应用于 C 类 PVC/PES 膜、A 类 PTFE/GF 膜，但边缘钢丝绳常较小，一般不大于 $\phi24\sim\phi30$，受力较小。系带可为尼龙绳、聚酯、钢芯 PE 索，适应 C、A 类膜。扣眼需铝合金锁边。A 类 PTFE/GF-Ⅲ-Ⅳ膜，边缘索较小、不宜 U 形件节点时，常用束带节点。束带安装费时，拉力控制难。对 C 类膜多用在小品或特殊环境，因为中小型 C 类膜边缘膜套节点制作、安装方便。束带间隔

为 50～100mm，宽度 100～200mm，较宽束带使膜受力均匀、安装调整较容易。根据束带宽度、膜边补强带宽度、钢丝绳定位线，确定膜片放样。

在实际工程中，主要采用上述三类柔性膜边界节点，并根据具体构造而适当变化。

4. 导水构造

膜边缘常为空间曲线，特别是柔性索边界，其排水、导水往往难以实现普通建筑的有组织排水，不便于作刚性水沟。因此，对排水要求较低或汇水面积小、落水高度小时，可采用自由散水。但对排水要求较高或汇水面积较大、落水高度大时，可采用图 3-88 所示的导水节点构造，实现有组织排水。

图 3-88 (a) 采用膜带导水，膜带内套软塑胶、聚酯等填充材料，形成挡水、导水带，膜带与主膜焊合或胶合，焊合位置宜与边缘索膜套错开，避免焊合导致膜热致应力集中，膜套直径常为 30～60mm，可在主膜安装完后，后续安装导水膜带。图 3-88 (b) 采用 L 形不锈钢板挡水、导水，适合 U 形件螺栓连接膜边缘，导水板由连接 U 形件的不锈

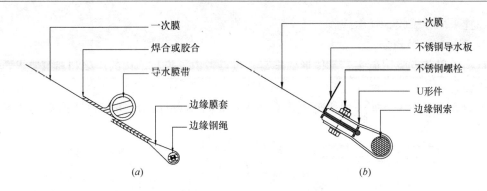

图 3-88 导水节点构造

(a) 膜带导水；(b) L 形不锈钢板导水

钢螺栓连接，导水板厚 0.25～0.75mm，尺寸为 60mm×（50～150）mm，预先煨弯、成孔制作好，配合膜边缘索同时安装，可满足较大排水量。

在边缘索端头膜角隅处设置汇聚落水斗、落水管，或者集中的排水沟、凹形地面作为汇水斗等，从而实现有组织排水。在刚性膜边界，为减小过大、笨重的刚性排水沟，亦可采用类似导水节点，但应有较一般排水沟大的排水坡度，如大于 5%。

3.7.4 膜刚性边界节点

膜刚性边界节点是最为基本的膜连接节点形式，应用于各类膜材、不同规模膜建筑，包括与周围和内部结构连接，如混凝土、钢结构、木结构、铝合金结构等，可采用普通钢焊接、不锈钢哑焊、挤塑铝型材节点等。

1. 混凝土边界节点

图 3-89（a）为膜混凝土节点，位于高点，需防水设计，不可调整。引水板可为白铁皮、铝合金、不锈钢、复合板，承板可为角钢或焊接钢板，锚栓可为化锚或铁膨胀螺丝。承板、锚栓、连接螺栓根据结构受力分析确定。图 3-89（b）为低点边缘膜混凝土节点，适合大拉力、大件膜，锚栓预留充足可二次调整张拉，安装调试完后切掉超长段。膜直接由双角钢固定夹持、支承，然后由双排锚栓连接，构造简单、受力合理。二次膜可密封、

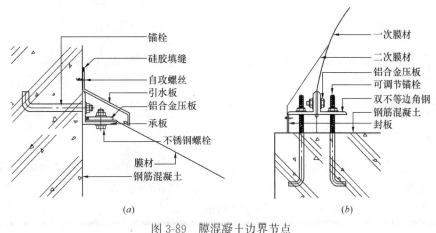

图 3-89 膜混凝土边界节点

防水，宜采用张拉膜、气承式膜。

2. 钢构边界节点

钢构边界节点应用最多、具体形式丰富，重点考虑了膜与钢构的连接和建筑要求，可调整或固定，防水性、尺寸比例与美观性俱佳。图 3-90（a）为固定节点，适应结构弯管，膜边高，可防水。如膜边为低点，自然泄水，可不设计二次防水膜及构造，见图 3-90（b）。

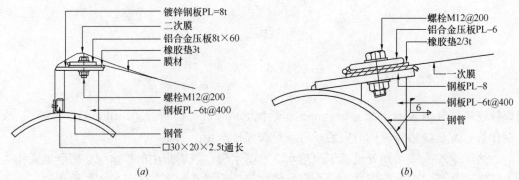

图 3-90　膜钢构边界节点 A

图 3-91 主要由铝挤型导轨固定膜，适合较直、长或曲率较小边界，边索（芯棒）宜用软橡胶棒，便于穿膜、拉膜滑动，亦可用尼龙索、纤维索、钢丝索等。铝挤型导轨可根据具体设计制作，如形式、大小、型材厚度等。节点形式简洁、美观、配件少，安装方便，可适宜跨度、受力较小或室内膜，以及中型跨度膜。

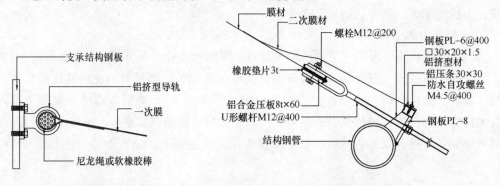

图 3-91　膜钢构边界节点 B　　　　　图 3-92　膜钢构边界节点 C

图 3-92 所示的边界节点，由 U 形高强螺杆将膜连接于钢结构，膜安装、调整松弛容易，待膜完成松弛后再张紧，并切除较长段螺杆，适合预张力水平高、膜面曲率较小的大型膜工程，以 A 类膜 PTFE/GF-Ⅲ-Ⅳ、C 类膜 PVC/PES-Ⅲ-Ⅴ 为主。

3.7.5　膜角隅节点

膜角隅节点是较复杂的膜节点之一，大体可分为柔性角和刚性角，以及柔性和刚性混合角。膜角隅节点受力复杂、应力集中严重，自身变形协调能力小，因此，膜角需要精确的几何设计，准确模拟节点构造，反映运动约束关系。

柔性膜角点

柔性膜角点指由柔性边界交叉合成节点。膜角点设计要素：膜定位、膜角度、弧长。膜理想曲面在角部的定位与裁切片膜角实际构造吻合，通常理论膜曲面边线索由于膜套、膜边节点而调整膜角拉索、膜角定位点。膜角度需以裁切片展开面角度与曲面空间角度一致，或适当大 1°~2°，同时使膜切片弧长与设计膜角扇形板相应弧长相等，使膜角有效张拉。

膜角设计的一个难点是与支承构件连接的几何约束协调，使连接具有膜曲面变形需要的运动自由度，如膜角切向、法向转动，同时保证必要连接索可调整或自身可调整张拉，实现膜面径向拉伸，导入膜面张力。连接节点传力路线宜与膜角合力（局部切面）方向一致，避免平面与立面偏心，特别是受力大、夹角大（钝角）的膜角节点。最后，节点应构造简洁、美观、加工容易、安装方便、造价合理。

图 3-93 所示的膜角节点 A 为无扇形节点板，钢索与支承构件直接螺栓连接，仅膜法向转动，不可拉伸调整，膜角由调节器张拉，张拉螺杆在膜角弧长间距为 200~400mm。

图 3-94 所示的膜角节点 B，由扇形板连接，边缘索、张拉索此端都可张拉、无偏心及扭矩，调节螺栓张拉膜角，扇形板铸造，适合拉力较大膜角节点。

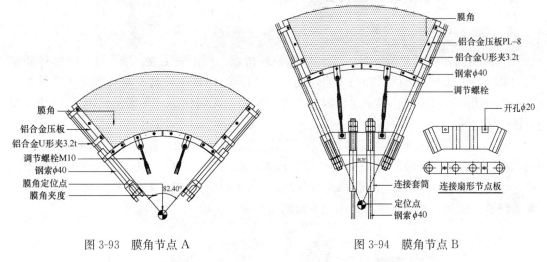

图 3-93　膜角节点 A　　　　　　　　　图 3-94　膜角节点 B

图 3-95 所示的膜角节点 C，边缘索仍为螺杆端与扇形节点板连接，可调整张拉。张

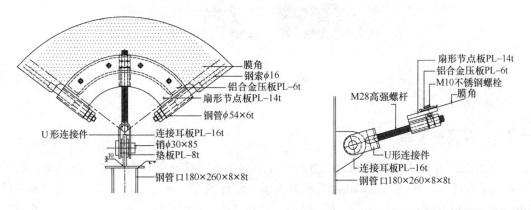

图 3-95　膜角节点 C

拉螺杆可径向张拉调节、偏心，并由 U 形件连接支承构件，膜角可切向与法向转动。张拉螺杆位于扇形节点板下方，便于在下部直接安装调整。螺杆、扇形板宜置于膜下，避免锈迹污染膜。

图 3-96 所示的膜角节点 D，为索夹板连接，需考虑钢索局部弯曲影响，扇形节点板弧度至少 15d。

图 3-97 所示的膜角节点 E，膜夹角小，双排螺栓固定膜角，无偏心，由张拉螺杆或索张拉调节。

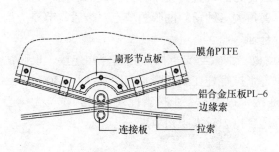

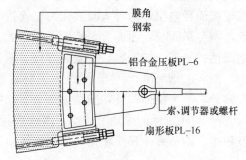

图 3-96　膜角节点 D　　　　　　　　　　图 3-97　膜角节点 E

图 3-98 所示的膜角节点 F1，为锥形张拉膜角点，可正放倒放，端头螺杆由螺母调整径向张拉，边缘索头为回形扣与 U 形扣接，可切向法向自由转动。调节器连接膜角加劲带，亦可切向法向转动。膜角边缘双层膜加劲封边，无膜边绳。平衡吊索由 U 形扣、调节器接钢丝绳。

图 3-98 所示的膜角节点 F2，节点连接板角度与膜角切面一致，边缘索可切向法向转动，膜边铝合金压板两 U 形件连接边缘钢丝绳，相邻压板并联，且铝压板端由调节器张拉，此角 U 形板为异形板，同时螺栓连接膜主边、膜角边与调节器。膜角设不锈钢落水斗，蛇形管接落水管，在膜上边缘设不锈钢或膜带导水线。

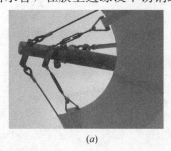

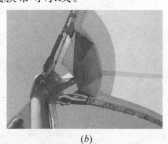

(a)　　　　　　　　　　　　　(b)

图 3-98　膜角节点
(a) F1；(b) F2

3.7.6　膜脊谷节点

膜片之间在高点接合线称为膜脊，膜片之间在低点接合线称为膜谷。由钢索、束带等构成柔性膜脊、膜谷节点，由刚性构件支承为刚性膜脊、膜谷节点。膜脊谷交角可为锐角、钝角。根据膜材、受力、安装、维护，以及美观、造价设计合理节点，防水、预张力导入机制是膜脊谷节点的难点。

1. 柔性膜脊

图 3-99 所示的柔性膜脊节点 A，适合 C 类膜、PTFE/GF-Ⅰ～Ⅱ膜，当受力较大时（PVC/PES-Ⅲ～Ⅴ）可设加劲带，钢索须有 HDPE 索套，节点简洁、防水。

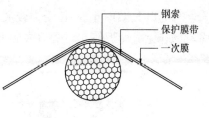

图 3-99　柔性膜脊节点 A

图 3-100 所示的柔性膜脊节点 B，U 形件@200～400，对称连接于铝压板中点，可将相邻压板端并联，铝压板内可加暗销。膜在厂焊合，防水性好，适合 A、C 类膜、锐角，需要防止连接件锈水迹污染膜面。

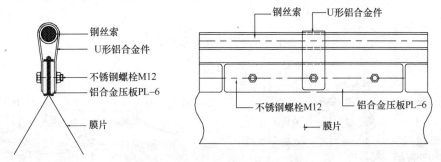

图 3-100　柔性膜脊节点 B

图 3-101 所示的柔性膜脊节点，U 形铝合金件@200～400mm 连接，铝合金压板 6mm～10mm×50mm～60mm×190mm～200mm，不锈钢螺栓 M10～M12@200mm，钢索可无 HDPE 索套，适合 PVC/PES-Ⅲ～Ⅴ、PTFE/GF-Ⅱ～Ⅳ膜等受力较大膜脊、现场接合膜片、钝角。单片二次防水膜，可单侧现场施作，施工不便。二次防水膜可用橡胶或金属箔。

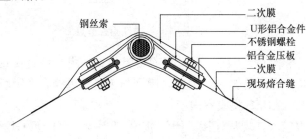

图 3-101　柔性膜脊节点 C

因 U 形件错位，两侧非对称，易致索 Z 形扭曲，伤及膜面，特别是 PTFE 膜。于是，可采用图 3-102（a）所示的柔性膜脊节点，钢管穿过拉索，在钢管上对称焊接连接板，使拉索对称受力。钢管内径宜大于索头（压接段）直径 5mm，如现场锚固可为索径。对锐角亦可用如图 3-102（b）所示的节点，膜在连接板单侧，如膜分两片与连接板对称连接，则需增加防水构造，铝合金压板连接可同图 3-100。

图 3-103 所示的柔性膜脊节点 E，适合 PTFE/GF-Ⅱ～Ⅳ膜、受力大、钝角、现场安装、节点复杂、制作成本高。图 3-104 所示的柔性膜脊节点 F，由 U 形螺栓扣连接，适合 C 类膜、PTFE/GF-Ⅰ、Ⅱ膜、钝角、受力较小、现场安装、成本较低。

2. 柔性膜谷

图 3-105 所示的柔性膜谷节点 A，是最基本、简单、常用形式，带 HDPE 索套钢丝索直接压置膜面，适合 PVC/PES 及 PTFE/GF 受力较小，易污染膜面。

当 PTFE/GF-Ⅱ～/Ⅳ受力较大，可采用图 3-106 所示的柔性膜谷节点 B，使膜受力均匀，避免脆性折伤，对受力大的 PVC/PES 谷索亦可采用此形式。

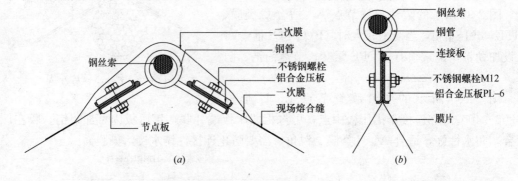

图 3-102　柔性膜脊节点 D

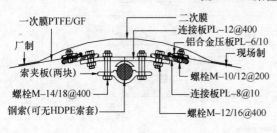

图 3-103　柔性膜脊节点 E

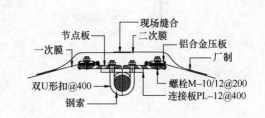

图 3-104　柔性膜脊节点 F

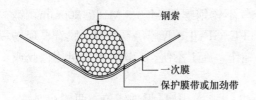

图 3-105　柔性膜谷节点 A

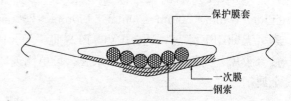

图 3-106　柔性膜谷节点 B

图 3-107 所示的柔性膜谷节点 C，谷索在膜下面，由膜套连接膜和索，膜套可直接贴膜面，但膜套最终与主膜面之间为法向拉力，易撕裂，因此，膜套与主膜面可缝合。膜套节点可连续或间断，适合受力较小的 PVC/PES 膜或室内膜。

图 3-108 为 U 形件连接，适合受力较大、现场连接、PVC/PES-Ⅲ～Ⅴ、PTFE/GF-

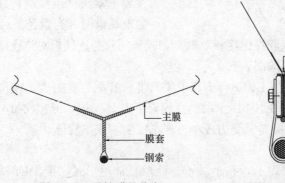

图 3-107　柔性膜谷节点 C　　　　图 3-108　柔性膜谷节点 D

Ⅱ～/Ⅳ等，U形件@200～400mm，铝合金压板5～8mm厚、宽40～60mm，不锈钢螺栓M8～12@75～200mm，必须设防水膜且宜工厂焊合。

图3-109为柔性膜谷节点膜片构造方式。图3-109（*a*）为无缝合无加劲膜。图3-109（*b*）为焊合缝无加劲膜。图3-109（*c*）为焊合缝、加劲膜带，加劲膜带常由2～4层膜缝合，底层与主膜焊合，钢索均匀扩散压力到膜面，使主膜均匀受力且避免磨损主膜面。图3-109（*d*）为焊合缝、加劲膜带、保护膜。

图 3-109　柔性膜谷膜片

3. 防水与二次膜

防水构造设计是膜面连接设计的难点，特别是刚性连接、膜谷节点。防水主要通过二次膜、金属波纹板、橡胶膜。对膜脊，双片金属板由合成夹具固定，便于现场安装，但构造复杂，造价较高。二次膜是常用经济合理方法，适宜膜脊和膜谷。二次膜安装方法：单片，两边均现场焊合、单边现场单边厂制、双边厂制（根据节点形式）；双片，两边均在厂焊合或者现场与节点板螺栓连接，中锋现场焊合或穿树脂合成夹具。因焊合过程需对膜片挤压、加温，中缝可在膜下垫临时承板，容易保证焊合质量。膜谷二次膜宜在厂焊合，或中缝可靠焊合，避免膜缝渗水。对C类膜，二次膜常与主体结构膜一致。对A类膜，可用C类膜、I～Ⅱ型较薄A膜为二次膜。氯丁（二烯）橡胶亦常作为二次防水膜。

3.7.7　膜顶节点

锥形、喇叭是张拉膜最基本的膜结构单元，膜顶点是这类膜单元最主要节点，主要决定于锥形曲面形式、构造方法，另外，安装、膜张力导入、防水是正放膜顶（高点）节点设计的关键要素，而倒放膜锥（低点）则应考虑排水、泄水。

锥性膜面总体有两种成型方法：无膜内索的自由张拉膜面，膜内索支承的张拉膜面，这两种膜面受力特点、裁切、造型与节点构造都有较大差异。无膜内索时，膜顶应力集中，受力大，将控制最小膜顶直径。

图3-110所示的膜顶节点A，无膜内索锥形膜面，套管钢管为膜连接主体，可在低处安装膜面，然后利用葫芦等提升到膜顶高度，由螺杆张拉并调接，适宜大中型膜锥。节点板宜倾斜与膜面一致，较小时可垂直。膜连接螺栓均匀，弧长间距为100～150mm。螺栓吊杆宜均匀对称，至少4个以上。膜定位点直径决定于膜面最大受力和膜裁切片最小宽度。

图3-111所示的膜顶节点B，膜面直接固定在顶板，膜顶直径常为250～500mm，由螺杆实现升降调节，适合较小膜锥顶。图3-112所示的膜顶节点C，膜搁置于顶板，膜顶直径可为100～500mm，由螺杆吊环与支承结构连接，防水性好，简洁，可上下调节，适宜较小膜锥曲面。

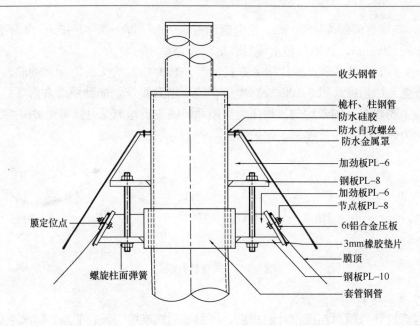

图 3-110　膜顶节点 A

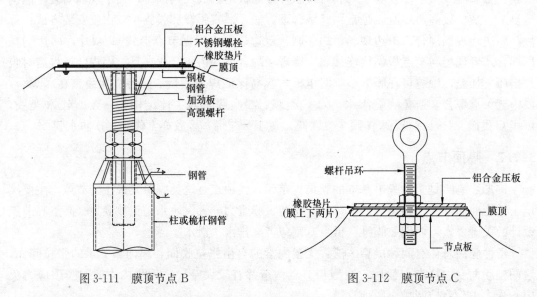

图 3-111　膜顶节点 B　　　　　　　　　图 3-112　膜顶节点 C

3.7.8　膜面张力导入机制

　　膜面张力导入机制的设计贯穿膜结构设计全过程，从造型规划，到最后细部节点设计。膜面必须有效导入设计张力，才能维持膜面形态，保持结构抵抗各种荷载与作用的能力。膜张力导入可分两个层次，第一为整体结构体系，第二为节点细部设计。对不同的膜结构形式，可分别采用结构体系层次、节点细部设计层次或者两者结合的膜张力导入方法。气囊膜、气承式膜、整体张拉膜结构是典型的结构体系层次的膜张力导入机制，而骨架式膜多为节点细部设计构造导入膜张力，对大多张拉膜（锥形膜面、马鞍双曲面）为混合方法。膜张力导入机制主要决定膜单元形式与安装方法。

1. 锥形膜面张力导入机制

锥形膜面张力导入机制与膜成形方法相关，分拉索张拉膜锥和自由膜面张拉膜锥。对拉索张拉的锥形膜面，主要由拉索及相应节点调节机制导入膜张力。

对自由膜面张拉锥形曲面，如图 3-113 (a) 所示，膜锥底角点或边索张拉于固定柱，膜只能由节点机制实现膜张力导入，从锥顶点顶升或下降、锥底角点径向张拉或两者结合。锥顶升降或锥底角点径向张拉是最直接有效的膜张力导入方法，可总体均匀拉伸膜面经向和纬向（径向环向）。另外，调整边缘索长度，可适当拉伸膜面，导入张力，但调节能力较小，经纬向张力不协调。

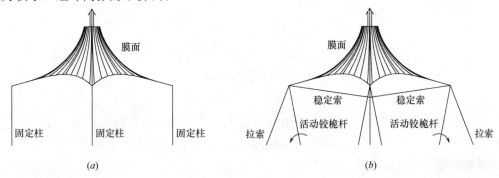

图 3-113 锥形膜曲面

如图 3-113 (b) 所示，膜锥底角点由活动铰桅杆支承，膜顶可以是固定、铰接桅杆或张弦膜悬浮桅杆支承，此时，以结构体系层次导入膜张力为主。如膜顶为固定桅杆支承，膜顶可无升降机理，膜锥底节点本身无张拉延伸能力，由平衡拉索张拉通过活动桅杆，桅杆径向转动导入张拉膜面，膜面均匀导入经纬向张力。如果膜锥面为张弦膜体系，可仅由稳定索张紧，悬浮桅杆顶升膜面。在结构体系层次设计膜张力导入时，可适当结合节点导入机制，如边缘索、膜锥角点等具有适当调节机制，需要综合考虑安装方法、节点复杂程度、加工制作与造价等。

2. 马鞍双曲面张力导入机制

典型马鞍形双曲抛物面膜，如图 3-114 (a) 所示，由高低相间支承点张拉。膜张力导入同可为两个层次，结构体系和节点设计。

当支承点为活动桅杆、平衡拉索时，膜角隅节点无张力导入机制，由拉索张拉桅杆，并拉伸膜面导入张力。导入张力点可仅为高点、低点，或高低点。为避免膜面扭曲变形，导入张力点宜对称，膜面主曲率方向是最有效膜张力导入方向[100]。

当支承点为不可动桅杆或柱时，采用膜角隅节点张力导入机制，可高点、低点、高低点导入，直接沿膜主曲率方向导入最有效。

当膜角隅点位置不变，或沿主曲率张拉到最大值，可辅助边缘索张拉膜面。边缘索实际为较复杂空间曲线，如图 3-114 (b) 所示，但可近似抛物线。当边缘索跨度不变，改变索长度，将改变索体线形、垂度、索张力、作用于索横向荷载，即膜张力，这是一个较复杂的非线性解析关系。但垂度增量（df）与索长度增量（ds）为矢跨比倒数（l/f）的倍数，而边缘索矢跨比（f/l）常较小，如 $1/(8\sim12)$，则较小的边缘索调整量（ds）将对边缘索线形、垂度、索张力影响较大。

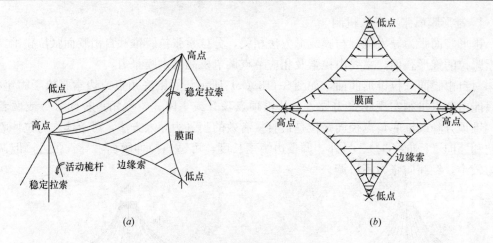

图 3-114 马鞍形双曲抛物面

(a) 3D透视图；(b) 俯视图

反过来说，边缘索长度变化对膜张力很敏感，对膜张力存在较大影响，在安装过程宜准确控制张力与线形。边缘索调节机制可消除膜松弛，当膜在长期荷载下发生松弛后，由边缘索调整张拉，重新导入膜张力。

3. 其他膜面张力导入机制

对拱支承体系，可采用周边节点、可动桅杆张拉导入膜张力。对脊谷形，可采用脊线、谷线结构体系和节点张拉机制导入膜张力。对骨架式膜，多采用边缘或内部固定边界的节点张力导入机制。

气囊膜、气承式膜、整体张拉、索网支承膜结构，都采用结构体系层次的膜张力导入机制。对张拉膜体系，膜张力导入机制应以体系为主，节点导入机制为辅。

对大型复杂膜结构工程，应分析构成的膜单元基本形式、结构整体体系，从结构体系层次和节点设计层次解剖、分析，然后采取相应膜张力导入方法，并进行合理细部节点设计。而且绝大部分膜结构都可分解为锥形膜面和马鞍双曲面，进而参照相应基本单元的膜张力导入方法。

参 考 文 献

[1] Ishii Kazuo, Membrane Designs and Structures in the World, Shinkenchiku-sha Co. Ltd, Tokyo (Japan) 1999.

[2] Ishii Kazuo, Membrane Designs and Structures in Japan, Shinkenchiku-sha Co. Ltd, Tokyo (Japan) 1999.

[3] Brain Forster. European Design Guide for Surface Tensile Structures, Tensinet, 2004.

[4] R. E. Shaeffer . Tensioned Fabric Structures - A Practical Introduction(ASCE-1852), 1996.

[5] Frei Otto. Tensile Structures, Volume 1~2. The M. I. T Press, 1967.

[6] http: // www. birdair. com(BirdAir Inc.).

[7] http: // www. wai. com. (Weidlinger Associate).

[8] http: // www. geigerengineers. com(Geiger Engineer Inc. , Geiger Associate).

[9] http: // www. bfi. org(Buckminster Fuller Institute).

[10]   http：//www. airship-association. org/(The Airship Association Organization).

[11]   http：//www. covertex. com(Covertex Inc.)

[12]   http：//www. beijingnl. com(北京纽曼帝莱蒙膜建筑技术有限公司)

[13]   http：//baike. baidu. cn(国家游泳中心，2013.06.10)

[14]   http：//www. taiyokogyo. com. cn(上海太阳膜结构有限公司)

[15]   Gabriel A. Khoury, Late J. David Gillett. Airship Technology. Cambridge University Press，1999.

[16]   张其林 . 索和膜结构[M]. 上海：同济大学出版社，2002.

[17]   上海市地方标准 . 上海膜结构技术规程 DGJ08-97-2002，J10209－2002[S].

[18]   中国工程建设标准化协会标准 . 膜结构技术规程 CECS 158：2004[S]. 北京：中国计划出版社，2004.

[19]   上海市地方标准 . 上海膜结构检测规程 DG/TJ08-019 2005[S].

[20]   膜结构用涂层织物 FZ/T64014—2009[S].

[21]   杨庆山，姜忆南 . 张拉索—膜结构分析与设计[M]. 北京：科学出版社，2004.

[22]   陈务军 . 膜结构工程设计[M]. 北京：中国建筑工业出版社，2005.

[23]   杨庆山，姜忆南 . 欧洲张力薄膜结构设计指南[M]. 北京：机械工业出版社，2007.

[24]   http：//www. lindstrand. co. uk/(Lindstrand Corporation, UK).

[25]   Luchsinger R. H. et al. Light weight structures with tensigrity. Shell and spatial structures from models to realization. Montepellier，France 2004.

[26]   陈神周等译 . 轻·远(Light Structures, SBP Gmbh). 北京：中国建筑工业出版社，2004.

[27]   http：//www. uretek. com/(Uretek CoMPany)

[28]   http：//www. ferrari-roofes. com(Ferrari Inc.)

[29]   http：//www. chemfab. com(ChemFab CoMPany)

[30]   http：//www. taconic-fab. com(Taconic-Fab Inc.)

[31]   http：//www. mehlehakur. de(Mehlehakur Inc.)

[32]   http：//www. durken. de(Durken Inc.)

[33]   http：//www. FabriMax. com(ArchiFab™)

[34]   http：//www. Seamancorp. com(Seaman Corp. USA.)

[35]   http：//www. chukoh. co. jp(Chukoh Chemical Industries，Ltd.)

[36]   http：//www. plastics. saint-gobain. com. cn(Saint-Gobain Performance Plastics)

[37]   http：//www. agc. com. cn(Ashi Glass Co. ltd)

[38]   MSAJ/M Standard of Membrane Structures Association of Japan，MSAJ/M-02-1995，19995

[39]   http：//www. gore. com. /(W. L. Gore&Associates)

[40]   Notification No. 1466 of Minstry of Construction，2000.

[41]   Notification No. 666 of Minstry of Land，Infrasture and Transport，2002. Construction，2000.

[42]   沈祖炎 . 钢结构制作与安装手册(第 2 版)[M]. 北京：中国建筑工业出版社，2011.

[43]   张丽，陈务军，董石麟 . PVDF/PES 建筑织物膜力学性能单双轴拉伸试验 . 空间结构，2012，18(3)：41-48.

[44]   P. Klosowski，etc. Visco-plastic properties of coated textiles material "Panama" and its usage for hanging roofs，Warsaw，Poland，IASS 2002：627-634.

[45]   张丽 . 织物膜双轴拉伸试验方法与力学特性研究[D]. 上海交通大学硕士学位论文，2012.

[46]   Testing Method for Elastic Constants of Membrane Materials. MSAJ/M-02-1995，1995.

[47]   Testing Method for in-Plane Shear Properties of Membrane Materials，MSAJ/M01-1993.

[48]   Marijke Mollaert. Materials，fabrication and installation of membranes. CEN/TC250. Tensinet

News. News letter Nr. 17. 2009. 9.

[49] 王凯. ETFE 充气膜结构设计方法与 ETFE 薄膜特性研究[D]. 上海交通大学硕士学位论文，2010.

[50] 赵兵. ETFE 薄膜材料性能与双层气枕结构试验研究[D]. 上海交通大学硕士学位论文，2012.

[51] 吴明儿，刘建明，慕全，等. ETFE 薄膜单向拉伸性能[J]. 建筑材料学报，2008，11(2)：241-247.

[52] 陈务军，赵兵. ETFE 薄膜力学特性与 ETFE 气枕结构特性研究，膜结构技术交流会议[C]北京，2012. 10.

[53] 唐雅芳. 气囊膜形态、结构特性与新型膜材力学性能试验研究[D]. 上海交通大学硕士学位论文，2007.

[54] 陈务军，王中伟. 花莲田径场看台罩棚大型网壳与膜结构设计分析[J]，建筑结构，2002，32(7)：66-70.

[55] 陈务军，董石麟. 浙江大学紫荆港校区风雨操场膜结构工程[J]，空间结构，2004，10(3)：40-47.

[56] Air-supported Structures（ASCE 17-96）.

[57] Structural Application of Steel Cables for Buildings（ASCE 19-96）

[58] ASCE 7-98，Minimum Design Loads for Buildings and Other Structures. ASCE，New York，NY. 1998.

[59] Wire Ropes. JIS G 3525，1998.

[60] Tensinet Design Guide Annex A5，Design recommendations for ETFE foil structurs. ETFE working group，Rogier Houtman，Tenttech（Editior），2010. 9.

[61] Argyris J. H.，Scharpf D. W. Large deflection analysis of prestressed networks. ASCE，J. Of Structural division，1972(ST3)：633-654.

[62] Argyris J. H.，Angelopoulos T.，etc. A general method for the shape finding of lightweight tension structures. Comp. Meth. Appl. Mech. Eng. 1974，3，135-149.

[63] Linkwitz，K. and Schek，H. -J. Einige Bemerkungen zur Berechnung von vorgespannten Seilnetzkonstruktionen. Ingenieur-Archiv，1971，40，145-158.

[64] Schek，H. J. The force density method for form finding and computation of general networks. Computer Methods in Applied Mechanics and Engineering 1974，3，115-134.

[65] Gründig L. Minimal surfaces for finding forms of structural membranes. Computer and Structure，1988，30(3)：679-683.

[66] Erik Moncrieff and Lothar Gründig，Computational Modeling of Textile Membranes：Form-finding，Load Analysis and Cutting Pattern Generation. Roof 2003，shanghai.

[67] Technet GmbH，Easy，User manual for integrated surface structure design software. D-10777 Berlin，Germany，2000. http：//www. technet-gmbh. com.

[68] Singer Peter. (1995)，'Die Berechnung von Minimalflächen，Seifenblasen，Membrane und Pneus aus geodätischer Sicht'Dissertationsschrift，*DGK Reihe* C，Nr. 448，1995.

[69] Day A. S. And Bunce J. H. Analysis of cable networks by dynamic relaxation. Civil Engineering Public works Review，1970，4：383-386.

[70] Barnes M. R. Dynamic relaxiation analysis of tension networks. Int. Conf. Tension roof Structures，London，1974.

[71] Lewis W. J. And Jones M. S. Dynamic relaxiation analysis of the non-linear static response of pretensioned cable roofs. Computer and Structure，1984，18(6)：989-997.

[72] Barnes M. R. Form finding and analysis of prestressed nets and membranes. Computer and Structure，1988，30(3)：685-695.

[73] Lewis W. J. The effiency of numerical methods for the analysis of prestressed nets and pin-jointed frames structures. Computer and Structure, 1989, 33(3): 791-800.

[74] http: //www. tensys. com/ (inTENS Software works, Tensys Ltd. UK).

[75] Haber R. B. , Abel J. F. Initial equilibrium solution methods for cable reinforced membranes, part-I — Formulations, part-II— Implemention. Comp. Meth. Appl. Mech. Eng. 1982, 30, 263-284, 285-306.

[76] Riks E. The application of Newton's method to the problem of elastic stability. J. of Appl. Mech. , 1972, 39: 1060-66.

[77] Riks E. An incremental approach to the solution of snapping and buckling problems. Int. Numer. Meth. Engng. 1979, 15: 524-51.

[78] Crisfield M. A. A fast incremental/iterative solution procedure that handles "snap through". Computers & Structures, 1981, 13: 55-62.

[79] Fujikake M. and Kojima O. etc. Analysis of fabric tension sructures. Computer & Structure, 1989, 32(3&4): 537-547.

[80] Grundig L. , and Bahndorf J. The design of wide-span roof structures using micro-computers. Computers & Structures, 1988, 30(3): 495-501.

[81] Hongli ding, Bingen Yang. The modeling and numerical analysis of wrinkled membranes. Int. Numer. Meth. Engrg. 2003, 58(12): 1785-1801.

[82] Roddeman DG, Drukker J, etc. The wrinkling of thin membranes: Part 1. theory. J. Of Applied Mechanics(ASME), 1987, 54: 884-887.

[83] Haseganu EM. and Steigmann DJ. Analysis of partly wrinkled membranes by the method of dynamax relaxiation. Computational Mechanics, 1994, 14(6): 596-614.

[84] Tabrrok B. and Qin Z. Nonlinear analysis of tension structures. Computers & Structures, 1992, 45: 973-984.

[85] Contri P. and Schrefker BA. A geometrically nonlinear finite element analysis of wrinkled membrane surfaces by a no-compression material model. Communications in Applied Numerical Methods, 1988, 4: 5-15.

[86] Crisfield M. A. A consistent co-rotational formulation for nonlinear three-dimensional beam elements. Comput. Meth. Appl. Mech. Engrg. 1990, 81: 131-150.

[87] Walter Podolny Jr. and John B Scalzi. Construction and design of cable-stayed bridges. A Wiley-Interscience Publication, John Wiley & Sons, Inc. 1986.

[88] Moncrieff E. and Topping B. H. V. Computer methods for the generation of membrane cutting patterns. Computers & Structures, 1990, 37(4): 441-450.

[89] Fujiwara J. , Ohsaki M. etc. Cutting Pattern Design of Membrane Structures Considering Viscoelasticity of Material. TP-047, IASS 2001, Nagoya, Japan, 9-13 Oct. 2001.

[90] Kato S. and Yoshino T. Cutting Pattern Method and Visco-Elasto-Plastic Characteristics of the Fabrics. TP-046, IASS 2001, Nagoya, Japan, 9-13 Oct. 2001.

[91] Hu Yufeng, Qian Ruojun, Equivalent nodal force cutting method considering pre-stress. IASS2002, Warsaw, Poland, 24-28 June, 2002. pp: 886-890.

[92] Galasko G. Textile structures: A coMParison of several cutting pattern methods. Int. J. Of Space Structures, 1997, 12(1): 9-18.

[93] http: //www. pfeifer. de/(Pfeifer Group. Deutschland).

[94] Buchholdt H. A. An introduction to cable roof structures. 1st edition, Cambridge University, 1985;

2nd edition，ISBN：0-7277-2624-2，Thomas Telford，1999.

[95] Norms for Zinc-coated Steel Wire Strand. ASTM-A-475-89.

[96] 中华人民共和国国家标准．锌—5％铝—混合稀土合金镀层钢丝、钢绞线 GB/T 20492-2006[S]．北京：中国标准出版社，2006.

[97] 中华人民共和国行业标准．索结构技术规程 JGJ 252—2012[S]．北京：中国建筑工业出版社，2012.

[98] 中国工程建设标准化协会标准．预应力钢结构技术规程 CECS212：2006[S]．北京：中国计划出版社，2006.

[99] 沈士钊，徐崇宝，赵臣．悬索结构设计[M]．北京：中国建筑工业出版社，1997.

[100] Michael Seidel. Tensile Surface Structures：A Practical Guide to Cable and Membrane construction. Materials，Design，Assembly and Erection. Ernst&Sohn，2009.

[101] 中华人民共和国国家标准．建筑结构可靠度设计统一标准 GB 50068—2001[S]．北京：中国建筑工业出版社，2002.

[102] 中华人民共和国国家标准．建筑结构荷载规范 GB 50009—2012[S]．北京：中国建筑工业出版社，2012.

第4章 索穹顶结构

4.1 张拉整体结构概述

索穹顶结构源于张拉整体的思想，属于空间屋盖形效结构（表 1-7），张拉整体（Tensegrity）一词是由"Tensile"（张拉）和"Integrity"（整体）两个词缩并而成。张拉整体结构的概念是由美国著名建筑师 R. B. Fuller 在 20 世纪 50 年代提出的，他把张拉整体结构体系描述为"受压的孤岛位于拉力的海洋中"[1]。这个观点体现了张拉整体结构的基本思想。首先根据构件的受力状态不同，可以分为两种基本的受力构件：受压构件和受拉构件。这个观点也包含了另外一种含义：压力存在于拉力当中。第三种含义是受压的物体是"岛"：它们是离散的分布，受拉构件是连续的整体，受压构件把连续受拉的整体分开。最后，这个体系必须保持平衡状态。按照这样的思想张拉整体结构可定义为一些离散的受压构件包含于一组连续的受拉构件中形成的稳定自平衡结构。

4.1.1 张拉整体结构的发展简史

张拉整体结构的早期思想可以追溯到 20 世纪 20 年代。早在 1921 年，D. G. Emmerich 曾经谈到过他所见过的张拉整体结构的雏形[2]。Mcholy Nagy 在 1929 年出版的名为 "Von materiel zu Architektur"的书中记载了俄罗斯构造主义者们的研究成果，书中插入了 1921 年在莫斯科举行的一个展览会上的两幅图片。这两幅图片展示的是拉脱维亚雕塑家 Ioganson 在 1920 年完成的一个平衡结构（图 4-1）。这个结构由三根杆和七根索组成，并由第八根非预应力索控制，整个结构是可变的。因此，该结构仅仅是张拉整体体系的"雏形"，还不具有刚度。

1947 年和 1948 年夏天，Fuller 在黑山学院教学并不断向他的学生传授"张拉整体"的概念：自然界以连续的张拉来固定互相独立的受压单元，我们必须构造出这个原理的结构模型[3]。他的学生，著名的雕塑家 K. Snelson 做出了答案，并把他的发明交给了 Fuller，如图 4-2 所示。Snelson 的模型是由一些弦把 3 根独立杆件张紧在一起的稳定体。其后不久，Snelson 就把他的张拉整体结构模型用于雕塑中（图 4-3）。Snelson 的雕塑代表了现代张拉整体结构发展的开始[4]。

1962 年，Fuller 在美国提出了他的专利"张拉整体结构"[5]，专利中详尽描述了他的结构思想，即：在结构中尽可能减少受压状态。因为受压存在着屈曲现象，张拉整体结构使结构处于连续的张拉状态，从而可以实现"压杆的孤岛存在于拉杆的海洋中"的设想，图 4-4 是体现张拉整体思想的 Fuller 穹顶。1963 年，D. G. Emmerich 在他的结构专利中给出了张拉整体的另一个定义，即张拉整体结构由压杆和索组成，其组合方式使压杆在连续的索中处于孤立状态，所有压杆都必须严格地分开并同时靠索的预应力连接起来，结构整体不需要外部的支承和锚固，像一个自支承结构一样稳定。图 4-5 为 Emmerich 的张拉整体结构[6]。

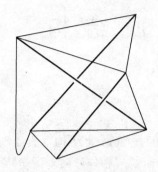

图 4-1　Ioganson 的平衡结构　　　图 4-2　Snelson 的双 X 模型

图 4-3　Snelson 的雕塑　　　　　图 4-4　Fuller 穹顶

Fuller 穹顶是一个单层张拉整体多面体，而 Emmerich 首先提出了双层张拉整体网格的概念。他们主要是从形态学的角度出发，以几何学上的多面体几何为基础，所以说 Fuller 和 D. G. Emmerich 完成了与张拉整体结构有关的几何学上的最基础的工作。

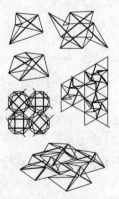

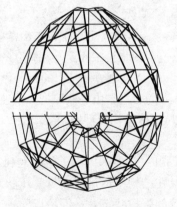

图4-5 Emmerich 的张拉整体结构　　　图 4-6 Vilnay 穹顶

O. Vilnay 引进了无限张拉整体网的概念，这种网是平面填充的网[7]。在平面填充的网中，杆件以变化的形式连接着相邻的顶点，这种网做成实际结构必须为曲面形式的，见

图 4-6。Vilnay 穹顶与 Fuller 穹顶相似，索网均为单层的，位于壳体外侧，内侧全为压杆。但是，在 Fuller 的穹顶中，随着跨度的增加，杆件之间很容易相互碰撞，而 Vilnay穹顶突破了 Fuller 穹顶中杆件位于多面体边上的限制，因此杆件可以做得较长，解决了杆件相互碰撞的问题。但不足之处是杆件较长，难于保证杆件自身的稳定性。

法国的 R. Motro 把张拉整体棱柱体单元的节点连接起来，形成了双层张拉整体结构，如图 4-7 所示[8]。由于 Motro 在组装双层张拉整体结构时把棱柱的顶点直接连接起来，虽然做成的结构从加工、制作、安装以至造价都有相当的优势，但因其压杆相互连接而离开了压杆相互独立的原则，所以这样的结构只能算是一种类张拉整体的体系。以色列的 A. Hanaor 严格按照张拉整体的概念，把张拉整体的单元体组装起来时保证了杆件的非接触特点，形成了大量的张拉整体结构形式，图 4-8 所示为 V型 Hanaor 扩展模型。

Fuller 在申请了张拉整体专利后，又完成了如图 4-9 所示的张拉整体模型。

在近 50 多年里，张拉整体体系从最初的设想到工程实践大约经历了想象、几何学拓扑和图形分析、力学分析及实验研究等几个阶段。

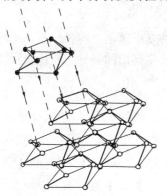
图 4-7　Motro 张拉整体结构

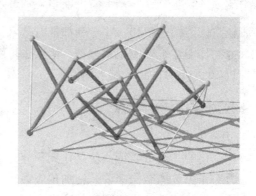
图 4-8　V 型 Hanaor 扩展模型

从 20 世纪 50 年代起，K. Snelson 的雕塑及 Moreno 的设想等都是采用了想象的方法。在几何学上做出最重要工作的是 Fuller 和 D. G. Emmerich[9]。加拿大的结构拓扑研究小组在形态学方面做了重要的工作，他们出版的杂志包括了许多张拉整体体系拓扑方面的文章，但这些研究都是数学上的，在三维空间上工程应用的研究也只为了警告设计者们容易出现的不稳定方案。在大多数情况下，张拉整体多面体几何的构成特性使得图形理论可以用来模型化它们的拓扑。

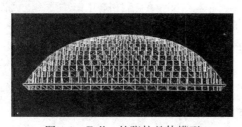
图 4-9　Fuller 的张拉整体模型

图 4-10　日本的张拉整体工程

目前，日本建成了一座约 80m² 的张拉整体工程[7]，如图 4-10 所示。另外，在世界很多地方都建造了艺术品性质的张拉整体结构，如法国的公园雕塑、华沙国际建筑联合会前的张拉空间填充体、荷兰国家博物馆前膜覆盖的"针塔"，如图 4-11 所示，以及 Fuller 为布鲁塞尔博览会设计的一个富有表现力的张拉整体桅杆等[1]。

图 4-11　针塔（Needle Tower）

这些张拉整体结构雕塑和一些专利都带有艺术特征，真正概念上的张拉整体结构还没有在较大尺寸的功能建筑中应用。但是，运用张拉整体思想提出的一种结构体系——索穹顶结构，在近 30 几年内得到了相当的发展。

4.1.2　张拉整体结构的特点[1, 7, 10]

1. 预应力成形特性

张拉整体结构的一个重要特征就是在无预应力情况下结构的刚度为零，即此时体系处于机构状态。对张拉整体结构中单元施加预应力后结构自身能够平衡，不需要外力作用就可保持应力不流失。并且结构的刚度与预应力的大小直接有关，基本呈线性关系。

2. 自适应

自适应能力是结构自我减少物理效应、反抗变形的能力，在不增加结构材料的前提下，通过自身形状的改变而改变自身的刚度以达到减少外荷载的作用效果。

3. 恒定应力状态

张拉整体结构中杆元和索元汇集到节点达到力学平衡，称为互锁状态。互锁状态保证了预应力的不流失，同时也保证了张拉整体的恒定应力状态。即在外力的作用下，结构的索元保持拉力状态，而杆元保持压力状态。这种状态保证了材料的充分利用，索元和杆元能发挥自身的作用。当然要维持这种状态，一则要有一定的拓扑和几何构成，二则需要适当的预应力。张拉整体结构的这些结构特点与传统的结构体系是不同的。了解这些特点和特征以便于掌握结构的形状，同时也便于掌握集成系统的结构的构造准则。

4. 结构的非线性特性

张拉整体结构是一种非线性形状的结构。结构的很小位移也许就会影响整个结构的内力分布。非线性实质上是指结构的几何系中包括了应变的高阶量，也即应变的高阶量不可以随便忽略；其次描述结构在荷载作用过程中受力性能的平衡方程，应该在新的平衡位置中建立；第三，结构中的初应力对结构的刚度有不可忽略的影响，初应力对刚度的贡献甚至可能成为索元的主要刚度。初应力对索元刚度的贡献反映在单元的几何刚度矩阵中。在索结构中，以上所述的非线性应该得到描述和考虑。

5. 结构的非保守性

所谓非保守性是指结构系统从初始状态开始加载后结构体系的刚度也随之改变。但即使卸去外荷载，使荷载恢复到原来的水平，结构体系也并非完全恢复到原来的状态和位置。结构体系的刚度变化是不可逆的，这也意味着结构的形态是不可逆的。结构的非保守性使其在复杂荷载作用下有可能因刚度不断削弱而溃坏，但同时也具有自适应能力结构和可控制结构的特点。非保守性的结构易于获得被控制效果。

6. 张拉整体结构的力学分析

张拉整体结构的力学分析包括找形、自应力准则、工作机理和外力作用下的性能等。这种结构的几何形状同时依赖于构件的初始几何形状、拓扑和提供结构刚度的自应力的存在。该结构找形分析的目的是使体系的几何形式满足自应力准则。对于一个基本单元，可以用一种简单的静力方法来获得自应力几何，其原则包括寻找一个或一套元素的最大或最小长度，同时得到其他元素的尺寸条件。可采用一种标准非线性程序解决这一问题的方法。同样基于虚阻尼的动力松弛法也可解决此问题。

张拉整体结构的力学分析类似于预应力铰节点索杆网格结构，除了一些特殊的图形外，都含有内部机构，呈现几何柔性。为了研究的目的，除了一般的找形和静动力分析过程外，有时还用到中间过程：稳定性、机构及预应力状态的研究。张拉整体结构的分析模型必须考虑非线性特性和平衡自应力的存在。

4.2　索穹顶结构的概念、分类、特点及研究概况

4.2.1　概念

索穹顶结构是由美国工程师 Geiger 根据 Fuller 的张拉整体结构思想开发出来的[5]，它是一种崭新的大跨度空间结构，属于张拉整体体系。索穹顶结构主要是由脊索、斜索、环向拉索、撑杆及周边受压环梁等构件组成。图 4-12 为 Geiger 型索穹顶结构，其外形类似穹顶，而主要构件为钢索和短小的压杆群，能充分利用钢材的抗拉强度，并使用薄膜材料作屋面，所以结构自重很轻，且结构单位面积的平均重量和平均造价不会随结构跨度的增加而明显增大，具有造型别致、色彩明快等美学特征（图 1-14）。因此，该结构形式非常适合超大跨度建筑的屋盖设计。该结构一经问世就受到国内外建筑师们的青睐，是一种

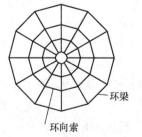

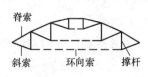

图 4-12　Geiger 型索穹顶

有广阔应用前景的大跨度空间结构形式。

4.2.2 分类

1. 按照网格组成分

根据拓扑结构的不同，索穹顶结构可以分为 Geiger 型索穹顶、Levy 型索穹顶、Kiewitt 型索穹顶和混合型索穹顶等。

（1）Geiger 型索穹顶

Geiger 型索穹顶又称肋环型索穹顶，它是美国已故著名工程师 Geiger 于 1986 年提出的，其代表工程为 1988 年建成的汉城体操馆和击剑馆。结构形式如图 4-13 所示，Geiger 型索穹顶是由中心受拉环、径向布置的脊索、斜索、压杆和环索组成，并支撑于周边受压环梁上。荷载均从中央的张力环通过一系列的脊索、张力索和斜索传递至周边的压力环。该体系具有结构简单、施工难度低，且对施工误差不敏感等优点。但由于其几何形状类似平面桁架，而桁架系结构平面外刚度较小，且该体系内部存在机构，当荷载达到一定程度时，结构会出现分支点失稳。

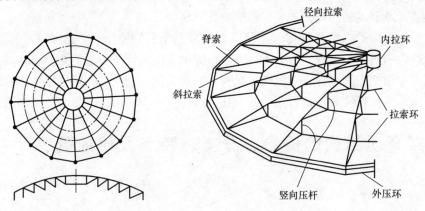

图 4-13　Geiger 型索穹顶

（2）Levy 型索穹顶

Levy 型索穹顶结构又称三角化型网格索穹顶结构，也称葵花型网格索穹顶结构，它是美国威德林格联合公司（Weidlinger Associates）的工程师 M. Levy 和 T. F. Jing 设计提出的。其代表工程为 1996 年亚特兰大奥运会的佐治亚穹顶（Georgia Dome），如图 4-14 所示。该结构对 Geiger 索穹顶进行了三角划分，消除了结构存在的机构，提高了结构的几何稳定性和空间协同工作能力，较好地解决了穹顶上部薄膜的铺设和屋面自由外排水等问题。同时，也使索穹顶结构能够适用于更多的平面形状。但它在构造上仍然存在脊索网格划分不均的缺点。尤其是结构内圈部分由于网格划分密集大大增加了杆件布置、节点构造和膜片铺设等技术的复杂性（图 1-7）。

（3）Kiewitt 型索穹顶

Kiewitt 型索穹顶又称扁形三向型网格索穹顶结构。图 4-15 给出了不设内拉环和设内拉环两种 Kiewitt 型索穹顶结构的平面图。它改善了 Geiger 型和 Levy 型中网格大小不均匀的缺点，综合了旋转式划分法和均布三角形划分法的优点。因此，它不但网格大小均匀，而且刚度分布均匀，可望以较低的预应力水平，实现较大的结构刚度，技术上更容易得到保证。

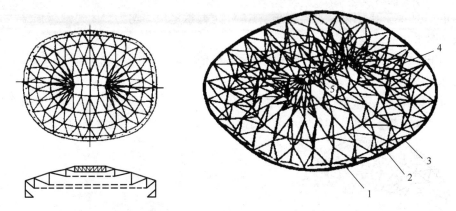

图 4-14 Levy 型索穹顶

1—受压外环梁；2—环拉索；3—斜拉索；4—立柱；5—中央桁架

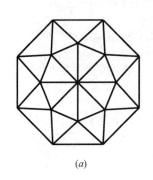 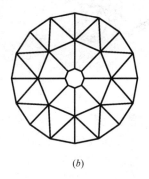

(*a*) (*b*)

图 4-15 Kiewitt 型索穹顶

(*a*) 不设内环；(*b*) 设内环

（4）混合型索穹顶

混合型索穹顶又分为混合 I 型和混合 II 型。混合 I 型为 Geiger 型和 Kiewitt 型的重叠式组合，如图 4-16 所示。混合 II 型为 Kiewitt 型和 Levy 型的内外式组合，如图 4-17 所示。这些新型穹顶脊索布置新颖，网格划分较为均匀，可望获得刚度均匀分布和较低的预应力水平，同时使薄膜的制作和铺设更为简单可行。

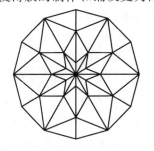 

图 4-16 混合 I 型索穹顶　　图 4-17 混合 II 型索穹顶

2. 按照封闭情况分

（1）全封闭式索穹顶

Geiger 型索穹顶、Levy 型索穹顶、Kiewitt 型索穹顶等均为封闭式索穹顶结构，这是索穹顶普遍采用的结构形式。

（2）开口式索穹顶

索穹顶中的中心拉力环起了极重要的作用。环索不仅是自封闭的，而且也是自平衡的，因而可以作为大开口索穹顶的内边缘构件。2002 年世界杯足球赛韩国釜山主体育场的开孔索穹顶结构，如图 4-18 所示，该结构形式最适合于体育场挑蓬使用。

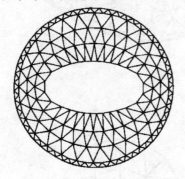 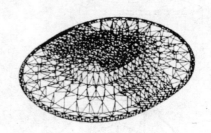

图 4-18　中间开孔索穹顶　　　　　　图 4-19　利雅得大学体育馆可开启式索穹顶

（3）开合式索穹顶

继佐治亚穹顶之后，Levy 等人在沙特阿拉伯的利雅得大学体育馆中设计并建成了当时风行全球的可开合式索穹顶结构，如图 4-19 所示。它与众不同之处是采用立体桁架作外拉环，进一步展示了索穹顶结构的应用前景。图 4-20 为结构闭合状态和开启状态的平面图。

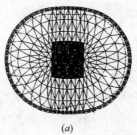 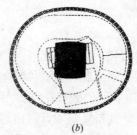

(a)　　　　　　　　　　　　(b)

图 4-20　利雅得大学体育馆索穹顶的开启状态
(a) 闭合状态；(b) 开启状态

3. 按覆盖层材料分

（1）柔性屋面索穹顶

柔性屋面索穹顶结构的覆盖层通常采用高强薄膜材料做成，它铺设在索穹顶的上部钢索之上，并将膜材绷紧产生一定的预应力，以形成某种空间形状和刚度来承受外部荷载。这种薄膜材料由柔性织物和涂层复合而成。目前国际上通用的膜材有以下几种：聚酯纤维涂氯乙烯（PVC）、玻璃纤维涂聚四氟乙烯（Teflon）、玻璃纤维涂有机硅树脂等。其中，PVC 材料的主要缺点是强度低、弹性大、易老化、徐变大、自洁性差，但它价格便宜，易加工制作，色彩丰富，抗折叠性能好。为提高其抗老化和自洁能力，可在表面涂一层聚四氟乙烯，其寿命可增至 15 年左右。Teflon 材料的抗拉强度高，弹性模量大、自洁、透光、耐老化、耐火等力学物理性能好，但它价格较贵，不易折叠，对裁剪制作精度要求较高，寿命一般在 30 年以上。应用最为广泛，特别适用于永久性建筑。

（2）刚性屋面索穹顶

刚性屋面索穹顶结构常采用的材料有压型钢板、铝板等。刚性屋面索穹顶虽然用钢量略高，但其造价仍相对较低。在设计、施工等方面较柔性屋面索穹顶结构方便，且耐久。

4.2.3　特点

在工程实践中，基于张拉整体思想的索穹顶结构兼有穹顶和索结构的工作机理和特点，主要表现为：

（1）索穹顶结构是处于连续张力状态的柔性张力结构，由自始至终处于张力状态的索段和成为张力海洋中孤岛的压杆构成穹顶。

（2）索穹顶结构与任何柔性的索系结构一样，工作机理和能力依赖于自身的形状，如果不能找出使之成形的外形，索穹顶结构不能工作，如果找不到结构的合理形态，也就没有良好的工作性能。所以，索穹顶的分析和设计主要基于形态分析理论。

（3）预应力提供刚度，与索系结构相同，索穹顶结构的刚度主要由初始预应力提供，结构几乎不存在自然刚度。因此，结构的形状、刚度与预应力分布及预应力值密切相关。

（4）索穹顶有极高的结构效率。由于索的弯曲和剪切刚度很小，因而整个结构在建立起适当的预应力分布之前，刚度、稳定性均比较差。随着钢索和竖向撑杆的安装和张拉，结构逐渐成形，结构的刚度也逐渐增加。在成形过程中，结构会发生比较大的位移和变形。

（5）自支承体系。索穹顶结构是一种自支承体系，可以分解为功能迥异的三个部分：索系、立柱及环梁。结构只有依赖环梁这个边界才能成为一个完整结构，索系支承于受压立柱之上，索系和立柱互锁。

（6）自平衡体系。索穹顶结构在成形过程中不断自平衡。在承载状态下，立柱下端的环索和支承结构中的钢筋混凝土环梁或环形立体钢构架均为自平衡构件。

（7）索穹顶结构的成形过程就是施工过程。结构在安装过程中同时完成了预应力张拉及结构成形，施工方法和过程如与理论分析时的假设和算法不符，那么形成的结构可能与设计图纸完全不同。

（8）非保守结构体系。这种结构加载后，特别在非对称荷载作用下，结构产生变形，同时其刚度也发生了改变。当卸载后，结构的形状、位置、刚度均不能完全恢复原状。

4.2.4　研究概况

索穹顶结构自 1986 年由美国著名工程师 Geiger 提出，至今已经有二十几年的时间。由于其优雅别致的造型、经济高效的体系，该结构受到了国内外建筑师和工程师们的青睐。目前，已建有几十座实际工程，国内外许多专家学者对索穹顶结构开展了大量的研究工作，主要集中在体系的改良和创新、形态分析与优化设计、静动力特性分析、抗风性能研究、施工成形技术和方法研究、模型试验及敏感性研究等，取得了许多有意义的成果。

工程实践中索穹顶结构主要有 Geiger 型和 Levy 型两种基本结构形式。Geiger 型索穹顶结构较为简单，施工难度低，同时由于设置了谷索，在风吸力作用下谷索将为整个结构提供刚度以抵抗升力作用。但由于它的几何形状类似于平面桁架，体系平面内刚度较小，且存在内部机构，当荷载达到一定程度时，结构会出现分支点失稳的情况。为了克服上述弱点，Levy 型索穹顶改用联方形拉索网格，使屋面膜单元呈菱形的双曲抛物面形状。Levy 型索穹顶在结构受力上，不仅结构赘余度更多，结构稳定性更好，同时有效提高了结构抵抗非均布荷载作用的能力。近年来，为了寻找既几何稳定又有良好工作特性的新型结构形式，Kiewitt 型、混合 I 型（Geiger 型和 Kiewitt 型混合）和混合 II 型（Kiewitt 型和 Levy 型混合）等几种新型的索穹顶结构形式相继被提出，它们具有脊索布置新颖、网格划分合理、刚度分布均匀、节点构造简单、施工操作方便等优点[11]。

许多学者基于索穹顶的概念提出了新的穹顶结构体系，如预应力网壳-索穹顶组合结构[12]、劲柔索张拉穹顶结构[13]、倾斜撑杆式索穹顶结构[14]、劲性支撑穹顶结构[15]等。其中劲性支撑穹顶结构是上柔下刚穹顶，上层体系是索网结构，下层支撑部分全部由刚性拉杆组成，它克服了索穹顶结构在施工过程中杆件定位困难、过程复杂、侧向不稳定的缺点，降低施工难度，同时又具备了索穹顶结构的效率高、便于造型、构造轻盈等优点。这种新型的预应力空间结构将在 4.7 节中介绍。

预应力模态及优化设计研究索穹顶结构在正常工作条件下受力合理的结构形式[16-21]。索穹顶结构的初始几何形态与预应力状态相对应且具有很强的几何非线性，预应力优化设计甚为复杂，既包括传统优化设计又包括预应力优化。目前，对索穹顶结构的预应力优化问题主要采用线性规划法和非线性规划法建立优化模型，进行预应力优化研究。运用齿形法对索穹顶结构的截面进行优化设计。有学者提出采用分层法同时考虑预应力值和杆件截面尺寸进行优化设计。将模式搜索法用于索穹顶结构形状优化设计中，也取得了有意义的研究成果。

索穹顶结构自振特性的分析是建立在某个平衡位置附近的振动特性分析，且体系的动力特性随着平衡位置的不同而改变，故不能只用一种状态的动力特性来描述结构的振动特点。研究表明，索穹顶结构的自振频率比较密集、自振频率随预应力增加而增大。由于索穹顶结构的自振频率比较低，所以风振对索穹顶结构的影响远大于地震作用。目前，对风振的研究处于起步阶段[22]。

施工成形分析是索穹顶结构分析的难点和重点。分析过程只需关注在各阶段施工完成后体系所处的平衡态，而忽略杆系在各阶段的移动和变位过程，因此施工成形分析转化为求解结构在各施工阶段平衡态的问题，该问题属于形态分析范畴。

国外文献中对索穹顶的施工成形技术报道较少，国内学者在这方面进行了不少的研究，主要有以下几种方法：基于刚体位移和有限元计算理论相结合的方法，通过跟踪索穹顶施工过程得到结构的初始平衡态；"拆杆法"的反分析法[23]，从结构的理想设计成形状态开始，以成形时索、杆内力和坐标为初值，逐步拆除斜索，确定出各个阶段的理想施工控制参数；奇异值分解法，模拟分析索杆张力体系的成形过程；高精度非线性有限元理论—悬链线索元分析方法[24]，采用控制索原长的方法在理论上实现索穹顶的施工张拉；几何非线性有限元法，探讨索穹顶的张拉工序和内力控制等施工手段，结合结构的连接和整体张拉过程，对结构的施工模拟进行计算。非线性动力有限元分析方法[25]，通过引入虚拟的惯性力和黏滞阻尼力，建立运动方程，将静力问题转为动力问题，并通过迭代更新索杆系位形，使索杆系的动力平衡状态逐渐收敛于静力平衡状态。此外，动力松弛法、控制构件原长的找形分析方法[26]等均可对索穹顶结构施工过程进行模拟分析。

模型试验一般包括模型设计、制作、测试和分析等几个方面，中心问题是如何设计模型[27]。在模型设计过程中，要满足相似原理。对于静力弹性模型，要求模型与原型几何相似和作用相似。对动力模型设计，除作用有结构变形产生的弹性力以外，还有重力、惯性力以及结构运动阻尼力等。因此，在动力相似问题中的物理量，除静力相似问题中的各项，还包括时间、加速度、速度、阻尼及重力加速度等。

目前，索穹顶结构的模型试验研究主要包括对索穹顶结构的施工成形方法、静动力性能及抗风性能进行研究。国内学者[28-35]分别对 Geiger 型、Levy 型、Kiewitt 型等不同结构形式的索穹顶结构模型进行了试验研究，验证了其静载作用下的力学性能和施工成形机理，并对 Geiger 型索穹顶结构的风洞试验进行了探讨。国外学者 Yamaguchi[36]，Taniguchi[37]，Gasparini[38]等分别对 Geiger 型索穹顶结构进行了模型实验研究，分别对其张拉、张力调整、挠度、荷载及静动力性能等进行了研究，得出了一些有意义的结论。

索穹顶结构是一类由索和杆组成，由预应力提供结构刚度的空间结构，预应力分布与结构几何形状息息相关。索穹顶结构在设计和施工过程中阶段多、工况复杂、影响因素多，在实际设计和施工过程中误差不可避免。由于误差的存在导致结构最后成形时的预应力分布与理想预应力分布有偏差，从而在一定程度上改变了结构的力学性能，所以对该类结构进行敏感性研究不可忽略。目前，有学者对索穹顶结构的索长误差、支座几何误差及支座刚度误差进行了分析，建立正态分布随机模型，分析了正态分布钢索随机误差对索穹顶结构体系初始预应力的影响，得出最外圈环索索长对索穹顶结构极限承载力的影响最大，支座几何误差对结构静力性能的影响较小。

虽然对索穹顶结构的研究取得了一定的研究成果，但还有许多问题需要解决。结合索穹顶的风振分析与抗风设计问题，应开展风洞试验、耦合风振数值分析、风振控制等研究；结合索穹顶的施工控制，应进一步探讨创新施工方法和成形技术；索穹顶结构由预应力提供刚度，拉索在温度升高时会导致热膨胀，从而导致预应力水平降低，因此研究高温以及火灾作用下，索穹顶结构的内力、变形、承载力等性能，是十分有意义的课题。

4.3 索穹顶结构的形态分析

4.3.1 概述

从几何构造分析的角度看，结构可分为两大类：一类是几何刚性的，即体系内部没有机构位移，结构必稳定；另一类是几何柔性的，即体系内部含有机构位移，须进行稳定性判定。索穹顶结构是索杆组合的预应力铰接体系，属于几何柔性体系，具有很强的几何非线性。索穹顶结构分析过程包括两个阶段：一是找形分析阶段，目的是得到自平衡的预应力几何形状；二是受力分析阶段，目的是求出在外部静、动荷载作用下结构的响应。

索穹顶结构在施加预应力之前，其结构形态是不稳定的，只有在适当的预应力作用下，结构才具有刚度。设计索穹顶结构时，首先应当判定体系的几何稳定性，只有几何稳定的体系才可能成为结构。其次，具有自平衡的内力态。再次，体系必须是可以施加预应力的。为了判定索穹顶结构的几何稳定性，应当对张拉整体结构中的"无穷小机构"概念有个基本的了解。对于传统的静定和超静定结构，不论其有无多余约束，在弹性范围承载时，内力和位移变化是成正比的。对于既有多余约束，又有内部机构的索穹顶，在任意荷载作用下，力和位移是不成正比的。如果力是位移的二次函数，则对位移求一次导数是线性函数，也就是说，力是关于位移变化率的线性函数，这种内部机构就叫做"一阶无穷小机构"。按此推理，如果力是位移的三阶或三阶以上函数关系，则该体系就被称为二阶或二阶以上无穷小机构，亦统称为高阶无穷小机构。传统的判定方法是 Maxwell 准则，但该准则只是判定几何稳定的必要条件。Calladine、Pellegrino 和 Koznetsov 给出了确定的判断准则和步骤[39-41]，即如果静不定动不定结构发生无穷小位移，体系中的自应力就会产生使结构恢复其初始位置的不平衡力，这一过程即为传递一阶刚度的过程。当体系的机构为一阶无穷小机构时，意味着自应力能够使机构得到硬化，因而结构初始形状可判定是几何稳定的。如果体系具有二阶或二阶以上的高阶无穷小机构，则结构的初始形状就可判定为几何不稳定。

找形分析包括了形状分析和力学分析。它的任务是在给定的结构拓扑条件和边界条件下，既要计算出自平衡预应力的分布，又能获得满足自应力平衡的结构几何形状。找形过程中由于结构体系内部大多存在机构，除须在结构上判定其几何稳定性外，由于体系所形成的刚度矩阵是奇异的，其平衡矩阵不再是正方阵，因此，通常不能采用传统的弹塑性力学方法求解。在承受荷载作用之前，结构的自重和预应力作用处于一种稳定的平衡状态。虽然这种状态难于寻找，但找形分析的研究现已取得丰硕的成果。

4.3.2 体系的几何稳定性判定

1. 空间铰接杆系的分类

设空间铰接体系的非约束节点数为 n，杆件数为 m（包括索和压杆），对任意节点 i，如图 4-21 所示。

由平衡条件，可得方程：

$$\begin{cases} (x_i - x_k)t_l + (x_i - x_j)t_h = f_{ix} \\ (y_i - y_k)t_l + (y_i - y_j)t_h = f_{iy} \\ (z_i - z_k)t_l + (z_i - z_j)t_h = f_{iz} \end{cases} \quad (4\text{-}1)$$

对所有非约束节点进行类似运算，即得方程：

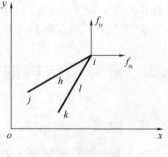

图 4-21 节点杆件图

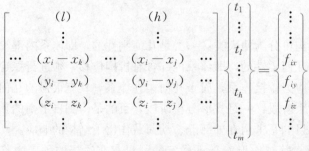

$$(4\text{-}2)$$

写成矩阵形式，可得：

$$[A]\{t\} = \{f\} \tag{4-3}$$

式中　$[A]$——$3n \times m$ 阶矩阵，称为平衡矩阵；

　　　$\{t\}$——m 维杆件轴力向量；

　　　$\{f\}$——$3n$ 维荷载向量。

在小变形条件情况下，体系的相容协调方程为：

$$[B]\{U\} = \{e\} \tag{4-4}$$

式中　$[B]$——$m \times 3n$ 阶协调矩阵；

　　　$\{U\}$——体系的 $3n$ 维的非约束位移向量；

　　　$\{e\}$——杆单元的 m 维伸长率向量。

在小变形条件下，由虚功原理可证：

$$[B] = [A]^{\mathrm{T}} \tag{4-5}$$

设平衡矩阵 $[A]$ 的秩为 r，则：

$$S = m - r \quad Q = 3n - r \tag{4-6}$$

式中　S——体系的自应力模态数；

　　　Q——体系的独立机构数。

对不同的 S 和 Q，可把空间铰接杆系结构分为 4 类：

（1）当 $S = 0$，$Q = 0$ 时，体系为静定动定体系。此时矩阵 $[A]$、$[B]$ 满秩，平衡方程和协调方程均有唯一解，即通常所指的静定体系结构。

（2）当 $S > 0$，$Q = 0$ 时，体系为静不定动定体系。对任意荷载 $\{f\}$，平衡方程有有限解；对某一特定杆件伸长率向量 $\{e\}$，协调方程有唯一解。即指通常的超静定体系结构。

（3）当 $S = 0$，$Q > 0$ 时，体系为静定动不定体系。对特定形式荷载 $\{f\}$，平衡方程有唯一解；对任意杆件伸长率向量 $\{e\}$，协调方程有有限解。这是通常所指的可变体系。

（4）当 $S > 0$，$Q > 0$ 时，体系为静不定动不定体系。对任意荷载 $\{f\}$，平衡方程有有限解；对任意杆件伸长率向量 $\{e\}$，协调方程有有限解。索穹顶结构中相当的部分属这种类型，它和一般传统结构是不相同的。

2. 体系的机构位移模态和自应力模态

设平衡方程（4-3）中的平衡矩阵 $[A]$ 为 $3n \times m$ 阶，为得到内部机构位移模态，把 $[A]$ 与一个 $3n \times 3n$ 阶的单位矩阵 $[I]$ 组成增广矩阵并进行高斯消元，使其成为阶梯阵，如图 4-22 所示。

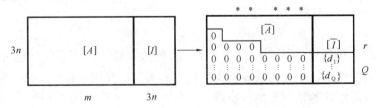

图 4-22　增广矩阵变换

其中图 4-22 中标有 * 号的列为消元过程中主元素为零的列，共有 S 列，且其列号代表多余杆件号。通过上述变换，求出了平衡矩阵 $[A]$ 的秩为 r，由式（4-4）、式（4-6）可容易地求出体系的自应力模态数 S 和独立机构位移数 Q。根据 Pellegrino 的证明，$[\bar{A}]$ 中底部为零的 Q 行对应的 $[\bar{I}]$ 中元素为独立机构位移模态，共有 Q 个，记为 $[D] = [\{d_1\}\{d_2\}\cdots\{d_Q\}]_{3n \times Q}$。一般的机构位移是各独立位移基的线性组合：

$$[D]\{\beta\} = \{d_1\}\beta_1 + \{d_2\}\beta_2 + \cdots + \{d_Q\}\beta_Q \tag{4-7}$$

式中　　$\{B\}$——机构位移模态组合因子向量；

　　　　β——组合因子，可取任意实数。

在上述高斯消元的最后结果中，凡是没有主元的列，即图 4-22 右边矩阵列号位置上有 * 者，该列对应的杆为体系的静定多余杆，其总数为 S。考虑体系的自应力模态时，取荷载向量 $\{f\} = \{0\}$。可把 $\{\bar{A}\}$ 中没有标 * 的列依次向左移动，使这些列集中在一起，标 * 的列自然也集中在一起了。于是就使得所有静定多余杆的轴力在轴力向量 $\{f\}$ 中排在了最下部。用分块矩阵形式表示，自应力平衡方程就可写成：

$$[A_{rr} \mid A_{rs}^*] \begin{Bmatrix} t_r \\ t_s^* \end{Bmatrix} = \{0\} \tag{4-8}$$

解方程（4-8），用多余杆轴力 $\{t_s^*\}$ 表示非多余杆轴力 $\{t_r\}$，得：

$$\{t_r\} = -[A_{rr}]^{-1}[A_{rs}]\{t_s^*\} \tag{4-9}$$

式中多余杆轴向量 $\{t_s^*\}$ 可以分解为 S 个独立的单位基向量 $\{t_{1s}^*\}$，$\{t_{2s}^*\}$，…，$\{t_{ss}^*\}$，各单位基向量的构成是对应某一多余杆的轴力取为 1（或 -1），其余多余杆的轴力全部取为 0。对于索穹顶结构，一般对多余的拉索取 1，对多余的压杆取 -1。

把 S 个基向量分别代入式（4-9），即可得到 S 组非多余杆轴力向量：

$$\left. \begin{aligned} \{t_{1r}\} &= [A_{rr}]^{-1}[A_{rs}^*]\{t_{1s}\} \\ &\cdots\cdots \\ \{t_{sr}\} &= -[A_{rr}]^{-1}[A_{rs}^*]\{t_{ss}\} \end{aligned} \right\} \tag{4-10}$$

由式（4-10）的计算结果即可得到体系 S 个独立的单位自应力模态：

$$\{T_1\} = \begin{Bmatrix} t_{1r} \\ * \\ t_{1s} \end{Bmatrix}, \cdots, \{T_s\} = \begin{Bmatrix} t_{sr} \\ * \\ t_{ss} \end{Bmatrix} \tag{4-11}$$

一般的预应力状态下所有单位自应力模态的线性组合：

$$[T]\{\alpha\} = \{T_1\}\alpha_1 + \{T_1\}\alpha_2 + \cdots + \{T_s\}\alpha_s \tag{4-12}$$

$$[T] = [\ \{T_1\}\ \{T_2\}\ \cdots\ \{T_s\}\ ]$$

式中　　$[T]$——自应力模态矩阵；

　　　　$\{\alpha\}$——自应力模态组合因子向量；

　　　　α——组合因子，可取任意实数。

需要指出的是用高斯消元法求矩阵 $[A]$ 的秩这一算法很不稳定，需先设定一精度值，而随精度值的变化，矩阵的秩有较大变化。而采用奇异值分解时，只需根据特征值的相对大小即可得出矩阵的秩，算法较稳定。

3. 体系的几何稳定性判定

对于 $Q=0$ 的体系，即无内部机构位移体系，结构必稳定。对 $Q>0$ 体系，须进行稳定性判定。首先引入几何力概念：当体系发生某一机构位移时，节点就会产生不平衡力，即几何力。若这种不平衡力具有使节点恢复初始位置的趋势，则使机构硬化，该机构称为一阶无穷小机构。当第 a 种自应力模态发生 b 种机构位移模态时，可按以下步骤计算几何力。

重新写出平衡方程：

$$\left.\begin{aligned}
[(x_i + u_{ix}) - (x_k + u_{kx})]t_l + [(x_i + u_{ix}) - (x_j + u_{jx})]t_h &= f_{ix} \\
[(y_i + u_{iy}) - (y_k + u_{ky})]t_l + [(y_i + u_{iy}) - (y_j + u_{jy})]t_h &= f_{iy} \\
[(z_i + u_{iz}) - (z_k + u_{kx})]t_l + [(z_i + u_{ix}) - (z_j + u_{jz})]t_h &= f_{iz}
\end{aligned}\right\} \quad (4\text{-}13)$$

方程（4-13）与方程（4-12）相减得：

$$\left.\begin{aligned}
G_{abivx} &= (u_{ix} - u_{kx})t_l + (u_{ix} - u_{jx})t_h \\
G_{abiy} &= (u_{iy} - u_{ky})t_l + (u_{iy} - u_{jy})t_h \\
G_{abiz} &= (u_{iz} - u_{kz})t_l + (u_{iz} - u_{jz})t_h
\end{aligned}\right\} \quad (4\text{-}14)$$

记第 a 种自应力模态下的几何力为：

$$[G_a] = [\{G_{a1}\}\{G_{a2}\}\cdots\{G_{aQ}\}] \quad (4\text{-}15)$$

式中 $a=1, \cdots, S$。

为验证自应力模态是否传递了一阶刚度使机构得以硬化，Calladine 和 Pellegrino 得出如下判别式：$\{\beta\}^t [G]^T [D] \{\beta\} > 0$，若 $[G]^T [D]$ 正定，则机构稳定。对于 $S=1$ 的体系，该式很容易实现。但对于 $S>1$ 的体系，表达式变为：

$$\{\beta\}^T (\Sigma\alpha_i[G_i][D])\{\beta\} > 0, \forall \{\beta\} \in - R^Q - \{0\}$$

式中　Q——独立机构位移的个数，见式（4-6）；

R^Q——Q 维欧几里得空间。

因自应力模态的选择具有很大的自由度，$[T]\{\alpha\} = \{T_1\}\alpha_1 + \{T_2\}\alpha_2 + \cdots + \{T_s\}\alpha_s$，找到一组 α 使（$\Sigma\alpha_i [G_i][D]$）确定很难。为解决这个问题，Pellegrino 和 Calladine 提出了自动搜索的迭代方法，基本上解决了铰接杆件体系几何稳定性判定问题，但这种方法分析过程较为复杂，且工作量很大。若在此方法前进行下列判断可大大减少工作量。判断准则如下：

令 $[P_i] = [G_i][D]$，则 $[P] = [P_1]\alpha_1 + [P_2]\alpha_2 + \cdots + [P_s]\alpha_s$

（1）对空间任意杆件体系，若存在至少一个确定的 $[P]$（正定或负定），则可取 α_i 为 1 或 -1，其余的 α 值为 0，这样得到的 $[P]$ 必正定，该体系几何稳定；

（2）对索穹顶结构，并非每一个自应力模态都是有效的。因为它是索和杆组成的体系，其中压杆是一种双向约束杆件，而索是单向约束构件，所以在索穹顶结构中只有使全部索都处于受拉的预应力状态才是有效的。在所有自应力模态中，若存在至少一个确定的 $[P_i]$，则同样可得出体系几何稳定的结论。

若上述准则失败，可再用自动搜索法判断，且增加约束条件 $\alpha_i \neq 0$。对于通常的索穹顶结构，可由上述准则判定其几何稳定，从而避免采用自动搜索的方法，计算工作量大大减少。

为了验证上述几何稳定的判定方法，以图 4-23 所示 Geiger 型索穹顶结构来说明[42]。该体系杆件总数 $m=49$，其中压杆个数为 9，拉杆个数为 40，非约束节点数为 $n=18$，非约束位移数 $3n=54$。平衡矩阵 $[A]$ 为 54×49 阶，得矩阵 $[A]$ 的秩为 $r(A)=48$，由此有自应力模态数 $S=b-r=6$，独立机构位移数 $Q=3N-r=11$，由此可知该结构为静不定动不动体系，是否能成为结构还需进一步判定该体系是否为几何稳定的。经判定，多余杆件分布在外圈环索上。经上述的分析过程可判定，该体系为几何稳定。

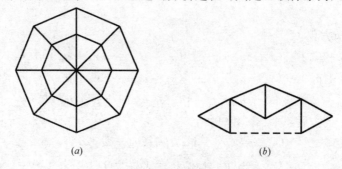

图 4-23　Geiger 型索穹顶
（a）平面图；（b）剖面图

4.3.3　体系的形态分析

索穹顶结构在施加预应力之前，其结构形态是不稳定的，只有在适当的预应力作用下，结构才具有刚度，形成稳定的结构并承受外荷载。同时，索穹顶结构的工作机理和能力依赖于自身的形状，如果不能找出使之成形的外形，结构就不能工作。如果找不出结构的合理形态，也就没有良好的工作性能。所以，索穹顶结构的分析和设计首先从找形分析开始。索穹顶结构在形态分析时可能存在两个未知因素：一个是初始形状，另一个是预应力分布状态。因此索穹顶结构形态分析有两类问题：第一，找形分析，狭义上的找形分析即为已知预应力分布求解几何形状，广义上的找形分析还包括结构的初始形状和预应力分布状态都未知的情况；第二，找力分析，即已知几何形状求解预应力分布。

1. 找形分析

索穹顶结构首要解决的问题是找形分析问题。找形过程中由于结构体系内部大多存在机构，需在结构上判定其几何稳定性。由于体系所形成的刚度矩阵是奇异的，其平衡矩阵不再是正方阵，因此，通常不能采用传统的弹塑性力学方法求解。目前，对索穹顶结构的成形分析主要以有限元分析理论为基础。除了 Pellegriro 建议的一种标准非线性程序以外，英国 Barnes[43] 等提出了动力松弛法，H. J. Schek[44] 等提出了力密度法，这些方法都可以解决一些特定类型的问题。

（1）力密度法

力密度法是由 K. Linkwitz 及 H. J. Sheck 等提出的，其基本思想是将结构表面离散成由节点和杆元构成的索网状结构模型，在找形时，边界点为约束点，中间点为自由点，通过预先给定力密度值，即索网中各杆元的力和杆长的比值，建立每一个节点的静力平衡方程式（4-16），从而将几何非线性问题转化为线性问题，联立求解一组线性方程式（4-17），即可得到索网各节点的坐标，即索网的外形。不同的力密度值对应不同的外形，当外形符合要求时，根据相应的力密度就可求得相应的预应力分布值。

设节点 i 承受集中力为 P_i，与节点相连的杆件分别为 j_i、k_i、l_i，则节点 i 的平衡方程式为：

$$\Sigma(F_{ni}/L_{ni})(x_n - x_i) = P_i \tag{4-16}$$

记 F_{ni}/L_{ni} 为力密度 q_{ni}，将所有节点按式（4-16）列出，得到联立线性方程组：

$$[D]\{x\} = \{P\} \tag{4-17}$$

最后结合节点的坐标边界条件求解线性方程组即可得到结构的初始位形。

力密度法计算简单快捷，它无须迭代过程，避免了初始坐标问题和非线性收敛问题。但由于没有考虑节点变位对节点平衡的影响，所以对于有大空间大位移特征的结构的找形分析，该法得到的初始位形解误差相对较大。所以，力密度法适合于小型的、造型简单的结构的找形分析。

（2）动力松弛法

动力松弛法是一种求解非线性问题的数值解法，最早将这种方法用于索网结构的是 J. H. Bunce 和 A. S. Day[45]，而将此法发展并成功应用于索网及薄膜结构找形的是 Barnes。其基本原理是：用虚拟动态过程来解决静力问题，首先将膜结构离散，并作等效单元处理，在离散的索网结构的节点上施加激荡力，使其产生振动，然后逐点、逐时、逐步地追踪各点力的迭代过程，直到最终达到静力平衡状态。动力松弛法从空间和时间两个方面将结构体系进行了离散化。空间上的离散化是将结构体系离散为单元和节点，并假定其质量集中在节点上。若在节点上施加激荡力，节点将产生振动，由于阻尼的存在，振动将逐步减弱，最终达到静力平衡状态。时间上的离散化是针对节点的振动过程而言的，即先将初始状态的节点速度和位移设置为零，在激荡力的作用下，节点开始振动，跟踪体系的动能，当体系的动能达到极值时，将节点速度设置为零；跟踪过程再从这个集合重新开始，直到不平衡力为极小，即结构动能完全耗散，达到新的平衡。

动力松弛法不需要组装结构体系的总刚度矩阵，对结构的正定性没有特别要求，节约内存。在找形过程中，可修改结构的拓扑和边界条件，计算可以得到新的平衡状态，对于各种复杂的边界条件和中间支撑形态的确定问题特别有效。

（3）非线性有限元法

非线性有限元法是在 20 世纪 70 年代被 E. Haug 和 G. H. Powell 等应用于索膜结构的找形分析的[46]。基本思想是：针对索膜结构具有强烈的几何非线性特性，首先将结构离散成由节点和三角形单元构成的空间曲面结构，并根据经验设定一个初始应力分布。然后根据虚功原理，在小应变大位移状态下，采用拉格朗日法建立非线性有限元方程。最后采用迭代计算方法并结合边界条件来求解，当迭代收敛时，得到的位置坐标即为找形分析要得到的结构初始位形。确定结构初始态的基本方程为：

$$[K]^0\{\Delta U\}^0 = -[P]^0 + \{R\}^0 \tag{4-18}$$

式中　　$[K]^0$——确定初始态时结构的刚度矩阵；

$\{\Delta U\}^0$——坐标的变化值；

$[P]^0$——节点的初始荷载；

$\{R\}^0$——坐标变化值的高次函数

式（4-18）中 $\{R\}^0$ 项与坐标变化的高次项有关。所以不是线性方程，不能直接求解，需采用迭代法进行反复迭代直到求出满足一定精度要求的坐标变化值，才能确定其初始态。

非线性有限元法弥补了力密度法的不足，考虑了节点变位对节点平衡的影响，求解的初始位形比力密度法求解的初始位形更准确，和动力松弛法求解的初始位形从理论上没有区别。所以这种方法是目前找形分析中最先进、最精确的方法。

2. 找力分析

找力分析就是根据结构初始几何形状、拓扑形式，确定形成一定刚度的结构初始预应力分布。目前，索穹顶结构初始预应力分布的确定方法主要有二次奇异值法和快速计算方法。

（1）二次奇异值法

二次奇异值法[10]是充分考虑索穹顶结构的对称性，利用平衡矩阵奇异值分解法提出的一种适用于求解各种索穹顶结构的整体自应力模态的分析方法，由于该方法求解过程中两次用到了奇异值分解，故名为二次奇异值法。

索穹顶结构是一种杆件拓扑关系较有规律的对称结构体系，具体来说即对一实际的索穹顶结构，位于等同地位（位置）的杆件属于同一类（组）杆件，其初始内力值也应该是相同的。如图 4-24 所示结构，尽管总杆件数 b 为 49，但相应的杆件类只有 7 类，分类为①第一道脊索、②第二道脊索、③第一道斜索、④第二道斜索、⑤第一道竖杆、⑥中心竖杆和⑦第一道环索，因此结构对应的初始预应力值也只有 7 组不同的值。

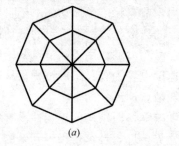 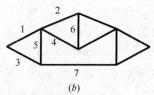

图 4-24　肋环型索穹顶

（a）平面图；（b）剖面图

对索穹顶结构，先从一般预应力状态 $X_1 = T_1\alpha_1 + T_2\alpha_2 + \cdots + T_s\alpha_s$ 出发，找到一组 α，使同组杆件预应力值相同，设该预应力为 X，有：

$$X = T_1\alpha_1 + T_2\alpha_2 + \cdots + T_s\alpha_s \tag{4-19}$$

对于具有 n 组杆件数的结构，X 可记为：

$$X = \{x_1 \quad x_1 \quad x_1 \cdots x_i \quad x_i \quad x_i \quad \cdots x_n \quad \cdots \quad x_n\}^T$$

为更好地用矩阵表示，整理式（4-19）采用下式表示：

$$T_1\alpha_1 + T_2\alpha_2 + \cdots + T_s\alpha_s - X = 0 \tag{4-20}$$

简记为：

$$\widetilde{T}\widetilde{\alpha} = 0 \tag{4-21}$$

其中，$\widetilde{T} = [T_1 \quad T_2 \quad \cdots \quad T_s \quad -e_1 \quad -e_2 \quad \cdots \quad -e_n]$，$T_i$ 为单位独立自应力模态；基向量 e_i 由相应第 i 类杆件轴力为 -1（索力为 $+1$）、其余杆件轴力为 0 组成，即 $e_i = \{0 \cdots 0\ 1\ 1 \cdots 0\ 0\}^T$，未知数为 $\widetilde{\alpha}[\alpha_1 \quad \alpha_2 \quad \cdots \quad \alpha_s \quad x_1 \quad x_2 \quad \cdots \quad x_n]^T$。对 $\widetilde{T}$ 进行奇异值分解如下：

$$\widetilde{T} = UDV^T \tag{4-22}$$

设矩阵 $\widetilde{T}$ 的秩为 r'，则整体自应力模态数 $\overline{s} = s + n - r'$，$V$ 中第 $r'+1$ 列至第 $s+n$ 列

为 $\tilde{\alpha}$ 的解，即 $\tilde{\alpha} = [\nu_{r+1} \cdots \nu_{s+n}]$，由 $\tilde{\alpha}$ 中第 $s+1$ 行到第 $s+n$ 行可得 n 组杆件对应的预应力值。

对 Geiger 型索穹顶和 Levy 型索穹顶，$\tilde{T}$ 为 $b \times (s+n)$ 维矩阵，其秩为 $(s+n-1)$。可得一种预应力分布。该分布同时满足杆受压、索受拉条件，所以是一种整体可行预应力分布。对其他类型如 Kiewitt 型等索穹顶结构，满足同组杆件预应力值相同的解大于 1，设分别为 X_1、X_2、$\cdots X_w$，$w > 1$。此时可再根据杆受压、索受拉条件对求得的若干组预应力向量进行组合 $X_1\beta_1 + X_2\beta_2 + \cdots + X_w\beta_w$，从而得到整体可行预应力分布。

值得特别指出的是，在用整体可行预应力一般概念进行预应力设计时，杆件的正确分组是能否求得满足整体平衡的预应力分布的关键。若杆件分组与实际受力情况不符，则按该分组计算得到的预应力不能使结构各节点受力平衡。

为了验证奇异值分解法，以图 4-24 所示的肋环型索穹顶结构来说明[10]，杆件数为 49，其中压杆数为 9，拉杆数为 40，总节点数为 26，其中非约束节点数为 18，非约束自由度数为 54，杆件类型数为 7。

平衡矩阵 A 的秩 $r(A) = 43$，独立自应力模态数 $s = 6$，独立的位移机构模态数 $Q = 11$。

考虑对称性后，利用奇异值分解法得 $r'(\tilde{T}) = 12$，故整体自应力模态数 $\tilde{s} = 6+7-12 = 1$，考虑各元素 x_i 均满足索受拉杆受压，故该模态同时为整体可行预应力模态，该模态分布如表 4-1 所示。

Geiger 型索穹顶整体自应力模态分布 表 4-1

组数编号	1	2	3	4	5	6	7
整体自应力模态	1.0	0.624	6.519	−0.456	8.497	0.289	−0.757

（2）快速计算法[47]

针对 Geiger 型、Levy 型等不同类型的索穹顶结构的几何特性，均有相应的初始预应力分布的快速计算方法。本小节只介绍 Geiger 型索穹顶结构初始预应力分布的快速计算法，Levy 型等结构形式的索穹顶结构的快速计算方法，读者可以查阅相关文献。

考虑到 Geiger 型索穹顶结构是一种轴对称的结构，其计算模型可取一榀平面径向桁架。针对不设内拉环和设有内拉环两种情况，分别由图 4-25 和 4-26 所示。分别以图 4-25（b）和图 4-26（b）所示简化平面桁架为基础，对各节点建立平衡关系，可推导各类杆件内力计算公式。

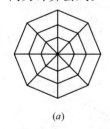 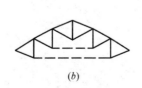 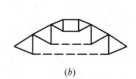

(a)	(b)	(a)	(b)

图 4-25　不设内拉环的肋环型索穹顶　　　图 4-26　设有内拉环的肋环型索穹顶
(a) 平面布置图；(b) 径向平面桁架　　　　(a) 平面布置图；(b) 径向平面桁架

图 4-25（b）和图 4-26（b）径向平面桁架汇总的水平线为等效环索。等效环索内力 $H_{i,\mathrm{equ}}$ 与结构环索实际内力 H_i 的关系由图 4-27 可得：

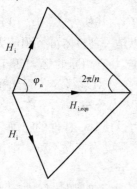

$$H_{i,\mathrm{equ}} = 2H_i\cos\varphi_n = 2H_i\cos\left(\frac{\pi}{2} - \frac{\pi}{n}\right) = 2H_i\sin\frac{\pi}{n}$$

（4-23）

式中　n——结构平面环向等分数。

分别以图 4-25（b）和图 4-26（b）所示简化平面桁架为基础，对各节点建立平衡关系，可推导得到各类杆件内力计算公式。

1）不设内拉环的情况

如图 4-25（b）所示，径向平面桁架汇总的中心竖线为等效竖杆内力 $V_{0,\mathrm{equ}}$ 与结构中心竖杆实际内力 V_0 的关系为：

图 4-27　环索内力示意图

$$V_{0,\mathrm{equ}} = \frac{2}{n}V_0$$

（4-24）

由平面桁架的对称性并引入边界约束条件（包括对称面的对称条件），可将图 4-25（b）进一步简化为图 4-28 所示的半榀平面桁架，由机构分析可知图 4-28 所示结构为一次超静定结构。由图 4-29 所示各类杆件内力示意图，可得以中心竖杆内力 V_0 为基准的各脊索、压杆、斜索和环索的一般性内力计算公式。

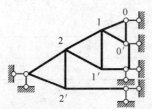

图 4-28　肋环型索穹顶半榀平面桁架计算简图

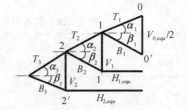

图 4-29　肋环型索穹顶各类杆件内力示意图

当 $i=1$ 时

$$T_1 = -\frac{1}{n\sin\alpha_1}V_0, \quad B_1 = -\frac{1}{n\sin\beta_1}V_0$$

（4-25）

当 $i \geqslant 2$ 时

$$T_i = \frac{(\cot\alpha_1 + \cot\beta_1)(1 + \tan\alpha_2\beta_2)\cdots(1 + \tan\alpha_{i-1}\cot\beta_{i-1})}{n\cos\alpha_i}(-V_0)$$

（4-26）

$$B_i = T_i\sin\alpha_i/\sin\beta_i$$

$$V_{i-1} = -T_i\sin\alpha_i$$

$$H_{i-1} = -\frac{\cot\beta_i}{2\sin\frac{\pi}{n}}V_{i-1}$$

2）设有内拉环的情况

设有内拉环的索穹顶，根据平面桁架的对称性并引入边界约束条件，得到图 4-30 的简图及内力分布，以竖杆内

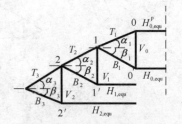

图 4-30　内环节点内力示意

力 V_0 为基准,可得各脊索、压杆、斜索和环索的一般性内力计算公式。

当 $i=1$ 时
$$T_1 = -\frac{1}{\sin\alpha_1}V_0, B_1 = -\frac{1}{\sin\beta_1}V_0 \tag{4-27}$$

$$H_0^P = -\frac{\cot\alpha_1}{2\sin\frac{\pi}{n}}V_0, H_0 = -\frac{\cot\beta_1}{2\sin\frac{\pi}{n}}V_0$$

当 $i \geqslant 2$ 时

$$T_i = \frac{(\cot\alpha_1 + \cot\beta_1)(1 + \tan\alpha_2\cot\beta_2)\cdots(1 + \tan\alpha_{i-1}\cot\beta_{i-1})}{\cos\alpha_i}(-V_0) \tag{4-28}$$

$$B_i = T_i\sin\alpha_i/\sin\beta_i$$

$$V_{i-1} = -T_i\sin\alpha_i$$

$$H_{i-1} = -\frac{\cot\beta_i}{2\sin\frac{\pi}{n}}V_{i-1}$$

作为特例,当 $\beta_i = \alpha_i$ 时,则同样可得

当 $i=1$ 时

$$T_1 = B_1 = -\frac{1}{\sin\alpha_1}V_0, H_0^P = H_0 = -\frac{\cot\alpha_1}{2\sin\pi/n}V_0 \tag{4-29}$$

当 $i \geqslant 2$ 时

$$\left.\begin{array}{l} T_i = B_i = \dfrac{2^{i-1}\cos\alpha_1}{\cos\alpha_1}V_0 \\[2mm] V_{i-1} = 2^{i-1}\cos\alpha_1\tan\alpha_i V_0 \\[2mm] H_{i-1} = -\dfrac{2^{i-1}\cot\alpha_1}{2\sin\pi/n}V_0 \end{array}\right\} \tag{4-30}$$

4.4 索穹顶结构的受力性能

索穹顶结构的组成杆件中除少数压杆之外多数是拉杆,整个结构皆处于张力状态,如能避免柔性结构有可能发生的索松弛问题,则索穹顶结构绝无弹性失稳之虞。因此,索穹顶结构在判定几何稳定,完成预应力分布的自平衡状态的找形分析后,剩下的主要计算问题就是荷载态的受力分析。索穹顶结构大多含有内部机构并呈几何柔性,其受力分析的力学模型必须考虑非线性特性和平衡自应力的存在。索穹顶结构的静力特性的非线性分析已趋成熟。本节采用两节点直线杆单元模拟受压杆,采用两节点曲线索单元来模拟受拉索,建立索穹顶结构有限元方程,利用非线性有限元法对索穹顶结构的静力和动力特性进行分析。

4.4.1 两节点曲线索单元

基本假定:

(1) 索两端为两节点无摩擦的理想空间铰节点;

(2) 索是完全柔性的,只承受拉力而不能承受弯矩、剪力和压力;

(3) 小应变假定,即索受拉时处于线弹性阶段工作,应力—应变关系满足胡克定律;

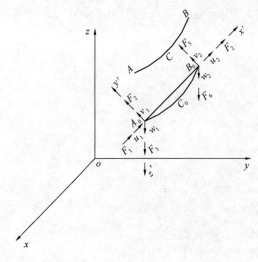

图 4-31　索单元坐标系

（4）考虑索段自重而产生的初始垂度影响，假定索的几何形状为抛物线。

根据 Lagrange 描述法，建立索单元的局部坐标系 $o'x'y'z'$ 如图 4-31 所示，$x'y'z'$ 为右手坐标系。取索两端点 $A_0 B_0$ 所在轴为 x' 轴，垂直 x' 轴且在水平面上的轴为 y' 轴。设 L 为索单元未变前的初始长度。

由抛物线假定，现取索单元位移函数为：

$$u = \left(1 - \frac{x}{L}\right)u_1 + \frac{x}{L}u_2$$

$$v = \left(1 - \frac{x}{L}\right)v_1 + \frac{x}{L}v_2$$

$$w = \left(1 - \frac{x}{L}\right)w_1 + \frac{x}{L}w_2 - \Delta f$$

（4-31）

式中　Δf——垂度 f 的增量，表达式如下：

$$\Delta f_{\max} = f_{\max}\frac{3\Delta L}{L}$$

（4-32）

$$\Delta f = -4\,\frac{x}{L}\left(1 - \frac{x}{L}\right)\Delta f_{\max} = -6f_{\max}\,\frac{x}{L}\left(1 - \frac{x}{L}\right)\frac{\Delta L}{L}$$

（4-33）

式中　ΔL——弦长的变化量；

$f_{\max}$——索中央最大垂度。

由小应变假定并忽略高阶微小量，可得：

$$\varepsilon_x \approx \frac{\partial u}{\partial x} + \frac{\partial w}{\partial x}\frac{\partial z}{\partial x} + \frac{1}{2}\left(\frac{\partial u}{\partial x}\right)^2 + \frac{1}{2}\left(\frac{\partial v}{\partial x}\right)^2 + \frac{1}{2}\left(\frac{\partial w}{\partial x}\right)^2$$

（4-34）

其中：$\dfrac{\partial u}{\partial x} = \dfrac{(u_2 - u_1)}{L}, \dfrac{\partial v}{\partial x} = \dfrac{(v_2 - v_1)}{L}, \dfrac{\partial z}{\partial x} = 4f_{\max}\left(\dfrac{2x}{L^2} - \dfrac{1}{L}\right)$

$$\frac{\partial w}{\partial x} = \left(\frac{(w_2 - w_1)}{L}\right) - 6f_{\max}\left(\frac{2x}{L^2} - \frac{1}{L}\right)\frac{\Delta L}{L}$$

同样根据虎克定律，可得应力、应变的物理关系为：

$$\sigma = E\varepsilon + \sigma_0$$

（4-35）

式中　E——弹性模量；

σ_0——初始应变。

索单元的应变能为：

$$U = \int_0^L \left(\frac{1}{2}EA\varepsilon_x^2 + \sigma_0 A\varepsilon_x\right)dx$$

（4-36）

把式（4-33）～式（4-35）代入式（4-36）并忽略高阶微小量，可得 U 的显式表达式。由 Castigliano 第一定理可得：

$$\frac{\partial U}{\partial u_i} = F_i$$

（4-37）

写成矩阵形式为：

$$K_{C}\{u\}_{e} + \{p_{\sigma}\} = \{p\}_{e} \tag{4-38}$$

式中 　$\{p\}_{e}$——外荷载；

　　　$\{p\}_{\sigma}$——初应力等效荷载，可由下式表示

$$\{p_{\sigma}\} = A\sigma_{0}\left[1 - 8\left(\frac{f_{\max}}{L}\right)^{2}\right] \tag{4-39}$$

　　　K_{C}——单元割线刚度矩阵，由线性刚度矩阵 K_{CL}、非线性刚度矩阵 K_{CNL} 和几何刚度矩阵 K_{CG} 组成：

$$K_{C} = K_{CL} + K_{CNL} + K_{CG} \tag{4-40}$$

简记 K_{C} 为：

$$K_{C} = \begin{bmatrix} \Sigma K_{i}^{1} & -\Sigma K_{i}^{1} \\ -\Sigma K_{i}^{1} & \Sigma K_{i}^{1} \end{bmatrix} \tag{4-41}$$

K_{i}^{1} 为 3×3 的子矩阵，下标 i 分别为 CL、CNL、CG，各项显式表达式如下：

$$K_{CL}^{1} = \begin{bmatrix} \dfrac{EA}{L}\beta_{1} & 0 & 0 \\ & 0 & 0 \\ 对称 & & 0 \end{bmatrix}$$

$$K_{CG}^{1} = \frac{\sigma_{0}A}{L}\begin{bmatrix} \beta_{3} & 0 & 0 \\ & \beta_{4} & 0 \\ 对称 & & \beta_{4} \end{bmatrix}$$

$$K_{CNL}^{1} = \begin{bmatrix} \dfrac{3EA}{2L^{2}}(u_{2}-u_{1})\beta_{5} & \dfrac{EA}{2L^{2}}(v_{2}-v_{2})\beta_{2} & \dfrac{EA}{2L^{2}}(w_{2}-w_{1})\beta_{2} \\ \dfrac{EA}{L^{2}}(v_{2}-v_{1})\beta_{1} & 0 & 0 \\ \dfrac{EA}{L^{2}}(w_{2}-w_{1})\beta_{2} & 0 & \dfrac{16}{3}\dfrac{EA}{L}\left(\dfrac{f_{\max}}{L}\right)^{2} \end{bmatrix}$$

上述表达式中各系数分别为

$$\beta_{1} = 1 - 16\left(\frac{f_{\max}}{L}\right)^{2} + \frac{576}{5}\left(\frac{f_{\max}}{L}\right)^{4}, \beta_{1} = \beta_{1} - 16\left(\frac{f_{\max}}{L}\right)^{2}$$

$$\beta_{3} = 1 + 4\left(\frac{f_{\max}}{L}\right)^{2}, \beta_{4} = 1 - 8\left(\frac{f_{\max}}{L}\right)^{2}, \beta_{5} = \beta_{1} + 12\left(\frac{f_{\max}}{L}\right)^{2}$$

当不考虑垂度影响时，即 $f_{\max}/L = 0$，得 $\beta_{1} = \beta_{2} = \beta_{3} = \beta_{4} = \beta_{5} = 1, \beta_{6} = 0$，这时，索单元切线刚度矩阵与两节点直线杆单元切线刚度矩阵公式的形式虽然不完全等同，但经考察验证，它与两节点直线杆单元的解析解计算结果吻合良好，因此，索单元切线刚度矩阵公式可用。

将式（4-38）写成增量形式，可得索单元增量平衡方程：

$$K_{T}d\{u\}_{e} = d\{p\}_{e} \tag{4-42}$$

其中 K_{T} 为单元切线刚度矩阵，$K_{T} = \dfrac{\partial^{2}U}{\partial u_{i}\partial u_{j}}$，由下式表示：

$$K_{T} = K_{TL} + K_{TNL} + K_{TG} \tag{4-43}$$

式中　K_{TL}　　　线性刚度矩阵，同 K_{CL}；

K_{TG}——几何刚度矩阵，同 K_{CG}；

K_{TNL}——非线性刚度矩阵，采用式（4-41）的记法，可得其显式表达式为

$$
K_{TNL}^1 = \begin{bmatrix} \dfrac{3EA}{L^2}(u_2-u_1)\beta_5 & \dfrac{EA}{L^2}(v_2-v_1)\beta_1 & \dfrac{EA}{L^2}(w_2-w_1)\beta_2 \\[3mm] & \dfrac{EA}{L^2}(u_2-u_1)\beta_1 & 0 \\[3mm] \text{对称} & & \dfrac{EA}{L^2}(u_2-u_1)\beta_2 + \dfrac{16}{3}\dfrac{EA}{L}\left(\dfrac{f_{max}}{L}\right)^2 \end{bmatrix}
$$

(4-44)

表达式中各系数同上。

4.4.2 静力性能

1. 静力平衡方程

索穹顶结构是索、杆、膜组成的预应力体系，考虑到计算简便，忽略索穹顶结构屋面结构的刚度，由此引起的误差将使结构设计偏于安全。

由两节点空间铰接直线杆非线性单元的刚度矩阵，经坐标变换后按常规方法便可组装成索穹顶结构所有压杆在整体坐标系中的切线刚度矩阵。

$$K_{T杆} = \Sigma T^T k_{T杆} T \tag{4-45}$$

式中 T——坐标变换矩阵；

局部坐标系中的两节点空间铰接曲线非线性索单元的切线刚度矩阵，经坐标变换后亦可装配成索穹顶结构中全部拉索单元在整体坐标系中的切线刚度矩阵。

$$K_{T索} = \Sigma T^T k_{T索} T \tag{4-46}$$

将压杆和拉索的切线刚度矩阵迭加即为索穹顶结构的总刚度矩阵。

$$K_T = T_{T杆} + K_{T索} \tag{4-47}$$

考虑两种单元在节点处的位移协调条件并根据各节点平衡条件进行结构整体分析，便可得到结构在整体坐标系中的非线性混合型有限元静力平衡方程：

$$K_T U = P \tag{4-48}$$

$$或 \quad K_T d\{U\} = d\{P\} \tag{4-49}$$

式中 U——结构的总节点位移向量；

 $d\{U\}$——节点位移增量向量；

 $\{P\}$——结构的总节点荷载向量。

式（4-48）为结构的静力平衡方程，式（4-49）为增量形式的平衡方程。

2. 平衡方程的求解

对于实际应用，荷载增量不可能取微分形式，而是取一个有限值。将增量形式的方程（4-49）改写成有限值的增量形式：

$$K_T \Delta U = \Delta R \tag{4-50}$$

$$\Delta R = P - \Sigma f$$

式中 ΔR——节点不平衡力；

 Σf——单元节点力向量。

采用位移二范数收敛准则，并用 Newton-Raphson 法可对方程（4-50）进行有效的求

222

解。具体步骤如下：

（1）利用整体坐标系中初始态的节点位移向量 U，建立各单元两端的局部坐标；

（2）计算在局部坐标系下各单元的杆端位移向量 u'；

（3）建立在局部坐标系下的各单元刚度矩阵 k'_T 和杆端力向量 f'；

（4）变换 k'_T 和 f' 为整体组彪西中的 k_T 和 f；

（5）对所有单元重复（1）至（4）的步骤。集合各单元刚度矩阵，生成结构的总刚度矩阵矩 $K_T = \Sigma k_T$ 和各单元作用在节点上的合力 $F = \Sigma f$，K_T 即为结构在当时变形位置的结构刚度矩阵；

（6）计算各单元作用到节点上的不平衡力 $\Delta R = P - F$。P 是迭代到当前次的各节点上的总荷载向量；

（7）求解结构平衡方程 $K_T \Delta U = \Delta R$，得节点位移增量 ΔU；

（8）将 ΔU 叠加到节点位移向量 U 中，就得到节点位移的新近似值；

（9）收敛性条件判断，如果不满足则返回步骤（1）。在结构的大位移分析中一般采用位移收敛条件。位移收敛条件可由不同形式提出，若记 $\| N \|_2 = (U^T U)^{1/2}$，称 $\| N \|_2$ 为位移总向量的 2 范数。式中 U 是经过若干次迭代运算得到的节点位移总向量，则位移 2 范数收敛条件为：

$$\frac{\| N^i - N^{i-1} \|_2}{\| N^i \|_2} \leqslant \varepsilon$$

这里 ε 是精度要求，可根据工程的要求和问题的性质而定。

4.4.3 动力特性

索穹顶结构是一种柔性结构，其低阶的基本自振频率较小，比较接近风荷载的频率。因索穹顶结构的自重很轻，风荷载对它的影响比地震作用明显。目前，对索穹顶结构的动力特性的研究还很不完善，特别是对索穹顶结构非线性风振和地震反应的研究，由于具有较大难度，国内外研究成果较少，在许多方面基本上是空白，有待进行深入研究。本小节介绍索穹顶结构的基本动力特性的解法。

1. 基本假定

除应满足静力分析时有关假定外，补充以下规定。

（1）体系于平衡位置只作微幅振动。索穹顶完成静力分析后可得体系的静力平衡位置，称为体系的静力终态。动力分析时取体系静力终态的内力和几何位置作为动力初始态，即假定体系的静力和平衡位置微幅振动。

（2）采用两节点直线索单元代替两节点曲线索单元模式，这样计算误差不大且可省去不少计算工作量。

（3）索穹顶自振分析中采用切点刚度矩阵。即 $K_T = K_{TL} + K_{TNL} + K_{TG}$，以反映结构内部应力及变形对结构的影响。

（4）不考虑阻尼作用

2. 振动方程及其解

根据结构动力学原理，索穹顶结构的自由振动方程：

$$\lfloor M \rfloor \{A\} + \lfloor K_T \rfloor \{U\} = \{0\} \tag{4-51}$$

式中 $[K_T]$ ——结构动力初态的刚度矩阵;

$\{U\}$、$\{A\}$ ——分别为结构节点在整体坐标中的位移和加速度向量;

$[M]$ ——结构的质量矩阵,它由单元相应的质量矩阵集成,其中索、杆单元可取一致质量矩阵。

由式(4-52)采用子空间迭代法可求得索穹顶有限个解的频率、周期及对应的振型。

3. 子空间迭代法

子空间迭代法是常用的特征值问题的求解方法,它的主要特点是利用瑞利里兹变换,将高阶方程投影到一个低维的子空间中,然后在子空间中求解一个低阶的广义特征方程,并把求出的低阶的特征值返回到原方程,再进行同时迭代,这样反复迭代就可以逼近求得真实解。

子空间迭代法的基本求解步骤为:

(1) 设定初始迭代向量;

(2) 矢量同时逆迭代求出方程右端项;

(3) 形成子空间投影矩阵;

(4) 求解子空间特征对;

(5) 计算改进后的特征向量;

(6) 迭代收敛后,利用斯图姆序列检查,确信是否漏根。

迭代初始向量的选择,直接影响到迭代的精度和次数。另外,子空间迭代法只能求解质量矩阵和刚度矩阵都是对称、正定的广义特征方程,对于存在刚体位移和零质量的结构则不能处理。

一直径为 5m 的肋环型索穹顶结构模型[10],环向 12 等分,设两根环索,内环直径 0.5m,环索水平间距为 0.75m,穹顶矢高为 0.35m。其中环索和外环斜拉索采用 $6×7\phi 5.0$ 的钢芯钢丝绳,其他径向索采用 $6×7\phi 3.1$ 的钢芯钢丝绳。选 $\phi 12×2$ 无缝钢管作为压杆。屋面的模拟荷载为 $0.3kN/m^2$。

由子空间迭代法计算出模型的前八阶频率(表 4-2)。

外环索张力为 3.3kN 时结构的前八阶自振频率(Hz)　　　　表 4-2

外环索张力	f_1	f_2	f_3	f_4	f_5	f_6	f_7	f_8
3.3(kN)	1.73	2.13	3.37	3.79	4.15	6.16	16.57	36.38

图 4-32 给出结构的前三阶自振频率随外环索预张力 P 变化的曲线。图 4-33 给出结构的前三阶自振频率随钢索截面积变化曲线。

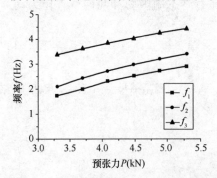

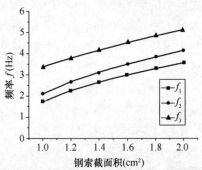

图 4-32　自振频率随外环索预张力变化曲线　　图 4-33　自振频率随钢索截面变化曲线

分析上述结果，肋环型索穹顶结构的自振频率与振型具有以下特点：

（1）由于结构的轴对称性，其自振频率呈密集分布，且为单轴或双轴的对称和反对称形式。

（2）由图 4-32 可知，结构的自振频率随钢索预张力增大而增大，第二和第三频率的变化逐步接近，并呈线性变化。

（3）由图 4-33 可知，结构的自振频率随钢索截面积增大而增大，并呈线性变化。

4.4.4 风振分析

索穹顶结构是一种柔性的大跨空间结构，质量轻，结构刚度比较小，自振频率比较低，对风荷载比较敏感，在风荷载作用下会产生较大变形，而结构的变形又改变了作用在其上的风荷载的方向和大小，反过来又影响结构的变形。因此应考虑风与结构的耦合作用。

对索穹顶结构在风荷载作用下的研究处于刚刚起步阶段，取得的成果十分有限。本小节介绍流体力是准定常的，驰振下的非线性动力方程的建立。

针对索穹顶结构的特点，考虑风荷载的竖向分力的作用，用体型系数表达的结构竖向的气动力表达式为：

$$\overline{P}_i(\alpha) = -\frac{1}{2}\rho v_{ri}^2 A_i [\mu_{shi}(\alpha) + 0.18\mu_{svi}(\alpha)]\cos\gamma_i \tag{4-52}$$

式中　　v_{ri} —— i 节点的实际风速；

　　　　ρ ——空气密度；

　　$\mu_{shi}(\alpha)$ ——水平风速来流产生的体型系数；

　　$\mu_{svi}(\alpha)$ ——竖向平风速来流产生的体型系数；

　　　　α ——风速来流的功角；

　　　　A_i —— i 节点负载面积；

　　　　γ_i —— i 节点处法向与竖直方向的夹角。

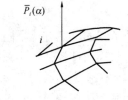

图 4-34　结构上的气动力

攻角 α 是微小的，由图 4-34 的速度关系，有 $v_{ri} = v_i/\cos\alpha$ ，$\alpha = \dot{z}_i/v_i$ 。

于是，$\overline{P}_i(\alpha)$ 可以写成

$$\overline{P}_i(\alpha) = -\frac{1}{2}\rho v_i^2 A_i \cos\gamma_i \frac{\mu_{shi}(\alpha) + 0.18\mu_{svi}(\alpha)}{\cos^2\alpha} \tag{4-53}$$

令 $\mu_{si}(\alpha) = \dfrac{\mu_{shi}(\alpha) + 0.18\mu_{svi}(\alpha)}{\cos^2\alpha}$ ，并在 $\alpha = 0$ 附近展开成 Taylor 级数为

$$\mu_{si}(\alpha) = \sum_{n=1}^{\infty} \frac{\mu_{si}^{(n)}(0)}{n!}\alpha^n = \sum_{n=1}^{\infty} \frac{\mu_{si}^{(n)}(0)}{n!}\frac{\dot{z}_i^n}{v_i^n} \tag{4-54}$$

又有 $v_i = \sqrt{\mu_{zi}}v_0$ ，其中 μ_{zi} 为 i 节点处的风压高度变化系数，v_0 为标准地貌 10m 高处的风速，即基本风速。取 α 的一次幂项，$\overline{P}_i(\alpha)$ 表达为：

$$\overline{P}_i(\alpha) = R_{0i} + R_{1i}\dot{z}_i \tag{4-55}$$

其中：$R_{0i} = \left\{-\dfrac{1}{2}\rho A_i \mu_{zi}[\mu_{shi}(0) + 0.18\mu_{svi}(0)]\cos\gamma_i\right\}v_0^2 = \widetilde{R}_{0i}v_0^2$

$$R_{1i} = \left\{ -\frac{1}{2}\rho A_i \sqrt{\mu_{zi}} [\mu'_{shi}(0) + 0.18\mu'_{svi}(0)] \cos \gamma_i \right\} v_0 = \widetilde{R}_{1i} v_0$$

由此，可以建立整个结构的节点气动力列阵为：

$$\{\overline{P}_z\} = \{R_0\} + [R_1]\{\dot{z}\} \tag{4-56}$$

其中　　$\{R_0\} = \{R_{01}, R_{02}, \cdots, R_{0n}\}^T = \{\widetilde{R}_0\} v_0^2$

$$\{R_1\} = diag[R_{1i}] = [\widetilde{R}_1]v_0, \ i = 1, \ 2, \ \cdots, \ n$$

索穹顶结构在风荷载作用下的非线性动力平衡方程：

$$[M_z]\{\ddot{z}\} + [C_z]\{\dot{z}\} + [K_z]\{z\} = \{\overline{P}_z\} \tag{4-57}$$

式中　　$[M]$——结构的质量阵；

$[C]$——结构的阻尼阵；

$[K]$——结构的刚度阵。

将式（4-56）带入到式（4-57）中得到索穹顶结构的运动方程

$$[M_z]\{\ddot{z}\} + [C_z]\{\dot{z}\} + [K_z]\{z\} = \{R_0\} + [R_1]\{\dot{z}\} \tag{4-58}$$

采用 Rayleigh 阻尼 $[C_z] = a[M_z] + b[K_z]$ 整理得：

$$[M_z]\{\ddot{z}\} + [C_{eq}]\{\dot{z}\} + [K_z]\{z\} = \{R_0\} \tag{4-59}$$

其中：$[C_{eq}] = [C_z] - [R_1] = [C_z] - [\widetilde{R}_1]v_0$

索穹顶结构是一种具有很强风振敏感性的大跨度柔性结构。现今国内外关于索膜风振分析问题的研究方法大致可分为以下三类：（1）基于非线性随机振动理论的时域分析方法；（2）气弹模型风洞实验方法；（3）流固耦合分析方法。上述三种方法的主要区别在于风荷载的确定方式不同。时域分析方法是通过人工模拟风速曲线来计算结构的风效应，该方法通用性较强，相关技术比较成熟，但无法考虑特征湍流和结构运动对脉动风压的影响。气弹模型风洞实验方法以相似性理论为基础，借助气弹模型风洞实验来确定结构表面的脉动风压和结构动态响应信息。该方法数据可信度较高，是目前就气弹问题而言最为行之有效的方法，缺点是对实验技术和设备的要求较高，且费用大、周期长，只能粗糙地模拟气流和结构之间的气动力作用，离解决实际问题尚有一段距离。流固耦合方法是综合运用计算流体力学和计算结构力学的知识，试图开发适用于大跨柔性结构的数值风洞来模拟结构表面的风场流动，优点是无须实验，力学概念清晰，并且可以获得结构及其周围流场运动的全部信息，缺点是数值计算量大，对计算机性能要求高。目前，由于流固耦合的研究刚刚起步，随着计算机技术的发展及理论研究的进一步深化，它将越来越显示其优越性[48-50]。

4.5　索穹顶结构的施工及节点构造

索穹顶结构的施工成形分析与结构的实际张拉过程密切相关，因为索穹顶结构中的拉索几乎没有自然刚度，结构整体刚度和稳定性依赖于结构施加的预应力。在施工过程中，索穹顶是随预应力的施加逐渐成形的，且伴随着预应力分布及结构外形不断更新的自平衡来调整。由于施工过程中索杆体系发生了大位移和大转角，施工过程模拟和精度控制都较困难。如何确定预应力大小及施加顺序，是保证实现索穹顶结构设计外形所必须解决的问题。

4.5.1 实际工程的施工步骤

1. Geiger 穹顶施工过程（1988 年汉城奥运会体操馆）

① 在中心搭一临时塔架，将中心拉力环或中心杆吊在临时塔架上，在地面将铝铸件及上节点连接到脊索，然后将脊索连于中心和外压环梁之间。

② 将立柱下部铸造节点临时固定于地面，同时在其上安装预应力环索。将立柱吊起并与脊索上的上铸造节点连接，然后张拉斜索提升环索至立柱底端，并通过节点与立柱相连。

③ 同时用千斤顶张拉最后一环斜索，每个工人张拉一股索，每个立柱两个人，索施加的张力完全均匀，使环索位于同一平面内，最后使立柱达到设计位置。

④ 对其余各环从外到内重复步骤③，直到整个结构各立柱和中心环均达到设计位置为止。

⑤ 局部调整斜索张力，最后达到设计形状。

⑥ 在脊索上安装膜连接构件，铺设裁剪好的膜材，最后密封两块膜之间的缝隙。

2. 佐治亚索穹顶施工过程（1996 年亚特兰大奥运会主场馆）

① 将整个脊索和中心张力桁架在地面上进行预装配。所有索均制成特定的长度，并预拉过，每个索段作一记号，在记号处将索与节点连接。

② 脊索和中心桁架的提升由钢筋混凝土环梁上的千斤顶和中间的千斤顶同时完成。

③ 提升脊索之后，在地面上铺设环索，并像铺设脊索一样将其与焊接节点连接在一起。然后张拉斜索，使其提升到位。

④ 外环索到位之后，用吊车把立柱吊升到脊索与环索之间，先在其底部与环索上的节点相连，然后将立柱顶端与脊索上的节点相连。这时，最外一环安装完毕。

⑤ 将立柱提起并与上部节点相连；同时在地面上装配好环索和其相应的节点，并将其提升至立柱底端且与立柱相连。然后用临时千斤顶把外一环的立柱顶节点和该环的立柱底节点连接起来，用千斤顶同时顶升立柱底节点将该环顶升到其最后位置，安装并固定斜索。重复该方法，从外环直到最里面的中心张力桁架提升到位。最后调整斜索张力、整形。

⑥ 在脊索上安装膜连接构件，铺设裁剪好的膜材，最后密封两块膜之间的缝隙。

3. 伊金霍洛旗体育中心索穹顶施工过程（我国大陆地区首座大跨度索穹顶结构）

伊金霍洛旗体育中心索穹顶结构的施工安装过程参见 4.6.2 节。

4.5.2 施工分析方法

1. 高精度非线性有限元理论——悬链线索元分析理论

悬链线索元分析理论是一种高精度的非线性有限元分析方法，该方法对于松弛索到张紧索的大变形过程都有很高精度，同时该方法能充分考虑索自重的影响，对于任意构型的水平和竖直方向都具有一定的刚度，从而可有效避免产生奇异。采用 Newton-Raphson 迭代方法能有效地进行施工模拟的大变形分析，控制索原长的分析方法能在理论上做到施工张拉一次成功。

（1）空间悬链线索单元刚阵

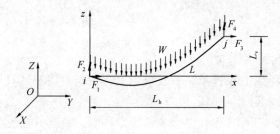

图 4-35　悬链线索单元

只考虑几何非线性，而假定材料始终处于弹性状态。索单元采用悬链线索单元，竖杆和中心拉力环采用空间杆单元。单元的整体坐标系和局部坐标系的关系和各参数如图 4-35 所示：F_1，F_2 为索元 i 节点处在局部坐标中的张力分量；F_3，F_4 为索元 j 节点处在局部坐标中的张力分量；T_i，T_j 为两节点处的索端张力值。L_u 为索的原长（初始无应力长度），L 为索变形后的长度，W 为索内沿索长均布竖向荷载，包括自重；A 为索截面积。得出索单元在整体坐标下的空间形式的单刚矩阵形式见式（4-60），需要指出的是单刚矩阵对于每一构型都需要迭代计算。

$$\begin{Bmatrix} \delta F_i^X \\ \delta F_i^Y \\ \delta F_i^Z \\ \delta F_j^X \\ \delta F_j^Y \\ \delta F_j^Z \end{Bmatrix} = [\overline{K}] \begin{Bmatrix} \delta u_i \\ \delta v_i \\ \delta w_i \\ \delta u_j \\ \delta v_j \\ \delta w_j \end{Bmatrix} \tag{4-60}$$

其中：

$$[\overline{K}] = \begin{bmatrix} S & -S \\ -S & S \end{bmatrix}$$

$$[S] = \begin{bmatrix} -\dfrac{F_1}{L_h}m^2 - k_{11}l^2 & \dfrac{F_1}{L_h}lm - k_{11}lm & -k_{12}l \\ & -\dfrac{F_1}{L_h}l^2 - k_{11}m^2 & -k_{12}m \\ \text{对称} & & -k_{22} \end{bmatrix}$$

$$K_{11} = \xi_4/\det,\ k_{12} = -\xi_3/\det,\ k_{22} = \xi_1/\det,\ \det = \xi_1\xi_4 - \xi_2\xi_3$$

$$\xi_1 = \frac{L_h}{F_1} + \frac{1}{W}\left[\frac{F_4}{T_j} + \frac{F_2}{T_i}\right],\ \xi_2 = \frac{F_1}{W}\left[\frac{1}{T_j} - \frac{1}{T_i}\right],\ \xi_3 = \frac{F_1}{W}\left[\frac{1}{T_j} - \frac{1}{T_i}\right],\ \xi_4 = -\frac{L_u}{EA} - \frac{1}{W}\left[\frac{F_4}{T_j} + \frac{F_2}{T_i}\right]$$

式中　l，m——分别为局部坐标 x 在整体坐标 X，Y 方向的方向余弦。

（2）空间杆元刚阵

空间铰接杆单元的刚度矩阵为：

$$[K]_e = \begin{bmatrix} k_{ii} & k_{ij} \\ k_{ji} & k_{jj} \end{bmatrix}_{6\times6}$$

其中：$k_{ii} = -k_{ij} = -k_{ji} = k_{jj}$

$$k_{ij} = \frac{E_c A}{L}\begin{bmatrix} l^2 & lm & ln \\ lm & m^2 & mn \\ ln & mn & n^2 \end{bmatrix}$$

$$l = \cos\alpha = \frac{x_j - x_i}{L},\ m = \cos\beta = \frac{y_j - y_i}{L},\ n = \cos\gamma = \frac{z_j - z_i}{L}$$

为杆沿 x，y，z 三个坐标轴方向的方向余弦。

（3）成形阶段平衡方程及其求解

将索单元和杆单元的刚度集成为结构体系的刚度矩阵。建立平衡方程

$$[K]\{\Delta U\} = \{P\} - \{P_R\} \tag{4-61}$$

式中　　$[K]$——结构考虑大位移的切线刚度矩阵；

　　　　$\{P\}$——等效节点外荷载向量；

　　　　$\{P_R\}$——节点的等效内力向量。

成形跟踪分析和受荷状态的区别仅在于：施工分析时，$\{P\}$ 仅为各杆件自重的等效荷载；集成 $[K]$ 时未施加预应力的松弛索元和不受力的桅杆的刚度不计入总刚。增量平衡方程采用 Newton-Raphson 法迭代求解。

（4）索原长的确定

对于索穹顶结构，索的初始原长（施工中的下料长度）是非常重要的参数，将直接影响成形后的状态，需精确确定在已知设计张力时各索的初始原长。对于悬链线索元在已知索节点位置的情况下索元的张力和索原长存在一一对应的关系，采用 Ridders 改进弦割法迭代技术求解索原长。

在索节点自身平面内，设 H 为局部坐标 Z 向的投影差，V 为局部坐标 X 向的投影差，EPS 为控制精度，其步骤如下：

① 假定索原长 $L_u^1 = \mathrm{sqrt}\,(H^2 + V^2)$，由节点位置等条件，计算出索端力。通过计算平衡解，得出索张力或平衡时索长，得出 ΔT^1 或者 ΔL^1；

② 若 $\Delta T^1 < 0$ 或者 $\Delta L^1 > 0$，$L_u^2 = 0.95 L_u^1$，否则，$L_u^2 = \mathrm{sqrt}\left(V^2 + \dfrac{4}{3}H^2\right)$，同样计算出平衡态时的 ΔT^2 或者 ΔL^2；

③ $L_u^2 = \dfrac{L_u^1 + L_u^2}{2}$，再迭代计算出平衡态时的 ΔT^3 或者 ΔL^3；

④ $L_u^4 = L_u^3 + \dfrac{L_u^2 - L_u^1}{2} \dfrac{\mathrm{sign}\,(\Delta T^1 - \Delta T^2)\ \Delta T^3}{\mathrm{sqrt}\left[(\Delta T^3)^2 - \Delta T^1 \cdot \Delta T^2\right]}$，计算出平衡态时的 ΔT^4 或者 ΔL^4；若 ΔT^4 或者 $\Delta L^4 < EPS$，则退出并得出索原长 $L_u = L_u^4$；

⑤ 若 $\Delta T^4 \cdot \Delta T^3 < 0$，则 $L_u^1 = L_u^3$，$\Delta T^1 = \Delta T^3$；$L_u^2 = L_u^4$，$\Delta T^2 = \Delta T^4$，返回③；

⑥ 若 $\Delta T^4 \cdot \Delta T^3 > 0$，并且 $\Delta T^4 \cdot \Delta T^1 < 0$，$L_u^2 = L_u^4$，$\Delta T^2 = \Delta T^4$，返回③；

⑦ 若 $\Delta T^4 \cdot \Delta T^3 > 0$，并且 $\Delta T^4 \cdot \Delta T^2 < 0$，$L_u^1 = L_u^2$，$\Delta T^1 = \Delta T^2$；$L_u^2 = L_u^4$，$\Delta T^2 = \Delta T^4$，返回③。

（5）索穹顶施工模拟算法

① 根据设计状态，由平衡矩阵的奇异值分解法确定体系的自内力模态，并组合成体系的设计预应力状态；由非线性悬链线索元理论迭代计算出脊索、环索和斜索的原长；

② 采用非线性有限元理论，通过控制斜索原长方法来模拟张拉最外层斜索使结构就位；

③ 从外到内依次模拟全部斜索的张拉，从而完成了索穹顶结构的施工跟踪分析。

（6）初始位移设定技术

对于索穹顶的每个施工阶段的模拟，是松弛索逐渐张拉成为张紧索的过程，结构的变

形非常大。对于每个阶段往往都需要经过很多次的迭代才能收敛。由于采用原长控制方法，索穹顶每一施工阶段后的成形状态和具体施工工艺无关。为了减少迭代次数且不影响收敛精度，采用保持单元的初始信息不变（索、杆原长等），将部分节点设定趋向平衡位置的初始位移，然后在此状态下继续迭代分析这样的初始位移设定技术。由于人为给定的初始位移趋向于平衡位置，使得迭代收敛迅速。

2. 施工控制反分析法

施工控制反分析法是从索穹顶结构设计理想成形状态出发，以成形时索、杆内力和几何状态为初值，逐步拆除斜索，从而确定各个阶段的理想施工控制参数（包括索力和标高），此时结构不仅满足自平衡要求，且按此状态施工，可以达到设计理想成形状态。

以设有两道环索的肋环型索穹顶结构为例来说明施工控制反分析法，如图 4-36 所示，索穹顶结构中各索端和压杆从外到内的次序依次规定为第一道脊索、第一道压杆、第一道斜索和第一道环索，其余各杆依次类推。如图 4-36 所示，状态 a 为其设计理想成形状态，若拆除第三道斜索 $2a$-$3b$，则第三段脊索 $2a$-$3b$ 和中心压杆 $3a$-$3b$ 先松弛，随即在杆、索自重作用下下落至绷紧，结构内力重新分布，最后到达平衡状态 c。为模拟这一过程，同时避免索松弛引起的刚度矩阵奇异，引入中间约束状态 b，此状态忽略索的松弛过程，而假定索在下落过程中其余节点约束不动，各单元内力不变，索仅做刚体位移，节点 $3a$ 下落到最低位置 $3a''$，此位置由索长控制，此状态即为 b。显然该位置是不平衡的，释放节点约束，让结构自平衡，结构内力及节点坐标发生改变，修正这一时刻的单元内力及各节点坐标，即得第一步理想施工状态参数。同样以上一步理想施工状态为初始状态，放松第二道斜索，引入该步的中间约束状态 b，可得该步的理想施工状态参数。重复放松其余几道斜索，直到得到 3 步理想施工状态控制参数。施工过程中各步的中间约束状态由以下计算公式得到。

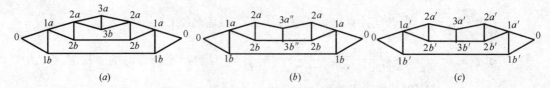

图 4-36 施工控制反分析法简图
(a) 状态 a；(b) 状态 b；(c) 状态 c

当放松第三道斜索时，第三段脊索松弛，下落到最低位置，由索内力不变假定可得索长不变，此时坐标变为如式（4-62）所示。

$$\begin{cases} \Delta y_3 = y_{3a} - y_{2a} \\ y''_{3a} = y_{3a} - 2\Delta y_3 \end{cases} \tag{4-62}$$

当放松第二道及后面的斜索时，新放松点下落，下落位置同样由索长控制。其余点向下平移，各点坐标变为如式（4-63）所示。

$$\begin{cases} \Delta y_2 = y_{2a} - y_{1a} \\ y''_{2a} = y_{2a} - 2\Delta y_2 \\ y''_{3a} = y_{3a} - 2\Delta y_2 \end{cases} \tag{4-63}$$

值得指出的是，此时的状态 a 为放松上一道斜索后修正得到的施工控制状态，而非结构理想设计成形状态。

按上述思想对中间约束状态 b 建立非线性平衡方程,其中拉索采用两节点曲线索单元,压杆采用两节点铰接杆单元,得非线性平衡方程如式(4-64)所示。

$$Kd\{U\} = d\{P\} \tag{4-64}$$

其中:$K = K_L + K_{NL} + K_\sigma$

式中　K_L——线性刚度矩阵;

　　K_{NL}——非线性刚度矩阵;

　　K_σ——几何刚度矩阵。

采用 Newton-Raphson 法进行迭代计算,可得该施工阶段的内力和节点坐标。

对索穹顶结构进行施工过程反分析计算可按下述步骤进行:

① 设计理想成形状态为初始状态,记录索力及各节点坐标,推导计算各单元无应力长度。

② 放松最后一道斜索,用相应单元退出工作方式进行模拟,即在形成总刚时,约束新退出工作点,并去除退出工作单元刚度,按式(4-62)、式(4-63)修改节点坐标。

③ 计算状态 b 中不平衡力。

④ 释放约束,让结构自平衡。即采用 Newton-Raphson 法迭代求解非线性方程(4-64),得到平衡位置。

⑤ 根据计算结果修正各节点坐标,计算各单元张力及方向余弦,得该阶段施工控制理想状态参数。

⑥ 以修正后施工控制状态为下一道斜索放松前的初始状态,依次放松其余各道斜索,重复步骤②~⑤,直到所有索放松。

4.5.3　节点构造

1. 节点设计一般原则

节点是索穹顶结构的重要组成部分,因此节点的设计必须同时符合力学准则和结构构造准则。节点设计的一般原则如下:

(1)节点必须受力明确,传力简捷。

(2)节点的设计必须符合结构分析时的基本假定。

(3)节点设计时应考虑构造可靠性。

(4)节点设计时必须考虑制作、安装方便,能控制精度。

除此之外还应该满足功能要求:

(1)考虑到索穹顶结构节点两端连接的索内力大小不一,所以要求节点具有互锁的功能,保证索不出现滑移现象。

(2)考虑到索穹顶结构成形是逐步完成的,最终避免不了索力大小的调试工作,所以还要求节点有调节功能。

(3)在成形过程中,杆件的空间坐标值和相对位置逐渐改变,使得各杆件间的角度逐步在调整,这样就要求在节点设计中要考虑到节点具有可转动的功能。

2. 节点实例

索穹顶结构的节点主要分为脊索、斜索与压杆连接节点,斜索、环索与压杆连接节点，索与受压环梁连接节点，中心压杆节点或内拉环节点等。对于不同的工程，索穹顶结构的节点构造各不相同，目前尚未形成统一的节点体系。下面给出一部分用于实际工程的节点构造详图（图 4-37～图 4-42）以供参考[7]。鄂尔多斯索穹顶结构的节点形式参考 4.6.2 节。

图 4-37 韩国体操馆压杆详图

图 4-38 佐治亚穹顶脊索、
斜索与压杆连接节点

图 4-39 桃园体育馆节点

图 4-40 桃园体育馆桅杆
（空中飞柱）底部

图 4-41 天城穹顶
中心节点

图 4-42 天城穹顶压杆连接

4.6 索穹顶结构的工程实践

4.6.1 主要工程简介

1986 年美国著名工程师 Geiger 首次提出索穹顶结构，并成功地应用于 1988 年汉城奥运会的体操馆和击剑馆。Geiger 设计的索穹顶是用连续的张力索和不连续的受压桅杆构成的，荷载从中央内拉环通过一系列辐射状的脊索、斜索和中间的环索传递至周边的环梁。这种结构随着跨度的增加重量并不明显的增加，且造价增加也很少，因此索穹顶结构具有极高的经济性。之后又相继建成了美国伊利诺伊州立大学的红鸟体育馆、美国佛罗里达州的太阳海岸穹顶等。1992 年由美国工程师 M. P. Levy 和 T. F. Jing 设计的佐治亚穹顶是 1996 年亚特兰大奥运会主比赛场馆，该结构是 Levy 型的索穹顶结构。之后又相继建成了圣彼得堡雷声穹顶等体育馆，以及沙特阿拉伯利雅得大学体育馆中可开启的索穹顶结构。我国大陆地区也相继建成了无锡科技交流中心索穹顶[51]、中国太原煤炭交易中心[52]和鄂尔多斯市伊金霍洛旗体育馆索穹顶[53]等工程。已建成的部分索穹顶结构列于表4-3。

部分已建索穹顶结构概况　　　　　　　　　　　　　　表 4-3

工程名称	建造时间	平面形式	跨度（m）	结构类型	国家/地区
奥运体操馆	1986	圆形	120	Geiger	韩国
奥运击剑馆	1986	圆形	93	Geiger	韩国
红鸟竞技场	1988	椭圆形	91×77	Geiger	美国
太阳海岸索穹顶	1989	圆形	210	Geiger	美国
天城索穹顶	1991	圆形	43	Geiger	日本
佐治亚索穹顶	1992	椭圆形	240×193	Levy	美国
桃园体育馆	1993	圆形	120	Geiger	中国台湾
皇冠体育场	1997	圆形	99.7	Geiger	美国
拉普拉塔体操馆	2000	双环形	200×170	Levy	阿根廷
釜山综合体育场	2001	圆形（椭圆开口）	228	Geiger	韩国
拜福德穹顶	2004	圆形	20	Geiger	西班牙
无锡科技交流中心	2009	圆形	24	Geiger	中国
鄂尔多斯市伊金霍洛旗体育馆	2010	圆形	71.2	Geiger	中国
中国太原煤炭交易中心	2011	圆形	36	Geiger	中国

1. 汉城奥林匹克运动会体操馆和击剑馆（图 4-43）

汉城奥林匹克运动会体操馆和击剑馆是世界上第一个索穹顶结构建筑，是 1988 年汉城奥运会的主要比赛场馆，两者形状都为圆形，都由 16 榀辐射状索桁架组成，是 Geiger 型索穹顶结构。其中体操馆直径为 120m，是个多功能的体育馆，能容纳 15000 个观众，膜材覆盖面积为 1.131 万 m^2。击剑馆直径为 93m，膜材覆盖面积为 6793m^2，单位面积用钢量约为 14.6kg/m^2。

2. 伊利诺伊州立大学红鸟竞技场（图 4-44）

美国伊利诺伊州立大学的红鸟竞技场是美国本土第一个索穹顶结

图 4-43　汉城奥运会体操馆

构体育馆,也是世界上第一个非圆形的索穹顶结构。体育馆的屋顶是用半透明和保温的 Teflon 材料,伞状的折顶形式通过 24 个飞杆将脊索撑起而形成峰顶,拉直的谷索形成峰谷。除了脊索使用了普通钢索外,屋顶结构的其余部件都采用 7 根一束的预应力钢索。外斜索与主环索及飞杆间的连接件均为钢铸件。该体育馆呈椭圆形,其长轴 91m,短轴 77m。

图 4-44 伊利诺伊州大学红鸟体育馆

3. 太阳海岸穹顶(图 4-45)

太阳海岸穹顶位于美国佛罗里达州的圣彼得堡市,是继汉城奥运会体操馆和击剑馆后的又一个圆形顶的索穹顶结构建筑,直径达 210m,单位面积用钢量为 24.4kg/m²。

图 4-45 太阳海岸穹顶

4. 日本天城穹顶(图 4-46)

日本天城穹顶,是一个多功能体育馆,1991 年建成,它是为了纪念天城市市政府成立 30 周年而建的。馆内有三个排球场,可容纳 2000 名观众。天城穹顶的跨度为 54m,矢

图 4-46 天城穹顶

高 9.3m。其屋顶结构从严格概念上讲，已经不是索穹顶结构，而是在索穹顶结构基础上发展而来的新型张拉整体类的结构体系，天城穹顶区别于普通的索穹顶主要表现在 3 个方面：1）中央壳体部分形成了下弦径向也连续的镜头状结构体；2）除上弦外，受拉单元不连续；3）预应力可以通过连续的上弦一次施加完成。

5. 佐治亚穹顶（图 1-7）

佐治亚穹顶是目前世界上最大的索穹顶结构，被用于 1996 年亚特兰大奥运会主体育馆。这个被称为双曲抛物型全张力穹顶的索穹顶结构屋盖平面为 240.79m×192.02m 的椭圆形，屋面呈钻石形状，铺上 Teflon 玻璃纤维材料后像一颗水晶。1992 年这个体育馆的屋盖结构被评为全美最佳设计。

整个屋顶由宽 7.9m，厚 1.5m 的混凝土受压环固定，共有 52 根支柱支撑着周长为 700m 的环梁。屋面材料面积为 3.48 万 m^2，建筑总高度为 82.5m，能同时容纳 70000 观众观看比赛，单位面积用钢量为 30kg/m^2。

6. 台湾桃园体育场（图 4-47）

图 4-47 台湾桃园体育馆

台湾桃园体育馆位于台北郊区的桃园县，又称桃园巨蛋，1993 年建成，跨度为 120m，有 3 圈环索，能容纳 15000 名观众，可以作为多种体育、集会、文艺等活动的空间。索穹顶屋盖下的混凝土受压环梁因雨水槽被加宽而向外悬挑，同时支撑环梁的基础结构向内收，这样整个体育场建筑像一个帽子，形象而美观。

7. 皇冠体育场（图 4-48）

皇冠体育场是一个多功能舞台，Geiger 型索穹顶结构。1997 年建成，位于美国北卡罗来纳州费耶特维尔，跨度为 99.7m，有 8500 个座位。

图 4-48 皇冠体育场

8. La Plata 体育馆（图 4-49）

La Plata 体育馆是由魏德林格尔事务所设计的一个双峰型索穹顶结构体育馆，位于南美洲的阿根廷。这个体育馆的最大特点就是索穹顶结构有两个峰，它是建筑师为了体现两个足球俱乐部以独立的身份共用此体育馆的理念而设计的。整个屋盖平面是由直径为 85m 且圆心间距为 48m 的两个圆相交而成。整个屋盖结构支承在一个宽 9m，高 13m 的环形三角形钢桁架上。LaPlata体育馆高度为 65m，膜材覆盖面积为 3.68 万 m²，能容纳 45000 个观众。

图 4-49　La Plata 体育馆

9. 釜山综合体育场（图 4-50）

图 4-50　釜山综合体育场

釜山综合体育场是为 2002 年韩日世界杯而建造的大型体育场馆。屋盖设计成为一个带大型椭圆开口的索桁结构体系，整个结构形式继承了 Geiger 型索穹顶结构形式，整个屋盖结构直径 228m，椭圆大小为 180m×152m，有 62686 个座位。

10. 无锡科技交流中心索穹顶（图 4-51）

无锡科技交流中心是索穹顶结构在我国大陆第一次成功的实践，属 Geiger 型索穹顶，2009 年建成，跨度为 24m，矢高 2.109m，屋面覆盖材料采用铝板和玻璃结合的刚性屋面。

11. 伊金霍洛旗体育中心索穹顶

鄂尔多斯伊金霍洛旗索穹顶是我国首座自主设计施工并拥有自主知识产权的大型索穹顶结构工程，屋盖建筑平面呈圆形，设计直径为 71.2m，屋盖矢高约 5.5m，表面覆盖 PTFE 和 ETFE 膜材，屋盖单位面积用钢量为 15kg/m²。

12. 太原煤炭交易中心（图 4-52）

图 4-51 无锡科技交流中心

中国煤炭交易展览中心索穹顶结构平面为圆形,直径为 36m,结构形式为 Geiger 型索穹顶,该结构在索穹顶结构基础上,增加了上层幕墙结构网,屋面覆盖材料采用点支式玻璃屋面。

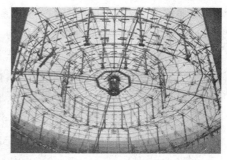

图 4-52 中国太原煤炭交易中心

4.6.2 伊金霍洛旗体育中心索穹顶结构工程[53-55]

1. 工程概况

内蒙古鄂尔多斯市伊金霍洛旗全民健身体育中心索穹顶结构工程,是我国大陆第一个大跨度的索穹顶结构工程,是我国自主设计与施工的,建成于 2011 年。屋盖建筑平面呈圆形,设计直径为 71.2m,矢高约 5.5m。由外环梁、内拉力环、2 道环索、斜索、脊索及 3 圈撑杆组成,表面覆盖膜材,膜单元分内外两层,中间夹保温材料。图 4-53 是索穹顶结构的三维图和剖面图。

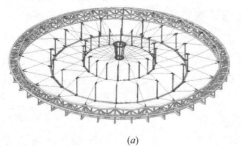
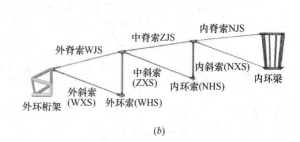

(a)   (b)

图 4-53 索穹顶结构的三维图和剖面图

(a) 三维图;(b) 剖面图

2. 施工技术

（1）施工安装技术

该索穹顶工程采用整体同步提升的施工安装技术。索穹顶的安装采用地面整体拼装，20 个轴线整体同步提升的方法，分 9 个步骤进行安装。具体的安装过程如下。

①安装内拉环，地面搭设安装平台并安装环索和索夹

内拉力环质量约 12t，在预先确定好的场地中心进行拼装焊接。在拼装时，准确放置内拉力环的位置，并使内拉力环上的耳板和外环梁上的耳板相对应，图 4-54（a）为现场内拉力环拼装图。

地面操作平台分为内环索操作平台和外环索操作平台，为了使外环索在展开以后再同一水平高度，因此在地面搭设一直径 48m，高度 7.9m 的操作平台。内环索平台直径 25m，离地高度 0.5m 以便安装节点板，图 4-54（b）为现场环索组装图。

② 安装脊索体系

地面拼装脊索体系，并通过脊索工装索将外脊索和外环梁相连，利用牵引设备对脊索工装索进行牵引，实测 20 个轴线的牵引力为 8～10kN，如图 4-54（c）所示。

③ 拼装内斜索

内斜索拼装在脊索体系拼装完成后进行，此时只需放松脊索工装索，使中撑杆上节点和内拉环下节点的距离小于内斜索长度，即可完成内斜索安装。

④ 安装中撑杆

提前将中撑杆在地面沿着 20 个轴线铺开，其中撑杆上端放在内环索内侧 0.5m 处，撑杆下端朝外或朝内放置。整体同步提升脊索工装索，使中撑杆上节点板离地面约 1m，此时抬高撑杆上端完成撑杆上端的安装。然后整体同步提升脊索工装索，撑杆下端逐步滑向内环索索夹，当二者位置一致时，即可完成撑杆下端的安装，图 4-54（d）～（e）为现场拼装撑杆的图片。

⑤ 安装中斜索

中撑杆安装完毕以后，外撑杆上节点板距离中撑杆下节点距离超过了中斜索的长度，因此需要放松脊索工装索，以减小二者之间的距离，但是在放松脊索工装索的过程中，随着脊索体系拉力的减小，中撑杆将发生侧倾，因此需要对中撑杆进行侧向支撑。图 4-54（f）为中斜索安装完毕状态。

⑥ 安装外撑杆

中斜索安装完毕以后，整体同步提升脊索工装索，当外撑杆上节点板高出外环操作平台 1m 时停止提升，借助外环操作平台安装外撑杆上端，如图 4-54（g）所示。然后再整体同步提升脊索工装索，直到外撑杆下端高度低于外环索索夹约 0.1m，此时外撑杆下端在外环索索夹内侧 0.5m 处，将撑杆下端拉向索夹即可完成外撑杆安装，如图 4-54（h）所示。

⑦ 安装外斜索

外斜索只需要一端和外环索索夹相连，另一端通过斜索工装索和外环梁相连即可完成外斜索的安装。图 4-54（i）为外斜索通过工装索与外环梁连接图片。

⑧ 安装外脊索销轴

在整个结构组装完毕以后，剩下的工作就是将外脊索和外斜索通过销轴连接至外环

梁，通过整体同步提升装置，整体同步提升 20 个轴线的外脊索，外斜索同步跟进。当外脊索剩余长度为 0.8m 时，将牵引工装转换为张拉工装，再整体同步张拉 20 个轴线的张拉工装，完成外脊索销轴的安装。

　　⑨ 安装外斜索销轴

　　为了便于结构安装，在安装外斜索时，将外斜索的 16m 可调量全部调出以减小安装外斜索销轴时的张拉力，整体同步提升外斜索进行外斜索销轴的安装。从施工完成的照片可以看出，其他拉索绷直而内脊索松弛。

图 4-54　施工安装过程

(a) 内拉力环拼装；(b) 地面组装环索；(c) 连接脊索和内斜索

(d) 安装中撑杆上端；(e) 安装外撑杆上端；(f) 安装中撑杆下端

(g) 安装外撑杆下端；(h) 中斜杆安装完毕；(i) 连接外斜索和环梁

　　⑩ 结构安装过程监测

　　为验证结构安装过程的准确性，掌握结构在安装过程中的内力位移状态，对结构在整个安装过程进行了全过程跟踪监测。

　　(2) 预应力张拉成形技术

从施工完成的照片可以看出，其他拉索绷直而内脊索松弛。施加预应力的过程应根据具体的结构类型分别采用改变刚性杆件或柔性索长度的方法。在预应力钢结构中，尤其宜采用改变柔性杆件长度的方法，预应力施加过程必须与设计的预应力施加过程相一致。实际的预应力施加过程作为非线性叠加步加以分析，而预应力钢结构应区分初始几何状态和预应力状态。因此，部分预应力钢结构初始几何的张拉过程与施加预应力过程并不一致。预应力施加过程必须根据实际的设计情况加以区分，即首先完成曲线或曲面的张拉过程，再考虑为结构提供刚度的过程。索穹顶结构的张拉成形过程主要是确定预应力施加过程的次序、步骤、采用的机械设备、每次预应力施加过程的张拉量值，同时控制结构的形状变化。

为了保证结构张拉完毕以后的形状和设计一致，伊金霍洛旗索穹顶结构工程采用的是分批分级张拉的方法。结构安装完毕以后，拉索的索力由结构自重产生，此时的结构严格意义上讲还处于机构的状态。通过对外斜索的张拉可完成对结构施加预应力，使结构产生刚度。

与结构成形态相比，外斜索的可调整长度为 16cm，分 3 级将外斜索张拉到位。第 1 级，将所有外斜索的可调整长度张拉到剩余 8cm。第 2 级，将所有外斜索的可调整长度张拉到剩余 4cm。第 3 级，张拉到位。

每一级张拉时，将人员分为 10 组同时张拉，分两批张拉完 1 级。第 1 级张拉时，第 1 批张拉奇数轴线的外斜索，第 2 批张拉偶数轴上的外斜索。第 2 级张拉时，工装和千斤顶位置不动，第 1 批张拉偶数轴的外斜索，第 2 批张拉奇数轴的外斜索。第 3 级张拉顺序同第 1 级。在张拉过程中和张拉结束后利用张拉设备检测所有外脊索和外斜索的索力。

（3）施工监测技术

在每一阶段预应力施加过程中，结构都经历一个自适应的过程，结构会经过自平衡而使内力重分布，形状也随之改变，所以预应力过程的监控十分重要。施工过程中，采用拉索张拉力控制为主，同时监测结构变形为辅的控制方法，并对部分应力较大钢结构进行应力监测，以确保结构施工安全，保证结构的初始状态与原设计相符。

施工监测内容主要有以下三个方面，第一，对所有外脊索和外斜索通过张拉设备和配套油压传感器进行索力监测；第二，为保证钢结构应力能够在设计允许的范围内，并且满足整体结构的成形要求，不至于出现局部杆件应力过大或整体结构变形过大的情况，必须对构件应力较大，关键起拱值较大的部位进行变形监测；第三，选取部分撑杆、内环梁及外环梁受力较大杆件进行应力监测。

对钢索拉力的监测采用油压传感器测试，以保证预应力钢索施工完成后的应力与设计单位所要求的应力吻合。具体测量原理是：张拉过程中油泵的油压通过油压传感器测量，通过电子读数仪读出索力值。

预应力施加过程中，钢结构应力与预应力施加值密切相关，因此在张拉过程中要对撑杆、内外环梁钢结构的应力值进行监测，监测设备采用振弦应变计，每点对称布置两个振弦应变计。

3. 施工仿真计算分析

施工仿真计算是索穹顶施工方案中极其重要的工作。施工过程会使结构经历不同的初始几何态和预应力态，其实际施工过程必须和结构设计初衷吻合，加载方式、加载次序及加载量级应充分考虑，且在实际施工中严格遵守。

鄂尔多斯伊旗索穹顶结构总体施工顺序为：四周脊索、斜索工装索提升整体结构，根据提升高度安装中间的撑杆、环索、斜索及脊索等，将所有外脊索安装到位，后将所有外斜索安装到位，完成结构张拉成形。

由于在预应力钢索张拉完成前，结构尚未成形，索穹顶结构基本没有刚度，因此必须应用有限元计算理论，使用有限元计算软件进行预应力钢结构的施工仿真计算，以保证结构在施工过程中及结构使用期安全。

针对该工程建立结构模型，进行施工仿真模拟计算，得出如下结果：

①根据设计的撑杆垂直状态，给出撑杆节点位置的环向索标记力；

②验证张拉施工方案的可行性，确保张拉成形过程的安全；

③给出每张拉步张力的大小，为确定实际张拉时的张拉力值提供理论依据；

④给出每张拉步结构的变形及应力分布，为张拉过程中的变形监测及索力监测提供理论依据；

⑤根据计算选择合适的张拉机具，设计合理的张拉工装。

4. 节点设计

鄂尔多斯伊旗索穹顶结构的节点构造详见图 4-55。伊旗索穹顶结构的撑杆下节点处，相交的杆件数量多，节点构造复杂、受力大，在节点处有拉索通过，采用普通的焊接节点处理较困难，而采用铸钢节点则可迎刃而解。对其节点进行有限元计算分析，选取外圈环向索相连接的铸钢节点，在分析中采用的荷载是 $\phi65$ 斜索破断力的 0.4 倍，即 1413kN 轴力。采用有限元软件进行分析可知，铸钢节点应力不大，最大等效应力为 217MPa，满足要求。由于计算模型施加约束的形式跟实际有差别，因此产生了应力集中，实际上铸钢节点应力要小于该计算结果。

   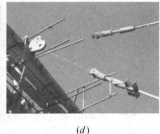

(a)　　　　　　(b)　　　　　　(c)　　　　　　(d)

图 4-55　伊金霍洛旗索穹顶

(a) 中心拉力环；(b) 竖杆上节点；(c) 竖杆下节点；(d) 环梁连接节点

5. 结构施工偏差及构件尺寸精度控制

施工偏差主要指结构外环梁及拉索耳板的施工偏差和内拉力环拼装并焊接完成后的尺寸偏差，它将造成结构耳板销孔中心与拉索销轴孔中心三维坐标误差；构件尺寸误差主要包括拉索和撑杆的长度误差。

（1）结构施工偏差对结构成形后内力的影响及处理措施

预应力钢结构是通过张拉拉索产生预应力的，张拉过程会改变拉索长度，预应力的大小与拉索下料预留的伸长量直接相关。对于定长索来说，如果与四周结构相连的拉索耳板安装位置存在偏差，结构预应力的大小与设计预应力值将不相符，因此需要采取适当的措施减小或消除这种偏差对结构的影响。与四周结构相连的拉索耳板径向施工偏差对索穹顶结构初始预应力分布影响最大，而与径向施工偏差等值的环向施工偏差对结构初始预应力影响很小且可以忽略。与四周结构相连的拉索耳板竖向施工偏差对结构初始预应力分布有一定的影响，但相对径向施工偏差来说不显著。因此，重点分析拉索耳板径向施工偏差对结构预应力的影响。下面通过单个、全部及间隔拉索耳板施工偏差对结构预应力的影响进行分析，结合实际工程测量误差，采取合理方法进行调整，最终给出拉索耳板施工偏差的处理措施。

1）单个耳板施工偏差

分析模型以初始态（结构张拉成形以后的状态）为基础，假定所有拉索不存在加工误差，20 个耳板中仅有 1 个耳板存在径向施工偏差。分析耳板沿着结构径向分别存在 −50，−40，−30，−20，−10，10，20，30，40，50mm 施工偏差对结构内力的影响，如图 4-56（a）所示。可以看出，单个耳板存在施工偏差会对该耳板所在轴线以及相邻轴线的拉索内力造成影响，耳板存在径向施工偏差会对脊索内力带来较大影响，对其他位置拉索内力影响相对较小。

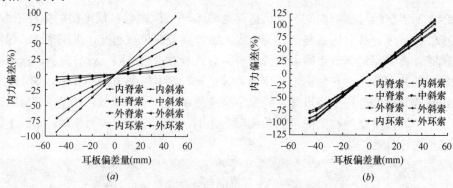

图 4-56　耳板施工误差对结构内力影响
(a) 单个耳板；(b) 所有耳板

2）全部耳板施工偏差

假定所有耳板沿径向存在等值的施工偏差，模拟耳板施工偏差分别为 −45，−40，−30，−20，−10，10，20，30，40，50mm。从图 4-56（b）可以看出，耳板施工偏差同时偏大或同时偏小时，对结构内力非常不利。对于该工程索穹顶结构，10mm 的耳板施工偏差（相当于索穹顶跨度的 1/7000）将造成结构内力改变 20%。如果把成型后的结构内力偏差控制在 ±10% 以内，需要将耳板施工偏差控制在 5mm 以内，即相当于要求施工精度控制在结构跨度的 1/14000。这个要求对于钢结构施工来说相对较高，故需要采取措施补偿耳板施工偏差造成的内力偏差。

3）技术补偿措施及结果

索穹顶成形后的结构内力和施工偏差非常敏感。10mm 的施工偏差能造成结构某些位置的拉索内力改变 20% 以上，考虑施工偏差不可避免，因此需要采取技术措施以弥补部分内力损失。

具体措施：在拉索下料时，除了将内脊索、内斜索、中脊索、中斜索及环向索做成定长索外,其他位置的拉索均做成长度可调索。利用外脊索和外斜索的长度可调功能来补偿耳板的径向施工误差,原理如图 4-57 所示。为了使结构成形以后的预应力与设计相符,必须使图 4-57 中 1,2 号节点和设计位置一致,因为 3 号节点存在施工误差,因此 1-2 和 1-3 的距离发生改变,造成外脊索和外斜索无法达到设计要求的伸长量。因此,若 3 号节点存在 Δl 的施工误差,只需将外脊索和外斜索的长度调整 $\Delta l' = l_2 - l_1$,此调整量 $\Delta l'$ 略小于 Δl,即可保证外脊索和外斜索的伸长量和设计基本一致,这样处理以后的结构内力和设计值也能基本相符。

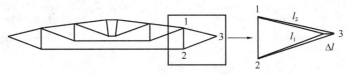

图 4-57 预应力补偿原理

(2) 构件尺寸加工误差对结构内力的影响及处理措施

1) 构件尺寸加工误差对结构内力的影响

构件尺寸加工误差主要指撑杆和拉索加工偏差。撑杆作为刚性构件,加工长度的精度控制相对来说较容易,在加工车间可以做到精度下料、精度测量并及时纠正;拉索作为柔性构件,加工长度的偏差控制相对较难。因此,下面重点分析拉索的下料误差对结构内力的影响。伊旗索穹顶工程中定长索的长度为 11.1~12.2m,在进行加工误差分析时,加工误差分别取 $l/400$,$l/600$,$l/800$,$l/1000$,$l/1200$,$l/1400$,$l/1600$,$l/1800$,$l/2000$,$l/2200$,(l 为各位置拉索长度),分析其对结构内力的影响。

图 4-58 表示所有定长索均存在相同的加工误差时对结构内力的影响,其中正值表示各位置拉索的实际长度比设计长度长,负值表示拉索的实际长度比设计长度短。图 4-64 表示各轴线上的误差绝对值相同但符号相反时对结构内力的影响。

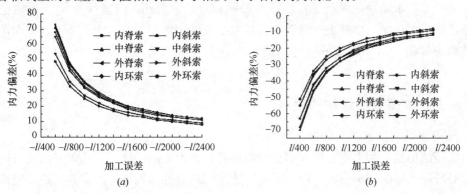

图 4-58 构件尺寸加工误差对结构内力影响

(a) 误差为负时;(b) 误差为正时

由图 4-58 和图 4-59 可以看出,定长索下料误差对拉索内力的影响较为显著。当误差小于 $l/1200$ 时,结构预应力的变化趋缓;当误差大于 $l/1200$ 时,拉索索力的变化相对比较明显。因此,根据目前国内拉索厂家的生产工艺水平,当拉索长度<50m 时,可以将 $l/1200$ 作为拉索下料精度控制要求。对于木工程索穹顶结构,定长索的尺寸为 11.1~

12.2m，$l/1200$ 的控制精度满足设计对拉索下料误差控制在 ±10mm 的要求。

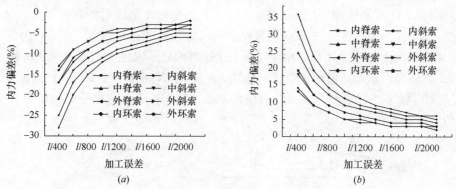

图 4-59　拉索内力变化

(a) 脊索误差为正，斜索为负时；(b) 脊索误差为正，斜索为正时

2) 定长索下料长度的保证措施

由于拉索的长度误差要求为 ±10mm，因此，拉索下料全部采用应力下料，即以结构在骨架成形以后的内力和长度为依据，将拉索张拉到一定的内力值对拉索进行标记下料。在无应力情况下，索长应为结构设计计算模型初始形态下的长度，而有预应力的索长为结构成形态下索长度减去该索在设计预应力下的拉伸长度，所以拉索的无应力长度将小于结构成形状态下对应的索长度。

4.7　劲性支撑穹顶结构

虽然索穹顶结构具有造型新颖、构思巧妙、结构效率高等优点，但其自身也存在着施工技术复杂等技术难题而限制了其广泛的发展和应用。为此，薛素铎等[15,56]提出了劲性支撑穹顶结构的概念，以解决索穹顶结构施工中杆件定位的困难。本小节主要对劲性支撑穹顶结构的提出、拓扑形式的确定、结构的分类和特点等几个方面对该结构进行简单介绍。

4.7.1　劲性支撑穹顶结构的提出

1. 索穹顶结构技术难点分析

索穹顶结构是一种由索、杆、膜组合而成的预张力空间结构，被认为是代表当前空间结构发展最高水平的结构形式。但由于索穹顶结构自身的结构特点决定着其施工成形过程中存在如下技术难题。

首先，索穹顶结构初始态的杆件定位困难。索穹顶结构的形态分为零状态、初始态和荷载态[57]。初始平衡态是整个设计工作的起点，也是零状态和荷载态形态分析的根本依据。初始态是结构建成验收时的平衡形态，必须与建筑施工图上对建筑形状的要求相一致，即结构的拓扑形式和节点坐标与建筑施工图相一致，方可满足竣工验收要求[58]。从结构内力角度看，杆件内力不仅包括预应力效应，而且还包括恒荷载产生的内力效应。如果索穹顶结构成形过程中施工方法和过程与理论分析的假设和算法不符，则成形结构可能面目全非或者极大地改变了结构形状。索穹顶结构除了对施工方法和过程与理论分析提出了很高的要求之外，在工程施工过程中，对拉索和撑杆的制作精度，结构的装配精度，索的张拉是否同步、均匀地张拉等都提出很高的要求。索穹顶结构对误差非常敏感，误差会对杆件的定位造成影响，易出现与建筑图的建筑形状不一致的情况[59]。因此，索穹顶结构的初始态的杆件定位是该结构施工中的技术难题之一。

其次，索穹顶结构在施加初始预应力前，结构几乎不存在自然刚度，不能维持一个稳定的初始平衡形状，刚度、稳定性均比较差。

再次，索穹顶结构环向索是连续的，通过竖杆下节点支撑、分支成若干的索段。这样在力的作用下索和连接节点之间不可避免的会产生摩擦甚至滑移。

目前，解决索穹顶结构的上述技术难题主要有以下两种途径。

（1）寻找简捷高效且精度好的施工模拟方法和施工工艺。许多学者进行了这方面的研究，相关的方法有："拆杆法"的反分析法，从结构的理想设计成形状态，以成形时索、杆内力和坐标为初值，逐步拆除斜索，确定出各个阶段的理想施工控制参数；应用奇异值分解法模拟分析索杆张力体系的成形过程；悬链线索元分析理论，采用控制索原长的方法在理论上实现索穹顶的施工张拉；采用几何非线性有限元法，结合结构的连接和整体张拉过程，对结构的施工模拟进行计算，探讨索穹顶的张拉工序和内力控制等施工手段；采用动力松弛法、控制构件原长的找形分析方法对索穹顶结构进行施工过程模拟分析；采用非线性时变有限元分析方法，对索穹顶结构进行全过程跟踪分析。

（2）通过改良和创新新型的结构来解决施工技术难题。倾斜撑杆式索穹顶结构，该结构倾斜撑杆，使得脊索、斜索和撑杆不在同一个平面内构成"立体桁架"。逐层双环索穹顶结构[60]，与传统的索穹顶结构比较，新型索穹顶结构每层增加了一道环索。刘晚成等[61]提出了预应力网壳—索穹顶组合结构。劲柔索张拉穹顶结构，该种结构是把索穹顶结构中由于重力加载而发生卸载或易松弛的某些拉索更换为劲性索。

上述两种途径虽然在一定程度上解决了索穹顶结构的施工技术难题，但都无法从根本上解决索穹顶结构初始刚度低稳定性差以及对误差敏感性差造成的杆件定位难等问题。造成索穹顶结构施工技术难题的根本原因是索为柔性构件，几乎没有自然刚度，对各种误差非常敏感且不容易在施工过程中定位。若在保持索穹顶结构的轻质高效等优点的前提下，提高杆件的自然刚度，无疑是很好的选择。提高杆件自然刚度的方法就是用刚性构件替代柔性构件，在考察高强钢拉杆的性能和应用的基础上，提出用高强钢拉杆替换索穹顶结构下部柔性拉索的设想。

2. 高强钢拉杆的发展

高强度钢拉杆作为建筑工程中的主要受力构件，在国内外各种类型的建筑工程中使用较为普遍。在国内，最早应用于上海浦东新国际博览中心的柱间支撑中，然后在深圳会展中心、西安咸阳机场候机楼、济南奥体中心体育馆等工程均有应用。

高强度钢拉杆主要是指屈服强度大于 460MPa 的钢拉杆。目前，高强度钢拉杆的杆体极限抗拉强度已经达到 1030MPa。鉴于热处理和运输能力，单根杆体长度不超过 12m。对于更长的钢拉杆的应用，可以通过调节套筒连接，总长度可以超过百米，可以解决大跨度结构的需要。按照《钢拉杆》GB/T 20934—2007 标准中规定，屈服强度为 650MPa 的高强钢拉杆直径可达 120mm，完全可以满足工程需要[62-64]。

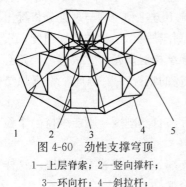

图 4-60　劲性支撑穹顶
1—上层脊索；2—竖向撑杆；
3—环向杆；4—斜拉杆；
5—刚性环梁

3. 劲性支撑穹顶结构

针对索穹顶结构的初始（建立起适当预应力分布之前）刚度、稳定性差及初始态杆件定位困难等难题，在探讨高强度钢拉杆发展的基础上，提出了劲性支撑穹顶结构[15,56]，如图 4-60 所示。该结构为上柔下刚穹顶，上层是索网体系，下部全部由刚性杆支撑。

4.7.2　拓扑形式的确定

1. 结构拓扑形式

依据劲性支撑穹顶结构的概念，确定合理的结构拓扑形式是首要解决的问题。索穹顶结构是一种构造轻盈、造型别致、效率极高的空间结构。在不改变索穹顶结构的拓扑形式前提下，将索穹顶结构的下部拉索全部换成高强钢拉杆来形成劲性支撑穹顶结构。若形成的结构既合理可行又轻质高效，则该结构拓扑形式可行。因此这种拓扑形式的劲性支撑穹顶结构的可行性是首要解决的问题。

该种拓扑形式的劲性支撑穹顶结构是由上部索网、下部支撑杆系组成，是一种索杆张力结构。对于索杆张力结构而言，结构初始平衡态的合理性首先面临的是一个结构判定问题，一般要回答以下三个方面的问题：体系的几何稳定性分析；体系中是否可以维持预应力；体系中维持的预应力是否可以刚化结构。

因是在不改变索穹顶结构的基础上形成劲性支撑穹顶结构，所以可以用 4.3.2 节的方法判断结构的几何稳定性，进而回答上述三个问题，判断出按照索穹顶结构的结构形式形成劲性支撑穹顶结构是合理可行的。但用刚性杆代替索穹顶结构下部的索体是否合理可行，单位面积用钢量是否过重等问题需要解决。

2. 刚性杆的可行性分析

劲性支撑穹顶结构下部为刚性杆支撑体系，材料为建筑高强刚性杆，《钢拉杆》GB/T 20934—2007规定刚性杆最大抗拉强度为 850MPa，而常用拉索的抗拉强度为 1670MPa。由于刚性杆的屈服强度比拉索的低很多，在不改变结构的拓扑形式，把下部拉索换成刚性杆之后，会不会导致杆件截面过大？如果杆件截面过大，有可能超过《钢拉杆》GB/T 20934—2007 对高强钢拉杆的直径的限制，使结构不可行。即使满足标准对直径的限制，杆件截面面积过大，也会使节点构造复杂。因此，杆件截面的大小是关键问题之一，它影响着劲性支撑穹顶结构是否能够按照索穹顶结构的拓扑形式来成形。下面通过算例进行分析。

设有两道环杆的肋环型劲性支撑穹顶结构跨度为 70m，矢高 5.5m，矢跨比 1/13，环向 20 等分，中心拉力环、第一、二圈撑杆的高度分别为：5.3m、5.8m、6.8m。结构如图 4-61 所示。圆钢杆的弹性模量为 $2.06×10^5$MPa，索的弹性模量为 $1.9×10^5$MPa，圆钢杆的抗拉强度为 850MPa，索的抗拉强度为 1670MPa。构件各节点均为铰接，支撑条件为周边三向固定铰支承。膜重度为 0.01kN/m²，屋面活荷为 0.5kN/m²，基本风压取为 0.45 kN/m²。

根据杆件截面面积比较原则，在相同的拓扑几何形式及相同的外荷载作用下，充分发挥拉索和拉杆的力学性能，将索穹顶结构下部拉索截面面积和劲性支撑穹结

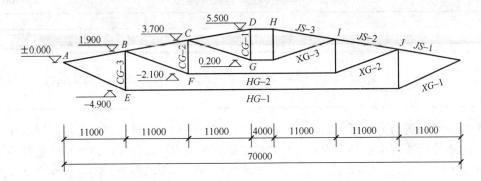

图 4-61 结构计算简图

构拉杆截面面积进行对比分析。同时考察劲性支撑穹顶结构内部脊索的截面面积和刚性杆的截面面积。

依据《建筑结构荷载设计规范》GB 50009 对荷载进行汇集组合，考虑三种荷载工况，如表 4-4 所示。三种工况下的节点荷载，如表 4-5 所示。

荷载工况 表 4-4

	满跨恒载	满跨活载	半跨活载	风荷载
工况一	√	√		
工况二	√		√	
工况三	√	√		√

不同工况下节点荷载（kN） 表 4-5

节点号	B	C	D	H	I	J
工况一	77.92	42.41	8.30	8.30	42.41	77.92
工况二	77.92	42.41	8.30	2.12	10.78	19.90
工况三	−32.33	−17.51	−3.44	−3.44	−17.51	−32.33

根据规程［67］中的"3.3.1 预应力钢结构中的拉索，除应保证索材在弹性状态下工作外，在各种工况下均应保证索力大于零。钢索强度设计值不应大于索材极限抗拉强度的 40%～55%，重要索取低值，次要索取高值。"索穹顶结构中最外圈环索的拉力较大，属于重要索，因此索的抗拉强度设计值取 744MPa。钢拉杆的抗拉强度设计值为 340MPa。

对上述相同几何拓扑形式的索穹顶结构和劲性支撑穹顶结构进行静力计算，以充分发挥受力最不利杆件的力学性能，同时考虑结构的节点位移满足要求。表 4-6 列出了不同荷载工况下索穹顶结构的拉索截面的最大截面面积以及劲性支撑穹顶结构的脊索和环杆截面最大截面面积。可以看出，70m、64m、58m 跨劲性支撑穹顶结构与索穹顶结构的杆件截面面积之比分别为 2.752、2.691、2.527，杆件的直径之比分别为 1.66、1.64、1.59。劲性支撑穹顶结构的杆件直径分别为 87.4mm、87.4mm、77.8mm。劲性支撑穹顶结构内部刚性杆与拉索的截面面积比分别为 5.217、4.651、4.095，杆件直径之比分别为 2.284、2.157、2.024。

不同工况不同结构的杆件截面面积（mm²）　　　　表 4-6

跨度	索穹顶			劲性支撑穹顶结构					
	70m	64m	58m	70m		64m		58m	
工况一	2180	2230	1880	1100	6000	1210	6000	1100	4750
工况二	1980	2080	1750	1150	5150	1280	5300	1140	4270
工况三	1200	1310	1190	1150	2250	1290	3000	1160	2750
截面取值	2180	2230	1880	1150	6000	1290	6000	1160	4750

对以上结果进行分析可得到，（1）劲性支撑穹顶结构刚性杆的直径满足《钢拉杆》标准的规定，实际工程中能够实现；（2）劲性支撑穹顶结构下部拉杆的截面积比索穹顶结构拉索截面积大，但是大的程度有限，不会造成截面面积过大的现象；（3）劲性支撑穹顶结构内部刚性杆截面积比拉索截面积大，但不会造成节点构造复杂的情况。

3. 单位面积用钢量

索穹顶结构是一种效率高、自重轻，且单位面积的平均重量不会随结构跨度的增大而明显增加的结构。劲性支撑穹顶结构下部被换成刚性杆之后自重是否会变得很大，如果自重变得很大会使得结构显得笨重不经济。即使劲性支撑穹顶结构的自重不会变得很大，该结构的自重会不会随着跨度的增加而明显的增加。下面通过算例进行分析。

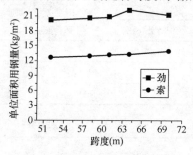

图 4-62　不同跨度下单位面积用钢量

采用与上面算例相同的初始条件，考虑在 52m、58m、61m、64m、70m 几种跨度下的劲性支撑穹顶结构单位面积用钢量，并将劲性支撑穹顶结构与索穹顶结构的单位面积用钢量进行对比分析。两种结构单位面积用钢量随着跨度的变化如图 4-62 所示。

从图 4-62 可以看出，随着跨度的增加，劲性支撑穹顶结构的单位面积用钢量也有所增加，但是增加的不明显。同时和索穹顶结构比较起来，单位面积用钢量增加不多，最大增幅为 64m 跨时的 66.5％，且用钢量不超过 23kg/m²。可以说劲性支撑穹顶结构也是一个自重很轻的结构，结构单位面积的平均用钢量不会随结构跨度的增加而明显增加。

基于上述两项分析结果，在不改变索穹顶结构的拓扑形式前提下，劲性支撑穹顶结构较之索穹顶结构，杆件截面面积不会增加过多，且自重较轻，单位面积用钢量不会随着跨度的增加而增大。因此，按照索穹顶结构的拓扑形式来形成劲性支撑穹顶结构是合理的。

4.7.3　结构的分类和特点

1. 结构的分类

根据结构的拓扑形式不同，劲性支撑穹顶结构大致分为肋环型（图 4-60）、Levy 型、Kiewitt 型（图 4-63）等。

根据覆盖层材料不同，可分为柔性屋面劲性支撑穹顶结构和刚性屋面劲性支撑

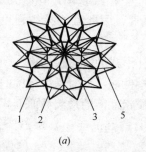
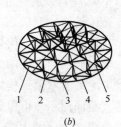

(a)　　　　　　　　　(b)

图 4-63　Levy 型和 Kiewitt 型劲性支撑穹顶结构

(a) Levy 型；(b) Kiewitt 型

1—斜拉杆；2—环向杆；3—竖向撑杆；

4—刚性环梁；5—上层脊索

穹顶结构。

根据撑杆是否倾斜，可以分为竖直撑杆式（图 4-64）和倾斜撑杆式（图 4-65）两种。

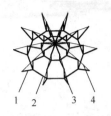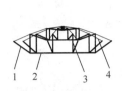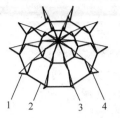

图 4-64　竖直撑杆式劲性支撑穹顶结构 　　　图 4-65　倾斜撑杆式劲性支撑穹顶结构

1—斜拉杆；2—环向杆；3—竖向撑杆；4—上层脊索　　1—斜拉杆；2—环向杆；3—竖向撑杆；4—上层脊索

2. 结构特点

基于上述分析，劲性支撑穹顶结构的特点可概括为：

（1）具有良好的初始刚度。和索穹顶结构相比，劲性支撑穹顶结构在整个结构建立起适当的预应力分布之前，下部刚性杆具有一定的刚度，此时结构的刚度、稳定性要比索穹顶结构好。

（2）施工成形过程中杆件定位容易。和索穹顶结构相比，结构下部为尺寸固定的刚性杆系，在施工成形过程中较容易定位，很大程度上避免了使结构面目全非或者极大的改变结构形状的情况发生。

（3）自支撑自平衡体系。劲性支撑穹顶结构是由拉索、杆系组成的自支撑体系，它在结构成形过程中不断自平衡。此时，周边支撑环梁都属于自平衡构件。

（4）结构效率高。和索穹顶结构相比，劲性支撑穹顶结构的单位面积用钢量虽然有所增加，但是增加有限，该结构也是一种自重很轻的结构，而且随着跨度的增加单位面积用钢量增加不明显。因此，劲性支撑穹顶结构是一种适合大跨度结构的预应力空间结构。

4.7.4　静力性能

1. 基本理论

劲性支撑穹顶结构是由索、高强钢拉杆和压杆组成的索杆预应力空间结构体系。为了便于分析，给出如下的基本假设[65]：（1）索、高强钢拉杆之间的连接均为理想无摩擦空间铰接节点；（2）索、高强钢拉杆都在弹性范围内工作，满足胡克定律；（3）索是柔性的，索及高强钢拉杆均只能承受拉力不能承受任何弯矩和压力；（4）不考虑覆盖材料对索、钢拉杆的影响。

劲性支撑穹顶结构的非线性有限元方程为：

$$K_{\mathrm{T}} \mathrm{d}\{U\} = \mathrm{d}\{P\} \tag{4-65}$$

式中　d$\{U\}$——整体坐标系下节点位移矩阵；

　　　d$\{P\}$——整体坐标系下节点力矩阵；

　　　K_{T}——整体刚度矩阵：$K_{\mathrm{T}} = K_{\mathrm{T索}} + K_{\mathrm{T压}} + K_{\mathrm{T拉}}$；

　　　$K_{\mathrm{T索}}$——拉索的整体切线刚度矩阵；

　　　$K_{\mathrm{T压}}$——压杆的整体切线刚度矩阵；

　　　$K_{\mathrm{T拉}}$——高强钢拉杆的整体切线刚度矩阵。

钢拉杆采用两节点直线杆单元模拟分析，两节点直线杆单元的单元切线刚度矩阵 k_T，可表示如下：

$$k_T = k_{TL} + k_{TNL} + k_{TG} \qquad (4\text{-}66)$$

式中　k_{TL}——线性刚度矩阵；

　　　k_{TNL}——非线性刚度矩阵；

　　　k_{TG}——几何刚度矩阵。

2. 索垂度对静力性能的影响

对于索穹顶结构而言，如果索的长度不大，自重作用下的垂度很小，其对结构静力性能影响可以忽略不计，但当索长度很大，索自重垂度较大，若仍忽略其影响，其精度很难保证。文献［42］的算例对索穹顶结构在考虑自重和不考虑自重垂度的计算结果进行了对比，当考虑索自重垂度影响时，节点位移普遍增加 7.69%～9.38%；环索索力增加不到 2%，但脊索索力减少最多的近 10%，所以得出结论当索穹顶结构跨度大时，应考虑索自重垂度的影响。

劲性支撑穹顶结构下部是高强钢拉杆支撑，下面通过一肋环型劲性支撑穹顶结构来说明索垂度的影响程度。矢高 5.5m，环向 12 等分，设有 2 道环杆，中心拉力环。结构的计算简图如图 4-66 所示（图中 JS 代表脊索，XG 代表斜杆，HG 代表环杆，CG 代表撑杆）。下部高强钢拉杆和撑杆的弹性模量为 2.06×10^5 MPa，索的弹性模量为 1.85×10^5 MPa。高强钢拉杆的屈服强度为 650MPa，索的抗拉强度为 1670MPa。周边三向固定铰支承，膜材重度取 0.01kN/m²，屋面活荷载取 0.5kN/m²，挠度的限值取 $L/250$[66]。跨度 L 分别取 52m、58m、61m、64m、70m。不同跨度下考虑索垂度和不考虑索垂度的杆件内力和节点位移如图 4-67 所示，其中下标带 y 的为考虑索垂度的计算结果，下标带 n 的为不考虑索垂度的计算结果。

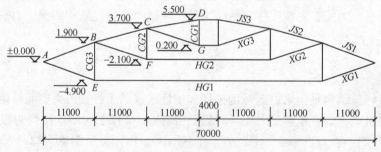

图 4-66　结构计算简图

由图 4-67 所示的计算结果表明，在不同跨度下考虑索垂度的影响时，脊索、斜杆和环杆的内力增加均不超过 0.1%，同时节点位移的增加也均不超过 0.1%。因此，跨度对索自重垂度的影响可忽略不计，索垂度对结构静力性能的影响不明显，亦可忽略。

3. 与索穹顶结构静力性能比较

劲性支撑穹顶结构和索穹顶结构相比，结构的拓扑关系相同，下部索体换成了高强钢拉杆，增强了下部构件的初始刚度。通过图 4-66 所示的设有两道环索（或杆）的肋环型结构，来考察两种结构的静力性能。两种结构具有相同的跨度、相同的矢高和相同初始预应力。两种结构的杆件内力和节点位移如图 4-68 所示，其中下标带 J 的是劲性支撑穹顶

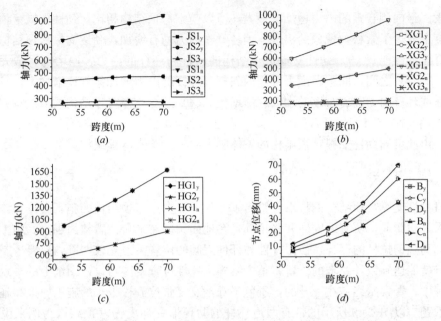

图 4-67　不同跨度杆件内力和节点位移

（*a*）脊索内力；（*b*）斜杆内力；（*c*）环杆内力；（*d*）节点位移

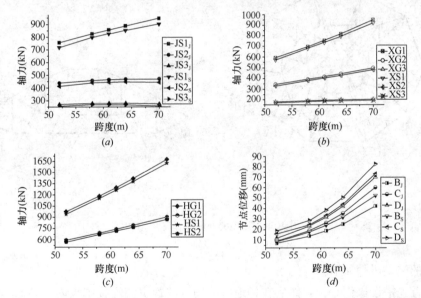

图 4-68　劲性支撑穹顶结构和索穹
顶结构杆件内力或节点位移

（*a*）脊索内力；（*b*）斜杆（索）内力

（*c*）环杆（索）内力；（*d*）节点位移

结构的计算结果，带 S 的是索穹顶结构的计算结果。

由图 4-68 的计算结果可以看出以下几个主要特点：（1）劲性支撑穹顶结构和索穹顶结构一样，都随着跨度的增大杆件内力增加，节点位移增大。（2）劲性支撑穹顶结构的脊索内力普遍增大，增加幅度为 3.61% ~ 6.82%，同一跨度内由外到内脊索内力的增加率逐渐增大。最内侧脊索的内力增加率最大，所以与索穹顶结构相比，劲性支撑穹顶结构在一定程度上减少了索松弛现象的出现。因各脊索内力均有增加，劲性支撑穹顶结构更能充分发挥脊索的性能。（3）劲性支撑穹顶结构的斜杆和环杆的内力普遍增加，增大幅度在2.61%～5.47%之间，同一跨度由外到内斜杆和环杆的内力增加幅度逐渐增大，且相同位置的斜杆或环杆内力随着跨度的增大逐渐增大。（4）劲性支撑穹顶结构的节点位移普遍减小，减小幅度在15.19%～37.08%，同一跨度由外到内节点位移增幅随着跨度的增大逐渐减小。由此可知劲性支撑穹顶结构的整体刚度要远好于索穹顶结构。

4.7.5 施工方法

针对劲性支撑穹顶结构的特点，给出了一种劲性支撑穹顶结构的施工方法。该方法不需要工人高空作业，所有的安装和张拉都是在地面、操作平台或者楼面进行。施工过程中由于下部高强钢拉杆的存在，使得杆件和杆件之间的位置关系比较明确，只要控制好撑杆上下节点就能达到设计要求的位置，整个结构的杆件位置就能与设计图纸上的一致。而且张拉过程中，脊索始终是在上升的，避免了脊索反复张拉放松带来的施工模拟和施工控制方面的难题。以图4-69所示的带有两道环杆的肋环形劲性支撑穹顶结构为例来说明本节的施工方法。

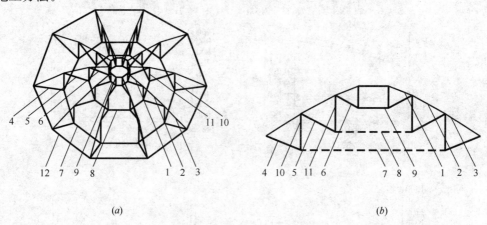

图4-69 肋环型劲性支撑穹顶结构
(a) 轴测图；(b) 剖面图

具体的施工步骤如下：

（1）首先搭设操作平台，然后在场地中央确定位置拼装焊接中央内拉环9，将中央内拉环9上的耳板与环梁12上的节点相对应。将内脊索1、中斜索2和外斜索3通过节点连接，并将内脊索1的一端与中央内拉环9上端的耳板相连接，外脊索3一端连接工装索，工装索另外一端与环梁12上的节点连接。

（2）在操作平台上安装拼接内环杆8，并将内环杆8上的节点与环梁12上的节点相对应。将内斜杆6和中撑杆11分别在场地的相应位置放置好。连接内斜杆6的一端与中央内拉环9下节点连接。提升内脊索1和中脊索2连接的节点，将内斜杆6和中撑杆11的上节点连接，将中撑杆11与内环杆8上的节点连接。安装内斜杆6和中撑杆11时，要对称安装，按照顺时针（或者逆时针）顺序连接拼装，直至拼装完成。

（3）在操作平台上安装拼接外环杆 7，将外环杆 7 上的节点与环梁 12 的节点相对应。将中斜杆 5 一端与内环杆 8 上的节点连接，中斜杆 5 的另一端与工装索连接，将工装索与外环杆 7 相连接。张拉连接外脊索 3 的工装索，达到设计标高，将外撑杆 10 上节点与中脊索 2 和外脊索 3 之间的节点相连接，张拉中斜杆 5 的工装索，将中斜杆 5 的上节点与中脊索 2 和外脊索 3 之间的节点相连接。继续张拉外脊索 3 到达设计标高，连接外撑杆 10 的下节点与外环杆 7 相连接。

（4）将外斜杆 4 一端与外环杆 7 连接，外斜杆 4 另一端与工装连接，工装索的另一端与环梁 12 上的节点连接。张拉与外脊索 3 连接的工装索，将外脊索 3 与环梁 12 上的节点连接。张拉与外斜杆 4 连接的工装索，将斜杆与环梁 12 上的节点连接。安装过程中，遵循对称张拉安装的原则。

（5）张拉外脊索 3，使得杆件的内力达到设计应力的 90% 左右。然后再张拉外脊索 3 进行微调使得杆件的内力达到设计值。

（6）铺设膜材，完成施工。

参 考 文 献

[1]　勒内·莫特罗(法)著，薛素铎，刘迎春译. 张拉整体—未来的结构体系[M]. 北京：中国建筑工业出版社，2007.

[2]　Emmerich D. G. , Structures tendues et auto tendantes—Monographies de Géométrie Constructive, Édition de 1'Ecole d'Architecture de Paris La Villette, 1988.

[3]　Full R. B. , Synergetics explorations in the geometry of thinking, Collier Macmiliian Publisher, London, 1975.

[4]　Edmondson A. , "Geodesic Reports：The Deresonated Tensegrity Dome", Synergetica, Journal of synergetics, Vol. 1, N°4, November 1986.

[5]　Fuller R. B. , Tensile—integrity structures, U. S, 3063521, 1962.

[6]　Emmerich D. G. , "Charpentes Perles"("Pearl Frameworks"), Institut National de la Propriété Industrielle (Registration No. 59423), 26 May 1959.

[7]　刘锡良. 现代空间结构[M]. 天津：天津大学出版社，2003.

[8]　Motro R. , "Tensegrity Systems：State of Art", International Journal of Space Structures (Special Issue on Tensegrity Systems), R. Motro Guest Editor, Vol. 7. N°2, 1992.

[9]　Emmerich D. G. , "Réseaux", in Space Structures：A study of methods and developments in three—dimensional construction , proceedings of the International Conference on Space Structures, Guildford, 1966, edited by R. M. Davies, Blackwell Scientific Publications, 1967.

[10]　董石麟，罗尧治，赵阳等. 新型空间结构分析、设计与施工[M]. 北京：人民交通出版社，2006.

[11]　袁行飞，董石麟. 索穹顶结构的新形式及其初始预应力确定[J]. 工程力学，2005，(2).

[12]　张博琨，刘晚成. 自平衡预应力网壳—索穹顶组合结构的设计与分析[J]. 沈阳建筑大学学报(自然科学版)，2010，26(3).

[13]　吕晶，徐国彬，王月栋. 劲柔索张拉穹顶抗火反应非线性有限元分析[J]. 中国安全科学学报，2003，13(12).

[14]　蔡丽，钱宏亮. 倾斜撑杆式索穹顶结构节点及张拉模拟[J]. 低温建筑技术，2007(6).

[15] 薛素铎，刘伟. 劲性支撑穹顶结构，中国发明专利，ZL 201010199154. X，2010.

[16] 赵宝成，曹喜，顾强. 索穹顶结构的优化设计[J]. 工业建筑，2002，32(10).

[17] 董智力，于少军. 张拉整体索穹顶结构的预应力优化设计[J]. 工程力学，1999，(增刊).

[18] 袁行飞. 索穹顶结构截面和预应力优化设计[J]. 空间结构，2002，8(3).

[19] 赵宝成，李奉阁. 索穹顶结构全面优化设计方法的研究[J]. 建筑结构，2005，35(8).

[20] 陈联盟，董石麟，袁行飞. 索穹顶结构优化设计[J]. 科技通报，2006，22(1).

[21] 惠卓，秦卫红，沈磊，张家华. 索穹顶结构新型设计方法研究[J]. 建筑结构学报，2010(S₁).

[22] 董石麟，袁行飞. 索穹顶结构体系若干问题研究新进展[J]. 浙江大学学报(工学版)，2008(1).

[23] 袁行飞，董石麟. 索穹顶结构施工控制反分析[J]. 建筑结构学报，2001，22(2).

[24] 沈祖炎，张立新. 基于非线性有限元的索穹顶施工模拟分析[J]. 计算力学学报，2002(11).

[25] 罗斌，郭正兴，高峰. 索穹顶无支架提升牵引施工技术及全过程分析[J]. 建筑结构学报，2012，33(5).

[26] 陈联盟，董石麟，袁行飞. 索穹顶结构施工成形理论分析和试验研究[J]. 土木工程学报，2006，39(11).

[27] 雄仲明，王社良. 土木工程结构实验[M]. 北京：中国建筑工业出版社，2006.

[28] 阚远，叶继红. 索穹顶结构施工成形及荷载试验研究[J]. 工程力学，2008，25(8).

[29] 曹喜. 张拉整体索穹顶结构的设计理论与试验研究[D]. 天津大学博士学位论文，1997.

[30] 袁行飞. 索穹顶结构的理论分析和实验研究[D]. 浙江大学博士学位论文，2000.

[31] 黄呈伟，陶燕. 索穹顶结构的模型试验研究[J]. 空间结构，1999，5(3).

[32] 詹卫东. 葵花型索穹顶结构的理论分析和试验研究[D]. 浙江大学博士学位论文，2004.

[33] 包红泽. 鸟巢型索穹顶结构的理论分析和试验研究[D]. 浙江大学博士学位论文，2007.

[34] 张建华. 索穹顶结构施工成形理论及试验研究[D]. 北京工业大学博士学位论文，2008.

[35] 孙旭峰. 索穹顶结构耦合风振研究[D]. 浙江大学博士学位论文，2008.

[36] I. Yamaguchi. A Study on The Mechanism and Structural Behaviors of Cable Dome，Proceedings of International Colloquium on Space Structures for Sports Buidings，1987.

[37] Taniguchi. Report on Experiments Concerning Tension Dome，Proceedings of International Colloquium on Space Structures for Sports Buildings，1987.

[38] D. A. Gasparini，P. C. Pedilkaris，N. Kanjn. Dynamic and static behavior of cable dome model，Journal of Structural Engineering，ASCE，1989，115(2).

[39] S. Pellegrino，C. R. Calladine，Matrix Analysis of statically and Kinematically Indeterminate Frameworks，International Journal of Solids and Structures，1986，22(4).

[40] S. Pellegrino. Structural Computations with the Singular Value Decomposition of the Equilibrium Matrix，International Journal of Solids and Structures，1993，30(21).

[41] E. N. Kuznetsov，Orthogonal Load Resolution and Statical－Kinematic Stiffness Matrix，International Journal of Solids and Structures，1997，34(28).

[42] 陆赐麟，尹思明，刘锡良. 现代预应力钢结构(修订版)[M]. 北京：人民交通出版社，2007.

[43] 钱若军，杨联萍. 张力结构的分析·设计·施工[M]. 南京：东南大学出版社，2003.

[44] H. J. Scheck. The Force Density Method for Form Finding and Computation of General Networks. Computer Methods in Applied Mechanics and Engineering，1974，3.

[45] AS Day，JH Bunce，Analysis of cable networks by dynamic relaxation，Civil engineering public works rev. ，1970，(4).

[46] E. Haug，GH Powell，Finite element analysis of nonlinear membrane structures，IASS Pacific Symp，Part II on Tension Structures and Space Frames，Tokyo and Kyoto，1972.

[47] 董石麟，袁行飞. 肋环型索穹顶初始预应力分布的快速计算法[J]. 预应力技术，2006(1).

[48] 孙旭峰. 索穹顶结构耦合风振研究[D]. 杭州：浙江大学博士学位论文，2008.

[49] 武岳. 考虑流固耦合作用的索膜结构风致动力响应研究[D]. 哈尔滨：哈尔滨工业大学博士学位论文，2003.

[50] 李芳，王国研，茆会勇等. 考虑索穹顶结构构形变化的空气动力失稳分析[J]. 同济大学学报，2002，30(5).

[51] 史秋侠，朱智峰，裴敬. 无锡太和国际高科技园区科技交流中心钢屋盖索穹顶结构设计[J]. 建筑结构，2009(增刊).

[52] 胡正平，李婷，赵楠等. 中国(太原)煤炭交易中心：展览中心结构设计[J]. 建筑结构，2011(9).

[53] 洪国松，黄利顺，孙锋等. 伊金霍洛旗体育中心大型索穹顶施工技术[J]. 建筑技术，2011(11).

[54] 王泽强，程书华，尤德清等. 索穹顶结构施工技术研究[J]. 建筑结构学报，2012，33(4).

[55] 钱英欣，尤德清. 索穹顶结构关键施工技术研究[J]. 施工技术，2012，41(369).

[56] 薛素铎，高占远，李雄彦. 一种新型预应力空间结构——劲性支撑穹顶[J]. 空间结构，2013，19(1).

[57] 钱若军. 张拉结构形状判定述评[J]. 河海大学科技情报，1990，10(3).

[58] 邓华，李本悦，姜群峰. 关于索杆张力结构形态问题的认识和讨论[J]. 空间结构，2003，9(4).

[59] 林寿，杨嗣信. 钢结构工程[M]. 北京：中国建筑工业出版社，2009.

[60] 卓新，王苗夫，董石麟. 逐层双环肋环型索穹顶结构与施工成形方法. 中国专利，200910153530，2009.

[61] 张博琨，刘晚成. 自平衡预应力网壳-索穹顶组合结构的设计与分析[J]. 沈阳建筑大学学报(自然科学版)，2010(3).

[62] 祁海坤. 工程用高强度钢拉杆的研制与应用[J]. 工业建筑，2005，35(S1).

[63] 杨建国，叶建国，祁海坤，刘志东. 高强度建筑钢拉杆的应用与研究[J]. 钢结构，2005，20(5).

[64] 郭正兴，罗斌. 大跨空间钢结构预应力施工技术研究与应用[J]. 施工技术，2011，40(340).

[65] 唐建民. 索穹顶体系的结构理论研究[J]. 上海：同济大学博士学位论文，1996.

[66] 中华人民共和国行业标准. 索结构技术规程 JGJ 257—2012[S]. 北京：中国建筑工业出版社，2012.

[67] 中国工程标准化协会标准. 预应力钢结构技术规程 CECS 212：2006[S]. 北京：中国计划出版社，2006.

第5章 张弦梁结构

5.1 概述

5.1.1 概念

张弦梁结构（String Beam Structure）是由刚性压弯构件上弦（拱）、柔性拉索（钢拉杆）及撑杆组合而成的屋盖弯矩结构体系（图5-1），最初由日本大学 M. Saitoh（斎藤公男）教授于20世纪80年代初提出[1]。该结构通过撑杆减小拱弯矩和变形，由索抵消拱端推力，降低对边界条件的要求，从而充分发挥拱结构的受力优势和高强索的抗拉特性。拱可采用实腹式截面，如箱形截面等；也可采用格构式截面，如倒三角形断面的桁架等（图5-2）。

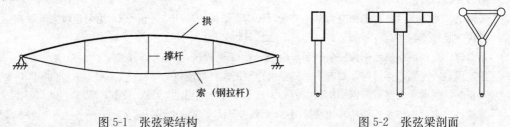

图5-1 张弦梁结构   图5-2 张弦梁剖面

5.1.2 分类

张弦梁结构根据传力特点，可分为一维张弦梁结构和二维张弦梁结构。

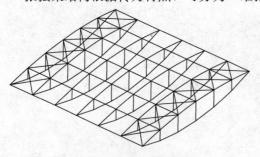

图5-3 一维张弦梁结构

1. 一维张弦梁结构（图5-3）

将单榀张弦梁平行布置，用刚性系杆、交叉支撑等构件进行连接，并为其提供侧向支点，从而形成一维张弦梁结构。屋面荷载主要由各榀结构单向传递，整体结构呈一维传力体系。该结构适用于矩形平面。

2. 二维张弦梁结构（图5-4）

与一维结构相比，二维结构的侧向稳定性明显改善，结构呈二维传力体系，但节点处理复杂。该结构形式可用于矩形、多边形、圆形和椭圆形平面。图5-4（c）中，为避免屋盖中心构件汇交密集，宜设置受压环及受拉环。

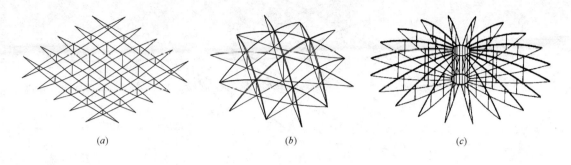

图 5-4 二维张弦梁结构
(a) 正交式布置；(b) 斜交式布置；(c) 辐射式布置

5.1.3 应用

张弦梁结构的概念提出后，该结构形式在日本有不少成功的工程实践，其中 1990 年建成的 Maebashi 绿色穹顶是其典型代表[2]（图 5-5）。该建筑为一多功能体育馆，有 2 万座观众席，平面呈 167m×122m 的椭圆形。34 榀张弦梁辐射式布置，其上弦拱采用 H 型钢格构式截面，高 2.1m，用钢量：135kg/m²。

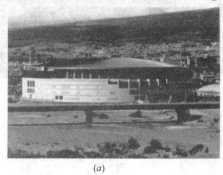
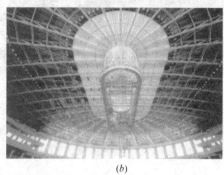

图 5-5 Maebashi 绿色穹顶
(a) 外景；(b) 内景

1994 年建成的前南斯拉夫贝尔格莱德新体育馆[3]（图 5-6）首次采用正交式布置二维张弦梁结构，平面尺寸 102.7m×132.7m，总高度 36m，由 7 榀张弦梁组成，其中 3 榀沿体育馆的纵向布置，4 榀沿横向布置。拱矢高 8m，采用 2 根 400mm×1400mm、净距 800mm 的钢筋混凝土构件；弦垂度 4m，为 8 束高强低松弛钢绞线，强度等级 1860N/mm²；通过 12 个交叉点处设置的四角锥"撑架"相连，"撑架"由 4 根 350mm×350mm 的钢筋混凝土构件组成。

张弦梁结构在我国的工程应用始于 20 世纪 90 年代，且大多采用一维传力结构体系。1999 年建成的上海浦东国际机场（一期工程）航站楼[4]（图 5-7a，b）首次采用一维张弦梁结构，其中办票大厅 R2（图 5-7c）的屋盖跨度最大，水平投影 82.6m，每榀纵向间距 9m。该结构拱由 3 根平行矩形（方）钢管组成，其中主弦为 400mm×600mm 焊接箱型，两侧副弦为 300mm×300mm 方管，由两个冷弯槽钢焊成，主副弦之间以短管相连。撑杆

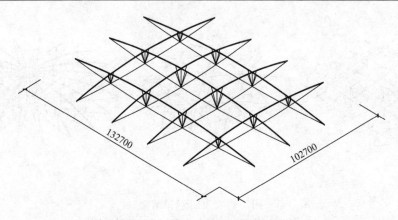

图 5-6　贝尔格莱德新体育馆

为 $\phi350\times10$ 圆管，拉索采用 $241\phi5$ 高强冷拔镀锌钢丝，外包高密度聚乙烯，张拉力 620kN。

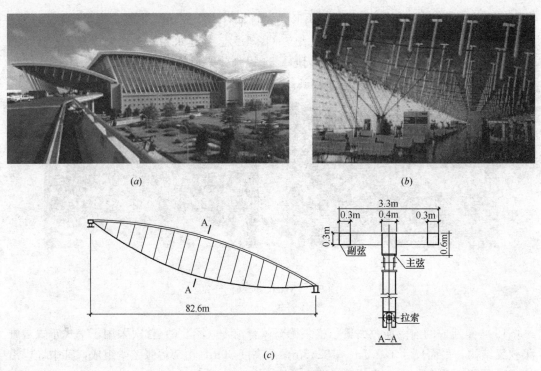

图 5-7　上海浦东国际机场航站楼（一期）

(a) 外景；(b) 内景；(c) 办票大厅 R2 单榀张弦梁

2002 年建成的广州国际会展中心主展厅一维张弦梁屋盖[5]（图 5-8a，b），其结构特点之一是采用倒三角形断面的格构式拱，跨度 126.6m，单榀间距 15m。格构式拱腹杆采用 3 种截面规格，即 $\phi168\times6$、$\phi168\times9$ 和 $\phi273\times9$，撑杆采用 $\phi325\times8$，拱弦杆和拉索截面布置见图 5-8c。拱和撑杆采用 Q345B 钢材，拉索采用高强低松弛冷拔镀锌钢丝，强度等级 1570N/mm²，张拉力 1800kN（两端张拉），支座采用铸钢节点。

2003 年建成的哈尔滨国际会议展览体育中心主馆屋盖也采用了一维张弦梁结构[6]，

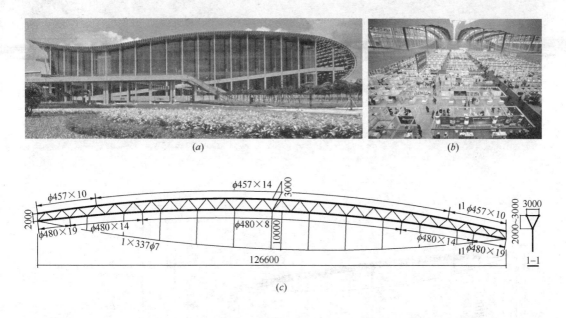

图 5-8　广州国际会展中心张弦梁结构

(a) 外景；(b) 内景；(c) 单榀张弦梁

由 35 榀 128m 跨张弦梁组成，单榀间距亦为 15m。该结构与广州国际会展中心主展厅张弦梁屋盖的主要区别是拉索固定在格构式拱的上、下弦节点间（桁架的形心处），而没有固定在下弦支座处（图 5-9a）。张弦梁的低端支座支承在钢筋混凝土剪力墙上，高端支座下设人字形摇摆柱，拉索采用 439ϕ7 高强低松弛镀锌钢丝束，强度等级 1570N/mm^2，拉索锚具采用 40Cr 钢（图 5-9b）。

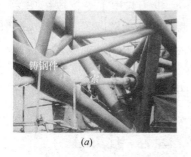

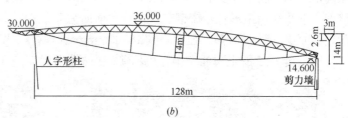

图 5-9　哈尔滨国际会议展览体育中心张弦梁结构

(a) 拉索穿过拱下弦的铸钢件；(b) 单榀张弦梁

2004 年投入使用的深圳国际会展中心一维张弦梁屋盖[7]，平面投影尺寸（18×30m）×（126m＋30m＋126m），用钢量：250kg/m^2，是当年深圳市最大的钢结构工程（图5-10）。展览厅跨度 126m，纵向间距 30m 平行布置 2 榀。拱采用焊接箱形截面，拉索采用屈服强度为 550N/mm^2 的高强度钢拉杆（钢棒）。

2007 年建成的 2008 北京奥运会国家体育馆是奥运中心区三大场馆之一，其比赛馆屋

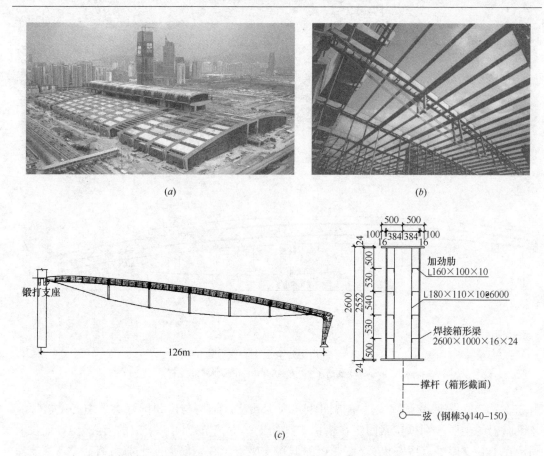

(a) 外景；*(b)* 内景；*(c)* 单榀张弦梁

图 5-10　深圳国际会展中心张弦梁结构

盖采用二维张弦梁结构[8]（图 5-11），平面尺寸 114m×144m。拱为双层正交正放桁架体系网格结构（间距 8.5m，厚度 1.518～3.973m），其上弦、腹杆采用无缝圆管，节点为焊接球，下弦采用矩形管，铸钢节点连接。横向为双索，纵向为单索，采用高强冷拔镀锌钢丝，截面 109φ5～367φ5，强度等级 1670N/mm²。撑杆采用 φ219×12，最大长度 9.250m。

2007 年竣工的上海浦东国际机场 T2 航站楼钢屋盖[9]（图 5-12），平面投影尺寸 414m

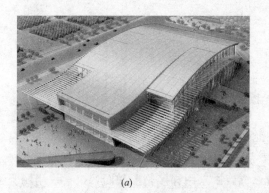

(a) 外景；*(b)* 内景

图 5-11　国家体育馆二维张弦梁结构

260

×217m，下部混凝土结构纵向支承点的间距为 18m。该屋盖采用了 Y 形柱支承的多跨连续张弦梁结构体系，最大跨度 89m，拱为变截面箱梁，拉索采用屈服强度为 550N/mm² 的高强度钢拉杆，截面直径一般为 100mm 和 130mm，以铸钢锚具与上弦拱及撑杆连接。

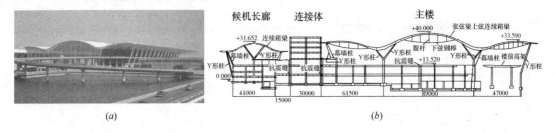

图 5-12　上海浦东国际机场 T2 航站楼

(a) 外景；(b) 结构剖面

2009 年建成的广州南沙体育馆[10]（图 5-13）是 2010 广州亚运会武术比赛场馆，其屋盖系统外围钢结构为 9 个曲面单元，单元之间片片层叠，呈螺旋放射状展开；内围钢结构分别由直径 41.6m 和 98m 的双重辐射式张弦梁叠加而成，总体矢高 4.5m，其内、外圈结构分别由 18 榀及 36 榀张弦梁组成。拱分别采用□250×10（支座处□250×14）和□400×12（支座处□400×16）方管，拉索分别为 109ϕ5 及 127ϕ5，中心受拉环分别为□250×30 方管及 4×187ϕ5。拉索强度等级 1670N/mm²，内、外圈结构间采用铰接连接。

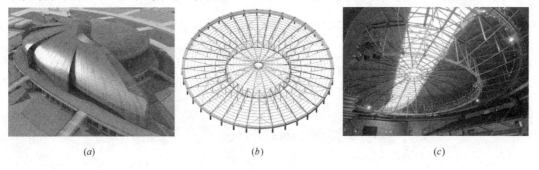

图 5-13　广州南沙体育馆辐射式张弦梁结构

(a) 效果图；(b) 辐射式张弦梁；(c) 内景

5.2　竖向荷载作用下的静力性能

根据国内外已建工程的统计数据，张弦梁结构的高跨比可取 1/10～1/12；拱的矢跨比应结合建筑功能、造型及结构受力等因素综合确定，可取 1/14～1/18；当上弦采用格构式拱，其厚度可取跨度的 1/30～1/50。一维张弦梁属屋盖弯矩结构，其单榀结构用钢量近似与跨度的平方成正比，因此其适用跨度不宜过大[11]。

5.2.1　力学特性和受力特点

单榀张弦梁结构的受力特性实际上与简支梁相当（图 5-14）。从截面内力来看，两者均承受整体弯矩和整体剪力效应。根据截面内力平衡关系可知，张弦梁结构在竖向荷载作用下的整体弯矩由两部分组成：①拱压力和索拉力的水平分量所形成的等效力矩；②拱本身所承受的局部弯矩。由于张弦梁结构中通常只布置竖向撑杆，且拉索不能承受剪力，因此整体剪力由拱的剪力和索拉力及拱压力的竖向分量组成。

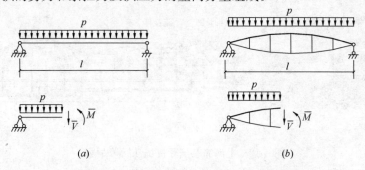

图 5-14 简支梁和单榀张弦梁的受力性能比较
(a) 简支梁；(b) 单榀张弦梁

假设张弦梁结构任意截面的拱轴力为 N、剪力为 V、局部弯矩为 M，索拉力为 T（图 5-15），根据截面内力平衡关系可得：

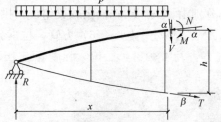

$$N\cos\alpha = T\cos\beta + V\sin\alpha \qquad (5\text{-}1)$$

$$M = T\cos\beta \times h - 0.5p\,(lx - x^2) = T\cos\beta \times h - \overline{M} \qquad (5\text{-}2)$$

$$V\cos\alpha + T\sin\beta + N\sin\alpha = p\,(0.5l - x) = \overline{V} \qquad (5\text{-}3)$$

式中 $\overline{M}$、$\overline{V}$——分别为外荷载 p 产生的截面整体弯矩和整体剪力，跨中截面 $\overline{M} = pl^2/8$；

图 5-15 单榀张弦梁的受力分析

α、β——分别为拱轴切线和拉索的水平倾角；

h——截面高度。

不同的截面拱局部弯矩 M 的方向可能不同，当 $\overline{M} < T\cos\beta \times h$ 时，M 与 $\overline{M}$ 反向，拱上部受拉；当 $\overline{M} > T\cos\beta \times h$ 时，M 与 $\overline{M}$ 同向，拱下部受拉。索拉力 T 包括外荷载 p 产生的拉力和预拉力两部分，即 $T = T_外 + T_预$，且一般情况下 $T_外 > T_预$。

为了更好地明确张弦梁结构的受力特点，现以图 5-16 所示的三个计算模型来说明[12]。三个模型的边界条件均为一端固定铰支座，另一端水平滑动铰支座，构件截面见表 5-1。

构　件　截　面　　　　　　　　　　　　　　　　　表 5-1

构件	模型 1	模型 2	模型 3
曲梁	$\phi500\times12$	—	—
拱	—	$\phi500\times12$	$\phi500\times12$
索	—	$37\phi5$	$37\phi5$
撑杆	—	—	$\phi168\times5$

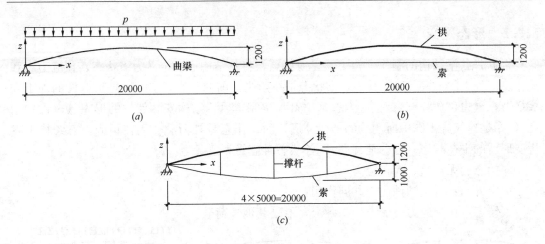

图 5-16 计算模型

(a) 模型 1；(b) 模型 2；(c) 模型 3

分别对三个模型施加沿跨度方向 15kN/m 的均布线荷载 p，并将其等效为节点荷载。将拱（曲梁）离散为 20 个直梁元，分 10 个相等的荷载增量步，计算结果比较见表 5-2。

计算结果比较 表 5-2

对比项目	模型 1	模型 2		模型 3	
		非张拉索	张拉索	非张拉索	张拉索
拱（曲梁）跨中挠度（mm）	−303.3	−176.2	−141.4	−78.3	−20.1
滑动支座水平位移（mm）	93.1	48.3	38.6	21.8	4.3
拱（曲梁）最大轴力（kN）	−35.3	−370.1	−445.5	−305.8	−373.8
拱（曲梁）跨中弯矩（kN·m）	820.2	477.0	383.3	207.6	57.4
拱（曲梁）最大剪力（kN）	152.8	94.8	76.5	56.0	28.0
索最大张力（kN）	—	342.5	419.2	292.4	364.3
撑杆最大轴力（kN）	—	—	—	−30.7	−36.8

注：张拉索的预拉力取 100kN。

通过模型 1 和模型 2 的比较可明显看出索的作用。表 5-2 可见，索的存在，很大程度上限制了滑动支座的水平位移，模型 2 的拱跨中挠度和滑动支座水平位移均远小于模型 1；模型 1 的曲梁轴力很小而弯矩很大，截面应力分布很不均匀；模型 2 的拱轴力远大于模型 1，但跨中弯矩和剪力均较小。

通过模型 2 和模型 3 的比较可清楚了解撑杆的作用。模型 3 中，由于索的水平倾角不大，撑杆轴力远小于拱轴力，但对拱受力性能的改善却十分显著；拱跨中挠度、滑动支座水平位移、跨中弯矩和剪力均比模型 2 大幅减小，拱轴力也得到一定的改善，因此受力性能更为合理。

对索施加一定的预拉力，则撑杆将为拱提供更大的向上支撑力，索也将在更大程度上限制滑动支座的水平位移，有效增大结构刚度，减小拱弯矩，从而进一步改善结构的受力性能。

5.2.2　形态定义

根据张弦梁结构的制作、施工及受力特点，将其结构形态定义为零状态、预应力态和工作态三种[13]（图5-17）。其中，零状态是拉索张拉前的状态，实际上是指构件的加工和放样形态（也称放样态）；预应力态是拉索张拉完毕后，结构安装就位的形态（也称初始态），亦是建筑施工图中所明确的结构外形；而工作态是外荷载作用在预应力态结构上发生变形后的平衡状态（也称荷载态）。各状态对应受力情况为：

零状态：无自重、无预应力；

预应力态：自重和预应力共同作用；

工作态：在预应力态受力的基础上，承受其他外荷载。

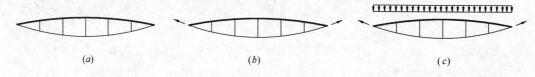

(a)　　　　　　　　　(b)　　　　　　　　　(c)

图5-17　张弦梁三种结构形态

(a) 零状态；(b) 预应力态；(c) 工作态

张弦梁结构实际施工时，其构件按照零状态给定的几何参数进行加工放样，且需考虑拉索张拉产生的变形影响。理论上讲，张拉过程中索张力与结构变形的关系呈非线性。这种非线性主要表现在两个方面：①索内张力的变化引起索的刚度变化；②随着张拉过程的进行，结构位形不断发生变化，当这种变化足够大时，采用线性分析可能产生较大误差。因此，张弦梁结构的预应力态分析应考虑几何非线性；但其非线性比较弱，研究表明，工作态非线性对计算结果的影响不大，工程实践中该阶段可采用线性分析。

5.2.3　单榀张弦梁结构的受力性能

单榀结构通过不同的布置方式可形成一维和二维张弦梁，研究单榀张弦梁的静力性能对掌握上述结构的整体性能有着重要的作用，因此诸多文献将单榀张弦梁作为主要研究对象，得出了一系列有价值的结论[2,14,15]。限于篇幅，在此不再赘述。本节基于张弦梁结构的定义和工程实践，对格构式拱端部偏心受力的影响及斜撑杆的影响等问题展开重点讨论。

1. 格构式拱端部偏心受力的影响[16]

张弦梁结构的拱可采用实腹式截面，亦可采用倒三角形断面的格构式。某张弦梁实际工程中，拉索与格构式拱的下弦端部支座相交，使格构式拱的下弦杆受力偏大，现以两个简单的计算模型来分析（图5-18）。

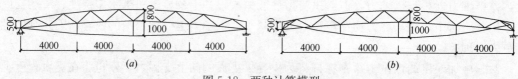

(a)　　　　　　　　　　　　　　(b)

图5-18　两种计算模型

(a) 模型一（拉索交于格构式拱下弦端部支座）；

(b) 模型二（拉索交于格构式拱端截面形心）

假定两个计算模型中,格构式拱上、下弦杆均取 $\phi140\times5$,腹杆 $\phi76\times4$,撑杆 $\phi114\times4$,拉索钢绞线 $6\phi15.2$,拉索预拉力 200kN。两个模型的边界条件均为一端固定铰支座,另一端水平滑动铰支座。分别对两个模型施加沿跨度方向 10kN/m 的均布线荷载,并将其等效为节点荷载,几何非线性分析取 10 个相等的荷载增量步,计算结果比较见表 5-3。

计算结果比较 表 5-3

内力(kN)	模型一		模型二	
	预应力态	工作态	预应力态	工作态
拱下弦最大轴力	−414.5	−296.9	−410.4	−250.9
拱下弦最小轴力	−250.9	−263.6	−138.6	−96.7
索拉力	200	349.3	200	344.2

表 5-3 的分析结果表明,模型二中的格构式拱下弦内力在预应力态及工作态均比模型一小;模型一中,由于拉索交于格构式拱下弦端部支座,根据荷载"走捷径"的原则,下弦杆件内力较大,相同截面情况下,较易失稳,故模型二受力性能比较合理。工程实践中,图 5-18 (b) 拉索交于格构式拱端截面形心,可采用图 5-9 (a) 所示的节点大样做法,拉索穿过格构式拱下弦的铸钢件,锚固于格构式拱形心处的铸钢支座上(通过三角锥连接上、下弦杆),此时可显著减小支座尺寸及用钢量。

2. 斜撑杆的影响

随着结构跨度的增大,跨中附近的撑杆长度增大,相应的截面尺寸亦增大。为满足压杆的刚度要求,大跨度张弦梁工程实践中,跨中附近的撑杆截面往往较大。分析表明,当结构跨度从 89.6m 增大到 133.4m,撑杆重量占张弦梁结构自重的比例由 4.8% 增加到 11.7%,即随着跨度的增大,撑杆自重所占比例增加[2]。在前人研究的基础上,提出拉索不同布置的另三种模型(图 5-19)进行分析,其中模型 2 只增加了斜撑杆,模型 3、4 在减小跨中撑杆长度的同时,相应增加斜撑杆。模型 1~4 中,结构尺寸、材料情况、边界条件、荷载情况及单元划分情况等均与文献 [17] 相同,斜撑杆截面与撑杆相同。工作态模型 1~4 的结构位移及内力比较见表 5-4。

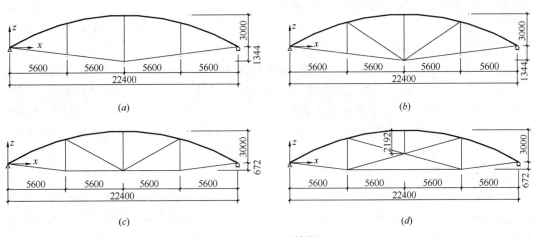

图 5-19 四种计算模型
(a) 模型 1;(b) 模型 2;(c) 模型 3;(d) 模型 4

结构位移及内力比较 表 5-4

对比项目		支座水平位移（mm）	最大挠度（mm）	拱最大弯矩（kN·m）	索最大张力（kN）
工况一	模型 1	95.3	-125.9	81.0	296.1
	模型 2	87.6	-111.8	114.9	275.6
	模型 3	87.3	-111.6	112.6	276.5
	模型 4	60.0	-83.1	61.1	292.8
工况二	模型 1	49.2	-133.2	154.2	174.1
	模型 2	46.7	-70.3	72.7	190.3
	模型 3	46.5	-70.1	69.7	190.7
	模型 4	32.1	-50.6	46.4	203.7

注：模型 1~4 索的预拉力均取 30kN；工况一、二分别指承受全跨和半跨均布线荷载。

由表 5-4 可知，加斜撑杆的模型 2 相比模型 1，两个工况下变形均减小，对于工况 2，竖向变形减小显著；工况 1 拱最大弯矩和工况 2 索最大张力增大；工况 1 索最大张力和工况 2 拱最大弯矩减小，说明加斜撑杆的张弦梁模型 2，能有效提高结构刚度，改善受力性能。

模型 3 相比模型 1，工况 1 变形减小，拱最大弯矩增大，索最大张力减小；工况 2 变形减小，特别是竖向位移减小显著，拱的最大弯矩亦显著减小，而索最大张力增大。

模型 4 相比其他模型，位移显著减小，工况 1 拱弯矩最小，索张力较大；工况 2 拱弯矩亦最小，索张力最大。模型 1~4 中，模型 4 的结构刚度及受力性能最好。

综上所述，模型 1~4 中，模型 4 在提高结构刚度、改善受力性能方面效果最佳。工程实践中选择结构方案时，需从多方面综合考虑，选择最优方案。

5.2.4 正交式布置二维张弦梁结构的受力性能

正交式布置二维张弦梁结构是由单榀张弦梁交叉布置而成，作为新的结构形式，具有二维传力、侧向稳定性好等优点，在许多方面表现出不同于一维张弦梁的受力性能。

1. 与一维结构的性能比较

分别选取 60m 跨度的一维张弦梁和 60m×60m 跨度的正交式布置二维张弦梁（图 5-20）进行计算，其中前者由 7 榀构成，后者由 5×5 榀交叉构成，每榀间距 10m。两个模型采用相同的矢跨比和垂跨比，单榀边界条件均为一端固定铰支座，另一端水平滑动铰支座。拉索采用抛物线布置。为方便讨论，对正交式布置二维张弦梁的各榀进行编号，平行 x 轴方向依次为 X1~X5，平行 y 轴方向依次为 Y1~Y5。构件截面规格：拱采用 □400×300×12 箱型（Q345B），撑杆采用 ϕ159×6 圆管（Q345B），拉索采用高强低松弛钢绞线 21ϕ^s15.2，强度等级 1860N/mm^2。

对结构进行静力分析，拱划分为 30 个直梁元，屋面竖向荷载取值：恒载 1.1kN/m^2，活荷 0.3kN/m^2，荷载组合取 1.2 恒+1.4 活，结构自重由程序自动计算，暂不考虑风荷载和地震作用。两模型全跨荷载作用下的最大内力及挠度比较见表 5-5。图 5-21 为拱挠度和弯矩分布图，根据正交式布置二维张弦梁结构的拱最大挠度和最大弯矩（绝对值）分布，图中仅列出最大和最小的两榀。

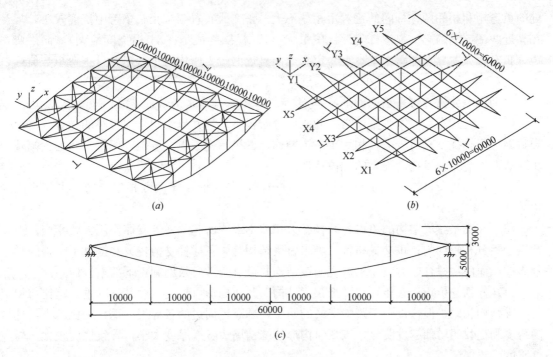

图 5-20　计算模型

（a）一维张弦梁；（b）正交式布置二维张弦梁；（c）1-1 剖面

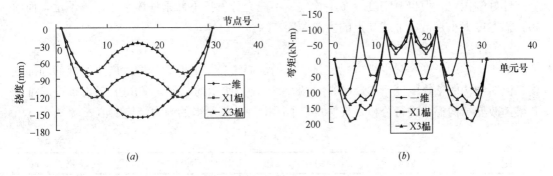

图 5-21　拱挠度和弯矩分布图

（a）挠度；（b）弯矩

结构内力及挠度比较　　　　　　　　　　　　　　　　　　　　表 5-5

计算模型	拱最大弯矩（kN·m）	拱最大轴力（kN）	索最大张力（kN）	最大挠度（mm）
一维张弦梁	113.8	−1145.0	1164.9	−156.7
正交式布置二维张弦梁	196.7	−812.8	817.1	−122.4

注：一、二维张弦梁的预拉力分别为 100kN、110kN。

由表 5-5 可见，与相应一维张弦梁相比，正交式布置二维张弦梁结构拱最大弯矩显著增加；拱最大轴力、索最大张力及最大挠度均减小。值得注意的是，拱最大轴力和索最大张力仅分布于少数几榀张弦梁，其他大部分构件数值均较小，一般仅为一维结构的 40%～70%。

由图 5-21 可见，一维张弦梁跨中挠度最大（类似于简支梁），拱弯矩分布规律：撑杆处的负弯矩和相邻两撑杆间的正弯矩相差不大；正交式布置二维张弦梁跨中挠度较小，且在靠近两端支座的第一根撑杆附近挠度最大（X3 榀挠度最小，X1 榀挠度最大），而拱弯矩分布有较大差异，即跨中基本上为负弯矩而靠近两端支座均为正弯矩，且正弯矩数值远大于负弯矩（X3 榀拱弯矩最小，X1 榀拱弯矩最大）。

根据以上分析，可得结论如下：

（1）正交式布置二维张弦梁结构的刚度分布很不均匀并呈中间大周边小的趋势，从而导致周边几榀挠度相对较大；相对于一维结构，其拱承担了更大弯矩，但拉索张力大幅减小，从而不能充分发挥高强索的抗拉特性。

（2）正交式布置二维张弦梁结构拱弯矩与挠度分布的规律大致相似，均是中间小周边大。

（3）一维张弦梁结构的单榀各撑杆受力相差不大，所起的弹性支撑作用大致相当，因此拱弯矩分布较均匀；正交式布置二维张弦梁结构跨中各撑杆受力较大并提供了较强的弹性支撑，而两端撑杆受力较小，这说明该结构并没有合理有效地利用下部索杆体系。

（4）仔细分析正交式布置二维张弦梁结构的几何构形可见，虽然其矢（垂）跨比与相应一维结构相同，但这仅限于跨中交叉的两榀，越靠近周边的各榀矢（垂）跨比越小，且随跨度和榀数的增加越发明显；该几何构形使结构周边各榀厚度太小，导致挠度较大，局部刚度无法保证。

综上所述，正交式布置二维张弦梁结构由于结构构形的限制，虽然有二维受力、侧向稳定性好等优点，但也有刚度分布不均匀、不能充分发挥下部索杆体系作用等不足，而周边各榀厚度太小是造成上述缺点的主要原因。

2. 结构榀数的影响

对于一定的跨度，减少结构榀数显然能增加周边各榀的厚度，增大周边区域的局部刚度，但对结构的整体刚度产生影响。对图 5-20（b）所示的 60m×60m 正交式布置二维张弦梁，改变结构榀数进行分析，表 5-6 为不同模型计算所得的内力与挠度值。

结构内力及挠度比较　　　　　　　　　　　　　　　　表 5-6

计算模型（榀）	拱最大弯矩（kN·m）	拱最大轴力（kN）	索最大张力（kN）	最大挠度（mm）
3×3	265.3	−1101.6	1103.4	−165.2
5×5	196.7	−812.8	817.1	−122.4
7×7	178.3	−698.7	673.1	−95.0

注：三个模型的预拉力分别为 100kN、110kN、120kN。

由表 5-6 可见，随着榀数的增加，结构内力及挠度均减小，说明结构整体刚度随着榀数的增加而增大，但超过一定榀数后增大趋势将放缓。对给定跨度的正交式布置二维张弦梁结构，选取合适的榀数应综合考虑结构的强度、稳定、刚度和经济性等因素。增大结构榀数可在一定程度上提高结构刚度和减小内力，但用钢量随之增加，因此在刚度和内力相差不多的情况下优先选用榀数少的结构，对于本节 60m×60m 二维张弦梁结构，选用 5×5 榀比较合适。

3. 拉索布置方式的影响

前述所有计算模型中拉索均采用抛物线布置。对于一维张弦梁结构，这种布置方式使各撑杆受力均匀，从而对拱提供近似相同的弹性支撑；但正交式布置二维张弦梁结构并未充分利用这一特点，其周边各榀撑杆受力远低于跨中各榀，使拱弯矩分布很不均匀。在此可适当考虑改变拉索布置方式，以增加除跨中 X3、Y3 两榀外的周边各榀张弦梁厚度，从而改善结构的受力性能。

图 5-22 为 60m×60m 二维张弦梁（5×5 榀）跨中 X3 榀结构布置图，拉索垂度 5m，h 为 X1 榀的拉索垂度。当拉索采用抛物线布置时，$h/5 = 0.56$。增加结构边榀厚度，即增加撑杆 S1、S5 的长度，使 $h/5$ 分别取 0.6、0.65、0.7 和 0.75，撑杆 S1 和 S5 间拉索仍采用抛物线布置，文献 [18] 称之为拉索折线形布置，此时除跨中两榀外的其他各榀厚度都得到相应地增加。结构内力及挠度比较见表 5-7。

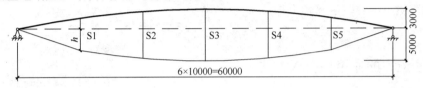

图 5-22 拉索折线形布置

结构内力及挠度比较   表 5-7

$h/5$	拱最大弯矩（kN·m）	拱最大轴力（kN）	索最大张力（kN）	最大挠度（mm）
0.56	196.7	−812.8	817.1	−122.4
0.60	200.3	−788.5	801.4	−115.0
0.65	−215.0	−755.3	781.3	−125.5
0.70	−384.5	−740.3	773.3	−205.0
0.75	−547.2	−732.2	775.1	−298.6

注：预拉力取 110kN。

由表 5-7 可见，随着结构边榀厚度的增加，最大挠度先减小后增加，在 $h/5 = 0.60$ 时最小，说明此时结构整体刚度达到最大值，且 X3 榀的变形逐渐趋向一维结构（跨中最大）；拱最大轴力呈减小趋势，减幅逐渐平缓；索最大张力先减小后趋于平缓；拱最大弯矩在 $h/5 < 0.65$ 时为正弯矩，$h/5 \geqslant 0.65$ 时为负弯矩，且急剧增大。

由图 5-23 可见，当 $h/5 = 0.56$，即拉索均为抛物线布置时，结构变形为中间小周边

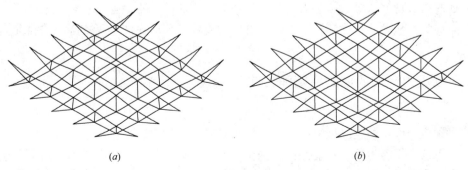

(a)   (b)

图 5-23 结构变形图

(a) $h/5 = 0.56$；(b) $h/5 = 0.75$

大，跨中撑杆起到了比较明显的弹性支撑作用，跨中区域局部刚度大于周边区域；当 $h/5$ = 0.75 时，结构变形则相反，其周边位移较小而中间区域变形明显，此时周边撑杆弹性支撑作用加强，边榀局部刚度大于跨中区域。结构各部分变形在 $h/5$ = 0.65 时比较均匀，表明此时各撑杆提供了大致相同的弹性支撑，下部索杆体系得到充分合理地利用。

综上所述，一定程度上增加周边各榀厚度能改善结构的刚度分布和受力性能，这一过程实际上就是使结构刚度重分布、充分发挥下部索杆体系作用的过程，也是优化结构受力的过程。上述分析表明，对于文中采用的 60m×60m 正交式布置二维张弦梁结构，当 $h/5$ = 0.65 时受力性能较好。

5.3 预应力设计方法

5.3.1 预应力的作用和引入方法

1. 预应力的作用

预应力对结构的作用主要有两个方面[19]：（1）提供刚度、形成和保持体系的初始几何形状；（2）改善体系内力分布和大小，降低内力峰值。当整个结构或子结构的刚度必须由预应力来提供，称为必需预应力结构，如张拉整体结构和索穹顶结构等；当预应力主要用于改善体系的内力分布和大小，没有预应力，体系仍然具有正定初始弹性刚度，称为非必需预应力结构，如弦支穹顶和张弦梁结构等。对必需预应力结构，预应力形成的几何刚度是体系初始刚度矩阵正定的必要条件。

2. 预应力的引入方法

索的分析方法与索的引入方法、施工过程密切相关。结构预应力的实现方法主要包括：等效荷载法、初应变法、等效降温法及缺陷长度法等[20]。等效荷载法是将拉索的预应力作为外力考虑，即将拉索截断，用等效的外力取代，分析时拉索单元不参与计算；初应变法是用预张拉应变来描述索内预应力，随着结构发生变形，索的应变也随之发生改变，分析时拉索单元参与计算；等效降温法是通过降低拉索单元的环境温度使之收缩产生预拉力，其实质是施加温度作用间接使拉索单元产生初应变，最终效果与初应变法一致；缺陷长度法[21]认为预应力产生的根源是拉索的初始缺陷长度，即拉索的几何长度和实际长度的差值产生了预应力。

上述几种实现方法中，除等效荷载法外，其他方法的总刚矩阵均包含拉索刚度。这些方法各有优劣，从计算精度和程序可操作性的角度看，初应变法和等效降温法目前应用最为广泛。

5.3.2 预应力合理取值的原则和方法

1. 预应力的合理取值原则

拉索预应力确定，应以抵消结构自重，控制结构变形，减小支座水平推力，保证正常工作条件下索力不能为负，且能保证结构预想的几何形状为原则综合考虑。满足上述条件下，使预应力水平最低。

工程实践中，当风吸力效应大于结构恒载效应，但差值不是很大时，最简单的方法是适当增加结构配重，如在拱杆件截面内灌注水泥砂浆[4]。为使尽量小的配重产生尽量大的拉索内力，最有效的灌浆部位在拱跨中。灌浆可以在结构安装就位后进行，这一方法作用明确，简单易行，费用也较低。如果风吸力效应远大于结构恒载效应，若仍采用杆件内灌浆的方法，一来未必足以平衡风吸力，二来附加的巨大质量对抗震也极为不利，此时可设置抗风索，且对其施加一定的预应力。抗风索对屋盖的"加载"效应不大，却对改善张弦梁结构的抗风性能十分有利。

2. 拉索应力限定

各种荷载基本组合作用下，索的拉应力 σ 应满足下式要求[11]：

$$\sigma \leqslant f \tag{5-4a}$$
$$f = f_k/\gamma_R \tag{5-4b}$$

式中　f——索抗拉强度设计值；

　　　f_k——索抗拉强度标准值；

　　　γ_R——索抗力分项系数，$\gamma_R = 2.5$。

张弦梁结构的拉索一般连续制作，整段生产，非常重要。索抗力分项系数取 2.5，主要依据有：（1）现行规程[22]第 3.3.1 条之规定，即各种工况下均应保证拉索不出现应力反号，且重要索的强度设计值不应大于索材极限抗拉强度的 40%；（2）根据已建工程经验，按容许应力法验算公式取安全系数 $K=3.0$，经反算而得出[13]。

工程实践中，索的张拉控制应力宜取 $(0.15\sim0.3)f_k$，且保证拉索张紧的刚度要求。拉索具有明显的非线性性质，刚度与索力相关，如果索力小于某个临界值，其刚度将明显减小，直至退出工作。如广州国际会展中心一维张弦梁结构，根据拉索制作厂家提供的试验结果，对于 337ϕ7 的高强拉索，只要能保证最不利荷载组合下仍有 $150\sim200$kN 的张拉力，拉索可基本张紧[5]。

3. 预应力的取值方法

索的张力 T 表示为[23]：

$$T = T_e + T_p + T_a = T_0 + T_a \tag{5-5}$$

式中　T_e——结构自重引起的索拉力；

　　　T_p——考虑预应力损失的超张拉部分；

　　　T_a——除自重外的其他荷载引起的索拉力；

　　　T_0——索预拉力。

研究表明，预应力钢结构的预应力损失一般为 10%～15%，因此索预拉力 $T_0 = (1.1\sim1.15)\times T_e$。如浦东机场（一期）$l=82.6$m 的一维张弦梁结构，单榀自重 55t，张拉力 620kN[13]，其中由自重引起的拉索张力约 550kN，超张拉 70kN，两者之比：70/550 =0.127。

由式（5-5），首先，任何工况下索力不能为负，即 $T \geqslant 0$，故 $T_0 \geqslant -T_a$。对于仅承受向下荷载作用的结构，$T_a > 0$，$T_0 \geqslant -T_a$ 自动满足；当结构承受向上的荷载作用，如风吸力时，$T_a < 0$，则最小预拉力 $T_0 = -T_a$。因此所需的最小预拉力为 $(1.1\sim1.15)T_e$ 和 $-T_a$ 中的较大值。其次，为了获得理想的几何位形，必须控制 T_0 的最大值，此时可结合式（5-4）分析确定。

将单榀张弦梁结构的自重等效为沿跨度方向作用的均布线荷载 g，则结构自重引起

的索拉力:

$$T_e = M_0/h \tag{5-6}$$

式中 M_0——结构自重引起的跨中弯矩,取 $gl^2/8$;

   h——跨中力臂。

如广州会展中心一维张弦梁结构的单榀自重 135t,跨度 126.6m,跨中力臂 $h = 13$m,则

$$T_e = \frac{\frac{1}{8} \times \frac{135 \times 9.8}{126.6} \times 126.6^2}{13} = 1610\text{kN} , T_0 = (1.1 \sim 1.15) \times T_e = (1771 \sim 1851) \text{ kN},$$

与设计值相近。

浦东机场(一期)R2 单榀张弦梁足尺试验的研究表明[24],当拉索张拉值达到 500~550kN 时(自重引起的拉索张力约 550kN),试件开始脱离中间各支架,此前试件竖向位移很小,然后竖向起拱迅速增大。这一现象与试验前的预测是一致的。

5.3.3 预应力损失的分析与补偿方法[25]

工程实践中,安装和使用过程中的诸多因素都会对张弦梁结构的预应力状态产生一定的影响,使其偏离理想状态。为保证正常使用所需的预应力水平,设计时必须考虑各种因素引起的预应力损失,并把预应力损失与理想预应力状态进行叠加作为标准预应力状态。各种因素引起的预应力损失模态一般相互独立,设计时可分别计算[26]。根据发生的位置不同,预应力损失分为局部损失和整体损失[27]。针对张弦梁结构,局部损失包括锚固损失、摩擦损失等;整体损失包括预应力钢材的松弛损失、温度升高引起的预应力损失以及拉索分批张拉引起的预应力损失等。

1. 锚固损失

张弦梁结构属于后张预应力体系,由于钢束的滑移、锚具变形及垫片压紧等原因造成的预应力损失统称为锚固损失。不同的锚具预应力损失不同,直接支承式锚具的变形值较小,夹片和锥形锚具的变形值较大。锚固损失是安装过程中发生的损失且发生在局部,由于锚具的变形和钢束内缩值一般可直接查资料或通过实测确定,因此,锚固损失只需通过现场的施工操作,进行一定的超张拉即可得到补偿。

2. 摩擦损失

张弦梁结构中发生的摩擦损失主要来源于选用的张拉设备引起的损失,如有些千斤顶张拉时钢束与锚具之间产生较大的摩擦力,或者由于转角器的使用造成的钢束与管道之间的摩擦力,这些造成拉索的实际张力与油压表的显示值不匹配。对于摩擦损失,可通过试验标定张拉系统效率、施工时进行超张拉的方法解决。

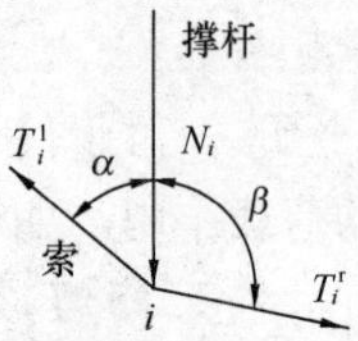

图 5-24 拉索与撑杆节点处的平衡力系

大跨度张弦梁结构施工中,拉索通常两端张拉,撑杆底端节点的转角摩阻造成较大的预应力损失,因此有人提出在撑杆底端设置滑轮以减小转角摩阻,其实这样处理并不妥当。

如图 5-24 所示,节点 i 左边拉索的张力 T_i^l 与撑杆夹角 $\alpha < \pi/2$,i 右边拉索的张力 T_i^r 与撑杆夹角 $\beta > \pi/2$,如果拉索在节点处可滑移,由节点平衡条件,撑杆轴压力

$$N_i = T_i^{\mathrm{l}}\cos\alpha - T_i^{\mathrm{r}}\cos(\pi - \beta) \tag{5-7}$$

此外，要保持撑杆竖直，i 节点在水平方向的平衡条件

$$T_i^{\mathrm{l}}\sin\alpha = T_i^{\mathrm{r}}\sin(\pi - \beta) \tag{5-8}$$

如果减小转角处摩擦损失，使 $T_i^{\mathrm{l}} - T_i^{\mathrm{r}} \to 0$，可得 $\alpha = \beta$ 或 $\alpha = \pi - \beta$。由于 $\alpha = \pi - \beta$ 的情况一般不可能出现，而 $\alpha = \beta$ 的情况只有在拉索被分为偶数段时，在对称轴处才会出现，对其他节点，由于 $\alpha \neq \beta$，故 $T_i^{\mathrm{l}} - T_i^{\mathrm{r}} \neq 0$。因此，对张弦梁结构来说，撑杆底端转角摩阻的存在是有益的，设计时没有必要刻意减小。

由式（5-8）亦可见，张弦梁结构的各索段之间并不是相互独立的，如果已知某根索段的预张力，则可利用水平方向的平衡条件求出其他所有索段的预张力。目前常用的结构计算软件可较准确地计算出撑杆底端的位移，工程实践中安装撑杆时可预先使其偏移一定的角度，将撑杆底端和拉索夹具固定，拉索两端张拉后，撑杆底端向两侧分开，如果计算准确，可以使其正好竖直。

如果尽量减小转角处摩擦损失，使拉索在节点处可滑移，则 $T_i^{\mathrm{l}} \approx T_i^{\mathrm{r}}$，由于 $\alpha \neq \beta$，此时式（5-8）不满足，如撑杆保持竖直状态时拉索两端张拉，则张拉完毕后撑杆底端必定偏向两张拉端。

3. 钢材的应力松弛损失

应力松弛是指预应力钢材受到一定的张拉力以后，在长度和温度保持不变的条件下，钢材的应力随时间而降低的现象。其产生的原因主要是由于金属内部错位运动，使一部分弹性变形转化为塑性变形而引起的。

在环境温度为 $20\pm1\,^\circ\text{C}$，初应力为 $0.6f_k$、$0.7f_k$、$0.8f_k$ 的外界条件下在松弛试验机上读出不同时间的松弛损失率，试验应持续 1000h 或持续一个较短的时间推算出 1000h 的松弛率。松弛率与量测时间有关（表 5-8），初期发展较快，以后逐渐减慢。不少学者研究认为，一年的松弛率相当于 1000h 的 1.25 倍，50 年的松弛率约为 1000h 的 2.5～4.0 倍。

1000h 内松弛与时间的关系 表 5-8

时间（h）	1	5	20	100	200	500	1000
与 1000h 松弛之比	15%	25%	35%	55%	65%	85%	100%

松弛率与钢种有关，目前市场上供应的各种钢材的松弛损失差别较大，但大体可分为两类，其最大松弛值见表 5-9。松弛损失接近于第一类的有应力消除的高强钢丝和钢绞线；接近于第二类的有低松弛钢丝、钢绞线及某些钢筋。

预应力钢材的松弛值 表 5-9

初应力	$0.6f_k$	$0.7f_k$	$0.8f_k$
第一类	4.5%	8%	12%
第二类	1%	2%	4.5%

张弦梁结构中，钢材的松弛损失不只发生在张拉端的局部，它普遍地存在于结构的各拉索中，需在设计时正确估计其数值，并在施工期间加大预张力或在使用期间进行补张拉的方法解决。

当拉应力低于 $0.5f_k$ 时，松弛损失不显著，设计时可不考虑[38]。由式（5-4）可知，

这一条件显然可以自动满足。

4. 温度升高引起的预应力损失

温度对预应力的影响是双向的，温度升高时预应力减小，降低时则增大，这亦是一个结构整体性的问题。预应力钢结构中，由于拉索暴露在外，其内力受温差的影响较大。根据已建工程的测试结果[28]，考虑温差±25℃时，有 $30\sim50\text{N/mm}^2$ 的预应力变化，所以温度改变引起的预应力值变化不能忽略。

地区不同，需考虑的温差也不同。结合不同地区确定温度改变值，然后求出一个预应力降低值向量，最后在施工时将此向量叠加到设计预应力值向量中去。温度升高引起的预应力损失求解过程详见相关文献，这里不再赘述。

5. 拉索分批张拉损失

预应力钢结构较柔，施加的预应力根据结构的拓扑关系及各部分的刚度比进行二次分配，因此后张索明显地改变了先张索的预应力值。预应力分布与结构的几何形状一一对应，两者的改变相耦合，使结构各部分的刚度比发生改变，这又影响了下次张拉时预应力二次分配的流向，从而使该项损失的计算较为复杂。即使对同一根索来说，采用不同的张拉顺序而产生的该项损失值也不同。

正交式及辐射式布置二维张弦梁结构的张拉过程中，分批张拉造成的损失非常可观，损失补偿的方法：循环张拉＋适当超张拉。分批张拉的张拉次序和张拉力大小不同造成的预应力损失，影响几乎整个结构的预应力分布，所以它属于整体预应力损失。

5.4 稳定性分析

5.4.1 局部稳定性

1. 拱的稳定

张弦梁结构的拱可采用实腹式截面，亦可采用格构式截面。刚性压弯构件上弦拱的局部稳定性按现行规范[29]验算。

2. 撑杆的稳定

（1）平面内稳定

张弦梁结构的撑杆为受压二力杆，竖向荷载作用平面内撑杆因压力过大而发生屈曲，称为撑杆的平面内失稳。平面内稳定验算按规范[29]进行。

（2）平面外稳定

当轴压力较大时，撑杆也存在出荷载作用平面的不稳定趋势。撑杆平面外失稳形式分两种：①撑杆发生平面外屈曲，可按规范[29]进行验算；②撑杆本身并未屈曲，而由于索撑节点的侧移引起的平面外失稳。分析表明，绝大部分情况下张弦梁结构是一个自平衡的稳定体系，一般不会出现撑杆平面外的失稳[14]。

为分析撑杆与拉索连接节点平面外的稳定性，现采用一个简单的单撑杆张弦梁模型来分析（图 5-25）。首先对结构进行静力分析，得到各构件在均布荷载作用下的内力。设拉索的张力为 T，其水平分力和竖向分力分别为 $T\cos\alpha$ 和 $T\sin\alpha$；撑杆的轴压力 $N = 2T\sin\alpha$。假定撑杆下端节点 B 有一个平面外的微小位移 Δ（图 5-26），对于撑杆上端

节点 A 而言，拉索张力 T 的竖向分力使撑杆出平面的弯矩为 $M_1 = 2T\sin\alpha \cdot \Delta$；而拉索张力 T 的水平分力则使撑杆产生回复到平衡位置的弯矩，其大小为 $M_2 = 2(T\cos\alpha \cdot \Delta/l) \cdot (h_1 + h_2)$，则稳定安全系数

$$K = M_2/M_1 = (h_1 + h_2)/(l \cdot \tan\alpha) = 1 + h_1/h_2 \qquad (5\text{-}9)$$

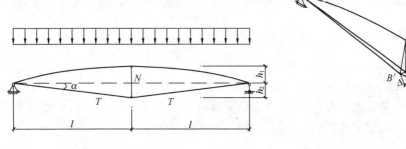

图 5-25　单撑杆模型 　　　　　　　　　图 5-26　撑杆变形图

从式（5-9）可以看出，当 $h_1 > 0$，即矢高为正时，$K > 1$，$M_2 > M_1$，驱使撑杆回到平衡位置的能力比出平面的能力大，从而认为撑杆处于稳定平衡状态，不会产生平面外的失稳，当然，上述分析的前提是撑杆必须有足够的刚度而不会在结构整体失稳前屈曲；当 $h_1 = 0$，即矢高为零时，$K = 1$，撑杆处于随遇平衡状态；当 $h_1 < 0$，即矢高为负时，$K < 1$，撑杆处于不稳定平衡状态，任何微小的扰动都将使撑杆产生平面外的失稳。由此可见，拱的矢高与索的垂度之比 h_1/h_2 对撑杆的平面外稳定性起着重要的作用。工程实践中，当一维张弦梁拱的矢跨比取 $1/14 \sim 1/18$ 时，撑杆下端可不设置平面外稳定钢索。

文献〔30〕分别从刚度理论和能量方法两方面对索杆结构的平面外稳定进行了分析，两者所得结果一致。根据刚度理论，索杆节点的刚度为：

$$k = \frac{P}{L_1} + \frac{2T}{L_2} = -\frac{2T\cos\alpha}{L_1} + \frac{2T}{L_2} \qquad (5\text{-}10)$$

式中　L_1——压杆长度；

$\quad\ P$——压力；

$\quad\ L_2$——预应力态对称拉索长度；

$\quad\ T$——索预拉力。

索杆结构平面外的稳定性可根据以下条件判断（图 5-27）：

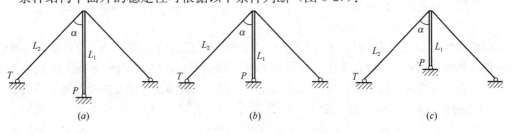

图 5-27　初始平衡状态的索杆节点

（a）稳定；（b）临界；（c）不稳定

$L_1 > L_2\cos\alpha$，$k > 0$ 时，稳定

$L_1 = L_2\cos\alpha$，$k = 0$ 时，临界

$$L_1 < L_2\cos\alpha，k < 0 \text{ 时，不稳定}$$

工程实践中，应注意避免出现图 5-27c 不稳定的结构布置。上述分析结果表明，撑杆长度大于拉索垂度（即拱的矢高为正，拱的矢跨比取值在合理范围内），一维张弦梁结构的撑杆就不会出现平面外失稳，此时拉索可不设置平面外稳定钢索。这一点与文献[31]对单撑杆张弦梁侧向屈曲的研究结论基本一致。

5.4.2　整体稳定性

1. 特征值屈曲分析

特征值屈曲分析以线性理论为基础，假定结构在荷载作用下的变形可以忽略，分析过程中采用初始构形为参考基准。分析得到的临界荷载可作为非线性屈曲分析的参考荷载值，而屈曲模态可作为施加初始缺陷的依据。其控制方程：

$$(\boldsymbol{K}_\text{L} + \lambda\boldsymbol{K}_\text{G})\boldsymbol{\Phi} = 0 \tag{5-11}$$

式中　$\boldsymbol{K}_\text{L}$——弹性刚度矩阵；

　　　$\boldsymbol{K}_\text{G}$——几何刚度矩阵；

　　　λ——特征值，即荷载因子；

　　　$\boldsymbol{\Phi}$——位移特征向量，即屈曲模态。

与式（5-11）对应的特征方程：

$$|\boldsymbol{K}_\text{L} + \lambda\boldsymbol{K}_\text{G}| = 0 \tag{5-12}$$

由此可见，特征值屈曲分析最终归结为广义特征值的问题，常采用子空间迭代法或 Block Lanczos 法进行求解。

2. 非线性屈曲分析

实际结构不可避免地存在各种初始缺陷，特征值屈曲分析通常会过高估计结构的稳定承载力，其计算结果一般不能直接用于工程设计，且无法反映结构的荷载-位移全过程工作性能。为了更好地研究结构屈曲前后的性能，需对结构进行基于大挠度理论的非线性屈曲分析，其控制方程：

$$\boldsymbol{K}_\text{T}\Delta\boldsymbol{U} = \Delta\boldsymbol{P} - \boldsymbol{F} \tag{5-13}$$

式中　$\boldsymbol{K}_\text{T}$——切线刚度矩阵；

　　　$\Delta\boldsymbol{U}$——位移增量向量；

　　　$\Delta\boldsymbol{P}$——等效外荷载向量；

　　　$\boldsymbol{F}$——等效节点力向量。

以非线性有限元为基础的荷载-位移全过程分析可以把结构强度、稳定等性能的整个变化历程清楚表示出来。目前，考虑几何及材料非线性的荷载-位移全过程分析方法已较为成熟，完全有必要要求对屋盖结构进行仅考虑几何非线性或者同时考虑几何及材料非线性的荷载-位移全过程分析，在此基础上确定稳定承载力。当结构处于稳定承载力极限状态时，大部分构件必然已进入材料非线性阶段，考虑双重非线性的全过程分析，可更加准确地反映结构实际工作状况。可能条件下，鼓励采用考虑材料弹塑性的全过程分析方法，必要时应考虑活荷载的半跨布置。考虑材料弹塑性影响的刚度矩阵详见相关文献，这里不再赘述。

3. 算例[32]

（1）分析模型

某椭圆抛物面辐射式张弦梁结构平面投影为椭圆形，长轴31.1m，短轴24.1m（图5-28）。结构高度2.5m，其中矢高1.5m，拉索垂度1.0m，周边固定铰支座。中心环椭圆长轴3.11m，短轴2.41m。构件和材料规格见表5-10。屋面恒载：玻璃及连接件0.7kN/m²；玻璃上的水体重量0.3～0.7kN/m²；构件自重由程序自动计算，并乘以1.1以考虑节点自重。不上人屋面活载：0.3kN/m²。各榀张弦梁拉索预拉力设定见图5-29。

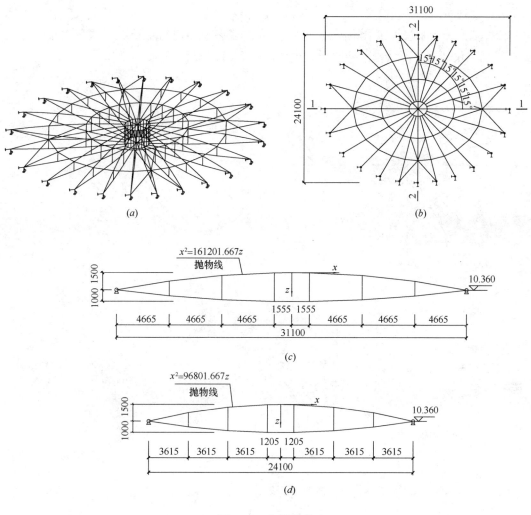

图 5-28 分析模型

(a) 轴测图；(b) 平面；(c) 1-1 剖面；(d) 2-2 剖面

构件和材料规格   表 5-10

构　件	规　格	材　质
上弦径向杆	$\phi245\times12$	Q235B
中心环上、下环杆		
撑杆	$\phi146\times8$	
中心环下环腹杆		
中心环竖向腹杆		
斜杆及其他环杆		
下弦拉索	31ϕ5	1670 级

几何非线性分析时，拉索采用 LINK10 单元，通过定义初应变的方式施加预拉力，其他构件均采用 BEAM188 单元，并释放撑杆与上部结构连接节点的面内转动自由度。考虑材料非线性时，仅将 LINK10 单元替换为 LINK8。

（2）特征值屈曲分析

特征值屈曲分析按以下三种组合：1.0 恒载＋1.0 满布活载（组合一）；1.0 恒载＋1.0 半短轴均布活载（组合二，图 5-30a）；1.0 恒载＋1.0 半长轴均布活载（组合三，图 5-30b）。依次分析了三种组合下结构前 18 阶屈曲模态及相应特征值 λ，限于篇幅，并为简洁起见，仅列出上部结构前 6 阶屈曲模态（图 5-31～图 5-33）。

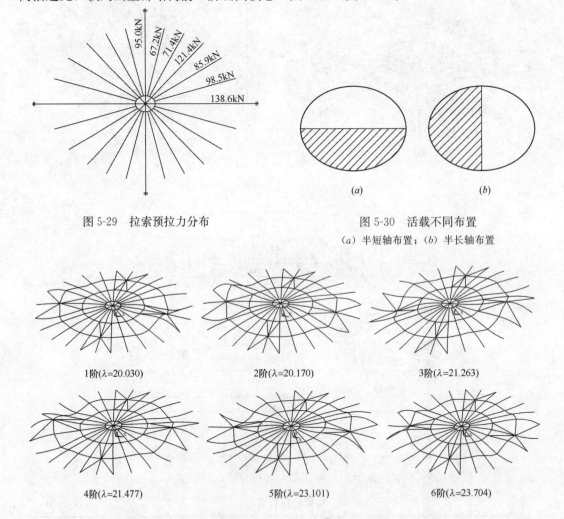

图 5-29　拉索预拉力分布

图 5-30　活载不同布置
（a）半短轴布置；（b）半长轴布置

1阶(λ=20.030)　　2阶(λ=20.170)　　3阶(λ=21.263)

4阶(λ=21.477)　　5阶(λ=23.101)　　6阶(λ=23.704)

图 5-31　组合一前 6 阶屈曲模态及特征值

由图 5-31～图 5-33 可见，特征值屈曲具有如下特点：最低阶屈曲模态一般呈反对称，且各屈曲模态对应的特征值比较密集；沿椭圆长轴方向布置的单榀张弦梁结构竖向刚度最弱，该区域附近的屈曲波形较大。

（3）非线性屈曲分析

稳定分析对初始缺陷的选取主要有两种方法：随机缺陷模态法和一致缺陷模态法[33]。

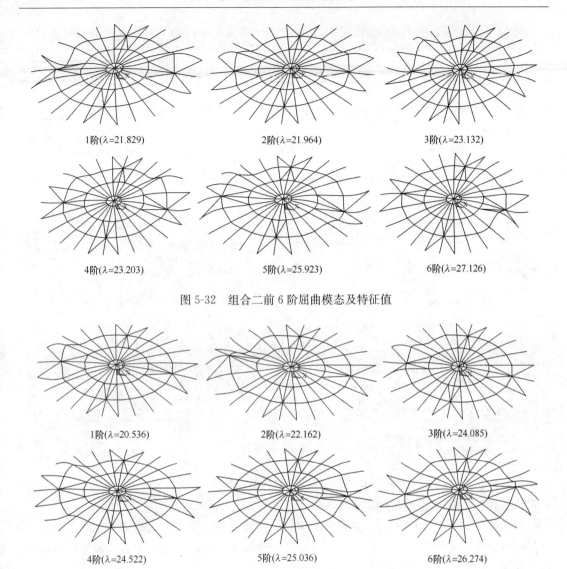

1阶(λ=21.829) 2阶(λ=21.964) 3阶(λ=23.132)

4阶(λ=23.203) 5阶(λ=25.923) 6阶(λ=27.126)

图 5-32 组合二前 6 阶屈曲模态及特征值

1阶(λ=20.536) 2阶(λ=22.162) 3阶(λ=24.085)

4阶(λ=24.522) 5阶(λ=25.036) 6阶(λ=26.274)

图 5-33 组合三前 6 阶屈曲模态及特征值

随机缺陷模态法虽然能够较好地反映实际结构的工作性能，但需要对不同缺陷的分布概率进行多次反复计算，计算量很大。现行规程[34]采用一致缺陷模态法。

1）初始几何缺陷分布模式的选取

研究表明：最不利屈曲模态具有任意性，而可能不是最低阶模态。为此分别以三种组合作用下结构前 18 阶特征值屈曲模态作为初始几何缺陷分布模式，并取短轴跨度的1/300为初始几何缺陷最大计算值，对结构进行非线性屈曲分析。图 5-34～图 5-36 分别给出了三种组合作用下结构静力计算竖向位移最大所对应节点的荷载-位移曲线。

分析图 5-34～图 5-36 可知，初始几何缺陷按组合三第 6 阶屈曲模态分布时，求得的稳定承载力系数最小（约 6.0），由此说明荷载不对称分布对结构的稳定性更为不利，一致缺陷模态法并不是通用的。该屈曲模态的特征为：椭圆长轴附近区域关于短轴竖向反对称屈曲。沽载满布时，初始几何缺陷按第 3 阶屈曲模态分布，得到的稳定承载力系数为组

279

合一的最小值（约 6.46），相差不足 10%，表明该结构对荷载的不对称分布不太敏感。

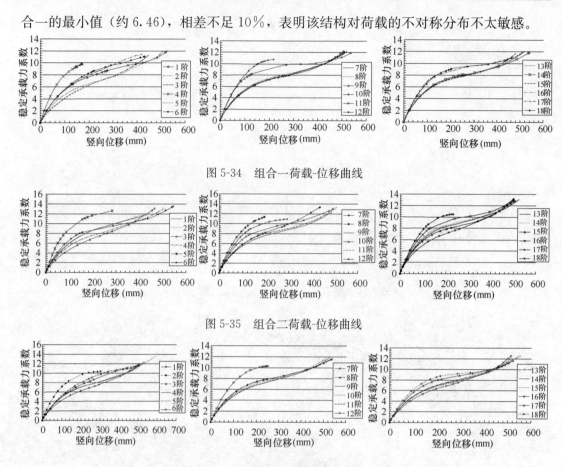

图 5-34 组合一荷载-位移曲线

图 5-35 组合二荷载-位移曲线

图 5-36 组合三荷载-位移曲线

2）材料弹塑性的影响分析

考虑钢材具有包辛格效应，采用 Von-mises 屈服准则，拉索屈服强度取 1330N/mm²，其他钢材屈服强度取 235N/mm²，两种材料的弹塑性本构关系均采用双直线模型，且符合理想弹塑性假定。

考虑材料弹塑性的稳定分析中，稳定承载力系数为 4.76，明显降低，但仍具有足够的安全储备。与仅考虑几何非线性（材料弹性）的结构稳定承载力相比，降低约 20%，说明材料非线性是影响结构整体稳定性能的主要因素之一。

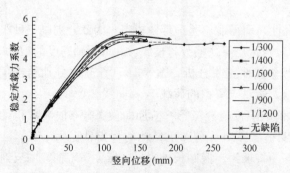

图 5-37 不同初始几何缺陷下的荷载-位移曲线

分别取无缺陷结构和初始几何缺陷最大计算值为短轴跨度的 1/300、1/400、1/500、1/600、1/700、1/800、1/900、1/1000、1/1100、1/1200，并以上文分析得到的组合三第 6 阶屈曲模态为初始几何缺陷分布模式，研究初始几何缺陷的合理性取值问题。不同初始几何缺陷下的荷载-位移曲线及其对结构稳定承载力的影响分别如

280

图 5-37、图 5-38 所示。

随着初始几何缺陷值的增加，结构的稳定承载力总体呈不断下降的趋势。由图 5-38 可见，当初始几何缺陷由短轴跨度的 1/300 变化至 1/500 时，稳定承载力系数由 4.76 增加至 4.77，变化率为 0.21％。当初始几何缺陷由短轴跨度的 1/300 减小到 0 时，稳定承载力系数增大了 0.52，变化率仅为 10.92％，说明该结构对初始几何缺陷的变化不甚敏感。

事实上，当初始几何缺陷取值超过一定范围后，椭圆抛物面网壳

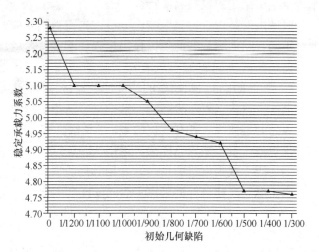

图 5-38　初始几何缺陷的取值影响

已严重偏离原来的曲面形状，并超出结构施工验收和正常使用的容许范围，变成了一种"畸形结构"[35]。因此，本算例初始几何缺陷取值可以适当放宽至短轴跨度的 1/500。

5.5　风振响应分析

5.5.1　风振响应计算方法

研究风荷载作用下结构的动力响应，理论上主要有频域法、时域法及各种非线性随机振动分析方法等[36]。频域法的分析在频率域内进行，具有计算简单、计算费用少、使用方便等优点。然而该方法也存在一些缺陷[18]，首先，频域法无法有效考虑作用域结构上的风荷载的时间相关性；其次，频域法只能对线性结构和线性化了的结构进行分析，如对索膜结构等强几何非线性结构进行较精确的分析，只能借助于其他方法；再次，从工程应用角度来看，频域法不能直接给出设计所需的力、位移和加速度的时程响应规律。

在时域内进行结构风振响应分析比较常用的方法是对风荷载时程进行模拟，即通过谐波合成法和线性滤波器法[37,38]，将脉动风速谱模拟成风速时程，并在准定常假设前提下将风速时程转化为风荷载时程。然后在结构响应节点上作用模拟的风荷载，在时间域内直接求解运动微分方程以得到结构响应，在每一时间步长中结构的非线性、风与结构相互作用的影响均可考虑在内；由响应值求得所要的统计信息，如结构振动的位移、速度、加速度的均值和均方差，以及响应的自功率谱，并从中获得结构的风振响应特征。此法原则上适用于任何系统和任何激励，只要能在计算机上进行模拟即可。对于体型复杂的屋盖结构，现行规范[39]中可能难以找到合适的体型系数，此时可通过风洞试验进行解决。

规范[39]对屋盖结构的风振计算除了简单的定性规定外，并没有像高层和高耸结构那样提供具体的计算公式。此外，规范[39]对于高层和高耸结构风振系数的计算公式是建立在第一振型为主的基础上，而屋盖结构的频率密集，起主要贡献的并不仅仅是第一阶振型，结构的不同位置、不同构件之间的风振系数存在较大离散性，很难用统一的风振系数

来表示整个结构的风振响应特征。

时域内对结构进行风振响应分析首先需得到相应的风速时程曲线，与地震加速度时程曲线不同，目前记录到的强风作用过程还不能普遍应用于实际工程。因此，人工模拟风速时程曲线是解决问题的有效方法。目前国内外模拟脉动风速时程曲线的主要方法有两种[40]：（1）采用自回归模型的线性滤波器法（AR 法）；（2）基于一系列三角级数加权叠加的谐波合成法（WAWS 法）。这两种方法都是从模拟单一脉动风速时程曲线发展到多个相关风速时程曲线，各有其优缺点。AR 法具有计算量小、计算简捷等优点，且模拟出来的效果更佳。本节采用 AR 法，运用 Matlab 编程，通过调用其数学库函数标准算法，达到节约代码、减少出错的目的，并用算例验证程序的正确性。

水平脉动风速目标谱采用 Davenport 功率谱[36]：

$$S_H(n) = \frac{4k\overline{v}_{10}^2}{n} \frac{x^2}{(1+x^2)^{\frac{4}{3}}}$$ （5-14）

$$x = 1200n/\overline{v}_{10}$$

式中　n——频率（Hz）；

　　　k——地面粗糙度系数；

　　$\overline{v}_{10}$——10m 高度处平均风速（m/s）。

竖向脉动风速目标谱通常采用 Panofsky 功率谱[41]：

$$S_V(n) = 6k\overline{v}_{10}^2 \frac{x}{n(1+4x)^2}$$ （5-15）

$$x = nz/\overline{v}_{10}$$

式中　z——受风点高度（m）。

空间相关函数采用 Davenport 指数衰减形式函数：

$$\rho(n) = \exp\left\{\frac{-2n\left[C_x^2(x_i-x_j)^2 + C_y^2(y_i-y_j)^2 + C_z^2(z_i-z_j)^2\right]^{\frac{1}{2}}}{\overline{v}_i + \overline{v}_j}\right\}$$ （5-16）

式中　C_x、C_y、C_z——指数衰减系数，依次取 16、8 和 10；

　　　$\overline{v}_i$、$\overline{v}_j$——分别为 i、j 点的平均风速。

对脉动风速时程的人工模拟常采用 Iwatani 提出的改进 AR 法[42]，此法可用如下方程表示：

$$[u(t)] = \sum_{k=1}^{p}[\psi_k][u(t-k\Delta t)] + [N(t)]$$ （5-17）

$$[u(t-k\Delta t)] = [u^1(t-k\Delta t), \cdots, u^m(t-k\Delta t)]^{\mathrm{T}}$$

$$[N(t)] = [N^1(t), \cdots, N^m(t)]^{\mathrm{T}}$$

式中　$[\psi_k]$——$m \times m$ 阶矩阵，$k = 1, \cdots, p$；

　　$N^i(t)$——均值为 0 的具有给定协方差的正态分布随机过程，$i = 1, \cdots, m$。

将式（5-17）按时间间隔 Δt 离散化，并假设 $t < 0$ 时，$u^i(t) = 0$，其递推的矩阵表达式：

$$\begin{bmatrix} u^1(j\Delta t) \\ \vdots \\ u^m(j\Delta t) \end{bmatrix} = \sum_{k=1}^{p}[\psi_k]\begin{bmatrix} u^1[(j-k)\Delta t] \\ \vdots \\ u^m[(j-k)\Delta t] \end{bmatrix} + \begin{bmatrix} N^1(j\Delta t) \\ \vdots \\ N^m(j\Delta t) \end{bmatrix}$$ （5-18）

其中　$j\Delta t = 0, \cdots, T$；$k \leqslant j$。

从而得出 m 个具有时间、空间相关，时间间隔 Δt 的离散脉动风速过程向量。

阶数 p 可由汉恩-昆定法确定，且往往需要根据时间间隔 Δt 在一定的范围内不断调整，一般取 $p=4\sim6$，$\Delta t \geqslant 0.1$s。模拟过程中，时间步长数越大，模拟序列的统计特性越接近目标函数，但当时间步长数超过1024时，模拟精度不再有明显的提高。

工程设计中，习惯采用等效静力风荷载来考虑风的动力效应。引入位移和内力风振系数 β_i，即

$$\beta_i = 1 + \frac{A_i}{|\overline{A}_i|} = 1 + \frac{g\sigma_{Ai}}{|\overline{A}_i|} \tag{5-19}$$

式中　A_i、$\overline{A}_i$ —— 分别为脉动风和平均风响应；

　　　σ_{Ai} —— 响应均方差；

　　　g —— 峰值因子，通常取 $2.0\sim2.5$，当 g 取 2.2 左右时，保证率为 98.61%[43]。

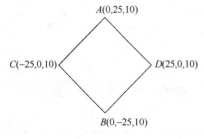

图 5-39　空间四点（m）

基于上述脉动风速目标谱和模拟理论，运用 Matlab 编程，人工模拟具有时间相关、空间相关的水平和竖向脉动风速时程曲线，并选取空间四点作为验证算例[40]（图5-39）。各种参数取值如下：目标功率谱分别选用 Davenport 谱和 Panofsky 谱，10m 高度处平均风速 $\overline{v}_{10}=25$m/s，地面粗糙度类别：B 类，地面粗糙度系数 $k=0.00215$，地面粗糙度指数 $\alpha=0.16$；自回归阶数 p 取 4 阶，时间步长 $\Delta t=0.10$s，

总时间步取 1024 步。限于篇幅，仅列出模拟所得 A、B 两点的水平及竖向脉动风速时程曲线（图5-40、图5-41），A 点模拟谱与目标谱的比较见图5-42。

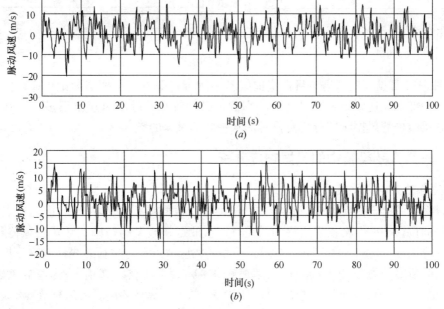

图 5-40　水平脉动风速时程人工模拟

（a）A 点；（b）B 点

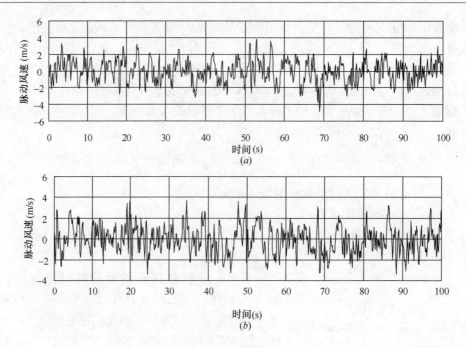

图 5-41　竖向脉动风速时程人工模拟
(a) A 点；(b) B 点

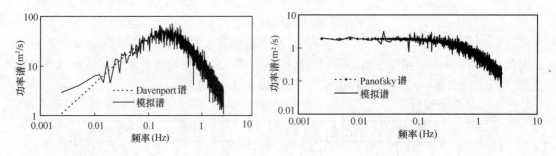

图 5-42　A 点的谱比较

由图 5-42 可见，模拟谱与目标谱曲线基本吻合，随机过程模拟理论可靠。由图 5-41可见，竖向脉动风速较小，其对结构的影响也必然较水平脉动风速小很多[18]。因此，下文对张弦梁结构的风振响应分析着重考虑水平脉动风速的影响。

5.5.2　一维张弦梁结构的风振响应分析

1. 位移轴力响应及风振系数

通过对张弦梁自振特性的分析可知，结构振动以竖向振动为主[44]，因此重点考察各节点的竖向位移响应。将模拟所得的风速时程在准定常假设的基础上转化为风荷载时程，然后将其作用在 ANSYS 中建立的有限元模型的相应节点上，进行非线性时程分析。

风振分析参数取值如下：目标功率谱选用 Davenport 谱，50 年一遇基本风压 $w_0 = 0.5\mathrm{kN/m^2}$，$\bar{v}_{10} = 28.28\mathrm{m/s}$，其他参数与图 5-39 的验证算例相同。支座标高 12m，x 正向风荷载作用下，一维张弦梁结构的体型系数 μ_s 按规范[39]取值。

因风荷载作用下一维张弦梁中部各榀响应差别不大，取图 5-20（a）的中间一榀进行

284

分析（节点和单元编号见图 5-43、图 5-44）。图 5-45、图 5-46 分别为节点 16 的竖向位移与部分单元的轴力时程，单元轴力响应大约在 10s 后才趋于稳定，然后在平均风响应附近上下振动，这与实际情况比较相符[45]。图 5-47 为上部结构节点竖向位移响应及风振系数，图 5-48 为单元轴力响应及风振系数。

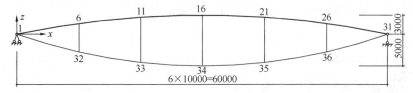

图 5-43　单榀张弦梁节点编号

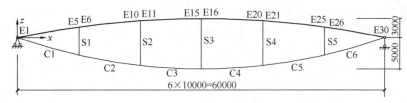

图 5-44　单榀张弦梁单元编号

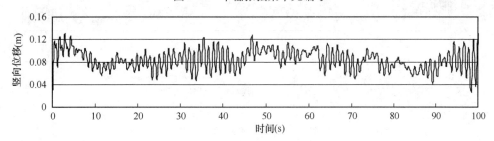

图 5-45　节点 16 竖向位移时程

需要注意的是，准定常假设（即假设物体的振动相对于平均风速来说是缓慢的，由脉动风引起的气动力系数与由平均风速引起的定常气动力系数是一致的）与实际情况有所出入，会引起一定误差，但一般满足工程精度要求[46]。

图 5-47 可见，单榀张弦梁在平均风及脉动风作用下竖向位移响应的分布规律有较大差异，其中脉动风响应关于跨中基本呈对称分布，而平均风响应则有反对称分布的趋势。这主要是由于脉动风响应与结构自振特性密切相关，而平均风响应则与风压分布和刚度分布有关。少数奇点的竖向位移风振系数非常大，主要是因为平均风响应绝对值特别小，导致均方差的微小偏差使风振系数变化很大，这些奇点的风振系数可不予采信。经分析，竖向位移风振系数可取 2.0～2.5。由图 5-48 可知，风振作用下拉索并未松弛，各单元在平均风及脉动风作用下的轴力响应分布较为均匀，其风振系数差别较小，为 1.3～1.4。综上所述，一维张弦梁结构体系较柔，脉动风作用下竖向位移响应较大，属于风振敏感性结构。

2. 参数分析

在以上分析的基础上，分别改变屋面恒载和索预拉力两个参数，进一步分析其对结构竖向位移风振系数的影响。屋面恒载分别取 0.8、1.1 及 1.4kN/m²，其他保持不变，图

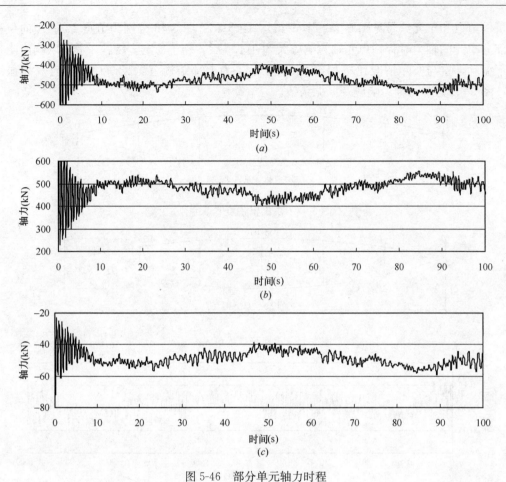

图 5-46 部分单元轴力时程

(a) 上部结构单元 E13 轴力时程；(b) 拉索单元 C3 轴力时程；(c) 撑杆单元 S3 轴力时程

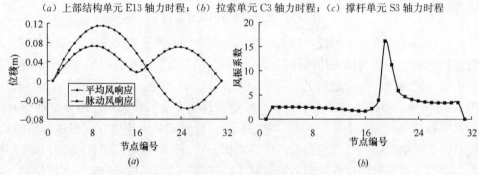

图 5-47 上部结构节点竖向位移响应及风振系数

(a) 位移响应；(b) 风振系数

5-49 为不同恒载作用下的竖向位移风振系数；索预拉力分别取 100、110 及 120kN，其他保持不变，图 5-50 为不同预拉力作用下的竖向位移风振系数。

由图 5-49、图 5-50 可见，随着屋面恒载和索预拉力的增加，节点竖向位移风振系数除个别点相差稍大外，其他变化均很小，因此，屋面恒载和索预拉力变化对结构的风振响应均不敏感。关于参数改变对单元轴力响应及风振系数的影响规律，详见文献 [17]，这里不再赘述。

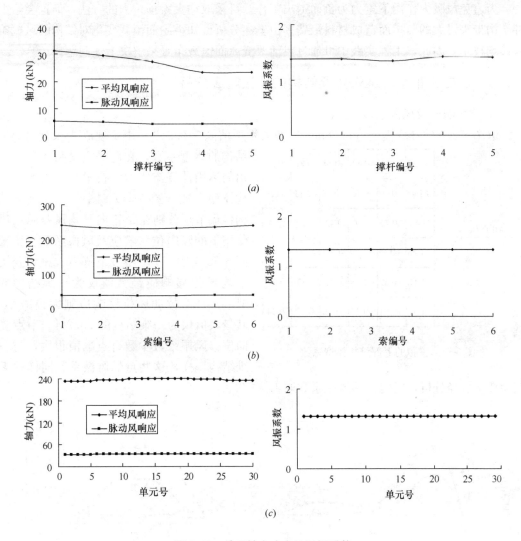

图 5-48 单元轴力响应及风振系数

(a) 撑杆单元轴力响应及风振系数；(b) 拉索单元轴力响应及风振系数；

(c) 上部结构轴力响应及风振系数

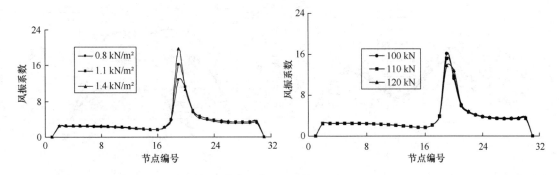

图 5-49 不同恒载作用下的竖向位移风振系数　　图 5-50 不同预拉力作用下的竖向位移风振系数

为避免风吸力作用下索力为负而退出工作，可采取加大索预拉力的方法，但这会给上部结构带来过大的负担而造成材料浪费。由上述分析可知，屋面恒载变化对结构的风振响应影响较小，因此，工程实践中可通过灵活改变屋面恒载布置来解决上述问题。

5.5.3 正交式布置二维张弦梁结构的风振响应分析

1. 位移响应及风振系数

取图 5-20*b* 的计算模型进行分析，计算参数取值同 5.5.2 节。由于规范[39]未列出此类

-1.32	-0.61	-0.40	-0.31	-0.27	-0.24
-1.41	-0.69	-0.46	-0.38	-0.33	-0.29
-1.45	-0.72	-0.50	-0.42	-0.35	-0.24
-1.45	-0.72	-0.50	-0.42	-0.35	-0.24
-1.41	-0.69	-0.46	-0.38	-0.33	-0.29
-1.32	-0.61	-0.40	-0.31	-0.27	-0.24

*x*正向风 →

图 5-51　模拟的上部结构体型系数

结构的体型系数，在此采用文献［18］提出的运用计算流体力学技术模拟的上部结构体型系数（图 5-51）。图 5-52 为上部结构各榀节点分别在 x 正向平均风及脉动风作用下的竖向位移响应及风振系数。比较图 5-52 与图 5-47，正交式布置二维张弦梁平均风位移响应最大值仅为一维结构的 61.7%，而脉动风位移响应则大幅减小，其最大值仅为一维结构的 23.9%。节点竖向位移风振系数少数奇点数值很大，与一维结构一样，这些点的风振系数同样缺乏

实际意义。经分析，竖向位移风振系数取 1.5～2.0。

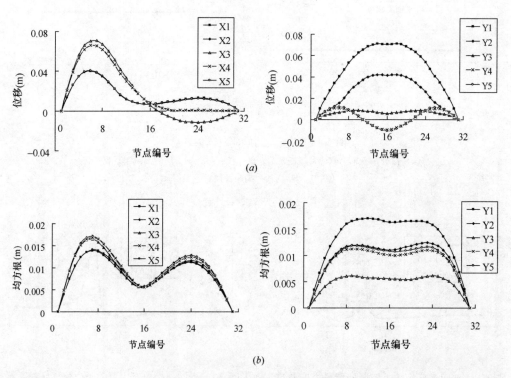

图 5-52　节点竖向位移响应及风振系数（一）

（*a*）平均风作用下上部结构各榀竖向位移响应；（*b*）脉动风作用下上部结构各榀竖向位移响应均方根

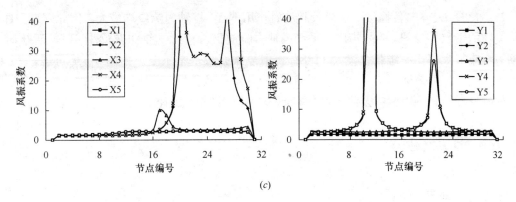

(c)

图 5-52　节点竖向位移响应及风振系数（二）

(c) 竖向位移风振系数

2. 轴力响应及风振系数

图 5-53 为上部结构各椼单元分别在 x 正向平均风及脉动风作用下的轴力响应及风振

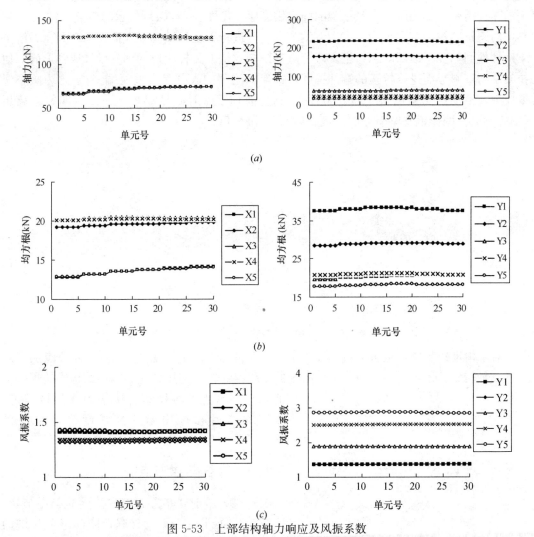

(a)

(b)

(c)

图 5-53　上部结构轴力响应及风振系数

(a) 平均风作用下上部结构各椼轴力响应；(b) 脉动风作用下上部结构各椼轴力响应均方根；(c) 轴力风振系数

系数。比较 x、y 向各榀，平均风及脉动风作用下 Y1 榀轴力响应均最大，因此 Y1 榀轴力是关注的重点。与图 5-48c 相比，平均风轴力响应最大值比一维张弦梁小 6%，而脉动风轴力响应最大值比一维张弦梁大 11.8%，但风振系数基本不变。由图 5-53c 可见，Y1 榀各单元轴力风振系数约为 1.37，与一维结构基本一致。限于篇幅，正交式布置二维张弦梁的撑杆和拉索轴力响应及风振系数在此未列出，详相关文献。

5.6 节点构造

5.6.1 支座节点

为保证结构的预应力自平衡和释放部分温度应力，张弦梁结构的边界条件一般设计为一端固定铰支座，另一端水平滑动铰支座。对于跨度较大的张弦梁结构支座节点，由于其受力大、杆件多、构造复杂，因此较多地采用铸钢节点以保证空间角度和尺寸的精度。广州国际会展中心主展厅一维张弦梁的固定铰支座采用图 5-54（a）所示的节点大样[47]，它是国内建筑结构中首次采用的大型铸钢节点，并进行了足尺试验以验证其承载力。为解决支座杆件间相互干涉的问题，把支座节点与格构式拱下弦杆相连的部分设计成锥形筒，使拉索从筒壁斜穿而过，拉索的端部锚固在锥形筒尾部的大圆盘上（两端张拉）。为减小温度应力，滑动铰支座在图 5-54（a）的基础上另加了一片不锈钢板、一片聚四氟乙烯板（图 5-54b）。两铸钢支座节点的重量高达 4.5t 和 6.5t。

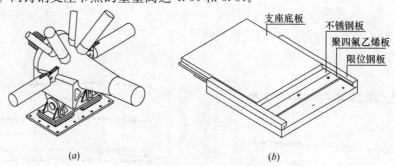

图 5-54 铸钢支座节点

(a) 固定铰支座；(b) 滑动铰支座

对于滑动铰支座，也可通过下设人字形摇摆柱的方法来实现[6]。铸钢支座节点加工复杂且重量较大，成本较高。对于中小跨度的张弦梁结构可采用预应力网格结构中的焊接空心球支座节点，将拉索直接锚固在焊接球上，张拉完毕后在球内灌注高强度等级水泥砂浆[13,48,49]（图 5-55）。

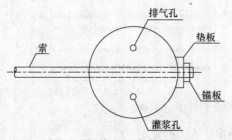

图 5-55 焊接空心球支座节点

5.6.2 撑杆与拱节点

一维、辐射式布置二维张弦梁的单榀结构，下弦拉索面外一般不设支撑，撑杆与上弦拱的连接可采用面内铰接、面外刚接的节点构造形式。面内是一个理想铰，可自由转动，但面外的转动被限制。图 5-56（a）为上海浦东国际机场（一期工程）航站楼一维张弦梁结构的撑杆与拱连接节点大样，而广州国际会展中心主展厅一维张弦梁结构的相应节点如图 5-56（b）所示。

正交式、斜交式布置二维张弦梁中撑杆与上弦拱的连接可采用球面接触的铰接节点构造形式，撑杆可沿任意方向转动。工程实践中，为减小球面接触间的摩擦力，可增设一层聚四氟乙烯板。图 5-57 为 2008 北京奥运会国家体育馆正交式布置二维张弦梁结构的撑杆与拱连接节点大样[50]。

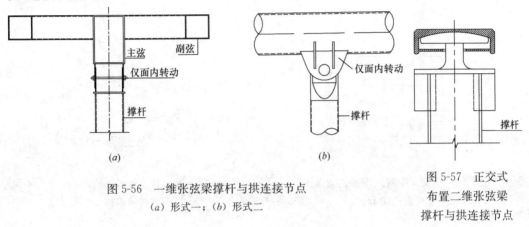

图 5-56　一维张弦梁撑杆与拱连接节点
(a) 形式一；(b) 形式二

图 5-57　正交式
布置二维张弦梁
撑杆与拱连接节点

5.6.3　撑杆与拉索节点

撑杆与拉索的连接采用铰接，其节点构造应保证将索夹紧，不能滑动。工程实践中，大多采用由两个实心半球组成的索球节点来夹紧下弦拉索，上海浦东国际机场（一期工程）航站楼一维张弦梁结构采用图 5-58（a）所示的节点构造形式；而广州国际会展中心主展厅一维张弦梁结构的相应节点如图 5-58（b）所示。要保证拉索不滑动，必须拧紧半球上的螺栓，使两者之间产生足够的摩擦力，且随着拉索的张拉以及结构上荷载的增加，逐次拧紧半球上的螺栓。

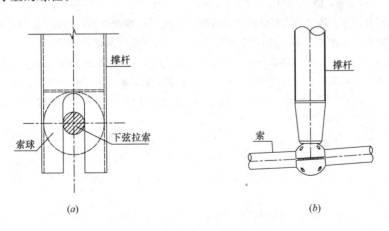

图 5-58　一维张弦梁撑杆与拉索连接节点
(a) 形式一；(b) 形式二

图 5-59 为 2008 北京奥运会国家体育馆正交式布置二维张弦梁结构的撑杆与拉索连接节点大样，拉索分两层，纵向索在上，横向索在下。各采用两个半球分别将上、下两层拉索夹紧，再用三块圆形夹板将半球固定。夹板与半球之间为球面接触，利用两者间的转动能力调节拉索的角度[50]。

除上述三类节点构造形式外，当拉索穿过格构式拱下弦节点时（图 5-9a），为确保拉索在节点内通过，须准确计算其角度和方向。索张拉时，可能贴紧节点侧壁，计算时应考虑此偏心影响（图 5-60）。

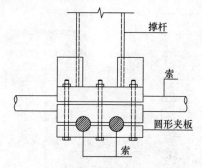

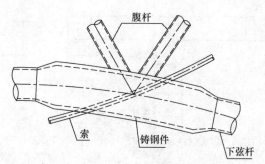

图 5-59　正交式布置二维张弦梁撑杆与拉索连接节点

图 5-60　拉索穿过格构式拱下弦的铸钢件

参 考 文 献

[1] Masao Saitoh. Hybrid Form-Resistance Structure[A]. Shell, Membrane and Space Frames, Proceedings of IASS Symposium[C], Osaka, 1986(2): 257-264.

[2] 白正仙. 张弦梁结构的理论分析及实验研究[D]. 天津大学博士学位论文, 1999.

[3] 刘航, 李晨光. 贝尔格莱德新体育馆屋架结构的体外预应力工程[J]. 建筑技术开发, 1996, 26(3): 51-55.

[4] 汪大绥, 张富林, 高承勇, 周健, 陈红宇. 上海浦东国际机场(一期工程)航站楼钢结构研究与设计[J]. 建筑结构学报, 1999, 20(2): 2-8.

[5] 孙文波. 广州国际会展中心大跨度张弦梁的设计探讨[J]. 建筑结构, 2002, 32(2): 54-56.

[6] 范峰, 支旭东, 沈世钊. 哈尔滨国际会议展览体育中心主馆屋盖钢结构设计[J]. 建筑结构, 2008, 38(2): 1-4.

[7] 刘刚. 深圳会议展览中心的结构特点. 钢结构学术年会论文集[C]. 2004: 203-210.

[8] 覃阳, 朱忠义, 柯长华, 秦凯, 王毅. 北京 2008 年奥运会国家体育馆屋顶结构设计[J]. 建筑结构, 2008, 38(1): 12-15, 29.

[9] 汪大绥, 周健, 刘晴云, 张富林. 浦东国际机场 T2 航站楼钢屋盖设计研究[J]. 建筑结构, 2007, 37(5): 45-49.

[10] 孙文波, 陈汉翔, 赵冉. 2010 年广州亚运会南沙体育馆屋盖钢结构设计[J]. 空间结构, 2011, 17(4): 48-53, 38.

[11] 广东省标准, 钢结构设计规程(DBJ XX)[S]. 广东省住房和城乡建设厅, 2014.

[12] 余学红, 姜正荣, 王仕统. 平面张弦梁结构的受力特点分析[J]. 广东土木与建筑, 2005, 2(2): 20-21.

[13] 浙江大学建筑工程学院, 浙江大学建筑设计研究院. 空间结构[M]. 北京: 中国计划出版社, 2003.

[14] 陈汉翔. 大跨度张弦梁结构受力性能的研究[D]. 华南理工大学硕士学位论文，2003.

[15] 杨睿. 预应力张弦梁结构的形态分析及新体系的静力性能研究[D]. 浙江大学硕士学位论文，2002.

[16] 姜正荣，王仕统. 一维张弦梁结构设计中的几个问题探讨[J]. 空间结构，2007，13(2)：38-40.

[17] 姜正荣. 张弦梁结构的静力特性及风振响应研究[D]. 华南理工大学博士学位论文，2008.

[18] 丁博涵. 张弦梁结构的静力、抗震和抗风性能研究[D]. 浙江大学硕士学位论文，2005.

[19] 张志宏. 大型索杆梁张拉空间结构体系的理论研究[D]. 浙江大学博士学位论文，2003.

[20] 石开荣. 大跨椭圆形弦支穹顶结构理论分析与施工实践研究[D]. 东南大学博士学位论文，2007.

[21] 邓华，董石麟. 拉索预应力空间网格结构全过程设计的分析方法[J]. 建筑结构学报，1999，20(4)：42-47.

[22] 预应力钢结构技术规程 CECS 212：2006[S]. 北京：中国计划出版社，2006.

[23] Masao S, Akira O. Tension and Membrane Structures[J]. Journal of the International Association for Shell and Spatial Structures，IASS，2001，42(1-2)：15-20.

[24] 陈以一，沈祖炎，赵宪忠，陈扬骥等. 上海浦东国际机场候机楼 R2 钢屋架足尺试验研究[J]. 建筑结构学报，1999，20(2)：9-17.

[25] 姜正荣，王仕统，魏德敏. 张弦梁结构预应力损失的分析与补偿方法[J]. 建筑科学，2007，23(5)：15-18.

[26] 刘锡良. 现代空间结构[M]. 天津：天津大学出版社，2003.

[27] 曹喜，刘锡良. 张拉整体索穹顶结构预应力损失的补偿与设计计算[J]. 空间结构，1998，4(2)：11-16.

[28] 王帆. 索穹顶结构的设计与施工研究[D]. 东南大学博士学位论文，2002.

[29] 钢结构设计规范 GB 50017—2003[S]. 北京：中国计划出版社，2003.

[30] 张其林. 索和膜结构[M]. 上海：同济大学出版社，2002.

[31] Minger Wu. Analytical Method for the Lateral Buckling of the Struts in Beam String Structures[J]. Engineering Structures，2008，30(9)：2301-2310.

[32] 姜正荣，石开荣，徐牧，蔡健. 某椭圆抛物面辐射式张弦梁结构的非线性屈曲及施工仿真分析[J]. 土木工程学报，2011，44(12)：1-8.

[33] 沈世钊，陈昕. 网壳结构稳定性[M]. 北京：科学出版社，1999.

[34] 空间网格结构技术规程 JGJ 7—2010[S]. 北京：中国建筑工业出版社，2010.

[35] 车伟，李海旺，罗奇峰. 单层椭圆抛物面网壳结构非线性整体稳定研究[J]. 郑州大学学报(工学版)，2007，28(3)：20-23.

[36] 黄本才. 结构抗风分析原理及应用[M]. 上海：同济大学出版社，2001.

[37] 王之宏. 风荷载的模拟研究[J]. 建筑结构学报，1994，15(1)：44-52.

[38] 赵臣，张小刚，吕伟平. 具有空间相关性风场的计算机模拟[J]. 空间结构，1996，2(2)：21-25.

[39] 中华人民共和国国家标准. 建筑结构荷载规范 GB 50009—2012[S]. 北京：中国建筑工业出版社，2012.

[40] 李元齐，董石麟. 大跨度空间结构风荷载模拟技术研究及程序编制[J]. 空间结构，2001，7(3)：3-11.

[41] Simiu E.，Scanlan R. H. 著. 刘尚培，项海帆，谢霁明译. 风对结构的作用——风工程导论[M]. 上海：同济大学出版社，1992.

[42] Y. Iwatani. Simulation of Multidimensional Wind Fluctuations Having any Arbitrary Power Spectra and Cross Spectra[J]. Journal of Wind Engineering，1982(11)：5-18.

[43] 张相庭. 结构风工程——理论 · 规范 · 实践[M]. 北京：中国建筑工业出版社，2006.

［44］ 姜正荣，魏德敏，王仕统. 张弦梁结构的自振特性研究［J］. 特种结构，2008，25(3)：57-60.

［45］ 乔文涛，韩庆华. 平面张弦梁结构的风致响应分析［J］. 河北工业大学学报，2006，35(6)：92-98.

［46］ 陆锋. 大跨度平屋面结构的风振响应和风振系数研究［D］. 浙江大学博士学位论文，2001.

［47］ 杨叔庸，孙文波，诸福华. 广州国际会议展览中心张弦桁架结构节点设计［J］. 建筑结构，2004，34(11)：28-29，46.

［48］ 陆赐麟，尹思明，刘锡良. 现代预应力钢结构(修订版)［M］. 北京：人民交通出版社，2007.

［49］ 董石麟，罗尧治，赵阳等. 新型空间结构分析、设计与施工［M］. 北京：人民交通出版社，2006.

［50］ 秦杰，陈新礼，徐瑞龙等. 国家体育馆双向张弦结构节点设计与试验研究［J］. 工业建筑，2007，37(1)：12-15.

第6章 弦支穹顶结构

6.1 概述

6.1.1 概念及特点

弦支穹顶结构（Suspended Dome Structure）属于空间屋盖形效结构体系，它是由日本学者 M. Kawaguchi 等人提出[1-5]。

最初典型的弦支穹顶是将索穹顶上层索系去除，并以单层球面网壳代替，即弦支穹顶由单层球面网壳和索杆体系（撑杆、径向索、环向索）组成（图6-1）。弦支穹顶作为一种刚柔相济的新型杂交结构体系，汲取了单层网壳结构和索穹顶体系的精髓，充分发挥了两者的优势，也很好地避免了各自的劣势和不足[6-8]。

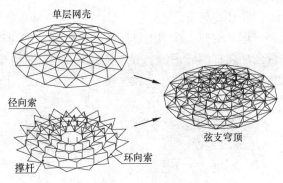

图6-1 典型弦支穹顶结构体系

（1）通过对下部索杆体系施加预应力，上部网壳将产生与竖向荷载作用反向的变形和内力，使弦支穹顶的杆件内力和节点位移小于相应的单层网壳。

（2）具有自平衡性，可缓解对下部支承结构的边缘效应。在竖向荷载作用下，上部网壳对周边产生水平推力，而下部索杆体系对边界产生拉力，通过调整拉索的预应力，可减小甚至消除弦支穹顶对下部支承结构的水平反力。

（3）索杆体系中的"杆"即为竖向撑杆，它是联系上部网壳和下部拉索的关键构件。一方面，拉索预应力通过撑杆使上部网壳起拱，以平衡外荷载并减小结构竖向位移；另一方面，类似于张弦梁，撑杆又为上部网壳提供了多点弹性支撑，减小了网壳的实际跨度，降低了网壳的内力峰值，从而增强了网壳的抗屈曲性能，使弦支穹顶能够适应更大的跨度。

（4）采用刚性网壳取代了索穹顶的上层索系，不仅简化了结构分析、设计及施工的难度，而且使屋面覆材更容易与刚性材料相匹配。屋面材料既可以采用柔性膜材，又可以采用刚性材料，刚性屋面材料相比膜材具有造价低、寿命长、施工工艺成熟简易等优点。

（5）下部索杆体系的拉索通常采用高强材料，高强预应力拉索的引入使材料的利用更加充分，同时拉索索力的施加可调节结构的变形，使弦支穹顶在跨越更大跨度方面具有较大的潜力。

6.1.2 分类

自诞生以来，弦支穹顶结构发展迅速，其结构概念得到进一步的延伸和拓展，具体结构形式也变得更加多样化。弦支穹顶由上部刚性层结构和下部索杆体系两大部分组成，以这两部分的组成特点作为总体分类标准，给出以下分类方法。在这些具体结构形式中，既总结了目前已有的类型，也构建了部分新形式[9]。

1. 按照上部刚性层结构分类

按照上部刚性层结构类型的不同，可以将弦支穹顶总体划分为两大类，即：传统网壳体系弦支穹顶和改进体系弦支穹顶。

（1）传统网壳体系弦支穹顶

这是一类典型体系的弦支穹顶，其上部刚性层结构由传统的各类网壳组成。传统网壳体系弦支穹顶，因上部网壳构成的不同又可以分为多种具体形式的弦支穹顶：

1）按照网壳的网格形式划分

①肋环型弦支穹顶

该形式的弦支穹顶上部刚性层由肋环型网壳构成，其网格大部分成梯形，由相应的径向杆和环向杆围成，每个节点只汇交四根杆件，节点构造简单，下部索杆体系的布置方式通常与网壳杆件布置相一致（图 6-2），一般适用于中小跨度结构。

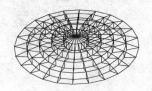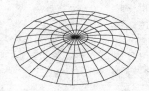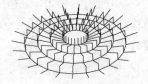

图 6-2　肋环型弦支穹顶

②施威德勒型弦支穹顶

施威德勒型弦支穹顶实质是改进的肋环型弦支穹顶（图 6-3）。为了增强网壳的刚度，提高抵御非对称荷载的能力，在肋环形网壳的基础上设置了斜杆。相应地，施威德勒型弦支穹顶可用于中、大跨度结构。

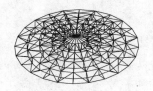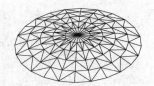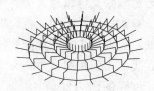

图 6-3　施威德勒型弦支穹顶

③联方型弦支穹顶

以联方型网壳为基础形成的联方型弦支穹顶（图 6-4），其上部网格通常由人字斜杆组成，为了提高结构刚度和稳定性，通常设置环向杆，组成三角形网格，下部索杆体系可较方便地沿网壳环杆方向布置，适用于中、大跨度结构。

④凯威特型弦支穹顶

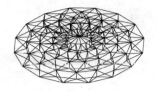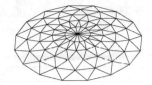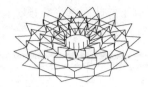

图 6-4　联方型弦支穹顶

凯威特型弦支穹顶秉承了凯威特型网壳的优点，即网格分布均匀，承载力高。由 n 根贯通的径向杆件将网壳划分为 n 个扇形区域，然后再在每个区域里细分为大小较均匀的三角形网格，而上述几种形式的弦支穹顶通常网格大小不等，或需通过网格的二级细化来达到基本均匀。凯威特型弦支穹顶的下部索杆体系布置方式一般与上部网壳杆件布置类似（图 6-5），适用于中、大跨度结构。

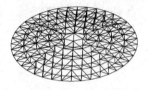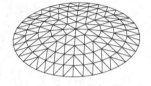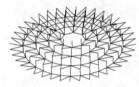

图 6-5　凯威特型弦支穹顶

⑤三向网格型弦支穹顶

三向网格型弦支穹顶如图 6-6，上部网壳的网格在水平投影面上呈正三角形，其外形优美，受力性能良好，但是下部索杆体系的布置不方便。环向拉索的受力特点直接影响到索杆体系的工作性能，一般要求同一圈的环向索布置在同一个标高上，即在一个水平面内，否则索杆体系的空间受力情况较为复杂。对于三向网格，因同一圈的撑杆上节点并不在一个标高上，为了确保环向索处于同一平面，将导致撑杆长短不一，一般不适宜工程应用。

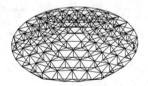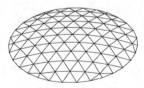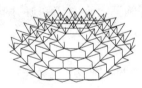

图 6-6　三向网格型弦支穹顶

⑥短程线型弦支穹顶

短程线型弦支穹顶的上部网壳以正二十面体的球面划分为基础而形成的，通过进一步的细分得到均匀的网格。该形式的弦支穹顶总体特点与三向网格型弦支穹顶相类似，也存在索杆体系布置不便的问题，一般不适宜工程应用。

2）按照网壳曲面形状划分

①球面弦支穹顶

由球面网壳组成的弦支穹顶是最常见的结构形式，前述构造的各例模型都是球面弦支穹顶。其上部球面网壳是由一母线（平面曲线）绕 z 轴旋转而成，母线由圆弧线组成。

②圆锥面弦支穹顶

圆锥面弦支穹顶的上部网壳曲面，是由一根与旋转轴呈一夹角的直线旋转而成。如图

6-7 所示，与球面弦支穹顶类似，下部索杆体系一般也较易布置，且各圈撑杆长度、径向索水平倾角均可保持一致。

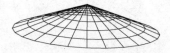

图 6-7　圆锥面弦支穹顶

③棱锥面弦支穹顶

由棱锥面网壳组成的弦支穹顶可称为棱锥面弦支穹顶，考虑到结构布置和受力性能，一般宜采用正棱锥面，图 6-8 构造了正八棱锥面弦支穹顶。可以看出，当正 n 棱锥的 n 足够大时，棱锥面就近似变为圆锥面，形成圆锥面弦支穹顶。

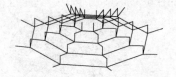

图 6-8　棱锥面弦支穹顶

④椭球面弦支穹顶

椭球面弦支穹顶的网壳曲面基本方程为：

$$\frac{x^2}{l_1^2}+\frac{y^2}{l_2^2}+\frac{z^2}{l_3^2}=1 \tag{6-1}$$

式中　l_1，l_2，l_3——椭球面的半轴。

常州体育馆钢屋盖采用了椭球面弦支穹顶。

⑤椭圆抛物面弦支穹顶

椭圆抛物面弦支穹顶的网壳曲面基本方程为：

$$\frac{x^2}{2p}+\frac{y^2}{2q}=z \tag{6-2}$$

其中，p 与 q 同号。武汉体育馆、东莞厚街体育馆屋盖均采用了椭圆抛物面弦支穹顶。

此外，还包括其他一些空间曲面的弦支穹顶，值得注意的是，在选取这些空间曲面时，应认真考虑与下部索杆体系的结合问题，并尽可能提高结构的整体工作性能，例如，负高斯曲率的曲面一般不能构成弦支穹顶。

3）按照水平投影形状划分

①圆形弦支穹顶

对于上述球面、圆锥面弦支穹顶，其水平投影均为圆形，圆形弦支穹顶最大的特点就是呈中心多轴对称，受力合理，杆件规格较少，节点形式基本统一，设计施工较为方便。

②椭圆形弦支穹顶

椭球面、椭圆抛物面弦支穹顶的水平投影均为椭圆形。

③环形弦支穹顶

环形弦支穹顶是指网壳中心开口的一种弦支穹顶（图 6-9），可以是圆环形或椭环形等。中心开口的弦支穹顶较适合于大型露天体育场建筑，四周可作为体育场看台的挑篷。

考虑到结构受力的合理性，沿开口的边缘处一般宜设置加强的钢桁架环梁。

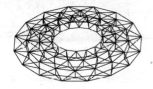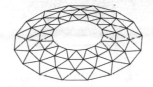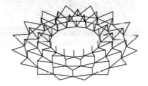

图 6-9　环形弦支穹顶

④正多边形弦支穹顶

水平投影为正多边形的弦支穹顶通常就是前面所提到的正棱锥面弦支穹顶。

（2）改进体系弦支穹顶

改进体系弦支穹顶是在传统网壳体系弦支穹顶的基础上逐步演变而来的，一般包括两大方面的改进：一是结构构形、拓扑等方面的改进，如对网壳的网格形式、网壳层数、曲面形状的变换或有效组合，以及杆件连接方式、节点形式的不同组合；二是结构受力体系的变化，上部结构由新的受力体系代替传统网壳。主要形式如下：

①混合网格弦支穹顶

弦支穹顶上部网壳不再以单一网格形式构成，而是由两种及以上的网格复合而成，做到优势互补。例如：通常肋环形、施威德勒型和联方型网壳的中心部位杆件布置密集、节点偏大、网格过小，为避免这些缺点，改善结构受力性能并方便施工，可将该部分网壳采用凯威特型网格（图 6-10、图 6-11）或三向网格。当然，不同网格组合时，还应方便下部索杆体系的布置。

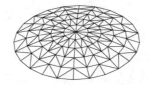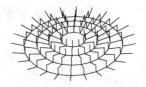

图 6-10　施威德勒-凯威特型（K12 型）弦支穹顶

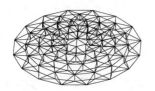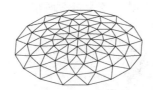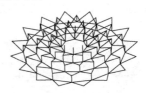

图 6-11　联方-凯威特型（K8 型）弦支穹顶

②混合层弦支穹顶

根据结构跨度、受力性能的需要，将上部网壳构造为局部双层，形成混合层弦支穹顶。如图 6-12 所示，据相关研究结果：弦支穹顶施加预应力后，通常外圈杆件内力改善明显，内圈杆件内力差别不大，且在风吸力作用下内圈拉索索力较小，易发生松弛，因此可将内圈索杆体系直接去除。此外，考虑到稳定性要求，内圈区域改为双层网壳，即形成受力较合理的局部双层弦支穹顶。

③带肋弦支穹顶

将弦支穹顶的上部网壳沿主肋方向设置加强肋，以提高结构的整体刚度和稳定性。下

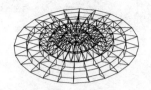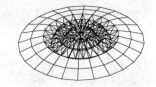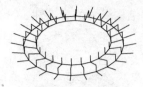

图 6-12　局部双层弦支穹顶

部索杆体系再根据加强肋的位置进行合理布置。图 6-13、图 6-14 分别为凯威特型和三向网格型带肋弦支穹顶。

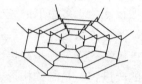

图 6-13　凯威特型（K8 型）带肋弦支穹顶

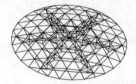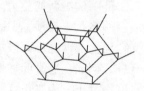

图 6-14　三向网格型带肋弦支穹顶

④梁式（或桁架式）弦支穹顶

梁式（或桁架式）弦支穹顶，是指由实腹梁或桁架受力体系代替传统网壳作为弦支穹顶的上部刚性层。考虑到与下部索杆体系的合理结合，上部主梁或桁架一般布置为辐射状。对于梁式弦支穹顶，其实腹梁可采用 H 型钢、工字钢或箱形梁等，而桁架式弦支穹顶的主桁架截面可以是三角形或四边形。

图 6-15 为安徽大学体育馆钢屋盖模型，是一梁式弦支穹顶，其水平投影为正六边形，沿着 6 条主脊线设置了箱形截面主梁，径向斜索均布置在主脊梁的下方。

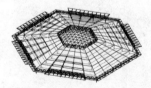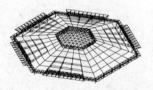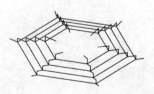

图 6-15　梁式弦支穹顶（安徽大学体育馆）

图 6-16 为一桁架式弦支穹顶。所构造的模型中，主桁架（倒置的四角锥桁架）呈辐射状布置，各榀桁架之间通过环向檩条相连，为提高结构的整体性，在桁架末端设置了边环梁。在中心区域，为避免主桁架汇交处杆件密集、节点复杂，增设了内环梁，使全部主桁架直接与其相连而只让其中的少部分主桁架贯穿中心点。下部索杆体系的布置与主桁架位置相呼应，撑杆上端与主桁架的下弦节点相连。该形式的弦支穹顶可用于大跨度或超大跨度结构。

⑤巨型网格弦支穹顶

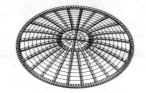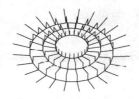

图 6-16　桁架式弦支穹顶

如图 6-17 所示，弦支穹顶上部刚性层是一巨型网格结构，由 3 圈环向主桁架和 10 榀径向辐射状主桁架组成。径、环向主桁架分隔出的扇形单元再分别布置次网格，形成巨型网格结构中的子结构（图中未具体给出）。下部撑杆均设置在径、环向主桁架的相交位置，考虑到巨型网格弦支穹顶的主网格尺寸较大，下部拉索索力也比普通弦支穹顶大得多，撑杆宜优先选用格构式截面来代替普通型钢截面，以确保自身的稳定性。巨型网格弦支穹顶可用于超大跨度结构。

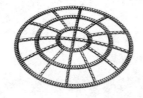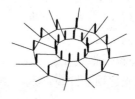

图 6-17　巨型网格弦支穹顶

2. 按照下部索杆体系分类

（1）按照索杆体系拓扑关系划分

①Geiger 索杆体系弦支穹顶

与 Geiger 体系索穹顶相类似，下部索杆体系成肋环形网格布置，撑杆和径向斜索处于同一竖直面内（图 6-18），也可称为肋环型索杆体系。该结构体系较为简单，施工难度不大，且对施工误差不敏感。但由于径向索辐射状布置，几何形状类似于平面桁架，抵御非对称荷载的能力相对较弱。

②Levy 索杆体系弦支穹顶

为了克服上述 Geiger 索杆体系的不足，将径向斜索三角化布置，形成空间受力体系，即 Levy 索杆体系，又称联方型索杆体系（图 6-19）。

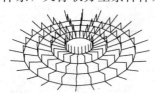　　　　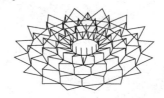

图 6-18　Geiger 索杆体系　　　　　图 6-19　Levy 索杆体系

此外，索杆体系还可布置为施威德勒型、凯威特型或鸟巢型，但目前为止还未被实际工程采用。

（2）按照索杆体系布置方式划分

从索杆体系的布置方式可分为以下三类：

①密索体系弦支穹顶

301

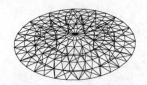

图 6-20 稀索体系弦支穹顶

密索体系弦支穹顶是指环向索的圈数与上部网壳环向杆件的圈数基本一致，且网壳的每个节点下面几乎均设置一根撑杆。如图 6-2～图 6-6 所示的结构，均采用了密索体系布置方式。其特点为：径向索、环向索的数量多，拉索规格小。

②稀索体系弦支穹顶

稀索体系弦支穹顶的环向索通常间隔一圈及以上进行布置，圈数较少，索杆体系网格较大（图 6-20），从而弥补了密索体系的不足，但结构的整体抗屈曲能力有所下降。武汉体育馆弦支穹顶、常州体育馆、济南奥体中心体育馆等均采用了稀索体系。

③局部索系弦支穹顶

通常情况下，弦支穹顶施加预应力对外围区域杆件内力改善明显，对中心区域杆件内力影响不大，因此可只在外围区域布置一圈或几圈环向索，形成局部索系弦支穹顶（图 6-21）。

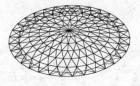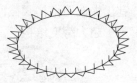

图 6-21 局部索弦支穹顶

6.1.3 工程应用

自 1993 年弦支穹顶结构概念提出至今，已建成或正在建设了近 20 座弦支穹顶，国外主要分布在日本，其他大部分都在国内。从建设历程来看，弦支穹顶结构的规模正变得越来越大，结构形体也变得越来越复杂。

（1）光球穹顶（Hikarigaoka Dome）

光球穹顶（图 6-22）于 1994 年建于日本东京，是世界上第一座弦支穹顶，跨度 35m。屋盖最大高度为 14m，上部网壳由工字形钢梁组成，下部仅最外层设置了一圈索杆体系，且径向拉索采用钢拉杆。通过对钢拉杆施加预应力，使结构在长期荷载作用下对周边环梁的作用力为零。环梁下端由 V 形钢柱相连，钢柱的柱头和柱脚采用铰接形式，从而使屋顶在温度荷载作用下沿径向可自由变形。屋面覆材为压型钢板。

图 6-22 光球穹顶（详见图 1-10）

（2）聚会穹顶（Fureai Dome）

继光球穹顶之后，1997 年在日本长野县又建成了聚会穹顶（图 6-23），其跨度为

46m，屋盖高度为16m，支承于钢筋混凝土框架上的周围钢柱上。

图 6-23　聚会穹顶

（3）天津保税区商务中心大堂

天津保税区商务中心大堂弦支穹顶（图 6-24）建于 2001 年，其直径为 35.4m，矢高 4.6m，支承于沿圆周布置的 15 根钢筋混凝土柱及柱顶圈梁上，屋面以铝锰镁板为主，入口处局部为采光玻璃。其上部网壳的网格采用联方型与凯威特型的组合，杆件采用 $\phi127\times4$ 和 $\phi133\times8$ 钢管，节点为焊接空心球节点，下部共设置 5 圈索杆体系。

图 6-24　天津保税区商务中心大堂（详见图 1-18）

（4）昆明柏联广场

2001 年建造的昆明柏联广场中厅采光顶为一直径 15m，矢高 0.6m 的弦支穹顶（图 6-25）。其上部刚性层为单层肋环型网壳，采用圆钢管相贯焊接而成，上铺中空玻璃，下部设置了 5 圈索杆体系。预应力通过张拉环向索来施加。

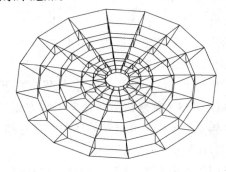

图 6-25　昆明柏联广场中厅采光顶

（5）武汉体育馆

武汉体育馆钢屋盖为一扁平椭圆抛物面弦支穹顶（图 6-26），其上部刚性层由双层网壳组成，长轴方向净跨 135m，短轴方向净跨 115m，矢高 9m，下部索杆体系共布置 3 圈，且每圈均设双根环向索。预应力通过撑杆顶撑法来实现。

图 6-26　武汉体育馆全貌

（6）北京工业大学体育馆

北京工业大学体育馆（图 6-27）为 2008 年北京奥运会羽毛球比赛场馆，该体育馆屋盖是一直径 93m 的圆形弦支穹顶，支承于周边环向布置的空间桁架上，桁架则落在 36 根混凝土柱上。弦支穹顶矢跨比为 1/10，下部设置 5 圈索杆体系，预应力通过张拉环向索来建立。

图 6-27　北京工业大学体育馆　　　　　　图 6-28　安徽大学体育馆

（7）安徽大学体育馆

安徽大学体育馆（图 6-28）建筑造型呈钻石状，弦支穹顶钢屋盖平面投影为正六边形，柱网外接圆直径为 87.76m。沿正六边形的 6 根箱形主脊梁处设置了 5 圈索杆体系，拉索选用 550 级高强预应力钢拉杆。

（8）常州体育馆

常州体育馆屋盖为一椭球面弦支穹顶（图 6-29），长轴 120m，短轴 80m，矢高 21.45m。其中上部刚性层网壳采用联方型与凯威特型相组合的网格形式，下部共设置 6 圈索杆体系。预应力通过张拉环向索来施加。

（9）济南奥体中心体育馆

济南奥体中心体育馆弦支穹顶是目前世界上最大跨度的圆形弦支穹顶（图 6-30），其跨度 122m，矢高 12.2m。上部刚性层网壳采用三向网格与联方型相组合的网格形式，下部则布置三圈肋环型索杆体系。预应力通过张拉径向索来建立。

图 6-29 常州体育馆

图 6-30 济南奥体中心体育馆

6.2 结构的预应力设计方法

对弦支穹顶预应力设计方法的研究可总体概括为两大类：

（1）第一类是依据结构优化设计理论，建立数学优化模型，通过计算求解，得到弦支穹顶的预应力优化结果。如：遗传算法、复形法等对弦支穹顶的预应力进行优化设计[10,11]。

（2）第二类是预应力设计的简易方法。如：《预应力钢结构技术规程》[12]中所建议的方法，即：依据下部索杆体系的节点静力平衡条件和支座水平推力接近为零的原则，推导出环向索预应力设定的计算公式。

对比上述两类预应力设计方法，第一类计算精度较高，理论性较强，但实施难度较大，计算耗时较长，若优化模型和算法选取不当，计算迭代次数会很多甚至不收敛，因此一般不易被设计人员广泛接受，实际应用时会受到一定的限制；第二类即简化分析方法，其概念清晰，操作简便，便于理解和应用。本节旨在介绍基于第二类的、且适用范围更广的一种预应力设计方法——自平衡逐圈确定法[13]。

6.2.1 预应力设计的两个层次

预应力设计问题是弦支穹顶结构进行分析与设计的前提，它包含了两个层次[10]，即：

（1）第一层次为下部索杆体系的布置。若从结构优化理论的角度来看，索杆体系的布置属于布局优化的范畴，但由于理论上的限制，目前直接建立数学模型进行优化布置还是比较困难。6.1.2节建议了索杆体系的多种布置形式，实际选用时，可结合结构体系的特点和建筑功能与美观的要求，根据设计经验或多方案对比来确定合理的布置形式。

（2）第二层次为各圈拉索预应力值的确定。在第一层次的基础上，即索杆体系布置好后，来确定各圈拉索的预应力大小。

6.2.2　自平衡逐圈确定法

1. 基本思想及原则

自平衡逐圈确定法是依据弦支穹顶结构的自平衡性所提出的一种方法，它属于预应力设计问题的第二层次内容。其基本思想可表述为：根据自平衡性和索杆体系的布置圈数，将弦支穹顶分解为若干个相对独立的自平衡体系，然后按照由内圈到外圈的顺序分别计算，依次确定各圈拉索的预应力大小。该基本思想包含了两方面的含义，即：

（1）第一是自平衡性。弦支穹顶结构本身为一自平衡体系，将其由内到外分解为若干个子结构，其数目与索杆体系设置的圈数相一致，其中每一子结构都是一自平衡体系。以图6-31为例，布置了3圈索杆体系的弦支穹顶（图6-31a），拆成了3个具有自平衡性的子结构，从内到外，第1个子结构只包含内圈索杆体系（图6-31b），第2个子结构包含内圈和中圈

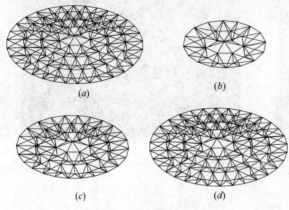

图 6-31　弦支穹顶拆分示意图（自平衡逐圈确定法）
（a）弦支穹顶整体结构图（$n=3$）；
（b）子结构 SS-1；（c）子结构 SS-2；（d）子结构 SS-3

索杆体系（图6-31c），而第3个子结构实际上就是该弦支穹顶的完整模型（图6-31d），共包含3圈索杆体系。

（2）第二是逐圈求解。所谓逐圈，是指预应力确定的过程和顺序，一方面，各圈拉索预应力不是同时确定，而是逐步求得；另一方面，必须按照由内圈到外圈的顺序来确定预应力，在内圈拉索预应力已知的基础上才能获得外一圈拉索的预应力。如图 6-32 所示，假设布置3圈环向索的弦支穹顶承受均布面荷载 q，先计算最内圈子结构 SS-1，在荷载 q 作用下，该子结构在其边缘支座处将产生竖向反力 V_1 和水平径向反力 H_1（若为刚性节点的弦支穹顶，还会存在支座弯矩，但一般较小[14]，这里近似忽略）。根据自平衡这一特点，认为该水平反力 H_1 将由拉索来平衡，依此可确定内圈拉索的预应力 P_1，而竖向反力 V_1 将向外圈结构传递。再以子结构 SS-2 为研究对象，该子结构包括内圈和中圈两道索杆体系，在荷载 q 作用下亦产生竖向反力 V_2 和水平径向反力 H_2，对于水平反力 H_2，根据相同的原则将由拉索来平衡，此时内圈和中圈拉索一同分担 H_2，而内圈预应力 P_1 为已知，因此可方便确定中圈预应力 P_2，竖向反力 V_2 继续向外圈结构传递。依此类推，子结构 SS-3 在荷载 q 作用下产生的水平反力 H_3 将由三圈拉索共同平衡，保持 P_1、P_2 不变即可确定外圈预应力 P_3，而最终的竖向反力 V_3 也就是整体弦支穹顶实际的竖向支座反力，由下部支承结构来承担。至此，弦支穹顶的各圈拉索预应力就全部确定。

由此，自平衡逐圈确定法的基本原则为：各子结构由荷载产生的水平支座反力基本上被自身的自平衡体系所消化，以最终达到弦支穹顶对下部支承结构的水平推力足够小为目的。

2. 计算控制参数及计算步骤

拉索预应力的模拟方法[15]通常包括：等效荷载法、初始应变法、模拟环境降温法、模拟张拉千斤顶法等，从计算精度和编程可操作性的角度来看，初始应变法和等效降温法目前应用较广，这里以初始应变法为例进行说明；另外，考虑到实际计算的通用性、便捷性和可操作性，这里不直接以水平径向反力作为预应力确定的控制参数，而统一采用各子结构支座点的水平径向位移为控制参数（即：将各子结构的支座点均临时假定为滑动支座形式）。具体步骤如下：

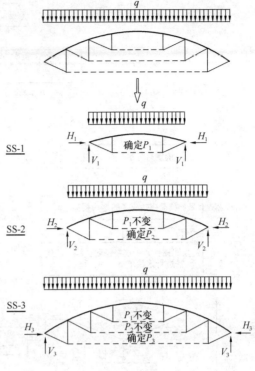

图 6-32　自平衡逐圈求解示意图（n=3）

（1）假设弦支穹顶共布置了 n 圈索杆体系，由内圈到外圈分别编号为 1，2，…，n，对应各圈拉索的待求预应力（初始预张力）分别以 P_1，P_2，…，P_n 表示。再按照索杆体系的布置位置，将弦支穹顶拆分为 n 个子结构，相应的编号分别为 SS-1，SS-2，…，SS-n。

（2）计算子结构 SS-1。根据自平衡性特点，荷载 q 作用下引起该子结构边缘处的水平径向位移 U_{L1}（下标中 L 表示由外荷载引起的位移，以下均同），由第 1 圈拉索来抵消，由此确定第 1 圈拉索的预应力 P_1。

（3）计算子结构 SS-2。荷载 q 作用下引起该子结构边缘处的水平径向位移 U_{L2}，由第 1，2 圈拉索共同抵消，保持 P_1 不变，确定 P_2。

……

（i+1）计算子结构 SS-i。荷载 q 作用下引起该子结构边缘处的水平径向位移 U_{Li}，由第 1，2，…，i 圈拉索共同承担，保持 P_1，P_2，…，P_{i-1} 不变，确定 P_i。

……

（n+1）计算最后一个子结构 SS-n。荷载 q 作用下引起该子结构边缘处的水平径向位移 U_{Ln}，由第 1，2，…，n 圈拉索共同抵消，保持 P_1，P_2，…，P_{n-1} 不变，确定 P_n。

至此，弦支穹顶各圈拉索预应力就全部确定。其算法流程见图 6-33。

上述计算中可根据迭代法的思想进行快速求解，这里称其为"预张力-水平径向位移"迭代法，该方法假定荷载作用下弦支穹顶结构的非线性行为较弱，近似认为由拉索预应力引起的水平径向位移与预应力大小成线性关系（即使存在误差，也会在迭代过程中不断修正而逐步消除）。以对环向索模拟施加预应力（初始应变法）为例，其迭代式如下：

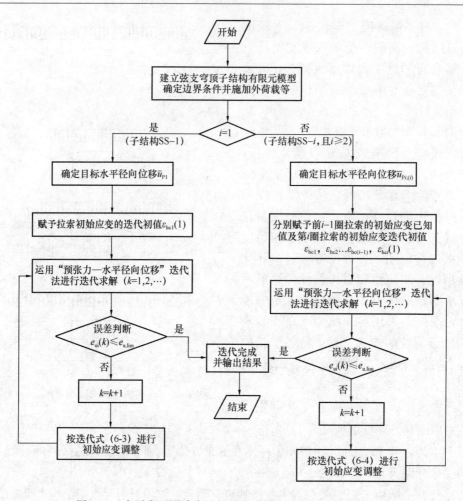

图 6-33　自平衡逐圈确定法的预应力确定流程（子结构 SS-i）

$$\varepsilon_{hc1}(k) = \frac{\overline{u}_{P1}}{\overline{u}_{P1}(k-1)}\varepsilon_{hc1}(k-1) \tag{6-3}$$

$$\varepsilon_{hci}(k) = \frac{\overline{u}_{Pi,(i)}}{\overline{u}_{Pi,(i)}(k-1)}\varepsilon_{hci}(k-1) \tag{6-4}$$

式中　　$\varepsilon_{hc1}(k)$、$\varepsilon_{hci}(k)$——环向索第 k 次初应变迭代调整值；

$\varepsilon_{hc1}(k-1)$、$\varepsilon_{hci}(k-1)$——环向索第 $k-1$ 次迭代计算的初应变结果；

$\overline{u}_{P1}$、$\overline{u}_{Pi,(i)}$——水平径向位移的目标值；

$\overline{u}_{P1}(k-1)$、$\overline{u}_{Pi,(i)}(k-1)$——第 $k-1$ 次迭代计算的水平径向位移结果。

3. 算例分析

如图 6-34 所示，联方型弦支穹顶直径为 80m，矢跨比为 1/12。上部单层网壳杆件均采用 $\phi 203 \times 10$ 钢管，并通过刚性节点相连。下部索杆体系共布置了 3 圈，拉索材料选用 1670 级半平行扭绞型钢丝束索，其中环向索由内到外分别为 PES C5-61，PES C5-91，PES C5-121，径向索均为 PES C5-55，撑杆统一采用 $\phi 168 \times 8$ 钢管，由内到外长度分别为 4.889m，5.723m，6.556m。边界条件为径向滑动支座，用来设计确定预应力大小的荷载 $q = 1.0 \text{kN/m}^2$。

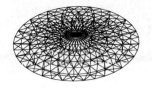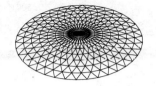

图 6-34　弦支穹顶计算模型

为与《预应力钢结构技术规程》[12]中所建议的方法进行对比，对该模型的典型构件和关键节点进行了编号（图 6-35）。同时为了简化描述，将规程中建议的方法简称为"规程方法"，自平衡逐圈确定法简称为"本文方法"。为了验证"本文方法"的合理性，从三个方面进行了对比，即：索杆体系内力（表 6-1）、节点竖向位移（图 6-36）、杆件内力（图6-37）。

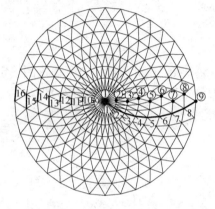

图 6-35　弦支穹顶构件和节点编号

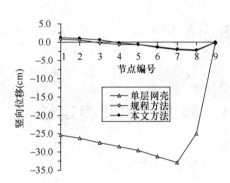

图 6-36　节点竖向位移对比

索杆体系内力对比（kN）　　　　　　　　　　　　　　　表 6-1

	环向索（kN）			径向索（kN）			撑杆（kN）		
	内圈	中圈	外圈	内圈	中圈	外圈	内圈	中圈	外圈
规程方法	85.8	363.3	939.4	16.8	75.8	212.6	11.2	48.0	126.8
本文方法	126.8	396.9	941.2	24.8	82.8	213.0	16.5	52.4	127.2

注：撑杆内力均为轴向压力。

（1）索杆体系内力的分布规律（表 6-1）大致为：外圈基本相等，中圈较为接近，内圈有一定差别，即"本文方法"所确定的内圈索力要大于"规程方法"。

（2）从图 6-36 可看出，两种方法均能显著降低结构的变形，且对应节点的位移量较为接近。由于"本文方法"所确定的内圈索力大于"规程方法"，因此结构中心区域的上挠变形略高于后者。类似地，两种方法均可有效降低结构杆件的内力（图 6-37），且对应杆件的内力也较接近。

（3）虽然两种方法所确定的内圈索力有所不同，但是对上部网壳结构的受力性能影响并不大，这说明了上部网壳结构的自身刚度相对较大，内圈索杆体系对整体结构性能的改善并不显著[16]。另外还应看到，相对于外圈索杆体系，内圈的索力本身就不大，尤其是径向索，在不利风载、半跨活载或雪载作用卜可能会发生松弛现象，而"本文方法"所确

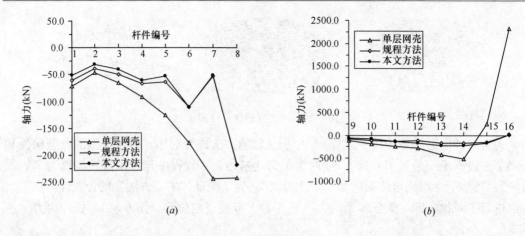

图 6-37　杆件轴力对比

(a) 径向杆件；(b) 环向杆件

定的内圈索力相对较大，可有效避免拉索松弛。

　　综上，两种方法确定的预应力所产生的效果较为一致，由此说明了自平衡逐圈确定法是合理可行的且具有更广泛的适应性，可用于椭圆形或圆形弦支穹顶的预应力设计。

6.3　静力性能及稳定性

6.3.1　基本静力特性

　　静力性能分析是结构计算分析中的重要内容，它为结构设计提供了基本的理论依据，也为其他类型的分析（如：稳定性分析、动力性能分析等）提供了必要的参考[17]。本节选取更具一般性的椭圆形弦支穹顶模型为对象，对其基本静力特性进行分析。

　　1. 计算模型

　　如图 6-38 所示，椭圆形弦支穹顶长轴跨度 80m，短轴跨度 64m，其曲面为一椭圆抛物面，矢高 6.667m（长轴矢跨比为 1/12，短轴矢跨比为 1/9.6）。上部单层网壳选用 K8 型网格，下部索杆体系共布置了 3 圈，由内到外撑杆长度分别为 4.889m，5.723m，6.556m。网壳杆件、撑杆和拉索截面规格，以及节点形式、边界条件均与 6.2.2 节的算例相同。

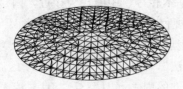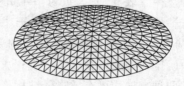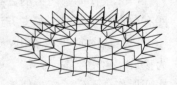

图 6-38　椭圆形弦支穹顶计算模型

　　2. 荷载条件

　　取常规的屋面荷载条件，即：永久荷载标准值 $g = 1.0kN/m^2$（含结构自重），活荷载标准值 $p = 0.5kN/m^2$。根据椭圆形弦支穹顶的几何特征，选用三种典型的荷载组合进行分析（表 6-2）。预应力按 6.2.2 节的设计方法确定，即各圈环向索的初始预张力分别为

（由内到外）：315.6kN，472.8kN 及 731.9kN。

荷 载 组 合 表　　　　　　　　　　　　　表 6-2

编　号	荷载组合 I	荷载组合 II	荷载组合 III
组　合	全跨永久荷载 ＋全跨活荷载	全跨永久荷载 ＋半跨活荷载（长轴方向）	全跨永久荷载 ＋半跨活荷载（短轴方向）
活荷载 分布示意			

3. 分析结果

按照以上模型及荷载条件，对椭圆形弦支穹顶结构进行了静力分析，同时还对比了去掉下部索杆体系的单层网壳的静力特性。

（1）在相同荷载条件下，与对应单层网壳相比，弦支穹顶的节点竖向位移、径环向杆件内力等均有明显的改善。因此，弦支穹顶可显著减小结构变形，调整杆件内力分布，削弱杆件内力峰值，并降低结构的边缘效应，从而改善整体结构的静力性能，使得跨越更大空间成为可能。

（2）对于椭圆形弦支穹顶而言，短轴跨度方向为主要受力方向。在相同荷载组合中，短轴方向的节点位移总体上大于长轴方向的节点位移，对整体结构变形起控制作用。

（3）弦支穹顶的节点竖向位移和杆件内力受荷载分布的影响较大。就本算例而言，除径向杆件内力外，节点竖向位移最大值和环向杆件内力的峰值均出现在活荷载半跨布置的荷载组合，而且是短轴方向的半跨布置。因此，对该类结构进行分析和设计时，应进行荷载不对称分布的验算，找出结构的最不利内力组合，以确保安全。

（4）弦支穹顶的下部索杆体系在荷载态的受力过程中发生了内力重分布，体现了该结构体系具有良好的自适应能力。通过分析可知：当采用固定式索夹时，同一圈的环向索索力在短轴附近较大，长轴附近较小；撑杆轴压力则表现出与此相反的分布规律；由于受到拓扑关系的影响，径向索的索力分布规律不明显。

（5）值得注意的是，下部索杆体系的内力最小值均出现在活荷载半跨布置的荷载组合。对于此类结构，通常由于靠内圈的拉索索力较小，为避免发生松弛现象，荷载不对称分布的验算是必不可少的。

（6）通过线性和非线性计算结果的对比分析，在不同荷载组合下，线性计算的节点竖向位移、杆件内力，以及索杆体系的内力等均与非线性结果较为接近，线性计算所带来的误差能够满足工程精度的要求。由此，在正常使用荷载作用下，弦支穹顶表现出较弱的非线性。

6.3.2　静力性能的参数影响分析

通过系统的参数影响分析，以较全面地了解弦支穹顶的静力性能，为类似结构设计和工程实践提供参考依据。

以图 6-38 的模型为基本模型，进行参数影响分析。结构的基本参数主要包括几何参数、构造参数及荷载参数等[18]。对于荷载参数，仍选取表 6-2 的三种常用荷载组合；对于其他参数，主要考虑了矢跨比、平面形状系数、上部刚性层结构的刚度、预应力大小、撑杆长度、拉索及撑杆截面面积等。

1. 矢跨比对结构静力性能的影响

保持其他参数均不变的基础上，通过弦支穹顶的矢高来改变结构的矢跨比（表 6-3），其中"基本模型"的长轴矢跨比为 1/12，相应的短轴矢跨比为 1/9.6，矢高约 6.667m。

不同矢跨比取值 表 6-3

长轴矢跨比	1/20	1/12	1/10	1/8	1/5
短轴矢跨比	1/16	1/9.6	1/8	1/6.4	1/4
矢 高	4m	6.667m	8m	10m	16m

（1）由图 6-39 可知，弦支穹顶结构的竖向变形受矢跨比影响较大，随着矢跨比的增大，节点最大竖向位移不断减小，但不断增大的矢跨比对结构竖向变形的影响会逐渐减弱；三种荷载组合下，节点最大竖向位移均出现在荷载组合Ⅲ，表明了半跨活荷载沿短轴方向布置对结构竖向变形起控制作用，但随着矢跨比的增大，不同荷载组合下的节点最大竖向位移的差距逐渐减小。支座点水平径向位移也表现出基本类似的规律（图 6-40）。

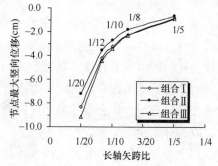

图 6-39 矢跨比对竖向变形的影响

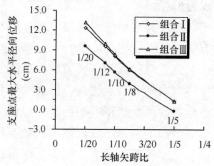

图 6-40 矢跨比对支座位移的影响

（2）表 6-4 中对比了弦支穹顶和单层网壳在不同矢跨比下节点的最大竖向位移，当矢跨比较小时，两者之间的差额较大，但随着矢跨比的增大，两者之间相差较小，由此说明了小矢跨比的弦支穹顶能更有效地发挥下部索杆体系的作用。

不同矢跨比的椭圆形弦支穹顶与单层网壳计算结果对比（节点最大竖向位移） 表 6-4

矢跨比	荷载组合Ⅰ			荷载组合Ⅱ			荷载组合Ⅲ		
	单层网壳 (cm)	弦支穹顶 (cm)	改变量△ (cm)	单层网壳 (cm)	弦支穹顶 (cm)	改变量△ (cm)	单层网壳 (cm)	弦支穹顶 (cm)	改变量△ (cm)
1/20	−60.46	−8.31	52.15	−51.76	−7.24	44.52	−57.32	−9.18	48.14
1/12	−29.65	−4.22	25.43	−24.55	−3.55	21.00	−27.73	−4.47	23.26
1/10	−20.41	−3.23	17.18	−16.89	−2.68	14.21	−19.22	−3.39	15.83
1/8	−13.18	−2.23	10.95	−11.00	−1.81	9.19	−12.46	−2.31	10.15
1/5	−5.26	−0.84	4.42	−4.49	−0.67	3.82	−5.00	−0.88	4.12

（3）图6-41可看出，矢跨比的改变对弦支穹顶上部杆件轴力的影响较大，但不同的荷载组合对杆件最大拉力和最大压力的影响规律不尽相同。类似地，与单层网壳进行对比，小矢跨比的弦支穹顶才能更好地降低杆件的内力峰值，提高结构的效能。

（4）索杆体系内力也表现出相似的规律，即随矢跨比的增大而减小，且较小的矢跨比对索杆体系内力影响较大（图6-42、图6-43）。从提高结构效率的角度看，较小矢跨比的弦支穹顶拉索索力较大，撑杆轴压力也较大，从而能够充分利用高强材料的强度，并发挥撑杆弹性支撑的优势。

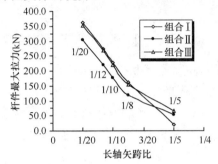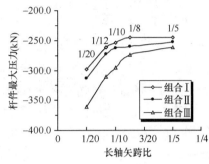

图 6-41 矢跨比对杆件轴力的影响

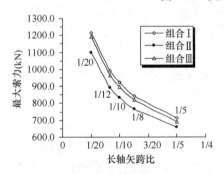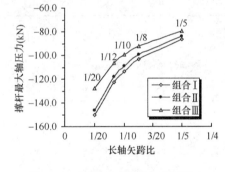

图 6-42 矢跨比对索力的影响　　　　　图 6-43 矢跨比对撑杆内力的影响

2. 平面形状系数对结构静力性能的影响

平面形状系数δ，定义为水平投影椭圆的短轴与长轴之比。在"基本模型"（$\delta=0.8$）的基础上，保持长轴方向的跨度、矢高及其他参数不变，分别取平面形状系数δ为0.6、0.7、0.8、0.9、1.0（表6-5），来考察其对结构静力性能的影响。

不同平面形状系数取值　　　　　　　　　　　　　表6-5

平面形状系数δ	0.6	0.7	0.8	0.9	1.0
长轴跨度（m）	80	80	80	80	80
短轴跨度（m）	48	56	64	72	80

（1）由图6-44可知，平面形状系数δ对弦支穹顶结构的竖向变形影响较大，随着δ的增大，节点的竖向位移不断增加，且增加的速度逐渐加快。活荷载全跨均布对结构竖向变形不起控制作用。支座点水平径向位移也表现出基本类似的规律（图6-49）。

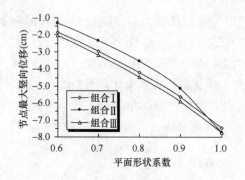

图 6-44 平面形状系数对竖向变形的影响

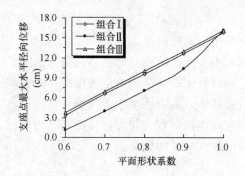

图 6-45 平面形状系数对支座位移的影响

（2）表 6-6 中对比了弦支穹顶和单层网壳在不同平面形状系数下节点的最大竖向位移，最大竖向位移的改变量随着平面形状系数的增大而增加，由此反映了较大平面形状系数的弦支穹顶更能充分发挥该结构体系的优势。究其原因：平面形状系数的增大涉及结构跨度的增加（短轴方向），上部网壳结构的整体刚度将随之减小，从而更有利于下部索杆体系的作用发挥。

不同平面形状系数的椭圆形弦支穹顶与单层网壳计算结果对比（节点最大竖向位移）

表 6-6

平面形状系数	荷载组合 I			荷载组合 II			荷载组合 III		
	单层网壳（cm）	弦支穹顶（cm）	改变量△（cm）	单层网壳（cm）	弦支穹顶（cm）	改变量△（cm）	单层网壳（cm）	弦支穹顶（cm）	改变量△（cm）
0.6	−16.48	−1.85	14.63	−13.62	−1.31	12.30	−15.58	−2.01	13.57
0.7	−22.09	−2.97	19.12	−18.25	−2.34	15.91	−20.75	−3.17	17.57
0.8	−29.65	−4.22	25.43	−24.55	−3.55	21.00	−27.73	−4.47	23.26
0.9	−40.10	−5.61	34.48	−34.41	−5.13	29.28	−37.07	−5.91	31.15
1.0	−55.59	−7.45	48.14	−50.21	−7.71	42.50	−50.21	−7.71	42.50

（3）如图 6-46～图 6-48 所示，平面形状系数 δ 对上部网壳杆件轴力及下部索杆体系内力的影响也较明显，其中对撑杆内力的影响规律相对复杂。

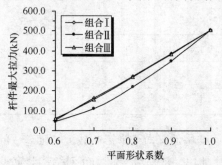

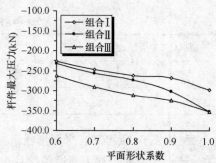

图 6-46 平面形状系数对杆件轴力的影响

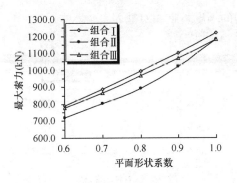

图 6-47 平面形状系数对索力的影响

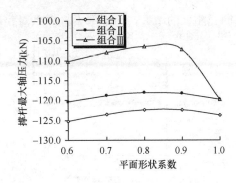

图 6-48 平面形状系数对撑杆内力的影响

3. 上部刚性层结构的刚度对结构静力性能的影响

保持结构跨度、矢高、节点形式、网格形状及尺寸、下部索杆体系等均不变的情况下，上部刚性层结构（这里为单层网壳）的刚度主要取决于结构杆件的刚度，即主要包括杆件的轴向刚度 E_0A_0 和抗弯刚度 E_0I_0（非铰接节点）。令"基本模型"的网壳杆件刚度为单位 1，通过改变杆件刚度系数（EA/E_0A_0 及 EI/E_0I_0）来分析结构静力性能的变化规律。

（1）由图 6-49 中可看出，随着杆件刚度的增大，节点最大竖向位移随之减小，但杆件刚度对结构竖向变形的影响会逐渐减弱，支座点水平径向位移也表现出类似的规律（图 6-50）。此外，三种荷载组合下，节点最大竖向位移和支座点最大水平径向位移均出现在荷载组合Ⅲ。

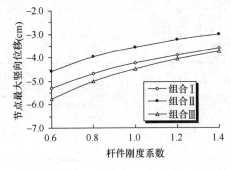

图 6-49 杆件刚度对竖向变形的影响

图 6-50 杆件刚度对支座位移的影响

（2）从图 6-51～图 6-53 可知，杆件刚度的增大，使杆件轴力不断增大，但使索杆体系内力逐渐减小，这体现了弦支穹顶结构刚度的重新分配，即：杆件刚度的增加导致了上

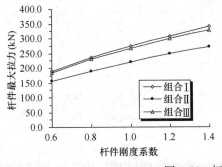

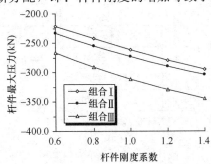

图 6-51 杆件刚度对杆件轴力的影响

部网壳刚度的增大，而下部索杆体系对整体结构的刚度贡献相对减弱。

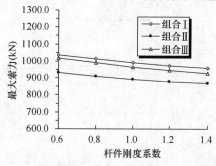

图 6-52　杆件刚度对索力的影响

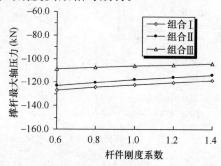

图 6-53　杆件刚度对撑杆内力的影响

（3）表 6-7 和表 6-8 分别对比了弦支穹顶和单层网壳在不同杆件刚度下节点的最大竖向位移和杆件内力，可以看出随杆件刚度的增大，最大竖向位移和杆件内力的改变量都不断减小。表明了由于上部网壳刚度的增大反而不利于弦支穹顶结构体系的优势发挥。

不同杆件刚度的椭圆形弦支穹顶与单层网壳计算结果对比（节点最大竖向位移）　表 6-7

杆件刚度系数	荷载组合 Ⅰ			荷载组合 Ⅱ			荷载组合 Ⅲ		
	单层网壳（cm）	弦支穹顶（cm）	改变量 △（cm）	单层网壳（cm）	弦支穹顶（cm）	改变量 △（cm）	单层网壳（cm）	弦支穹顶（cm）	改变量 △（cm）
0.6	−61.38	−5.29	56.09	−49.27	−4.57	44.69	−55.81	−5.76	50.05
0.8	−39.62	−4.66	34.95	−32.52	−3.95	28.57	−36.79	−5.00	31.78
1.0	−29.65	−4.22	25.43	−24.55	−3.55	21.00	−27.73	−4.47	23.26
1.2	−23.77	−3.88	19.88	−19.78	−3.25	16.52	−22.32	−4.06	18.25
1.4	−19.86	−3.61	16.25	−16.57	−3.01	13.56	−18.69	−3.74	14.95

不同杆件刚度的椭圆形弦支穹顶与单层网壳计算结果对比（杆件轴力）　表 6-8

项目	杆件刚度系数	荷载组合 Ⅰ			荷载组合 Ⅱ			荷载组合 Ⅲ		
		单层网壳（kN）	弦支穹顶（kN）	改变量 △（kN）	单层网壳（kN）	弦支穹顶（kN）	改变量 △（kN）	单层网壳（kN）	弦支穹顶（kN）	改变量 △（kN）
最大拉力	0.6	2676.60	190.39	2486.21	2368.50	157.66	2210.84	2465.50	185.79	2279.71
	0.8	2480.10	235.22	2244.88	2217.70	189.97	2027.73	2311.90	230.35	2081.55
	1.0	2395.50	274.34	2121.16	2151.20	220.92	1930.29	2241.80	267.75	1974.05
	1.2	2347.30	308.91	2038.39	2112.60	247.91	1864.69	2201.00	299.84	1901.16
	1.4	2316.00	339.76	1976.24	2087.30	271.74	1815.56	2174.20	327.80	1846.40
最大压力	0.6	−775.88	−221.41	554.48	−661.23	−233.21	428.03	−759.67	−267.23	492.44
	0.8	−671.21	−242.94	428.28	−594.39	−254.82	339.57	−673.67	−290.90	382.78
	1.0	−627.39	−261.99	365.40	−564.19	−273.53	290.66	−635.97	−311.29	324.68
	1.2	−602.72	−279.04	323.68	−546.67	−289.86	256.81	−614.35	−329.09	285.26
	1.4	−586.78	−294.39	292.39	−535.14	−304.30	230.88	−600.26	−344.80	255.46

4. 预应力对结构静力性能的影响

保持其他参数均不变的基础上，以"基本模型"的拉索初始预张力为标准，来考察不同预应力水平对结构静力性能的影响。

（1）图 6-54 可知，弦支穹顶结构的竖向变形受预应力影响较大，随着预应力水平的提高，节点最大竖向位移不断减小，且不同荷载组合下两者之间基本呈线性变化关系，这既表明了预应力的施加可有效调整结构的变形，也反映出结构的非线性特征不明显。

（2）预应力对支座位移的影响亦较为显著（图 6-55），随着预应力的增大，支座点最大水平径向位移不断减小，两者之间同样表现为近似的线性变化关系。

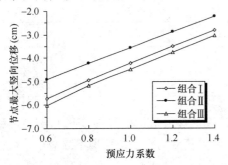 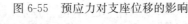

图 6-54　预应力对竖向变形的影响　　　图 6-55　预应力对支座位移的影响

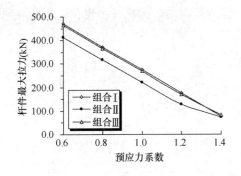 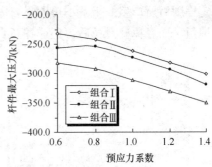

图 6-56　预应力对杆件轴力的影响

（3）图 6-56 可反映出，预应力的增大可明显降低上部杆件的最大拉力，但也使杆件的最大压力有所增加。因此，如果预应力水平过高，不但改善不了结构的静力性能，而且会加重结构自身的负担，当然过小的预应力也不能充分发挥弦支穹顶结构体系的优势。

（4）预应力的改变自然会对索杆体系的内力产生影响（图 6-57、图 6-58），随着预应力水平的提高，最大索力和撑杆最大轴压力大致呈线性增长。

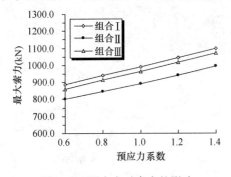 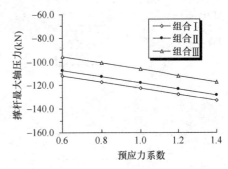

图 6-57　预应力对索力的影响　　　图 6-58　预应力对撑杆内力的影响

5. 撑杆长度对结构静力性能的影响

保持其他参数均不变的基础上，通过长轴位置处各圈径向斜索与水平面间的夹角来改变各圈撑杆的长度，如表 6-9 所示，其中，"基本模型"在长轴位置处径向索与水平面间的夹角为 20°。

不同撑杆长度的计算模型示意 表 6-9

夹角	15°	20°	25°	30°	35°
	内圈 3.929m	内圈 4.889m	内圈 5.913m	内圈 7.024m	内圈 8.252m
撑杆长度	中圈 4.763m	中圈 5.723m	中圈 6.746m	中圈 7.857m	中圈 9.085m
	外圈 5.596m	外圈 6.556m	外圈 7.580m	外圈 8.690m	外圈 9.919m

（1）由图 6-59、图 6-60 可看出，撑杆长度对弦支穹顶结构的竖向变形和支座位移影响较大，随着撑杆长度的增大，节点的竖向位移和支座点的水平位移均不断减小。分析可知：在相同拉索预应力作用下，撑杆长度的增加，使得撑杆的竖向分力变大（图 6-63），从而可以有效减小结构的竖向变形和水平支座位移。但是从图中可看出，撑杆长度增加到一定程度后所产生效果就不再明显，因此，如同拉索的预应力，撑杆长度也存在一个合理的取值，而且撑杆过长后，还应注意自身的稳定性。

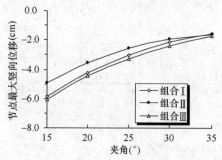

图 6-59 撑杆长度对竖向变形的影响

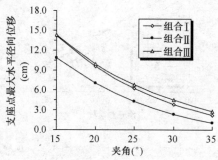

图 6-60 撑杆长度对支座位移的影响

（2）从图 6-61～图 6-63 可知，撑杆长度的增加可有效降低上部杆件和下部拉索的内力峰值，但也提高了撑杆的轴压力，同样，当撑杆长度增加到一定程度后，内力峰值改变的效果也不再明显。

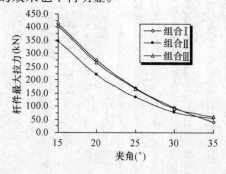

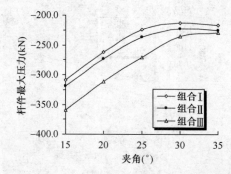

图 6-61 撑杆长度对杆件轴力的影响

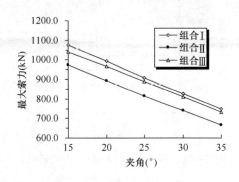

图 6-62 撑杆长度对索力的影响

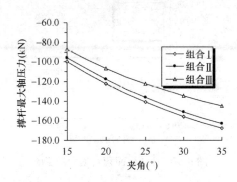

图 6-63 撑杆长度对撑杆内力的影响

6. 拉索面积对结构静力性能的影响

保持其他参数均不变的条件下，分别改变环向索和径向索的面积，来考察各自对结构静力性能的影响。仅以环向索为例，令"基本模型"的环向索面积为单位 1，同时改变各圈环向索的面积。

由图 6-64、图 6-65 可知，环向索面积的增加会降低结构的竖向变形和水平支座位移，但降幅不明显。同样，环向索面积的增加会降低上部杆件的内力峰值（图 6-66），其中杆件最大压力的降低程度要大于最大拉力。而环向索面积的改变对索杆体系的内力基本没有影响（图 6-67、图 6-68）。

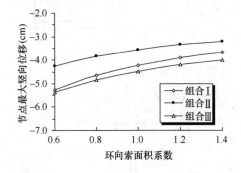

图 6-64 环向索面积对竖向变形的影响

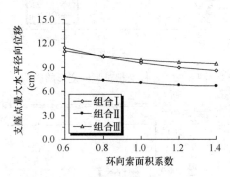

图 6-65 环向索面积对支座位移的影响

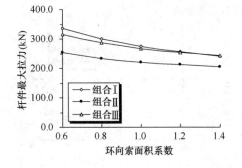

图 6-66 环向索面积对杆件轴力的影响

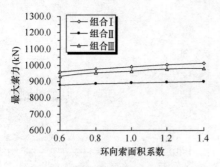

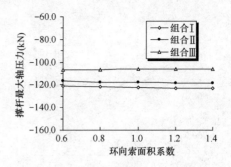

图 6-67　环向索面积对索力的影响　　　　图 6-68　环向索面积对撑杆内力的影响

7. 撑杆面积对结构静力性能的影响

保持其他参数均不变的基础上，以"基本模型"的撑杆截面面积为标准，来考察不同撑杆面积对结构静力性能的影响。

由图 6-69～图 6-73 可知，撑杆面积对弦支穹顶结构竖向变形、支座点水平径向位移、上部网壳杆件轴力及索杆体系内力等基本没有影响。

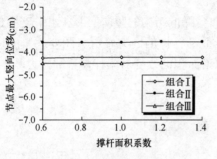

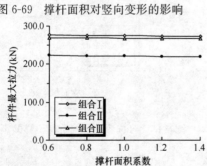

图 6-69　撑杆面积对竖向变形的影响　　　　图 6-70　撑杆面积对支座位移的影响

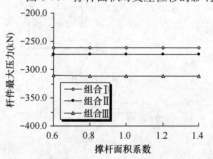

图 6-71　撑杆面积对杆件轴力的影响

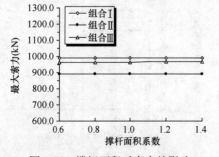

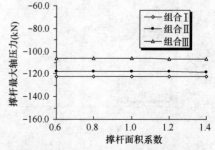

图 6-72　撑杆面积对索力的影响　　　　图 6-73　撑杆面积对撑杆内力的影响

综上，通过上述多种参数的详细分析，可知：

（1）矢跨比的影响较为显著，且小矢跨比的弦支穹顶更利于发挥该结构体系的优势。

（2）对于椭圆形弦支穹顶来说，平面形状系数 δ 对结构静力性能的影响较大，平面形状系数的增大更有利于结构受力性能的改善。

（3）杆件刚度对结构静力性能具有一定的影响，建议上部刚性层结构的刚度不宜过大，以进一步发挥下部索杆体系的作用。

（4）预应力的影响较为显著，但预应力水平过高时，不但改善不了结构的静力性能，而且会加重结构自身的负担，当然过小的预应力也不能充分发挥弦支穹顶结构体系的优势。因此，应当选择合理的预应力水平，才能有效改善整体结构的静力性能。

（5）撑杆长度的影响较大，较长的撑杆可有效改善结构的静力性能，但撑杆过长将不利于自身的稳定性，且会降低建筑的净空高度。

（6）拉索面积（包括环向索和径向索）的影响不大，因此，通常情况下，不建议通过增大拉索面积来改善结构的静力性能。

（7）撑杆面积对结构静力性能基本没有影响，因此，在选择撑杆截面大小时，仅需考虑自身的稳定性即可。

6.3.3 基本稳定性能

稳定性是薄壳结构、网壳结构等分析设计中的关键问题，而且随着结构跨度的增大，稳定性问题将变得更加突出[6,18]。弦支穹顶源于单层网壳和索穹顶体系，可认为是网壳结构的一种衍生形式，因而它既包含网壳结构的部分特征，也具有自身新的结构特点，虽然索杆体系中的撑杆为上部网壳提供了多点弹性支撑，可有效改善结构的稳定性能，但由于弦支穹顶一般多用于大跨度及超大跨度结构，而且通常比较扁平（矢跨比较小）[6,19-21]，所以稳定性问题同样值得关注。

相对于圆形弦支穹顶，椭圆形弦支穹顶的结构刚度及内力分布不均匀，荷载作用下结构受力和变形较为复杂。因此本节和6.3.4节主要结合典型算例，对大跨椭圆形弦支穹顶的稳定性进行较为系统的分析，以得出相关有价值的结论。

1. 计算模型与荷载条件

仍采用图 6-38 的椭圆形弦支穹顶模型，稳定性分析的初始参考荷载取用标准组合 $(1.0g+1.0p)$，其中：g 为永久荷载标准值，取 $g=1.0\text{kN/m}^2$（含结构自重）；p 为活荷载标准值，取 $p=0.5\text{kN/m}^2$，且考虑活荷载的全跨和半跨布置（参照表6-2）。

2. 非线性屈曲分析

由于线性特征值屈曲通常会过高估计结构的稳定承载力，且无法反映结构的荷载-位移全过程工作性能。然而，众多结构的稳定承载能力恰恰是由结构的屈曲后性能所决定，对缺陷敏感的网壳结构更是如此[18]。源于网壳结构的弦支穹顶同样应进行荷载-位移全过程的非线性屈曲分析。

（1）由表 6-10 可知，三种荷载组合下弦支穹顶的稳定承载力均显著高于相应的单层网壳。

椭圆形弦支穹顶与单层网壳非线性屈曲分析的极限荷载　　　　表 6-10

荷载组合	单层网壳（kN/m²）	弦支穹顶（kN/m²）
荷载组合 Ⅰ	2.89	10.25
荷载组合 Ⅱ	2.97	10.37
荷载组合 Ⅲ	2.95	10.75

（2）从图 6-74 可看出，弦支穹顶在三种荷载组合下荷载-位移曲线的线型较为相似，即当荷载大小达到极限荷载时（第一个临界点处的荷载值），结构发生屈曲，屈曲后在节点位移不断增加的同时，荷载呈小幅下降趋势，然后再次出现荷载的上升段，并且荷载不断增加，出现强化趋势。这种屈曲形式类似于经典的 Williams 双杆体系，由于弦支穹顶结构的矢跨比较小，屈曲时局部薄弱区域突然出现凹陷，从而发生 snap-through 现象。从屈曲时的结构位移形态图可看出（图 6-76），三种荷载组合下局部凹陷区域均位于内环索和中环索之间的一圈网壳环杆处，由于该圈环杆的节点下方未布置撑杆，环杆上的某些节点发生屈曲后将形成局部凹陷。虽然屈曲后再次出现了荷载的上升段，但由于结构的变形已经很大，对实际结构来说已无法满足正常使用的要求。

（3）与弦支穹顶相比较，相应的单层网壳表现出不同的屈曲特点。从图 6-75 可看出，当单层网壳发生屈曲后，荷载迅速降低，节点位移持续增大，结构的承载能力下降很快。从屈曲时的结构位移形态图（图 6-77）可看出，单层网壳的屈曲出现较大范围的整体下挠，此现象较直观地解释了结构承载能力下降很快的原因。

因此，由于下部索杆体系的引入，可提高上部网壳的面外刚度，从而增强弦支穹顶结构的抗屈曲性能。

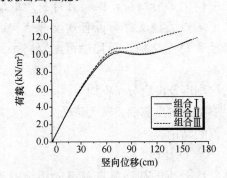 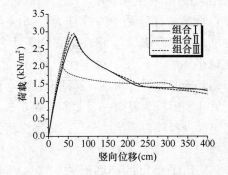

图 6-74　椭圆形弦支穹顶荷载-位移曲线　　　图 6-75　单层网壳荷载-位移曲线

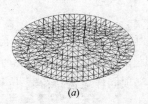 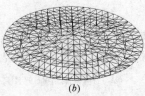 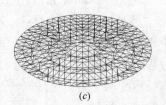

图 6-76　椭圆形弦支穹顶屈曲时的位移形态
（a）荷载组合Ⅰ；（b）荷载组合Ⅱ；（c）荷载组合Ⅲ

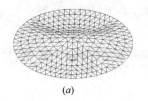 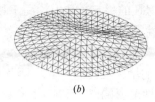 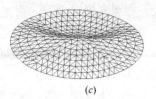

図 6-77　单层网壳屈曲时的位移形态

（*a*）荷载组合Ⅰ；（*b*）荷载组合Ⅱ；（*c*）荷载组合Ⅲ

6.3.4　稳定性的参数影响分析

仍以图 6-38 的模型为基本模型，进行相关参数影响分析（参数选取与 6.3.2 节类似）。限于篇幅，仅考虑活荷载按全跨布置的情况，并选取非线性分析结束时竖向位移最大的节点为代表点，以该点的荷载-位移曲线来考察结构的稳定性能，其中，取荷载-位移曲线上第一个临界点处的荷载值作为结构的极限荷载。

1. 矢跨比对结构稳定性的影响

（1）由图 6-78、图 6-79 可知，矢跨比对弦支穹顶和相应单层网壳的稳定性影响较大，稳定极限荷载均随着矢跨比的增大而提高。其中，单层网壳的极限荷载随着矢跨比的增大而近似线性提高，但对于弦支穹顶来说，当矢跨比增大到一定程度后，极限荷载的增幅有所下降，由此表明若仅通过增大矢跨比来提高弦支穹顶结构的稳定承载力并非最佳选择。

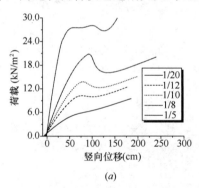 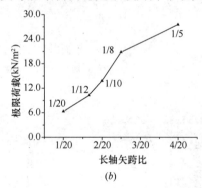

图 6-78　矢跨比对结构稳定性的影响（椭圆形弦支穹顶）

（*a*）荷载-位移曲线（改变长轴矢跨比）；（*b*）极限荷载

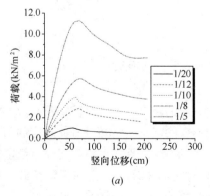 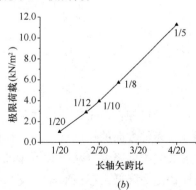

图 6-79　矢跨比对结构稳定性的影响（单层网壳）

（*a*）荷载-位移曲线（改变长轴矢跨比）；（*b*）极限荷载

（2）在相同矢跨比下，弦支穹顶的稳定承载力均高于相应的单层网壳，且小矢跨比的弦支穹顶更利于改善结构的稳定性能。

（3）荷载-位移全过程曲线同样可以反映结构刚度的变化特征，从图 6-78、图 6-79 中的荷载-位移曲线可看出，矢跨比的增大能提高弦支穹顶及单层网壳的结构刚度。

2. 平面形状系数对结构稳定性的影响

（1）从图 6-80、图 6-81 可看出，平面形状系数 δ 对弦支穹顶及相应单层网壳的稳定性影响较大。对于单层网壳，随着 δ 的增大，结构的稳定承载力不断下降，但下降的幅度逐渐减缓。相比之下，弦支穹顶受平面形状系数的影响规律较为复杂，当 δ 不超过 0.9 时，其极限荷载随 δ 的增大而减小，而当 $\delta=1.0$ 时，其极限荷载为 $9.46kN/m^2$，反而超过 $\delta=0.9$ 时极限荷载的 14.3%。

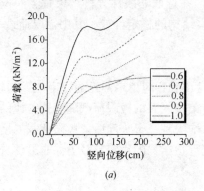
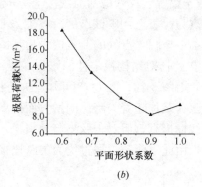

图 6-80　平面形状系数对稳定性的影响（椭圆形弦支穹顶）
（a）荷载-位移曲线（改变平面形状系数 δ）；（b）极限荷载

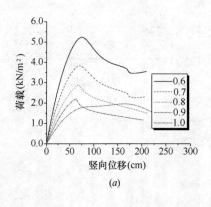
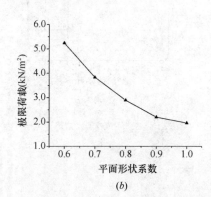

图 6-81　平面形状系数对稳定性的影响（单层网壳）
（a）荷载-位移曲线（改变平面形状系数 δ）；（b）极限荷载

分析原因可知：由于保持了"基本模型"长轴方向的跨度不变，平面形状系数 δ 的增加实际就是短轴方向的跨度在增加。在其他条件均不变的基础上，短轴方向跨度的增加将使结构的竖向刚度降低（从荷载-位移曲线图上可明显反映），通常来看，结构的稳定极限承载力应该随之降低。然而对于弦支穹顶，$\delta=1.0$ 时反而出现了较高的极限荷载，这是因为 δ 增大的过程是结构水平投影由椭圆向圆形渐近的过程，极限情况下椭圆形弦支穹顶就变为了圆形弦支穹顶。虽然圆形弦支穹顶是椭圆形弦支穹顶的一个特例，两者在受力方式上也大致为辐射状受力，但彼此间存在一定的差异。椭圆形弦支穹顶是双轴对称结构，辐射状受力较不均匀，其中短轴方向为主要受力方向，尤其当δ较小时会更加明显；而圆形弦支穹顶为多轴对称结构，结构整体为均匀的辐射状受力体系，可充分发挥上部网壳和下部索体体系的整体效能。

（2）相同平面形状系数下，弦支穹顶的稳定承载力均显著高于单层网壳，且较大平面形状系数的弦支穹顶更有利于改善结构的稳定性能。

3. 上部刚性层结构的刚度对结构稳定性的影响

（1）由图 6-82、图 6-83 可看出，弦支穹顶和相应单层网壳的稳定极限荷载随杆件刚度的增大而提高，且两者基本成线性变化关系。

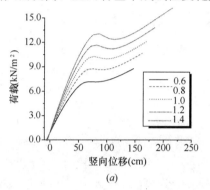 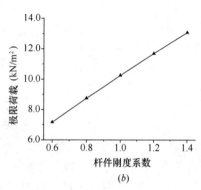

(a)　　　　　　　　　(b)

图 6-82　杆件刚度对稳定性的影响（椭圆形弦支穹顶）

(a) 荷载-位移曲线（改变杆件刚度系数）；(b) 极限荷载

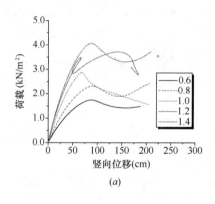 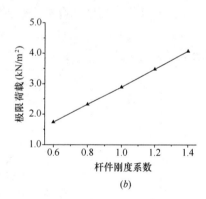

(a)　　　　　　　　　(b)

图 6-83　杆件刚度对稳定性的影响（单层网壳）

(a) 荷载-位移曲线（改变杆件刚度系数）；(b) 极限荷载

（2）相同的杆件刚度系数，由于下部索杆体系的引入，可明显提高了弦支穹顶结构的稳定承载力。但随着杆件刚度系数的增加，弦支穹顶的优势反而削弱。由此说明了上部网壳杆件刚度的增大，使得下部索杆体系对整体结构的贡献相对减弱，反而不利于结构稳定性能的改善。

4. 预应力对结构稳定性的影响

（1）由图 6-84 可知，椭圆形弦支穹顶的稳定极限荷载随着预应力水平的提高而增加，但极限荷载的增幅并不明显。因此，预应力水平对提高结构极限承载力的贡献较小。

（2）对于弦支穹顶，在正常使用阶段，合理拉索预应力的施加可有效调整结构的变形，降低杆件内力峰值，并减轻对下部支承体系的负担，但是并不能通过改变预应力大小来显著提高结构的极限承载力。因此，在满足正常使用阶段结构各项性能指标的前提下，预应力值不宜取得过高。

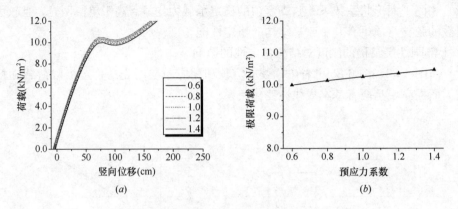

(a)   *(b)*

图 6-84   预应力对稳定性的影响
（*a*）荷载-位移曲线（弦支穹顶）；（*b*）极限荷载（单层网壳）

5. 撑杆长度对结构稳定性的影响

（1）由图 6-85 可知，撑杆长度对弦支穹顶结构的稳定性影响较大。荷载-位移曲线反映了撑杆长度的增加既增大了结构的刚度，也改善了结构的稳定性能。结构的极限荷载随撑杆长度的增加而提高，且提高的幅度有加大的趋势。

（2）虽然撑杆长度的增加有利于改善结构的稳定性能，但受压撑杆过长后，既影响建筑净空，也影响到自身的稳定性问题，一旦撑杆自身发生屈曲，整体结构因失去弹性支撑，极限承载力会迅速下降。因此，撑杆自身的稳定性问题不容忽视。

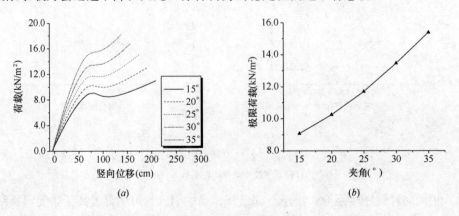

(a)   *(b)*

图 6-85   撑杆长度对稳定性的影响（椭圆形弦支穹顶）
（*a*）荷载-位移曲线（改变撑杆长度）；（*b*）极限荷载

6. 拉索面积对结构稳定性的影响

在保持其他参数均不变的条件下，分别改变环向索和径向索的面积，来考察各自对结构稳定性的影响。

（1）由图 6-86、图 6-87 可知，弦支穹顶结构的极限荷载随环向索、径向索面积的增加而提高，但受两者的影响均较小。

（2）从荷载-位移曲线图中可看出，环向索面积的改变对结构刚度略有影响，而径向索面积的改变对结构刚度的影响甚微。总的来说，拉索面积对结构刚度的影响不明显。

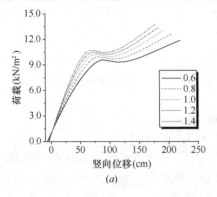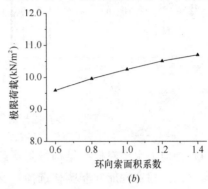

图 6-86　环向索面积对稳定性的影响（椭圆形弦支穹顶）

(a) 荷载-位移曲线（改变环向索面积）；(b) 极限荷载

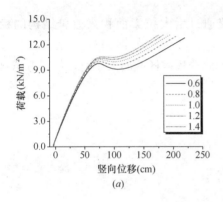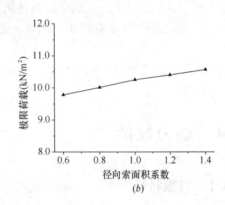

图 6-87　径向索面积对稳定性的影响（椭圆形弦支穹顶）

(a) 荷载-位移曲线（改变径向索面积）；(b) 极限荷载

7. 撑杆面积对结构稳定性的影响

图 6-88 给出了不同撑杆面积对弦支穹顶稳定性的影响结果，可看出 5 条荷载-位移曲线几乎重合，由此说明了撑杆面积的变化对弦支穹顶结构的稳定性基本没有影响。

综上，通过上述多种参数的详细分析，可知：

（1）矢跨比的影响较为显著，虽然矢跨比的增大总体上提高了整体结构的稳定承载力，但不能充分体现弦支穹顶的结构优势，小矢跨比的弦支穹顶更利于下部索杆体系的作用发挥。

（2）平面形状系数 δ 的影响较明显，平面形状系数较大的弦支穹顶更有利于改善结构的稳定性能，而且圆形弦支穹顶（$\delta=1$）的稳定性特征与一般意义的椭圆形弦支穹顶（$\delta<1$）有所差别。

（3）杆件刚度的影响较大，但上部刚性层结构刚度不宜过大，以进一步发挥下部索杆体系的作用。

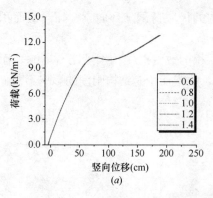 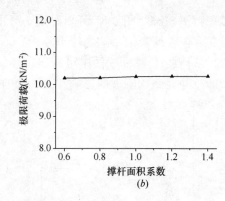

(a)   (b)

图 6-88   撑杆面积对稳定性的影响（椭圆形弦支穹顶）

(a) 荷载-位移曲线（改变撑杆面积）；(b) 极限荷载

（4）预应力水平对提高结构极限承载力的贡献较小，若单纯通过增大拉索预应力来改善弦支穹顶的稳定性能并非明智选择，反而可能带来其他不利影响，因此，在满足正常使用阶段结构各项性能指标的前提下，预应力值不宜取得过高。

（5）撑杆长度的影响较大，较长的撑杆可有效提高弦支穹顶的稳定承载力，但撑杆过长将不利于自身的稳定性，也会影响建筑的净空。

（6）拉索面积的影响较小，因此一般不建议通过增大拉索面积来改善结构的稳定性能。

（7）撑杆面积对结构稳定性基本没有影响，因此选择撑杆截面大小时，仅需考虑自身的稳定性即可。

6.4 动力性能

6.4.1 自振特性

结构的动力响应不仅与外动力荷载有关系，还与结构本身的自振特性密不可分。作为结构的固有动力指标，自振特性是结构动力分析的基础[22-25]。

1. 计算模型

仍以图 6-38 的椭圆形弦支穹顶为基本模型，边界条件为固定铰支座，将均布荷载 $1.0kN/m^2$ 考虑为重力荷载代表值，预应力按 6.2.2 节的设计方法确定，即各圈环向索的初始预张力分别为（由内到外）：103.0kN，307.9kN 及 749.5kN。

2. 分析结果

采用分块 Lanczos 法提取前 25 阶自振频率（图 6-89），限于篇幅，仅列出前 10 阶振型，如图 6-90 所示。

由图 6-89 可知，结构自振频率具有如下特点：

（1）结构基频较小，为 3.7547Hz，前 6 阶频率跳跃比较大，第 6 阶频率为 5.3150Hz，后 19 阶

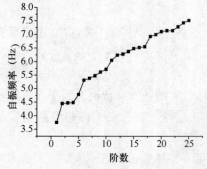

图 6-89   椭圆形弦支穹顶前 25 阶自振频率

频率基本成线性增长，变化较平缓。

（2）第 2～4 阶、12～13 阶、15～17 阶、20～22 阶频率之间出现大小相近或相同的频率对（在解广义特征方程时出现重根），这是由于结构本身具有双轴对称，因此分析结果反映了结构的对称性。

（3）具有大跨预应力空间结构频谱密集的特点，各阶频率相差很小。从数值上看，前 25 阶频率范围在 3.7547～7.5158Hz，频率区间长度仅为 3.7611Hz，幅度变化范围较小，没有明显跳跃频率，频谱较为密集，可以判断弦支穹顶结构属于频率密集型结构。频谱密集性也反映了结构具有较复杂的动力特性。

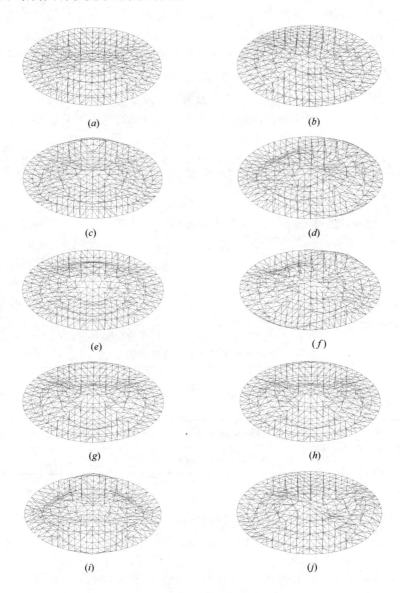

图 6-90　椭圆形弦支穹顶前 10 阶振型

(a) 第 1 阶振型；(b) 第 2 阶振型；(c) 第 3 阶振型；(d) 第 4 阶振型；(e) 第 5 阶振型；(f) 第 6 阶振型；(g) 第 7 阶振型；(h) 第 8 阶振型；(i) 第 9 阶振型；(j) 第 10 阶振型

根据图 6-90 可得出：

（1）结构振型包括了水平向振动、竖向振动和扭转振动。在对称荷载作用下，由于结构具有双轴对称，低阶振型呈对称或反对称分布。

（2）除个别振型外，椭圆形弦支穹顶结构均以整体水平振动和竖向振动为主，扭转振动较不明显，说明结构刚度分布比较均匀，杆件布置较合理。

（3）第 1、2 阶振型以水平向振动为主，与竖向刚度相比，该弦支穹顶的水平刚度相对较弱；第 3 阶振型表现为水平和竖向振动的耦合，扭转振动较不明显；第 4 阶振型在第 3 阶振型的基础上扭转振动加剧，水平振动较不明显；第 5、7 阶振型在第 3 阶振型的基础上竖向振动加剧，以竖向振动为主；第 6 阶振型表现为竖向和扭转振动的耦合，水平振动不明显；第 8 阶振型下部索杆体系表现为较剧烈的水平和竖向振动，同时存在扭转振动分量，而上部刚性层网壳以竖向振动为主，且较不明显；第 9 阶振型表现为较剧烈的竖向振动，水平和扭转振动不明显；第 10 阶振型竖向振型非常剧烈，水平振动亦较明显。

综上，椭圆形弦支穹顶结构频谱密集，振型较为复杂，主要表现为水平向和竖向振动交替、耦合出现，部分振型伴有扭转振动。由于结构双轴对称，低阶振型多呈对称或反对称分布。

6.4.2 基本地震反应分析

1. 计算模型

采用上节自振特性分析的模型，按照 8 度多遇地震考虑，设计地震分组为第一组，场地土类别为 II 类。依据现行规范[26]，地震波的最大水平加速度值为 110cm/s^2（设计基本地震加速度 $0.30g$），当水平向和竖向地震波同时输入时，竖向加速度值取水平加速度值的 0.65 倍，即最大竖向加速度值为 71.5cm/s^2。这里选用 El-centro 波，调整其加速度峰值，并进行单维（竖向 Z 向）和二维（YZ 向，其中 Y 向为沿椭圆形弦支穹顶的短轴方向）地震反应分析（表 6-11）。

不同计算工况下的加速度峰值　　　　　　　　　　表 6-11

工况	烈度	地震波	加速度峰值（cm/s^2）	
			Y 向	Z 向
1	8 度多遇地震	El-centro（UP）	—	110
2		El-centro（NS+UP）	110	71.5

2. 分析结果

为便于表述，对弦支穹顶计算模型的典型构件以及关键节点进行编号（取 1/4 对称结构，图 6-91）。通过时程分析，对弦支穹顶和去掉下部索杆体系的单层网壳进行对比。

（1）关键节点竖向位移响应

选取以下典型节点：椭圆中心 25 号节点，短轴方向 19 号节点，长轴方向 28 号节点。时程曲线如图 6-92～图 6-97 所示。可看出：在 Z 向、YZ 向地震激励下，弦支穹顶典型节点的竖向变形响应总体上小于相应的单层网壳，由此表明了下部索杆体系可有效调节结构变形。

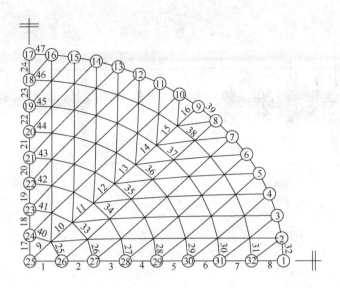

图 6-91　弦支穹顶上部构件和支座点编号

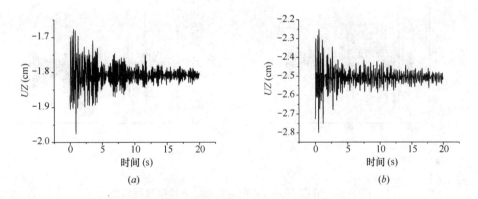

图 6-92　节点 19 在 Z 向地震激励下位移时程曲线

(a) 弦支穹顶；(b) 单层网壳

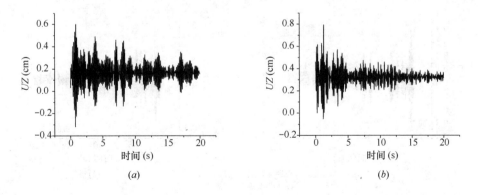

图 6-93　节点 25 在 Z 向地震激励下位移时程曲线

(a) 弦支穹顶；(b) 单层网壳

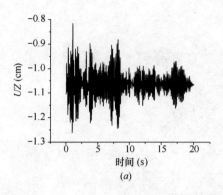
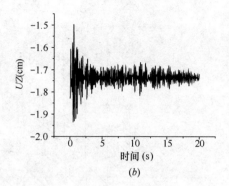

图 6-94　节点 28 在 Z 向地震激励下位移时程曲线

（a）弦支穹顶；（b）单层网壳

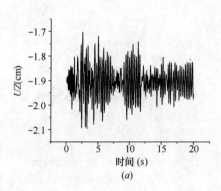
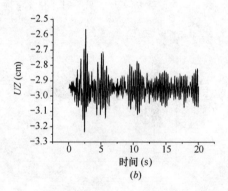

图 6-95　节点 19 在 YZ 向地震激励下位移时程曲线

（a）弦支穹顶；（b）单层网壳

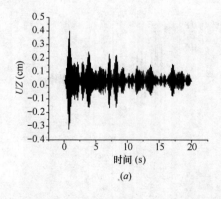
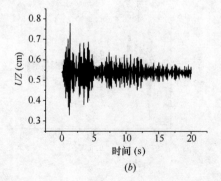

图 6-96　节点 25 在 YZ 向地震激励下位移时程曲线

（a）弦支穹顶；（b）单层网壳

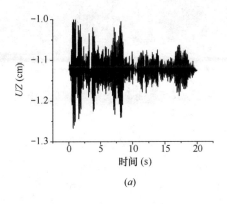

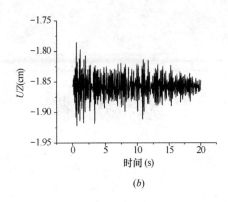

(a)   (b)

图 6-97　节点 28 在 YZ 向地震激励下位移时程曲线
(a) 弦支穹顶；(b) 单层网壳

（2）典型杆件内力响应

选取沿椭圆长轴和短轴方向的典型杆件，即：29、44 号环向杆及 5、21 号径向杆。由图 6-98～图 6-105 和表 6-12 可知：在 Z 向、YZ 向地震激励下，与单层网壳相比，弦支穹顶在减小结构变形响应的同时，也降低了杆件内力响应，且拉索预应力还使得杆件内力趋于相对均匀，从而有利于杆件设计截面的减小和统一。

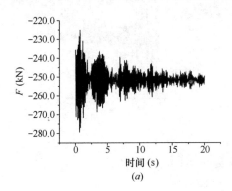

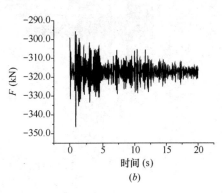

(a)   (b)

图 6-98　杆件 29 在 Z 向地震激励下轴力时程曲线
(a) 弦支穹顶；(b) 单层网壳

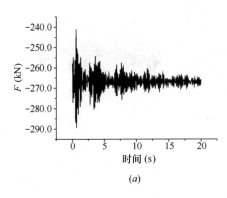

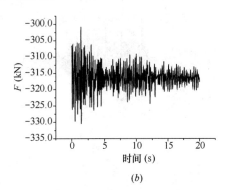

(a)   (b)

图 6-99　杆件 44 在 Z 向地震激励下轴力时程曲线
(a) 弦支穹顶；(b) 单层网壳

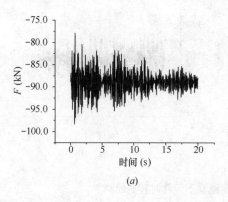

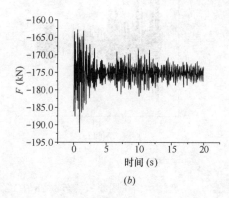

图 6-100　杆件 5 在 Z 向地震激励下轴力时程曲线

(a) 弦支穹顶；(b) 单层网壳

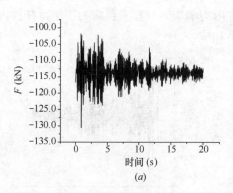

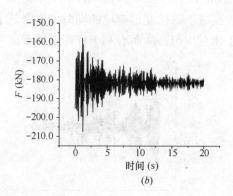

图 6-101　杆件 21 在 Z 向地震激励下轴力时程曲线

（a）弦支穹顶；(b) 单层网壳

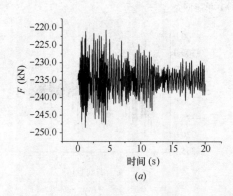

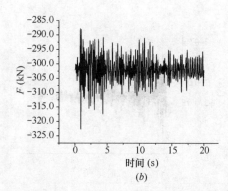

图 6-102　杆件 29 在 YZ 向地震激励下轴力时程曲线

（a）弦支穹顶；(b) 单层网壳

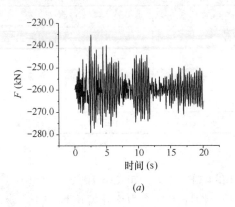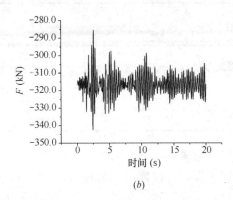

(a)　　　　　　　　　　　(b)

图 6-103　杆件 44 在 YZ 向地震激励下轴力时程曲线
(a) 弦支穹顶；(b) 单层网壳

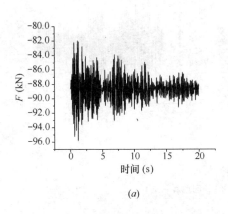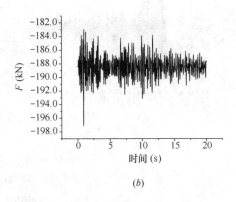

(a)　　　　　　　　　　　(b)

图 6-104　杆件 5 在 YZ 向地震激励下轴力时程曲线
(a) 弦支穹顶；(b) 单层网壳

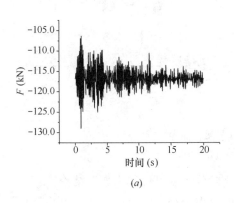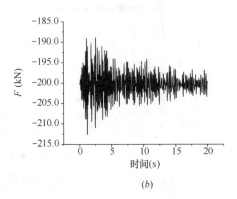

(a)　　　　　　　　　　　(b)

图 6-105　杆件 21 在 YZ 向地震激励下轴力时程曲线
(a) 弦支穹顶；(b) 单层网壳

杆件轴力最大响应值对比   表 6-12

结构类型	构件号	环向杆		径向杆	
	内力	29	44	5	21
弦支穹顶	F_Z (kN)	−279.45	−289.46	−98.36	−130.62
	F_{YZ} (kN)	−248.48	−279.07	−95.79	−129.01
单层网壳	F_Z (kN)	−346.55	−330.50	−192.19	−207.62
	F_{YZ} (kN)	−322.68	−342.36	−197.10	−212.65

（3）索杆体系内力响应

限于篇幅，仅列出内力最大的索段和撑杆的时程曲线，如图 6-106、图 6-107 所示。根据计算结果可知，在 Z 向、YZ 向地震激励下，索杆体系内力变化幅度均较小，究其原因，索杆体系属于自适应性的柔性体系，相对于刚性体系具有良好的耗能能力。

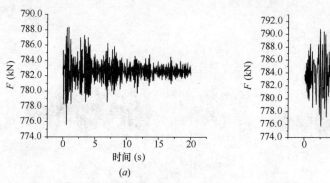

图 6-106　索力时程曲线
(a) Z 向地震激励；(b) YZ 向地震激励

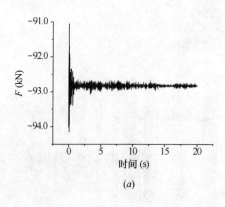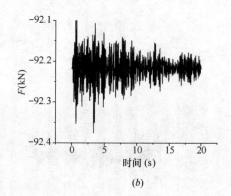

图 6-107　撑杆轴力时程曲线
(a) Z 向地震激励；(b) YZ 向地震激励

综上，通过对椭圆形弦支穹顶结构的地震反应分析，可以得出如下结论：

（1）弦支穹顶典型节点的竖向变形响应总体上小于相应的单层网壳，由此表明了下部索杆体系可有效调节结构变形。

（2）与单层网壳相比，弦支穹顶在减小结构变形响应的同时，也降低了杆件内力响应，且拉索预应力还使得杆件内力趋于相对均匀，从而有利于杆件设计截面的减小和统一。

（3）索杆体系内力响应幅度均较小，究其原因，索杆体系属于自适应性的柔性体系，相对于刚性体系具有良好的耗能能力。

（4）就本例而言，椭圆形弦支穹顶结构地震动力效应总体上较不明显。

6.4.3 地震反应的参数影响分析

与6.3节中静力及稳定性参数分析类似，仍以图6-38的模型为基本模型，进行相关参数的地震反应影响分析。

1. 矢跨比对结构动力性能的影响

（1）由图6-108可以看出，结构的自振频率受矢跨比影响较大，随着矢跨比的增大，各阶自振频率均明显增大。同一矢跨比模型下，均有数值相等的自振频率，这与模型本身具有双对称轴，且大跨预应力空间结构频谱密集等特点相一致。另外，结构基频随矢跨比的增大而不断增大，但影响逐渐趋缓，表明了矢跨比对结构刚度的影响逐渐减弱。

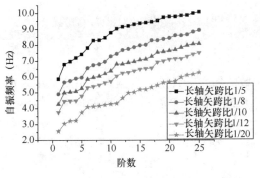

图 6-108　矢跨比对自振频率的影响

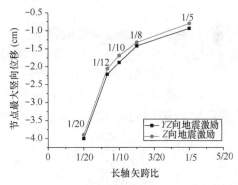

图 6-109　矢跨比对竖向变形的影响

（2）类似地，由图6-109可以知，随着矢跨比的增大，节点的最大竖向位移响应在不同地震激励下不断减小，但减小程度均逐渐减弱。在 YZ 向和 Z 向地震激励下，矢跨比对节点最大竖向位移的影响规律较为相似，节点最大竖向位移出现在 YZ 向地震激励下，但两种地震工况下位移响应峰值差异较小。

（3）由图6-110可以看出，在 YZ 向和 Z 向地震激励下，矢跨比对杆件内力的影响较

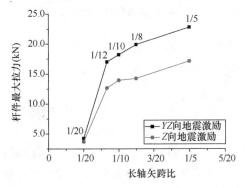

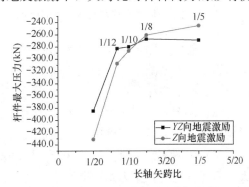

图 6-110　矢跨比对杆件轴力的影响

为复杂，但总体规律相似。随着矢跨比的增大，杆件最大拉力逐渐增大，而最大压力逐渐减小，不断增大的矢跨比对结构上部杆件内力的影响亦会逐渐减弱。

（4）索杆体系内力也表现出相似的规律，即随矢跨比的增大而减小（图6-111、图6-112），且影响逐渐趋缓。与弦支穹顶结构静力性能类似，从提高结构效率的角度看，较小矢跨比的弦支穹顶拉索索力较大，撑杆轴压力也较大，从而能够充分利用高强材料的强度，并发挥撑杆弹性支撑的优势。

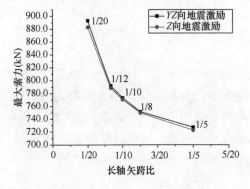

图6-111 矢跨比对索力的影响

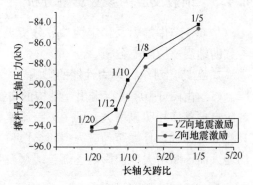

图6-112 矢跨比对撑杆内力的影响

2. 平面形状系数对结构动力性能的影响

（1）由图6-113可以看出，随着平面形状系数的增大，各阶自振频率均不断减小，且高阶频率的减幅相对越大，表明了弦支穹顶的结构刚度随着平面形状系数的增大而减小。

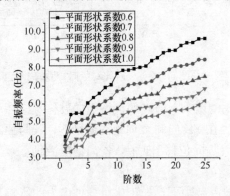

图6-113 平面形状系数对自振频率的影响

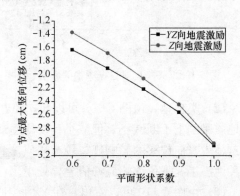

图6-114 平面形状系数对竖向变形的影响

（2）同样，随着平面形状系数的增大，节点最大竖向位移不断增大（图6-114），这与结构刚度不断减小是一致的。在YZ向和Z向地震激励下，平面形状系数对节点最大竖向位移的影响规律类似。

（3）从图6-115可知，杆件内力峰值受平面形状系数影响较大，随着平面形状系数的增大，杆件最大拉力不断减小，而最大压力逐渐增大，但影响逐渐减弱。

（4）由图6-116、图6-117可看出，随着平面形状系数的增大，拉索索力峰值逐渐增大，而撑杆最大轴压力则不断减小。在YZ向和Z向地震激励下，平面形状系数对索杆体系内力影响的总体规律相似。

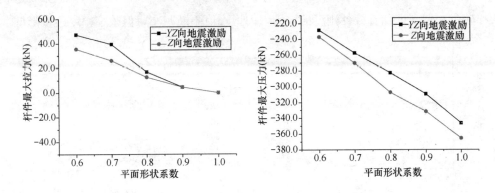

图 6-115 平面形状系数对杆件轴力的影响

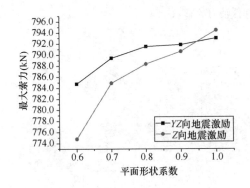

图 6-116 平面形状系数对索力的影响

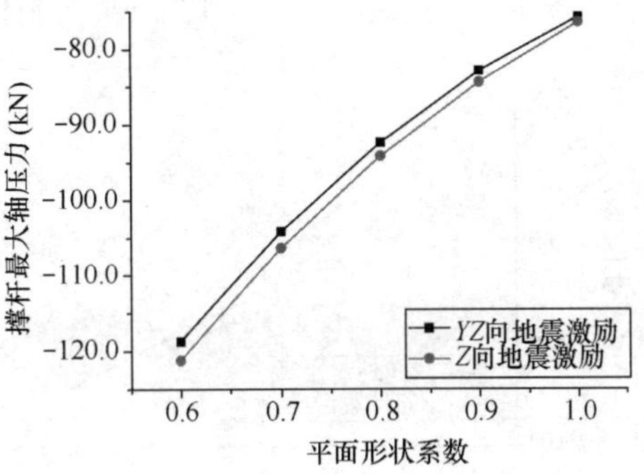

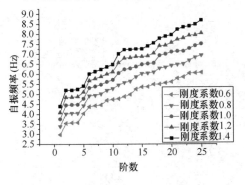

图 6-117 平面形状系数对撑杆内力的影响

3. 上部刚性层结构刚度对结构动力性能的影响

（1）由图 6-118 可知，随着上部刚性层结构刚度（即杆件刚度）的增大，各阶自振频率均不断增大，其中高阶频率的增幅较大，但杆件刚度的影响逐渐减弱。

（2）同样，节点最大竖向位移随着杆件刚度的增加而不断减小（图 6-119）。在 YZ 向和 Z 向地震激励下，杆件刚度对节点最大竖向位移的影响规律相似。

图 6-118 杆件刚度对自振频率的影响

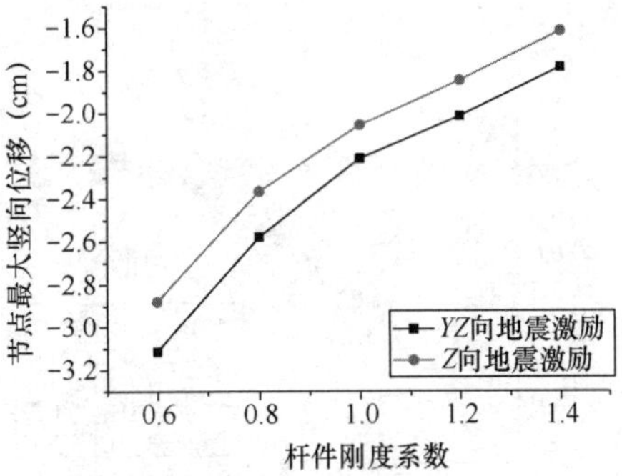

图 6-119 杆件刚度对竖向变形的影响

（3）杆件内力峰值受杆件刚度影响较大，随着杆件刚度的增大，上部刚性层网壳杆件的内力峰值均不断增大（图 6-120）；在 YZ 向和 Z 向地震激励下的影响规律也较相似。

（4）根据图 6-121、图 6-122 可知，在 YZ 向和 Z 向地震激励下索杆体系内力峰值受化规律较为相似，即随着杆件刚度的增大，内力峰值不断减小，但减小幅度逐步降低。

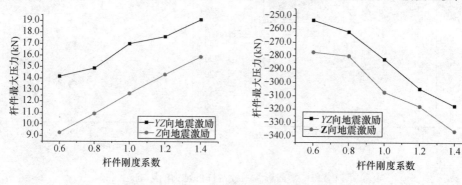

图 6-120　杆件刚度对杆件轴力的影响

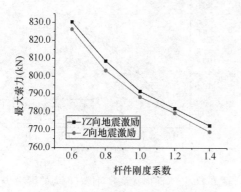

图 6-121　杆件刚度对索力的影响

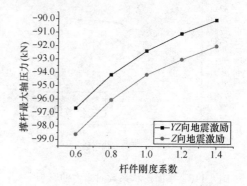

图 6-122　杆件刚度对撑杆内力的影响

4. 预应力对结构动力性能的影响

（1）图 6-123 可看出，不同预应力下各阶自振频率较为接近，随预应力的增大自振频率增幅较小，表明了预应力大小对结构刚度的贡献不明显。

（2）类似地，在 YZ 向和 Z 向地震激励下，预应力的改变对节点最大竖向位移的影响也较小（图 6-124）。

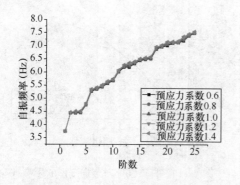

图 6-123　预应力对自振频率的影响

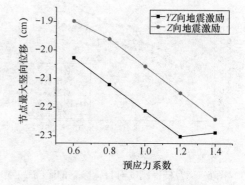

图 6-124　预应力对竖向变形的影响

（3）图 6-125 可知，随着预应力的增大，杆件内力峰值也不断增大。因此可推断，预应力值过高，反而会加重结构自身负担。

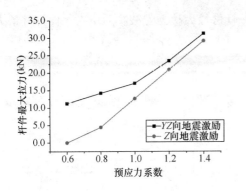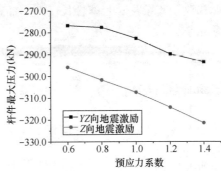

图 6-125　预应力对杆件轴力的影响

（4）由图 6-126、图 6-127 可看出，随着预应力的增大，索杆体系内力峰值不断增大，且基本呈线性变化关系；在 YZ 向和 Z 向两种地震激励下，预应力的影响规律相似。

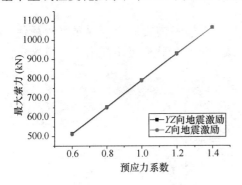

图 6-126　预应力对索力的影响　　　　　　　图 6-127　预应力对撑杆内力的影响

5. 撑杆长度对结构动力性能的影响

（1）由图 6-128 可看出，随着撑杆长度的增大，各阶自振频率均不断增大，其中高阶频率的增幅较大，但撑杆长度变化的影响逐渐减小。

（2）类似地，随着撑杆长度的增大，节点最大竖向位移不断减小（图 6-129），这与撑杆长度的增大引起结构整体刚度增大是一致的。在 YZ 向和 Z 向地震激励下，撑杆长度对节点最大竖向位移的影响规律相似。

（3）由图 6-130 可知，在 YZ 向和 Z 向地震激励下，杆件内力峰值受撑杆长度变化的

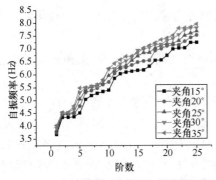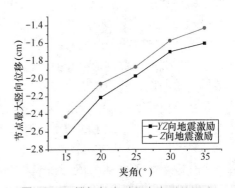

图 6-128　撑杆长度对自振频率的影响　　　　　图 6-129　撑杆长度对竖向变形的影响

影响规律相对较复杂，随着撑杆长度的增加，杆件最大拉力先减小后增大，而杆件最大压力则逐渐减小。

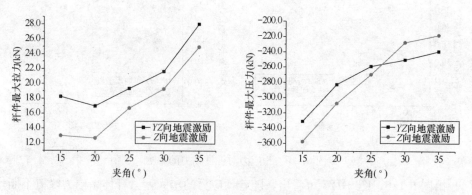

图 6-130　撑杆长度对杆件轴力的影响

（4）如图 6-131、图 6-132 所示，撑杆长度对索杆体系内力的影响规律也较复杂。在 YZ 向和 Z 向地震激励下，环向索索力峰值逐渐减小，且变化幅度不断增大，但撑杆轴压力会随之增大，且基本成线性关系。

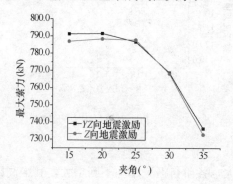

图 6-131　撑杆长度对索力的影响

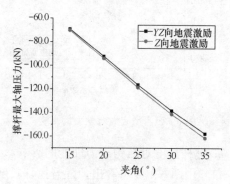

图 6-132　撑杆长度对撑杆内力的影响

6. 拉索面积对结构动力性能的影响

限于篇幅，仅以环向索为例，令"基本模型"的环向索面积为单位 1，同时改变各圈环向索的面积。

（1）由图 6-133 可知，不同环向索面积下，各阶自振频率总体上增大，但变化幅度不大，表明环向索面积的改变对结构刚度的贡献不明显。

（2）类似地，节点最大竖向位移随环向索面积的增大而减小，在 YZ 向和 Z 向地震激励下，其影响规律较为相似（图 6-134）。

（3）根据图 6-135 可看出，杆件内力峰值受环向索面积影响较大，随着环向索面积的增大，杆件内力峰值均不断减小，但影响幅度逐渐减弱。

（4）从图 6-136、图 6-137 可看出，环向索面积对索杆体系内力的影响规律较复杂。在 YZ 向和 Z 向地震激励下，环向索索力峰值逐渐减小，且变化幅度不断增大，撑杆轴压力亦随之减小，但基本成线性关系。

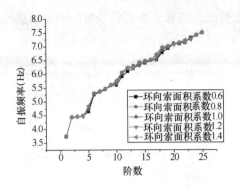

图 6-133 环向索面积对自振频率的影响

图 6-134 环向索面积对竖向变形的影响

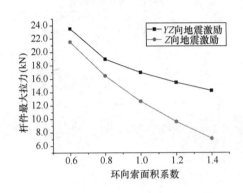

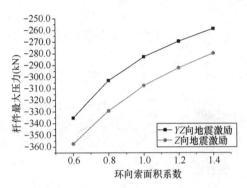

图 6-135 环向索面积对杆件轴力的影响

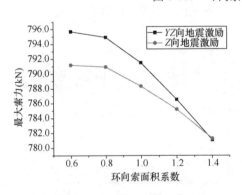

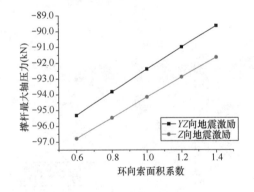

图 6-136 环向索面积对索力的影响

图 6-137 环向索面积对撑杆内力的影响

7. 撑杆面积对结构动力性能的影响

（1）由图 6-138 可以看出，不同撑杆面积下各阶自振频率比较接近，频率变化曲线接近重合；随着撑杆面积的增大，自振频率总体上逐渐减小，但变化幅度较小。

（2）类似地，由图 6-139～图 6-142 可知，结构竖向变形、杆件内力、索杆体系内力等受撑杆面积的影响均较小。

综上，通过上述多种参数的详细分析，可知：

（1）矢跨比的影响较为显著，但随着矢跨比的增大，影响会逐渐减弱，因此小矢跨比的弦支穹顶更利于发挥该结构体系的优势。

（2）平面形状系数的影响较明显，与矢跨比类似，随着平面形状系数的增大，其影响程度会降低。

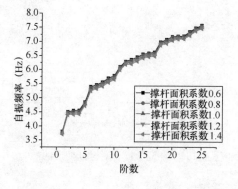

图 6-138　撑杆面积对自振频率的影响

图 6-139　撑杆面积对竖向变形的影响

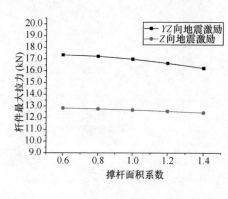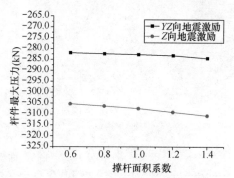

图 6-140　撑杆面积对杆件轴力的影响

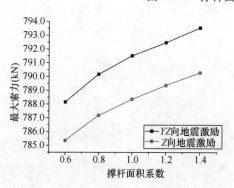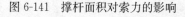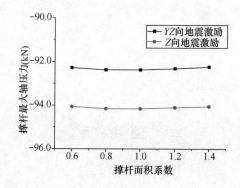

图 6-141　撑杆面积对索力的影响

图 6-142　撑杆面积对撑杆内力的影响

（3）杆件刚度的影响较大，但为了充分发挥下部索杆体系的作用，不宜过多提高上部刚性层结构的刚度。

（4）预应力的影响较明显，但应确定合理的预应力水平，以充分发挥弦支穹顶结构体系的优势，并有效改善整体结构的动力性能。

（5）撑杆长度的影响较大，较长的撑杆可有效改善结构的动力性能，考虑到撑杆的自身稳定性和建筑的净空高度，建议撑杆长度不宜过长。

（6）拉索面积的影响较小，因此通常不建议通过增大拉索面积来改善结构的动力性能。

（7）撑杆面积对结构动力性能的影响甚微，因此选择撑杆截面大小时，仅需考虑自身的稳定性即可。

6.5　施工技术

弦支穹顶结构的施工包括了上部刚性层结构和下部索杆体系两大部分，其施工过程可认为是结构由零状态逐步向预应力态转变的过程。本节以武汉体育馆工程为例[27,28]（图6-26），对大跨椭圆形弦支穹顶结构的施工技术进行介绍。

6.5.1　上部刚性层结构施工

如 6.1.2 节中所述，弦支穹顶上部刚性层结构主要有传统网壳体系和改进体系两大类。武汉体育馆弦支穹顶屋盖主体钢结构为双层网壳，并沿屋盖周圈悬挑 15m。为考虑建筑采光要求，沿长轴方向布置了两道天窗拱架，该拱架使整体结构兼具拱支网壳和弦支穹顶的受力特征，因此结构体系的受力状况较为复杂。

1. 安装施工方案的比选

目前常用的钢结构安装施工方法主要有：高空散装法、分条或分块安装法、滑移法、整体吊装法、整体提升法、整体顶升法、外扩法、内扩法等[29]，以及一些较新的施工安装方法，如：折叠展开式整体提升法、Pantadome 安装法等[29-32]。

（1）高空散装法

该方法目前较为成熟[29]，一般通过搭设满堂支架在屋盖设计高度进行钢结构构件或小拼单元的安装，这种方法最大的优点是施工操作简便，安装精度较高，施工质量易于保证，而且只需吨位较小的垂直运输机械进行施工配合。但是就本工程而言，该方法的缺点也是显而易见的，如：该弦支穹顶为百米以上的大跨度结构，且屋盖离地高度达 30m 以上，如此庞大的空间需要大量的脚手架，其搭设量较大，费工费时，且材料周转率不高；由于满堂支架林立，影响下部索杆体系的穿插安装，尤其是索长较长的环向索，其单根最大长度超过 160m，不便于展开并安装。因此，高空散装法不利于本工程交叉作业，施工成本较高，且难以满足工期紧的要求。

（2）整体吊装法

该方法[29]是指屋盖钢结构在地面总拼为整体后，用起重设备将其吊装至设计位置的施工安装方法。其优点是整个屋盖的拼装均在地面进行，避免了高空作业，施工质量能够保证。但针对本工程，则不宜采用：屋盖结构体量庞大，需要大型吊装设备，施工成本较高，且高空移位、同步性控制等难度较大；最主要的是本工程不具备地面进行总拼的条件，体育馆场内四周均为多层阶梯状看台，而且屋盖网壳周圈还悬挑了 15m，场外总拼也不现实。

（3）整体提升法和整体顶升法

这两种安装方法[29]的基本原理类似，只是整体提升法将提升设备置于钢结构之上，整体顶升法则将顶升设备置于钢结构之下。两种方法的主要优点是对提升或顶升设备要求不高，不需要整体吊装法中的大型吊装设备，也可避免高空作业等。由于同样需将屋盖钢结构在地面上预先总拼好，然后再实施提升或顶升，如同整体吊装法一样，本工程不具备这一条件。

2. 总体方案选定及施工流程

通过方案对比，并结合本工程钢结构施工的特点及其他要求，可认为单一的传统施工方法已难以胜任本工程钢结构的施工。因此，通过论证，最终确定弦支穹顶上部双层网壳的安装方法为：顶升外扩与高空散装相结合的综合安装法，而下部索杆体系可穿插施工。该总体安装方案具有以下几点优势：

（1）中心区域和外围区域（含周圈悬挑部分）的钢结构可同时施工，以缩短工期，提高效率。即使外围区域遇到土建施工，也可集中人力物力进行中心区域的钢结构安装。

（2）由于仅外围区域搭设了满堂支架，脚手架用量会大大减少。

（3）中心区域的顶升外扩法施工较好地结合了体育馆场内多层阶梯状看台的特点，并考虑尽量减少高空作业的工作量，采取顶升与外扩安装相交替的做法。

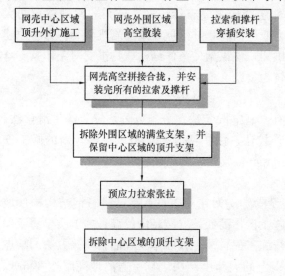

图 6-143 弦支穹顶结构的总体施工流程

（4）由于仅中心区域采用了顶升外扩法施工，相对于整体吊装、整体提升或顶升，结构的重量减少较多，因而所需的设备要求及施工难度也会降低。

（5）由于中心区域采用顶升外扩法施工，下部场地相对空旷，可为其他工种的施工提供作业面，特别是为下部索杆体系的安装提供了便利。由此，各工种之间的交叉作业会大大提高效率。

综上，该弦支穹顶屋盖的总体施工流程如图 6-143 所示，相应的具体施工步骤如下：

（1）步骤一：网壳中心区域的中心部位在体育馆场内地面散装，并顶升至一定高度；网壳外围区域搭设满堂支架进行高空散装，如图 6-144（a）所示。

（2）步骤二：网壳中心区域外扩拼装至图 6-144（b）位置，然后继续顶升一定高度。顶升完后，穿插安装部分拉索及撑杆。

（3）步骤三：安装屋盖两道天窗拱架，如图 6-144（c）所示。

（4）步骤四：网壳中心区域顶升到设计标高后，继续外扩拼装至图 6-144（d）位置，并穿插安装拉索和撑杆。

（5）步骤五：网壳中心区域和外围区域高空拼接，整体合拢，并将所有拉索和撑杆安

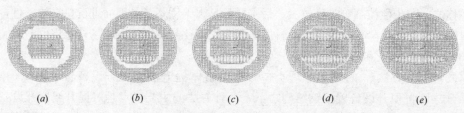

图 6-144 弦支穹顶结构的施工过程示意图
（a）步骤一；（b）步骤二；（c）步骤三；（d）步骤四；（e）步骤五

346

装完毕，如图 6-144（e）所示。

（6）步骤六：拆除外围区域的满堂支架，并保留中心区域的顶升支架。

（7）步骤七：调节拉索初始长度，进行拉索张拉。

（8）步骤八：拉索张拉完成后，拆除中心区域的顶升支架。

6.5.2 下部索杆体系施工

下部索杆体系施工包括两大方面，即：拉索及撑杆安装和拉索张拉，而拉索的张拉是弦支穹顶结构施工的重点，更是难点。

本工程拉索体量大、分布面广、单根长度较长（最长达 166m），且由环向索、径向索及撑杆组成整体张拉索杆体系。首先，拉索施工需穿插于普通网壳结构的施工中，与网壳钢结构的施工顺序、方法和工艺密切相关；其次，弦支穹顶预应力的建立方法不同于普通预应力钢结构，因环向索、径向索及撑杆为一有机整体，拉索索力与撑杆内力相互影响、互为依托，不同的张拉方法、张拉顺序对结构内力分布及变形有较大的影响。为在结构中建立有效的预应力，并尽量缩短工期，应确定合理的张拉力、张拉方法和张拉顺序。

1. 拉索及撑杆安装

（1）安装基本原则

① 根据上部网壳安装过程，拉索和撑杆穿插安装。

② 同一圈内，先安装撑杆，再安装环向索，最后安装径向索，即：撑杆→环向索→径向索。

（2）安装具体流程及关键技术

工厂里拉索及撑杆编号，拉索初始长度确定，及环向索索夹定位→拉索运输至现场就位→开盘放索→安装撑杆（预先缩短）和索夹→挂环向索和径向索→依据上部网壳节点安装误差调节环向索和径向索的初始长度，并预紧。图 6-145 为索杆体系安装的部分施工现场图片。

图 6-145 索杆体系安装

① 初始态拉索长度的量测及环向索索夹定位

拉索施工时，初始态无应力长度能否精确确定，是影响张拉结果的重要因素，因此拉索在出厂前必须量测并标定索长。在工厂里对拉索首先进行编号，然后将拉索平铺，下垫滚轴。对于环向索，拉索两端施加初始预张力，在索皮表面标记索夹位置；对于径向索，则直接在调节螺杆处用油漆做好标记。根据这些标记，在现场进行拉索及索夹的安装和索长的调节。

② 开盘放索

在放索过程中，因索盘缠绕产生的弹性回复力和牵引产生的偏心力，开盘时产生加速导致弹开散盘，易危及工人安全，因此开盘时注意防止崩盘。外包 PE 索的柔度相对较好，在开盘展开过程中外包的防护层不除去，仅剥去索夹处的防护，在牵引索、安装索及张拉索的各道工序中，均注意避免碰伤、刮伤索体。

③ 撑杆安装

结合预应力的施加方法（详见本节下文），撑杆设计为两部分，即上部分钢管和下部分螺杆（图 6-146），撑杆钢管截面为 $\phi299\times7.5$（Q345B），螺杆型号为 Tr85×6（调质45 号钢）。撑杆下端索夹节点设计成固定式铸钢索夹（图 6-147）。

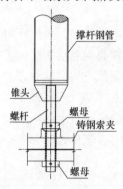

图 6-146　撑杆示意图　　　　　　　　图 6-147　铸钢索夹

具体安装时，首先搭设临时安装平台，用吊机或手动葫芦将地面编好号的撑杆逐根吊起，将撑杆上端节点与网壳相连。然后在撑杆下端临时固定铸钢索夹，此时螺母位置应尽量往上靠，预先缩短撑杆的长度，以方便拉索的安装。

④ 环向索安装

首先在体育馆场地内设置滚轴，并测量定位，确定拉索位置。因环向索直径较大，重量较重，可采用牵引的方法，让拉索展开且尽量水平平铺，然后再安装正反牙连接棒（环向索索头）。根据索头的标记，旋转正反螺牙连接棒以调节索长。调节好后，用多台葫芦提升成圈的环向索，将环向索逐步嵌入撑杆下端的索夹中，并根据索皮表面的标记，调整索夹与环向索相连的位置，最后将索夹固定好。

⑤ 径向索安装

安装好环向索后，先将径向索可调端的调节螺杆调至最长，将该端索头安装到网壳下弦焊接球节点耳板上，再将径向索固定端索头与撑杆下端铸钢索夹连好，最后根据油漆标记调节径向索至初始长度。

（3）拉索及撑杆安装控制要点

① 撑杆下料时严格控制精度，安装前按实际位置对每根撑杆编号。撑杆上端的网壳节点耳板下料时同样严格控制精度并编上号，焊接时严格控制方向定位及焊接质量。这样既方便安装，也便于保证精度。

② 在工厂里对拉索进行严格精确编号和标记。根据这些标记，在现场进行拉索及索夹的安装和索长的调节。这样既方便实际安装，更重要的是为了撑杆下端索夹的精确定位和拉索初始态索长的确定。

③ 拉索安装前，需对径向索调节螺杆、环向索连接棒、撑杆螺杆螺母等涂适量黄油

润滑，以便于拧动。

④ 应严格根据两耳板之间的实际距离控制现场拉索安装，拉索的初始长度严格按计算要求和现场实测节点板销孔间距确定。

2. 拉索张拉

（1）拉索张拉总体原则

对于拉索的张拉，应在屋盖网壳完全合拢并形成整体后实施，且按照由外围到中心的总体顺序进行张拉。

① 模拟张拉过程，进行施工全过程力学分析，预控在先。

② 等上部网壳结构和下部索杆体系全部安装完成后进行张拉。

③ 张拉顺序由外到内、每圈同步、分区控制、分级加载。即：张拉由外圈到内圈进行，各圈同步分级张拉。

④ 拉索张拉控制采用双控原则：控制力和结构变形，其中以控制力为主。

（2）拉索预应力施加方法的选取

预应力钢结构中预应力的施加方式概括起来可分为两大类，即直接法和间接法[33]。凡直接通过张拉拉索来施加预应力的方式可称为直接法；而通过其他间接方式，如支座位移、横向牵引、整体下压等，来建立预应力的方式可称为间接法。对于弦支穹顶结构，拉索预应力的建立可采用三种基本方法，即：环向索张拉法、径向索张拉法及撑杆调节法。其中前两种方法属于直接法，第三种方法为间接法。结合本工程，对此三种方法进行对比：

① 环向索张拉法。通常将同一圈环向索分为若干段，各段索分别安装好，撑杆和径向索也事先安装好，然后通过张拉设备使环向索沿环向（切向）收紧而建立预应力（图6-148）。对本工程来说，环向索索力比径向索索力和撑杆内力大很多（近3000kN），对张拉设备的吨位要求较高。

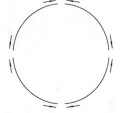

图6-148 环向索张拉法示意图

② 径向索张拉法。调整好环向索初始索长和撑杆长度后，直接对径向索张拉建立预应力。本工程径向索索力适中，拉索伸长量也较小，对张拉装置要求不高，但径向索数量众多且同圈索力不尽相同，张拉实施控制难度较大。

③ 撑杆调节法。通过调节撑杆长度来建立预应力的一种间接施加预应力的方法。结合本工程的特点，撑杆轴力远小于环向索、径向索索力，因此张拉设备吨位要求较低，且同圈中相邻撑杆间的轴力差别也不大，易于分区控制，方便各圈整体施加预应力，利于结构受力成形且缩短工期。但该方法要求拉索预先精确定出初始索长，即：通过计算机进行虚拟张拉分析，并根据现场钢结构安装误差确定拉索初始无应力长度，做到预控在先。该方法技术难度较高。

通过对比分析，本弦支穹顶拉索预应力的建立选用撑杆调节法，撑杆顶撑示意如图6-149所示。

（3）拉索张拉顺序及控制程序

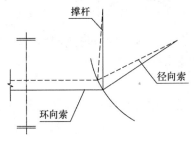

图6-149 撑杆顶撑示意图（虚线为初始安装位置）

基本张拉顺序为：由外到内（外圈→中圈→内圈），同一圈撑杆同步顶撑，且一次到位（预紧→

100%顶撑力），如图 6-150 所示。为保证撑杆顶撑的同步性和拉索索力的均匀性，各圈同步顶撑进行分级控制，即：预紧→30%→70%→90%→100%顶撑力。

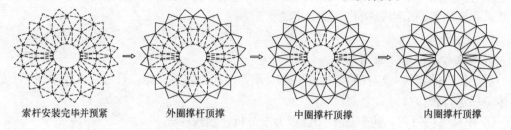

索杆安装完毕并预紧　　　外圈撑杆顶撑　　　中圈撑杆顶撑　　　内圈撑杆顶撑

图 6-150　基本张拉顺序示意图（虚线表示未张拉的拉索）

（4）拉索张拉控制分区及张拉设备

拉索实际张拉施工采取分区控制顶撑撑杆的方法，这样更利于整体协调，方便施工控制，提高工作效率。分区的原则考虑以下两个方面：

① 在分区范围内，撑杆顶撑力的大小基本接近。

② 撑杆点的位置。同一区的各撑杆点位置宜尽量相邻接近，以方便油泵油管的布置。

根据以上原则，对各圈拉索进行分区同步控制张拉，每台油泵同时控制 2～3 台千斤顶，如图 6-151 所示。

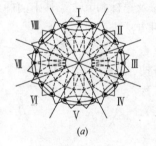
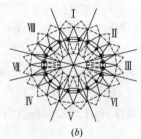
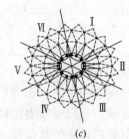

(a)　　　　　　　　　　(b)　　　　　　　　　　(c)

图 6-151　拉索张拉控制分区图
(a) 外圈分 8 个区；(b) 中圈分 8 个区；(c) 内圈分 6 个区

张拉设备主要采用 100t 和 60t 千斤顶共 20 台，并设计装配成专用张拉工装（图 6-152）。千斤顶 2～3 台进行并联，在正式使用前必须在有资质试验单位的试验机上进行配套标定。

此外，所采用的张拉设备还具有以下特点，能够方便、准确地对各撑杆内力进行实时调整：

① 千斤顶同批制造，千斤顶内本身相对误差不大。

② 在油泵同时对几台千斤顶供油时，采用了具有单台调控压力的分油控制器（图 6-153），可实现对单台千斤顶的调控。

（5）拉索张拉施工要点及注意事项

① 为避免预应力施工对下部混凝土结构的影响，拉索张拉过程中，上部网壳的边界支座保持为可滑移状态，待预应力施加完毕后再将其固定。

② 张拉过程由外到内，同一圈撑杆同步分级顶撑，千斤顶顶推撑杆过程中，油压应缓慢、平稳，并且边顶撑边拧紧撑杆的调节螺母。

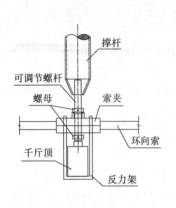

图 6-152　撑杆顶撑工装　　　　　　　　　　图 6-153　分油控制器

③ 千斤顶与油压表需配套标定，标定数据的有效期在 6 个月以内，油压表采用 0.4 级精密压力表。严格按照标定记录，推算与撑杆施工顶撑力一致的油压表读数，并依此读数控制千斤顶实际顶推力大小。

④ 撑杆顶撑过程中，按照各圈油泵控制分区，撑杆每台千斤顶及油泵均由专人负责，并由一名技术人员统一指挥、协调管理。

⑤ 按分区整体顶撑过程中，严格通过油压表读数对撑杆顶撑力进行控制，并结合现场监测结果，对个别内力误差较大的撑杆实施分油器直接调控单台千斤顶的顶撑力，以确保施工精度。整个施工过程中进行双控，即控制力和变形，其中以控制力为主。

⑥ 拉索张拉过程中应停止对张拉结构进行其他项目的施工。

⑦ 拉索张拉过程中若发现异常，应立即暂停，查明原因，实时调整。

图 6-154 给出了弦支穹顶拉索张拉完毕后的部分索杆体系图片。

图 6-154　拉索张拉完毕后的索杆体系

6.6　节点构造

弦支穹顶结构的节点总体可分为四类[5]，即：（1）支座节点；（2）上部刚性层构件汇交的节点；（3）撑杆上端与上部刚性层构件、径向索相交的节点（撑杆上节点）；（4）撑杆下端与环向索、径向索相交的节点（撑杆下节点）。对于支座节点和上部刚性层构件汇交的节点，与常规的网壳、桁架等钢结构的节点类似，这里着重介绍与撑杆相连的上、下端节点。

6.6.1 节点设计总体原则

(1) 节点传力途径明确直接，节点约束条件能与设计计算模型假定基本相符；

(2) 节点应满足承载力和刚度要求，且遵循"强节点、弱构件"的原则；

(3) 节点设计应考虑构造的可靠性，且便于制作和安装；

(4) 满足以上要求的基础上，节点设计应力求轻型、经济、美观。

6.6.2 撑杆上节点

撑杆上节点通常为撑杆、上部刚性层构件以及径向索汇交的节点，设计时应保证与之相连的构件间能有效地传力，对于大跨度弦支穹顶，撑杆轴压力和拉索索力较大，节点设计宜使撑杆、径向索以及上部刚性层构件的轴线汇交一点。一方面，撑杆通常为二力杆单元，撑杆上节点须保证撑杆上端的自由转动；另一方面，径向索索端也能自由摆动，以符合拉索单元的受力特性，如图 6-155（a）示意。撑杆上节点宜采用焊接球或铸钢节点。

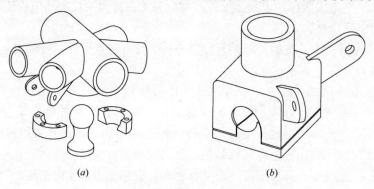

图 6-155　弦支穹顶撑杆节点
(a) 撑杆上节点；(b) 撑杆下节点

6.6.3 撑杆下节点

撑杆下节点，也称为索夹节点或索撑节点，通常为撑杆、环向索及径向索汇交的节点。与撑杆上节点类似，设计时应保证构件间传力的有效性，对于大跨度弦支穹顶，同样宜确保撑杆、环向索及径向索三者受力汇交于一点，如图 6-155（b）示意。考虑到 6.5.2 节中不同拉索预应力的施加方法，撑杆下节点设计还应满足拉索张拉施工的要求。此外，环向索通常均连续通过撑杆下节点，因此，节点几何设计应保证索体圆顺通过，避免在节点内部及节点端部对索体形成"折点"。当设计为固定索夹时，应采取构造措施确保节点对索体的有效夹持；当设计为滑动索夹时，则应采取润滑措施使索体可相对于节点自由移动，如：垫设聚四氟乙烯板、涂抹油脂等。撑杆下节点通常采用铸钢节点。

以下分别为常州体育馆和济南奥体中心体育馆的撑杆节点图片（图 6-156、图 6-157），以供参考。

(a)　　　　　　　　　　　　　(b)

图 6-156　常州体育馆弦支穹顶撑杆节点

(a) 撑杆上节点；(b) 撑杆下节点

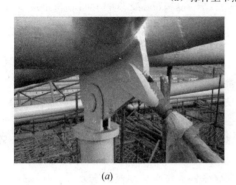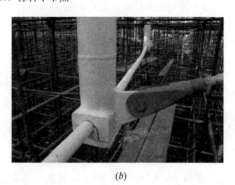

(a)　　　　　　　　　　　　　(b)

图 6-157　济南奥体中心体育馆弦支穹顶撑杆节点

(a) 撑杆上节点；(b) 撑杆下节点

参 考 文 献

[1] Mamoru Kawaguchi, Masaru Abe, Tatsuo Hatato, et al. On a structural system "suspen-dome" system[C]. Proc. of IASS Symposium. Istanbul：1993. 523-530.

[2] Mamoru Kawaguchi, Masaru Abe, Tatsuo Hatato, et al. Structural tests on the "suspen-dome" system [C]. Proc. of IASS Symposium. Atlanta：1994. 384-392.

[3] Ikuo Tatemichi, Tatsuo Hatato, Yoshimichi Anma, et al. Vibration tests on a full-size suspen-dome structrue[J]. International Journal of Space Structure，1997，12(34)：217-224.

[4] Mamoru Kawaguchi, Masaru Abe, Ikuo Tatemichi. Design, tests and realization of "suspen-dome" system[J]. Journal of the IASS，1999，40(3)：179-192.

[5] 陈志华. 弦支穹顶结构[M]. 北京：科学出版社，2010.

[6] 张毅刚，薛素铎，杨庆山等. 大跨空间结构[M]. 北京：机械工业出版社，2005.

[7] 刘锡良，韩庆华. 网格结构设计与施工[M]. 天津：天津大学出版社，2004.

[8] 钱若军，杨联萍. 张力结构的分析·设计·施工[M]. 南京：东南大学出版社，2003.

[9] 石开荣，郭正兴，罗斌等. 弦支穹顶结构概念的延伸及其分类方法研究[J]. 土木工程学报，2010，43(6)：8-17.

[10] 张明山. 弦支穹顶结构的理论研究[D]. 杭州：浙江大学，2004.

[11] 李永梅. 新型索承网壳结构体系理论和试验研究[D]. 北京：北京交通大学，2004.

[12] CECS 212：2006 预应力钢结构技术规程[S]. 北京：中国计划出版社，2006.

[13] 石开荣，郭正兴，罗斌. 椭圆形弦支穹顶结构的预应力确定方法研究[J]. 土木工程学报，2010，43(9)：88-99.

[14] 张爱林，刘学春. 奥运羽毛球馆张弦穹顶基于整体稳定的优化设计[J]. 建筑结构，2007，37(2)：1-5.

[15] 石开荣，郭正兴. 预应力钢结构施工的虚拟张拉技术研究[J]. 施工技术，2006，35(3)：16-18.

[16] Wenjiang Kang, Zhihua Chen, Heung-Fai Lam, Chenran Zuo. Analysis and design of the general and outmost-ring stiffened suspen-dome structures[J]. Engineering Structure，2003，25(13)：1685-1695.

[17] 张志宏. 大型索杆梁张拉空间结构体系的理论研究[D]. 杭州：浙江大学，2003.

[18] 沈世钊，陈昕. 网壳结构稳定性[M]. 北京：科学出版社，1999.

[19] 陈志华. 弦支穹顶结构体系及其结构特性分析[J]. 建筑结构，2004，34(5)：38-41.

[20] S. Kitipornchai, Wenjiang Kang, Heung-Fai Lam, F. Albermani. Factors affecting the design and construction of Lamella suspen-dome systems[J]. Journal of Constructional Steel Research，2005，61(6)：764-785.

[21] 张爱林，刘学春，张宝勤等. 2008年奥运会羽毛球馆预应力张弦穹顶结构整体稳定分析[J]. 工业建筑，2007，37(1)：8-11.

[22] 曹资，薛素铎. 空间结构抗震理论与设计[M]. 北京：科学出版社，2005.

[23] 陈志华，郭云，李阳. 弦支穹顶结构预应力及动力性能理论与实验研究[J]. 建筑结构，2004，34(5)：42-45.

[24] 张爱林，王冬梅，刘学春等. 2008奥运会羽毛球馆弦支穹顶结构模型动力特性试验及理论分析[J]. 建筑结构学报，2007，28(6)：68-75.

[25] 丁洁民，孔丹丹，何志军. 安徽大学体育馆屋盖张弦网壳结构的地震响应分析[J]. 建筑结构，2009，39(1)：34-37.

[26] 建筑抗震设计规范 GB 50011—2010[S]. 北京：中国建筑工业出版社，2010.

[27] 郭正兴，石开荣，罗斌等. 武汉体育馆索承网壳钢屋盖顶升安装及预应力拉索施工[J]. 施工技术，2006，35(12)：51-53.

[28] 石开荣，郭正兴，罗斌等. 大跨椭圆形弦支穹顶结构的施工方案对比及优选研究[J]. 建筑技术，2009，40(6)：486-490.

[29] 中华人民共和国行业标准. 空间网格结构技术规程 JGJ 7—2010[S]. 北京：中国建筑工业出版社，2010.

[30] 罗尧治，胡宁，沈雁彬等. 网壳结构"折叠展开式"计算机同步控制整体提升施工技术[J]. 建筑钢结构进展，2005，7(4)：27-32.

[31] 卓新，姚纪庆. Pantadome 体系及其施工技术[J]. 施工技术，2003，32(6)：53-56.

[32] 王小盾，余建星，陈志华等. 攀达穹顶技术工法的原理和应用前景[J]. 施工技术，2004，35(5)：383-384.

[33] 杨宗放，郭正兴. 钢结构预应力施工的发展与创新[J]. 施工技术，2002，31(11)：1-3.

[34] 周观根，方敏勇. 大跨度空间钢结构施工技术研究[J]. 施工技术，2006，35(12)：82-85.

[35] 王永泉，郭正兴，罗斌. 大跨度椭球形索承单层网壳环索张拉仿真分析[J]. 施工技术，2007，36(6)：58-60.

[36] 李国立，王泽强，秦杰等. 双椭形弦支穹顶张拉成型试验研究[J]. 建筑技术，2007，38(5)：348-351.

第7章 开合屋盖结构

7.1 开合屋盖结构综述

开合屋盖结构一般由多个形效结构组成。现在，越来越多的体育场馆采用了开合屋面。开合屋面，一方面在天气好的时候让观众享受户外的快乐，在天气不好的时候为观众提供庇护，必要的情况下还可以抵御严寒酷暑；另一方面，使得在室内体育馆内种植自然草皮成为可能。世界上已经建成不少开合屋盖结构的体育场馆，其中不乏经典的设计。体育场馆建筑经常充当一个城市的标志性建筑，而建筑在某种程度上体现着一个国家的实力。开合屋盖结构是由建筑、结构、机械系统三部分构成，设计者不但要通晓三方面的知识，而且要将它们有效地结合起来。

目前世界上，空间移动方式最大规模的开合屋面是大分县体育场（图 7-5，直径 274m）；组合移动方式最大规模的开合屋面是加拿大的天空穹顶（图 7-13，开合面积 31525m^2）。

7.1.1 开合屋盖结构的概念与名称定义

开合屋盖结构虽然有几十年的发展历史，但是仍然算是一种新的结构形式，其相关术语还没有固定下来，表 7-1 是本文中用到的一些名词，表中部分名词定义可以参考图 7-1[1]。

本文中用到一些名词的解释　　　　　　　　　　　　　　表 7-1

名词	英语对照	解　　　　释
开合屋盖结构	Retractable roof structure	开合屋盖结构是一种在很短时间内可以把部分或全部屋面移动或开合的结构形式，建筑物在开合屋面开启或关闭的两个状态下都可以使用
固定屋面	Fixed roof	屋面不可动、稳定的部分
开合屋面	Retractable roof Moving roof	狭义指可以移动或转动的屋面 广义是开合屋面与机械系统的总和
支承结构	Supporting structure	直接支承开合屋面和固定屋面的结构部分
下部结构	Base structure	支承支承结构的部分，包括基础
开启状态	Open state	狭义指开合屋面完全打开并由锁定装置固定 广义还包括半开启状态
闭合状态	Close state	开合屋面完全闭合并由锁定装置固定
半开启状态	Semi-open state	开合屋面处于开启和闭合状态之间，并由锁定装置固定

名词	英语对照	解　释
移动状态	Running state Moving state	锁定装置没有工作，开合屋面从开启状态到闭合状态或相反的过程
机械系统	Driving mechanism	指支承、打开、关闭开合屋面的整个机械系统，包括驱动装置、行走机构、锁定装置、轨道和控制系统等各种装置
行走机构	Running device	直接支承开合屋面和移动或转动开合屋面的装置，属于机械系统的一部分
驱动装置	Driving device	提供动力及实现动力传递的装置
锁定装置	Locking device	固定开合屋面的装置，总是阻止在移动方向上以及上升方向上的运动
行走台车	Bogie Moving apparatus	行走机构的一部分，由轮子、轴承、台车架组成，根据行走台车的性质不同，还可以包括锁定装置、电机及电机减速器等驱动装置
缓冲器	Buffer	在轨道终点用来吸收开合屋面和限位器碰撞的装置
位置控制系统	Position Control	属于控制系统的一部分，在开合屋面移动过程中全程监测开合屋面的位置，使用旋转传感器避免屋面的蛇形运动

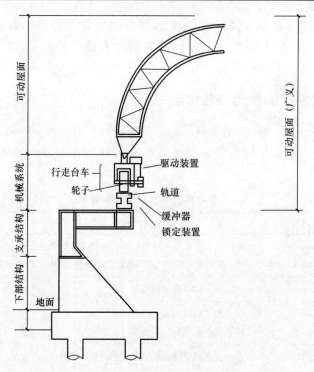

图 7-1　部分名词图解说明

7.1.2　开合屋盖结构的分类

已建的开合屋盖结构都根据自身的建筑特点采用了不同的开合机理。从不同的角度出发，可以进行不同的分类。

356

1. 按开合频率分类

由于建筑功能的不同，开合屋盖结构根据开合屋面的开合频率可以作如表 7-2[1] 所示的分类。

开合屋盖结构的开合频率及开合目的 表 7-2

开合频率	工程实例	开合的目的
每年两次，夏季开启、冬季闭合	法国 Blvd. Carnot 游泳馆	这种类型的开合屋盖结构，开合屋面很少使用；而且很多时候开合屋面设计成易于安装和拆除的，屋面材料常采用膜材
大部分时间处在闭合状态 小部分时间处在开启状态	美国 匹兹堡市民体育场	这种类型的开合屋盖结构，主要使用功能是举行室内的活动。一些小型的该类结构在冬季会处在开启状态，消除雪荷载
大部分时间处在开启状态 小部分时间处在闭合状态	日本 大分县穹顶	这种类型的开合屋盖结构，主要使用功能是举行室外内的活动，在下雨时关闭开合屋面，继续举行活动。这类结构在遭受最大风荷载作用时，开合屋面是打开的，以减小风荷载
经常进行开合操作	日本 海洋穹顶	根据天气情况和举行活动的性质决定开合屋面是开启还是闭合

2. 按开合机理分类

开合屋盖结构是从可展结构引申出来的，可展结构的展开机理有很多种，浙江大学空间结构中心关富玲实验室专门从事展开机理的研究。理论上所有的展开机理都可以应用于开合屋盖结构，但考虑可靠性和经济性后，目前只有为数不多的展开机理应用于已建工程。表 7-3 是从开合机理方面对开合屋盖结构进行了分类[2]。

根据开合屋面的刚度性质，开合屋盖结构分为刚性开合和柔性开合两大类。

开合屋盖结构的开合机理 表 7-3

刚性 开合	平行 移动	水平移动	开合屋面沿两条水平轨道移动，类似于桥式起重机
		空间移动	开合屋面沿两条有坡度的轨道移动
	绕轴 转动	绕竖直轴	开合屋面绕竖直轴转动
		绕水平轴	开合屋面绕水平轴转动
	组合方式		以上四种开合机理的组合使用
柔性 开合	折叠方式		使用各种折叠原理把屋面材料折叠或卷起来
	可展桁架+柔性屋面材料		采用可展桁架作为屋面的骨架，上面铺设柔性屋面材料

根据表 7-3，以下依次列出各种开合方式的典型工程实例：

（1）水平移动方式

水平移动方式是从桥式起重机技术的基础上发展而来的，在两平轨道上屋面运动，是比较成熟的一种开合方式，目前采用水平移动方式的开合屋盖结构非常多，典型的有图 7-2[2] 所示的美国休斯敦 Minute Maid Park 棒球场、图 7-3[2] 所示的日本海洋穹顶、图 7-4[0] 所示的日本有明体育馆。

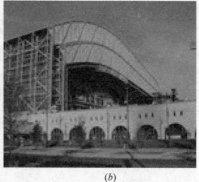

(a)　　　　　　　　　　　　　　(b)

图 7-2　美国休斯敦 Minute Maid Park 棒球场——水平移动（2000 年）
（跨度 177m，开合时间约 20min）
(a) 开启状态 1；(b) 开启状态 2

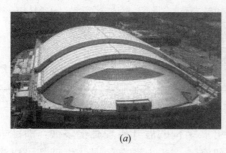

(a)　　　　　　　　　　　　　　(b)

图 7-3　日本海洋穹顶——水平移动（1993 年）
（跨度约 110m，屋面面积 35185m²，开合面积 22726 m²，高度 38m，开合时间约 10min）
(a) 闭合状态；(b) 开启状态

(a)　　　　　　　　　　　　　　(b)

图 7-4　日本有明体育馆——水平移动（1991 年）
（屋面平面尺寸 125m×136m，开合时间约 17.5min）
(a) 开启状态 1；(b) 开启状态 2

（2）空间移动方式

空间移动方式是开合屋盖结构最近的发展趋势。开合屋面沿着有坡度的曲线轨道移动，由于开合屋面的自重将产生一定的移动阻力，所以开合屋面一般面积不会太大，而且采用轻型屋面材料为主。空间移动方式的开合屋盖结构，开启率比较小，而且设计难度最大，但是由于能满足建筑外形的美观需要，所以越来越受到青睐。典型的工程有图 7-5[2]

358

所示的日本大分县穹顶、图 7-6[2] 所示的日本小松穹顶、图 7-7[2] 所示的荷兰阿姆斯特丹体育馆。

(a)　　　　　　　　　　　　　　(b)

图 7-5　日本大分县穹顶——空间移动（2001 年）

（直径 274m，屋面面积 29000m²，高度 66.6m，开合时间约 15min）

(a) 闭合状态；(b) 开启状态

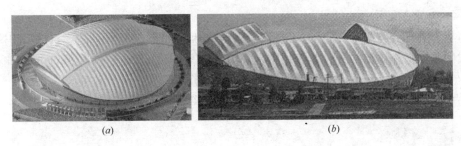

(a)　　　　　　　　　　　　　　(b)

图 7-6　日本小松穹顶——空间移动（1997 年）

（屋面面积 19100m²，开合面积 3750m²，高度 59m，开合时间 10 min）

(a) 闭合状态；(b) 开启状态

(a)　　　　　　　　　　　　　　(b)

图 7-7　荷兰阿姆斯特丹体育馆——空间移动（1996 年）

（屋面平面尺寸 180m×250m，开合尺寸 71m×108m，高度 75m，开合时间约 30 min）

(a) 闭合状态；(b) 开启状态

（3）绕竖轴旋转方式

开合屋面在水平的圆弧轨道上移动，而且有一个竖直的转动轴。第一个采用现代牵引技术的开合屋盖结构采用的就是这种开合方式。采用该开合方式的典型工程主要有图 7-8[2] 所示的美国匹兹堡市民体育场和图 1-6[7] 所示的日本福冈穹顶。

(a)   (b)

图 7-8　美国匹兹堡市民体育场——绕竖直轴旋转（1961 年）

（直径 127m，高度 53m，开合时间 2.5min）

(a) 闭合状态；(b) 开启状态

（4）绕水平轴旋转方式

与上一种开合方式一样，开合屋面绕轴旋转，但是旋转轴是水平的。目前采用这种开合方式的基本上是小型的开合屋盖结构，如图 7-9[2] 所示的德国 2000 年博览会Venezuelan Pavillion 和图 7-10[2] 所示的昆明世博会艺术广场观众席雨棚。从严格意义上来说，昆明世博会艺术广场观众席雨棚只能算是可动建筑，不能算是开合屋盖结构。

(a)   (b)

图 7-9　德国 2000 年博览会 Venezuelan Pavillion——绕水平轴旋转

(a) 闭合状态；(b) 开启状态

(a)   (b)

图 7-10　昆明世博会艺术广场观众席雨棚——绕水平轴旋转

(a) 闭合状态；(b) 开启状态

（5）组合方式

对于一些大型的开合屋盖结构，为了满足建筑上足够大的开启率，会采用以上 4 种开合方式的组合，采用最多的就是水平移动＋绕竖轴旋转的方式。典型的工程如图 7-11[2] 所示的日本球穹顶[2]，完全开启时，开启率达到 100％，但是这时需要额外占用场外面积。图 7-12[2] 所示的加拿大天空穹顶[5]，开启率可达 91％（图 1-9）。

(a)   (b)   (c)

图 7-11　日本球穹顶——组合方式（1991 年）

（直径 38m，屋面面积 1134m²，高度 16.9m，开合时间约 11.5min）

(a) 闭合状态；(b) 半开启状态；(c) 开启状态

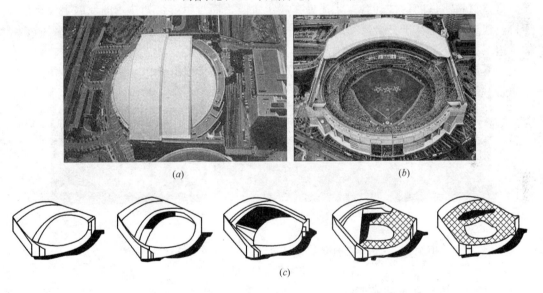

图 7-12　加拿大天空穹顶——组合方式（1989 年）

（直径 203m，开合面积 31525m²，高度 86m，开合时间约 20min）

(a) 闭合状态；(b) 开启状态；(c) 水平移动及绕竖直轴转动的组合

（6）折叠膜方式

采用这种开合方式的开合屋盖结构的屋面材料都是柔性的膜材，利用各种折叠原理把屋面材料折叠或卷起来，达到屋面收拢的目的。典型工程为图 7-13 所示的加拿大蒙特利尔奥运会体育场[2]。这种以膜材料折叠形式的开合屋盖结构存在着一定的内在缺陷，在使用中，风雨等的影响会使开合运行出现故障或膜材料被撕裂。如蒙特利尔奥运会体育馆在每年仅有的几次开合中还经常伴随着故障发生，每年的维修费用非常高。所以其进一步的发展受到了制约，目前只在小跨度建筑上采用。

361

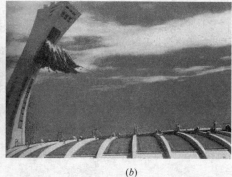

(a)   (b)

图 7-13 加拿大蒙特利尔奥运会体育场——折叠方式（1987 年）

（屋面椭圆形，305m×260m，膜面积 18500m²，屋面高度 53m，桅杆高度 168m，开合时间约 45min）

(a) 闭合状态；(b) 开启状态

（7）可展桁架＋柔性屋面材料方式

该种开合方式利用了可展桁架的开合性能，以可展桁架实现开合，柔性屋面材料只是作为覆盖材料。目前这种开合方式还处在起步阶段，而且可展桁架技术的发展主要目的在于快速建造而不是在于开合屋盖结构。图 7-14 为采用这种开合方式的美国休斯敦 Reliant 体育馆[2]。

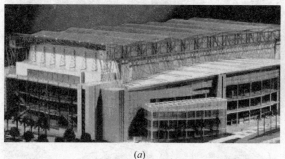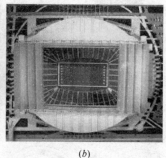

(a)   (b)

图 7-14 美国休斯敦 Reliant 体育馆——可展桁架＋柔性屋面材料

(a) 闭合状态；(b) 开启状态

3. 根据受力特性等性质进行分类

按开合屋面的支承条件考虑分为两类[2]：

1）一类是开合屋面支承在刚度很大的下部结构上，如图 7-3 所示的日本海洋穹顶；

2）另一类是开合屋面支承在刚度较小的下部结构上，如图 7-6 所示的日本小松穹顶。

按开合屋面是否自稳定考虑分为两类：

1）一类开合屋面不是自稳定结构，如图 7-8 所示的美国匹兹堡市民体育场；

2）另一类开合屋面是自稳定结构，日本福冈穹顶（图 1-6）。

按开合屋面开启后的位置可分两类：

1）一类是开合屋面开启后不占用额外的地方；

2）另一类是开合屋面开启后占用额外的地方。如图 7-11 所示的日本球穹顶。

7.1.3 开合屋盖结构的发展历史、现状和趋势

1. 开合屋盖结构的发展历史

（1）早期的开合结构

现代的开合屋盖结构是在早期简单开合结构的基础上逐渐发展起来的，人类很早就开始使用开合结构。现在从古罗马竞技场的废墟中还可以看出开合屋盖结构柱的遗址。它由 Vespusian 于公元 70 年开始设计，于公元 82 年由 Domitian 完成。该椭圆形大剧场尺寸为 $156m \times 188m$，其中中心场地尺寸为 $54m \times 85m$，外部为 50m 的环形圆，用亚麻帆布遮盖，以防止观众受到强烈阳光的直射，覆盖面积约为 $23000m^2$。遮阳棚的设计采用了跨越中心场地上空的永久性索结构的设计思想，在这个透光性很好的结构网格上铺设一层亚麻帆布，为 50000 名观众和中心场地边缘的表演者遮阳。索采用强度较低的麻绳（抗拉强度 40MPa，仅为现代钢绞线索强度的 0.3%），放射状的索连接在内环索上，内环索由一种麻绳或铁环连成的索链制成。由于没有设置稳定索，在风力作用下屋面相当的不稳定，据说这一屋面是人工开合的[6,7]。20 世纪 50 年代以前的开合结构主要以小型结构为主，并且主要用在非建筑领域，如家庭或部队使用的各种帐篷、雨伞、照相机快门、天文观测站开合屋面等。

（2）近代的开合屋盖结构

20 世纪 50 年代至 70 年代的开合屋盖结构发展，以膜折叠型式的开合方式为主。1954 年，德国学者 Frei Otto 领导的一个工作小组，开创性地研究和发展了开合膜结构，这种开合方式利用膜材料的可折叠性达到开合屋面的目的，在欧洲利用这种技术建成了许多这种类型的建筑物。1965 年欧洲建筑师 R. Taillibert 和西德斯图加特大学 IL 先生合作开发了薄膜结构屋盖的开闭标准，利用这个标准建成了很多游泳馆、滑冰场等中小型规模的开闭式屋盖结构。

在 1976 年，这种技术被应用在加拿大蒙特利尔奥运会体育场中（图 7-13），该体育场中央开口直径为 120m，面积为 $18000m^2$，呈椭圆形。通过悬臂斜柱上悬挂的斜拉索将膜屋面折叠收缩于柱顶，屋面材料为 PVC 膜材，但开合机构复杂，是利用计算机系统执行开合任务的。它是屋面采用柔性膜材料以折叠方式进行开合的规模最大的建筑。该开合屋盖结构把折叠膜开合方式的应用推到了顶峰。20 世纪 80 年代以前的开合屋盖结构大多采用这种开台方式。

（3）现代开合屋盖结构

20 世纪 80 年代以后的大部分开合屋盖结构的开合思想，来源于 1961 年美国建成的用现代牵引技术驱动的匹兹堡市民体育场（图 7-8），该结构属于刚性开合屋盖结构，其跨度为 127m，由八瓣不锈钢屋盖组成，至今仍具有开拓性意义。之后，世界上建造了上百个带有刚性开合单元的开合屋盖建筑。其特点是，均采用了拱架、拱形网壳、部分球壳或平板网架等刚性钢结构作为移动屋盖单元的受力结构，其屋面材料为膜材料、金属板及其他轻质材料。屋盖系统分成若干个单元片，通过单元片的移动、转动，使之各片之间的相互刚体运动来实现屋盖的开合。这种由刚性开合方式克服了折叠方式的致命缺陷，是大跨度开合屋盖结构的主要开合方式。

1989 年加拿大多伦多建成了直径 205m 的大空穹顶（图 7-12），在世界上产生了很大

的轰动效应，掀起了世界上建造现代大跨度开合屋盖结构的新浪潮。之后，日本于 1991 年建成了跨度 136m 的有明体育馆（图 7-4），1993 年 5 月建成了跨度 110m 的海洋穹顶（图 7-3），1993 年日本还建成了直径 222m 的福冈穹顶（图 1-6），这批开合屋盖结构的成功建成再一次引起了世界的广泛注意，海洋穹顶还作为开合屋盖建筑的经典之作列入了同年日本出版的《开闭式屋盖结构设计指针·同解说及设计资料集》中[7]。

至此，大跨度开合屋盖结构技术得到了进一步的发展和完善，世界上对建造大型开合屋盖结构的疑虑逐渐消失，并对其前景和建造的必要性逐渐看好。世界上相继建成或正在建设的带有开合屋盖的大型体育场有近二十座，面积超过 10000m² 的大型可展屋盖结构有近十座。如：1997 年建成的日本小松穹顶（图 7-5），荷兰阿姆斯特丹体育场（图 7-7），1998 年建成的美国亚利桑那州菲尼克斯棒球场，日本 Tajima 穹顶（图 7-15），1999 年落成的美国西雅图新太平洋西北棒球场，2000 年落成的日本仙台穹顶（图 7-16），2001 年落成的美国威斯康星州米勒棒球场（图 7-17），日本大分县穹顶（图 7-5）。这些大规模的开合屋盖结构的实现产生了非常好的经济和社会效果，许多建筑已成为所在地的标志性建筑[2]。

图 7-15　日本 Tajima 穹顶　　　　图 7-16　日本仙台穹顶　　　　图 7-17　美国米勒棒球场

2. 开合屋盖结构的研究现状

目前世界上已建成了不同规模的各类开合屋盖结构有二百多座，其中一些建筑使用效果非常好，然而还有相当一部分开合屋盖结构在使用过程中出现了这样或那样的问题或事故，特别是早期的一些建筑，有的开启后不能再闭合，有的闭合后再不能开启，有的屋面材料出现撕裂。这些为开合屋盖结构的进一步发展积累了较为丰富的经验和教训。

总的说来开合屋盖结构还是处在起步阶段。目前还没有任何关于这种结构的国家或地方的设计规范，仅有一些设计指导方针可作为这类结构的设计指导。开合屋盖的设计的依据，在结构方面主要是各国的建筑结构规范和表 7-4 所列的设计指导方针；在机械设计方面主要参考表 7-5[1] 所列的起重标准；此外还应该参照已建工程实例。

开合屋盖结构的设计建议和指导方针 表 7-4

IL-5 开合屋顶	1972 年，轻钢结构协会（斯图加特大学）
IL-12 开合充气结构	1975 年，轻钢结构协会（斯图加特大学）
空气支承结构设计建议	IASS 第 7 工作小组（马德里，1985 年）
开闭式屋盖结构设计指导方针	1993 年，日本建筑协会
开合膜结构设计指导方针	1997 年，日本膜结构协会

各国的起重标准		表 7-5
DIN 15018	Cranes-Steel structures, Verification and analyses	
BS 2573	Rules for the design of cranes	
FEM	Federation Europeenne dela Manutention	
JIS 8821	Specifications for the design of crane structures	

目前，开合屋盖结构的发展处于研究滞后于工程实践的不良状态。20 世纪 80 年代以前，有关开合屋盖结构方面的文章很少；20 世纪 80 年代末 90 年代初，随着几座大型开合屋盖结构的建成，介绍这些工程的文献相继出现，这些文章的特点为针对具体工程，就事论事，缺少系统性和共性方面的研究。国际壳与空间结构委员会（IASS）为推动开合屋盖结构的发展，于 1993 年成立了第 16 工作小组，专门负责开合屋盖结构方面的研究工作，定期发布在该领域取得的成果。近年来，随着更多数量的开合屋盖建筑的落成，工程介绍性的文献进一步增加，并且出现了一些综述性的文章。时至今日，世界上关于开合屋盖结构有价值的文献仍然不多，IASS 第 16 工作小组主席石井一夫在 2000 年出版了文献［1］，该书对开合屋盖结构的发展现状进行了较好的总结，堪称该领域的权威著作，该书所列的参考文献仅 55 篇。

3. 开合屋盖结构发展的趋势

从最近建成的开合屋盖结构可以发现三个发展趋势：

1）可展桁架＋柔性屋面材料的开合方式得到新的重视。这种开合方式是刚性开合与完全柔性的折叠膜方法的结合。既利用了膜材的可折叠性，又通过可展桁架避免了折叠膜方法的内在缺陷。采用该种开合方式的开合屋盖结构有美国的米勒棒球场（图 7-17）、美国休斯敦 Reliant 体育馆（图 7-14）和日本的爱知县丰田体育场。

2）美国的休斯敦 Minute Maid Park 棒球场（图 7-2）和 Reliant 体育馆（图 7-14）开合屋面的跨度非常大，开启率很高，但在开合方式上则趋向简单。

3）日本则趋向于在满足使用功能条件下采用尽可能小的开启率。开合屋面的开启率是开合屋盖结构的一个主要指标。较小开启率的开合屋盖结构，通常采用空间开合方式，体现了开合方式与经济、技术等因素的平衡。如大分县穹顶（图 7-5）。

4. 开合屋盖结构在我国的发展情况

我国在开合屋盖结构的研究和应用方面还处于起步阶段，关于开合屋盖结构研究的有参考价值的论文很少。尽管已经建成了简单的、较小跨度的开合屋盖建筑，但到目前为止还没有实现大型复杂开合屋盖结构零的突破。

图 7-18　钓鱼台国宾馆网球馆

图 7-19　上海中心游泳馆

图 7-18 的钓鱼台国宾馆网球馆是国内第一座开合式的网球馆,由北京市建筑设计研究院在 20 世纪 80 年代设计。网球馆外围尺寸为 40m×40m,内设两个标准双打网球场。整个屋面分为三个落地拱架,采用北京智维公司的专利技术"弓式预应力钢结构",两片固定拱架跨度 40m,一片活动拱架跨度 41.5m,拱最高点净高 13m,满足网球场地上空无障碍高度要求。开合屋面拱架开启宽度 10m,驱动系统采用电控齿轮齿条驱动,5 分钟可以完成开合操作。由于该开合结构开合机理很简单,而且跨度不大,很多安全控制措施都很简单,造价仅比无开合屋面高 10%。结构在建成初期运行良好,但有消息称由于弓式预应力钢结构自身的刚度较弱,不适合做开合屋盖结构。目前该结构的使用情况不详。

图 7-19 是最近建成的上海中心游泳馆。开合屋面部分覆盖了半个标准游泳池,一端落在跨越游泳池长度方向的钢桁架上,另一端落在钢筋混凝土梁上,其开合机理与普通的桥式起重机非常相象。该结构目前工作正常,每天都进行一次开合操作[2]。

目前我国许多地区都有建造大型开合屋盖构的想法和需求,现已经建成江苏南通会展中心体育馆 (图 7-20),上海旗忠森林体育中心网球馆 (图 7-21),杭州黄龙体育中心网球馆等的开合屋面 (图 7-22)。可以预见,在未来的几年,国内对开合屋盖结构的需求将更为强烈[8]。

图 7-20 江苏南通会展中心 体育馆   图 7-21 上海旗忠森林体育 中心网球馆   图 7-22 杭州黄龙体育 中心网球馆

7.2 开合屋盖结构的设计要点

与传统的屋盖形式相比,开合屋盖结构的设计相对复杂,除了要考虑结构要素外,还要考虑建筑功能、机械和控制系统的影响。结构工程师和机械工程师丰富的设计经验和解决问题的能力、创新能力对该类结构的设计成功与否关系密切。传统的屋盖形式各工种的设计是串行式的,而开合屋盖结构由于其复杂性,导致各工种的设计一定要并行进行,具体就是建筑方案、结构形式、机械牵引和控制系统是相互影响,相互制衡的。两者的设计流程示意见图 7-23 和图 7-24[2]。

 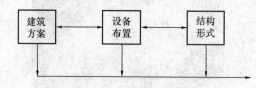

图 7-23 传统屋盖结构设计流程图   图 7-24 开合屋盖结构设计流程图

由图 7-24 可见,开合屋盖结构的设计应在初步设计阶段由建筑师、结构工程师和机械工程师共同完成,以保证建筑上美观、结构上合理、驱动上安全可行。

7.2.1 建筑方案设计中的考虑要素

与常规建筑一样，开合屋盖结构的建筑方案设计占据着主导地位。开合屋盖结构的建筑方案要考虑的要素大部分与常规建筑是一样的，但是由于有开合屋面的存在，使得要额外考虑部分特殊的要素。

1. 经济性与功能性

在决定一个建筑是否需要采用开合屋盖结构时，要考虑两个问题：一是经济上是否可行；二是这个建筑是否要有多功能的要求。

与常规建筑不同，开合屋盖结构机械系统的造价占总造价的很大一部分，而且机械系统的造价在初步设计阶段很难估计准确。据美国 HOK 事务所报道，一个开合式棒球场的造价相当于一个室外场与一个室内场造价的总和。可见开合屋盖结构用于建造的费用的确不低，美国休斯敦 Minute Maid Park 棒球场（图 7-2），观众席 42000 座，建设费用 27.7 亿美元；日本海洋穹顶（图 7-3），可容纳 10000 人，建设费用 4 百亿日元；日本小松穹顶（图 7-6），观众席 1500 座，建设费用 50.7 亿日元；加拿大天空穹顶（图 7-12），观众席 54000 座，建设费用 50 亿美元；加拿大蒙特利尔奥运会体育场（图 7-13），在 1976 年竣工的时候建设费用为 10 亿美元；美国休斯敦 Reliant 体育馆（图 7-14），观众席 72000 座，建设费用 32.5 亿美元。

除了要考虑建设费用外，还要考虑开合屋面的营运费用。开合屋面的开合需要耗费大量的电力，而且机械系统还需要进行定期的维护保养，日本海洋穹顶每年要关闭一段时间进行维护保养，日常的开合操作和定期的维护保养费用很庞大。

开合屋盖结构的建设费用和营运费用虽然高，但是由于开合屋盖结构可以满足多种功能的使用要求，提高了建筑的使用率，增加了收益。据有关资料报道，东京后乐园充气屋顶棒球场，由于能在全天候条件下使用，除举办棒球赛外，还举办其他一些活动，其总收入比没有加屋顶前增加了 42%。日本海洋穹顶，由于建筑功能是一个室内的人造海滩和水上乐园，所以建筑师希望大部分时间能享受太阳的直射，但又想在下雨时和冬季也能提供一个人造的环境，让游客享受沙滩和海洋，所以采用了开合式屋盖结构。

2. 开合屋面的阴影

在开启或半开启状态下，动屋面或开合屋面的支承结构会在场地和观众席上落下阴影。阴影会妨碍运动员的判断、观众的视线，更严重的是降低了电视转播的画面质量[9]。

3. 声学效果与悬挂设备

对于声学效果而言，开合屋面处在开启和关闭状态，声学效果的差异非常大。音响设备要特别设计，满足开合屋面在开启、关闭、半开启位置时对声学效果的要求。

悬挂设备包括音响设备和灯光设备。为了开合屋面的安全和管线布置的方便，一般不宜在开合屋面上布置悬挂设备。当必须在开合屋面上悬挂设备时，要考虑设备和线路是如何布置，才不会影响正常的开合。对于布置在与开合屋面有重合部分的固定屋面上的悬挂设备，还要考虑悬挂设备的净高问题，防止和开合屋面碰撞。

对于灯光系统，尽量使得开启和闭合状态下，灯光的泛光强度不应有太大的变化，灯光的布置应尽量降低场地内的眩光和增强在水平方向和垂直方向上的泛光[9]。

4. 灾难预防和撤离方案

室外场馆和室内场馆的防火设计有很大的不同，所以要根据开合屋盖的使用条件确定建筑是属于室外场馆还是室内场馆，然后根据相关的防火要求进行设计。建筑物应设置控制室，在控制室内可以看到整个场地和观众席。对于大型的开合屋盖结构，对排烟效果要多加考虑。在屋面闭合时，应有计划地让烟雾聚集在结构顶部较高的位置；屋面开启时，烟雾可以扩散到室外，但是在强风作用下，烟雾的排放会受到干扰，甚至会倒灌，影响观众的撤离。因此有条件时应模拟场地风对排烟的影响，确保烟雾不会影响观众的安全[9]。

5. 防水问题

开合屋盖结构的屋面由于在结构上进行了分块，所以防水问题十分突出。漏水可能使开合屋盖结构特有的机械系统生锈腐蚀，从而导致开合功能受损。联邦德国一座建于1972年的800m² 的游泳池，采用的是开合屋盖结构，屋面金属钢管拱之间铺设骨架膜。结构建成后第三年开始，雨水开始从膜材固定连接点处渗漏，到第五年漏水严重，以至于开合屋面不能再开合。最后，膜材和张拉索全部损坏，结构报废。可见，漏水问题会导致重大事故的发生。

屋面单元之间的防水、密封问题是开合屋盖结构特有的建筑构造问题，各屋面单元间的结合点是屋面防水的薄弱环节，也是屋面防水的关键所在。应对结构方案进行一些调整使之适应建筑构造防水的要求，主要体现在屋面之间是否需要搭接、搭接长度的确定及不需要搭接时屋面边缘形状的确定，以及屋面之间垂直间距的确定等。

日本福冈穹顶、天空穹顶的防水、密封措施采用空气梁的方式进行堵截的方法，需要复杂的传感器和控制系统。美国市民广场采用既有堵截功能，又有疏导功能的橡胶衬垫防水方法，图 7-25 是连接处带状氯丁橡胶管相互挤压的情况，图 7-26 是开合屋面相互重叠处的构造详图[1]。

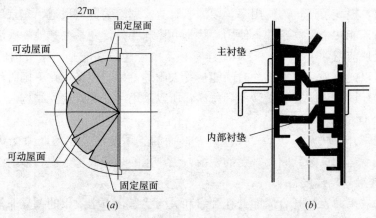

图 7-25　美国市民广场屋面连接处带状氯丁橡胶管相互挤压情况
(a) 关闭状态屋面平面图；(b) 橡胶衬垫的挤压情况

图 7-27 是日本有明体育馆的防水构造图，该防水构造做法相当于内天沟的防水措施，所不同的是内天沟只固定在屋盖的一侧，而在另一侧设置一些构造做法，以保证两侧的屋盖闭合时形成一个完整的防水排水构造。在设计该构造时还应考虑左右两部分开合时的碰撞或拉伸的影响[1]。

从这些防水方法和防水构造看，对于开合屋盖结构而言，并不一定总是适合的，采用类似内天沟式和其他方式的疏导式防水方法反而显得更具有优势。

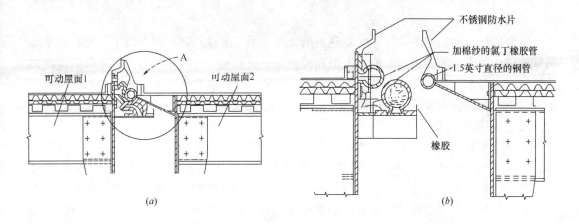

图 7-26 美国市民广场开合屋面相互重叠处的构造详图
(a) 开合屋面重叠部分；(b) 详图 A

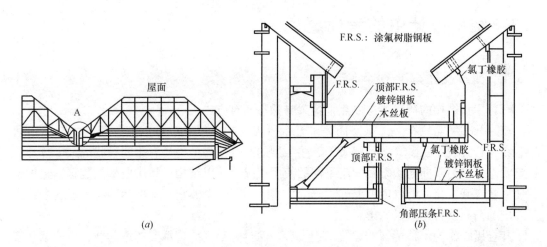

图 7-27 日本有明体育馆的防水构造图
(a) 屋面交接处；(b) 详图 A

7.2.2 开合方式及使用条件的确定

1. 开合方式的确定

选择开合方式要考虑的要素很多，包括：环境和场地条件、建筑物的用途和功能、投资造价等。目前已建开合屋盖结构大多数都是以体育场馆为主要的使用功能，由于体育场馆的设计首先要遵循相关的体育场馆设计规范，在这个基础上再进行开合方式的选取。开合方式的确定要解决两个问题：一是开合屋面的划分；二是确定开合屋面的运动轨迹。

开合屋面的划分，主要是从建筑平面上着手的。根据建筑的平面形状，开合屋面的划分主要有以下三种：平行线划分；扇形划分；局部划分。平行线划分是用平行线把建筑平面划分为几个部分，其中一些部分是可动单元，另外的为固定单元，目前世界上大型开合屋面结构采用该用划分的居多，平行线划分非常适合于平面形状是矩形的建筑。扇形划分主要用于平面形状是圆形或部分圆形的建筑，采用扇形划分的开合屋盖结构也很多，其中大部分是棒球场。局部划分只是用于空间开合方式，选取建筑的小部分屋面作为开合屋面，其余大部分屋面为固定屋面。

开合屋面运动轨迹的确定一般从建筑的立面着手。运动轨迹一般有以下三种：水平的直线轨道；水平的曲线轨道；有坡度的曲线轨道。从机械设计的角度考虑，水平的直线轨道设计难度最小，有坡度的曲线轨道最难；从机械系统的造价角度考虑，水平的直线轨道造价最低，同样有坡度的曲线轨道最高。

2. 使用条件的确定

在开合屋盖结构的建筑方案设计中，要明确确定开合状态的使用条件，即确定在什么时候开合屋面应该开启、什么时候应该关闭，这点直接影响着以后的结构设计和机械设计，不同的使用功能对屋面位置有不同的要求，例如田径比赛的室内、室外记录是有区别的，而对场地净空要求较高的比赛，如橄榄球比赛，只是在观众席上有屋面就比较合适。对于有半开状态的，要取得开合屋面的具体位置，使用条件的分类可以参考表 7-2。结构设计、机械设计及使用手册的制定都是根据建筑方案确定的开合屋面使用条件来进行的。

7.3　结构设计中的考虑要素

7.3.1　荷载及外力

开合屋盖结构的荷载考虑要点：荷载与状态相对应。

相对常规屋盖只有一种状态而言，开合屋盖结构一般有三种状态：完全闭合锁定状态、完全打开锁定状态、运动状态。一些大型的开合屋盖结构还有第四种状态：半打开的锁定状态。因为不同的状态对应于不同的使用情况，所以结构设计中应根据建筑方案规定的使用状态确定荷载的取值。此外，开合屋盖结构有一个非常特殊的运动状态，这个状态下对应的荷载要特别加以考虑。

开合屋盖作为一种特殊的建筑结构类型，除具有常规结构承受的恒荷载、风荷载、雪荷载、设备荷载、温度荷载以外，还承受伴随开合屋面移动产生的一系列特有的荷载，这些荷载会根据开合屋面开合方式的不同有所不同。下面就风、雪、地震作用和开合屋盖特殊荷载中的重要问题加以讨论，并用天空穹顶和海洋穹顶的设计实例说明如何进行荷载考虑。

1. 风荷载及抗风设计

风荷载的取值是最能体现荷载与状态相对应这个特点的。影响风荷载标准值的多个要素，包括基本风压、风荷载体型系数、风压高度变化系数以及风振系数，在屋面处于不同的状态下都是不同的。

对于开合屋盖结构，并不是每一个状态都要经受整个设计使用年限中所遇到的最大风荷载。国外已建工程的基本风压的取值一般是：

1) 闭合状态取相关荷载规范规定的建筑场地的基本风压；

2) 开启状态对应的设计风速则根据设计者制定的开合屋面使用操作手册确定，日本很多已建成的开合屋盖开启状态承受的风速大多为 $15\sim20\text{m/s}$，折算的基本风压为 $0.14\sim0.25\text{kN/m}^2$，对应于 6～8 级风；

3) 移动状态因为持续时间在 20min 以内，所以用阵风风速作为参考值，一般取阵风风速 20m/s。表 7-6 列出了一些比较著名的已建开合屋盖建筑开启状态和移动状态的设计基本风速。

部分开合屋盖建筑开启及移动状态的设计风速　　　　　　表 7-6

建筑名称	开启状态设计风速	移动状态设计风速
日本有明体育场	20m/s，阵风风速	20m/s，阵风风速
日本福冈穹顶	20m/s，阵风风速	20 m/s，阵风风速
日本 Mukogawa 游泳池	15m/s，阵风风速	15m/s，阵风风速
日本球穹顶	最大动风压的 1/2	最大动风压的 1/4
日本海洋穹顶	—	16m/s
加拿大多伦多天空穹顶	18m/s，平均风速	18m/s，平均风速

基本风压是以重现期为基准的，但是开合屋盖结构并不是每一个状态都要经受整个设计使用年限中所遇到的最大风荷载。国外的已建开合屋盖建筑开启和移动状态对应的基本风压较小，但考虑到国内对场馆的管理水平较低，所以建议国内的开启屋盖结构，开启状态的基本风压最小值取 $0.3 \sim 0.4 \text{kN/m}^2$。若能保证建成后场馆的使用严格按照操作手册进行管理，开启状态的基本风压可以取得小一点。

表 7-6 中移动状态的基本风压均比开启状态的小，但这只是操作手册上的文字规定，在实际的设计中，为保证屋盖在恶劣的天气下处于闭合状态，通常设计者会考虑一个比开启状态对应的基本风压要大的风压值验算移动状态，确保在这个较大的风速下，牵引系统仍然能以一个较慢的速度把屋面合上。如加拿大的天空穹顶，规定的屋面移动条件是风速小于 65 km/h（18m/s），但在驱动设备的驱动力设计上要求风速达到 90km/h（25m/s）的情况下，仍能以较慢的速度关闭屋盖；日本小松穹顶规定的屋面移动条件是 10min 的平均风速不超过 15m/s，但是关闭屋盖的驱动设计风载荷是 10min 的平均风速不超过 30m/s。

开合屋盖结构的风荷载体型系数建议应由风洞试验确定。（1）开合屋盖结构大部分为公共建筑，各国的荷载规范对公共建筑的风荷载体型系数都是建议应通过风洞试验确定的；（2）开合屋面处于开启和闭合状态时，因为存在洞口变化的原因，整个屋盖的风荷载体型系数变化非常大；（3）开合屋盖结构的建筑外形通常很特殊，荷载规范提供的参考体型系数不大适用。对于如图 7-16 所示的上海中心游泳馆，因为屋面被女儿墙包围，风载非常小，而且建筑外形很规整，所以可以不进行风洞试验。小型的开合屋盖结构，可以参照已建工程的风荷载设计资料进行风荷载体型系数的选取。

对于空间移动的开合类型，开合屋面处在不同状态下，该部分质心的高度有很大的变化，所以开合屋面对应的风压高度变化系数也有比较大的变化，但固定屋面部分则没有这个问题。

开合屋盖结构的风振系数是一个值得深入研究的问题。开合屋面和下部固定屋面是两个通过锁定装置连起来的两个相对独立的刚体，两者之间总是存在着一定的间隙，在风荷载作用下两者有着不同的响应。特别是开合屋面部分，因为其与下部的连接不是理想的刚性连接，所以在风荷载作用下，其振动特性比较特殊，但目前还没有很深入的文章讨论这个问题。在风洞试验中，因为要考虑周围风场环境的模拟和风洞尺寸的限制，风洞模型比例一般是小于 1：80，所以开合屋面部分的模型尺寸就非常小了，做气弹试验难度很高，若单独用大比例的开合屋面部分进行气弹试验，则与下部固定屋面部分的相互影响以及环境风场的模拟将无法实现。因此要测出开合屋面部分的风振特性还是比较困难。

此外，文献［1］中还提出了开合屋盖结构的抗风设计要点，表 7-7 列出了部分比较重要的抗风设计要点：

抗风设计的部分要点 表 7-7

项　目	设　计　要　点
各部分间的间隙	各部分在风荷载的作用下响应不同，要根据各部分的特性，在他们之间留出足够的空隙，防止不同部分的相互碰撞，如果要密封间隙，要采用柔性填充物填充间隙
抗浮力装置	某些开合屋面在风荷载的不利情况下，可能产生漂移。当采用轮轨系统时，浮力会降低轮子和轨道的摩擦力，导致出轨的意外。因此一般要有抗浮力装置
表面装饰材料	在开合屋面和固定屋面的结合处，可能产生很大的局部风荷载，所以表面装饰材料与结构的连接要很牢固
膜材	若结构采用了膜材，不论是骨架膜还是张拉膜，均要保证膜材始终保持张紧状态，避免膜材的强迫振动和颤动
索	要注意牵引索、张力索在风荷载下的响应和振动
驱动系统	在开合过程中，传递到每一个驱动部分的风荷载是不同的，因此，每个驱动部分应实现同步控制，避免移动部分的蛇行移动

开合屋盖结构的抗风设计基本上属于被动措施，通过限制使用条件，以闭合状态承受最不利的风荷载作用。被动措施能得以实现的前提是严格按照操作手册进行使用和管理，因此风速探测仪是不可缺少的，探测到的风速值作为自动化控制的输入条件，屋面的开合应该在风速探测仪的监测下进行。开合驱动系统、控制系统、管理系统的可靠性，决定了被动措施是否可行。虽然从近年来刚性开合屋盖建筑的使用情况还没看出任何问题，但是从以往开合索膜结构的风荷载事故中可以看出被动措施是有隐患的。

对于建造在龙卷风高发地区的开合屋盖结构，由于强对流天气形成迅速，难预报，而开合屋面的关闭需要一定的时间，突然而来的强风可能使驱动系统关闭屋盖，这样结构就非常危险了。因此，可以通过在方案设计阶段就合理选用建筑结构形体来降低风荷载体型系数这样的主动措施来提高开合屋盖结构安全性。典型例子就是荷兰的阿姆斯特丹体育场，该结构采取了利用建筑体型减小屋盖风吸力的主动控制措施，建筑模型的风洞试验表明，在半开启和全开启状态下开合屋面的风吸力很大，会使所有的锁定措施失效，为此，在开合屋面和固定屋面之间留有一个较大的空隙，风可以以很大的速度通过这个空隙，这样就降低了开合屋面受到的向上的吸力。该建筑的抗风设计为开合屋盖结构提供了很好的抗风设计借鉴。

2. 雪荷载及抗雪设计

雪荷载的考虑和风荷载一样，也要根据开合屋盖结构的操作手册确定各个状态对应的雪荷载。由于在积雪的情况下移动开合屋面是非常危险的，所以只需要考虑开启和闭合两种状态的雪荷载；从建筑使用功能上考虑，雪季时开合屋面应处在闭合状态，所以闭合状态下屋面的雪荷载就按荷载规范选取；开启状态一般也可以不考虑雪荷载，但建造在有较大降雪地区的开合屋盖结构，为了保证在突发降雪的情况下结构的安全，要考虑承受 0.3 kN/m^2 的初始降雪。在自动或者人工去除轨道积雪后，驱动系统可以保证开合屋面的正常闭合。

开合屋盖结构由不同的屋面部分组成，在不同部分的交接处，很容易产生局部堆雪现象，当采用膜材当屋面材料时，要特别注意。另外，积雪有可能产生滑落现象以及结冰现象，这有可能影响屋面雪荷载的分布。此外，在轨道等驱动部件的地方，容易有局部堆积现象，这将影响开合屋面的移动。

表 7-8[1]列出了部分比较重要抗雪设计要点：

抗雪设计的部分要点　　　　　　　　　　表 7-8

项　　目	设　计　要　点
各部分间的间隙	各部分在雪荷载的作用下响应不同，要根据各部分的特性，在他们之间留出足够的空隙，防止不同部分的相互碰撞，如果要密封间隙，要采用柔性填充物填充间隙，填充物要能避免融雪渗入室内
局部积雪	在不同屋面交界处、轨道处，局部积雪现象比常规结构要突出
雪荷载的长期作用	积雪可能会持续较长的时间，相应地要考虑雪荷载的长期效应
积雪的滑落	当屋面积雪有可能产生滑落时，要对下滑模式、积雪的重分布以及冲击荷载进行考虑
膜材	若结构采用了膜材，不论是骨架膜还是张拉膜，均要保证膜材在雪荷载作用下，仍能保持一定的坡度，防止积雪融水的汇集，且能避免雪荷载的局部堆积，避免产生"布袋"效应
驱动系统的保护	轨道上堆积的冰雪和索上的结冰会导致开合屋面移动的障碍，要考虑清除轨道积雪的措施或融雪装置
初始积雪移动屋面	要有恰当的措施保证在有突然的初始降雪后把开合屋面安全闭合

抗雪设计的思路是减少雪荷载在屋面上的积累。在严寒地区，可以考虑在屋盖系统上采取融雪措施，防止多次积雪的累加，当然这是以增加场馆营运成本为代价的。日本球穹顶就是采用了屋盖融雪系统，其方法是采用双层膜屋面，下雪时在膜层中充暖气减少雪在屋面上的堆积。另外，也可以通过优化屋面形状，减小屋面积雪分布系数。1997 年在日本小松市建成的小松穹顶，屋面保持至少 25°的倾角，而且每个膜单元均通过拉杆形成 V 字形的横截面，如图 7-28 所示。这样的屋面形状能促使积雪的滑落，屋面的积雪即使在雪季，也不会超过 25cm。另外小松穹顶也采取了在夹层膜内充暖气的措施减少积雪。对

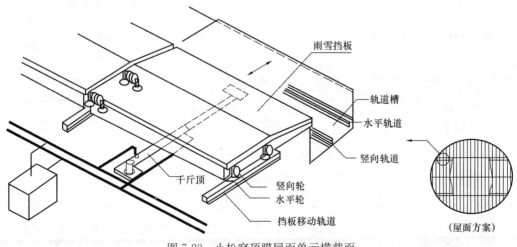

图 7-28　小松穹顶膜屋面单元横截面

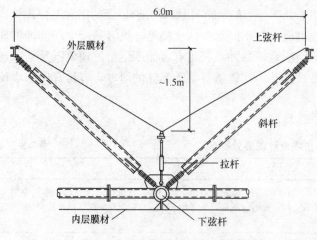

图 7-29 小松穹顶雨雪挡板示意图

于轨道的保护则采用了图 7-29 所示的雨雪挡板防止雪在轨道槽内堆积结冰。以上三个措施,使得在日本本州岛中西部这样大雪的地区建设开合屋盖结构成为现实。

3. 地震作用和抗震设计

开合屋盖结构在开启和闭合状态必须能抵御地震作用,这两个状态的抗震设计属于普通大跨度空间结构的抗震问题;而开合屋面在移动过程中遭遇地震作用则是一个非常特殊的问题。地震的持续时间很短,开合屋面的移动时间也在 20min 以内,移动过程中遭遇地震的概率大小与开合时间的长短以及开合频率有关,所以屋面在移动中遭遇地震作用的可能性很小。

在起重机规范里面是没有考虑地震作用的,这个思想可以应用与开合屋盖结构领域。对于小型的开合屋面结构,即使在日本这样的多震国家,也可以不考虑移动中遭遇地震作用。但是对于可容纳大量观众的大型开合屋盖结构,要根据地震可能产生的预期破坏程度采用充足的应对措施,移动状态的地震作用可以根据开合屋面的形式作相应的折减,折减值可以根据设计者的经验判断而定,在没有充分的相关数据时,地震作用减少 50% 还是比较安全的。在设计跨度为 200m 量级的大型多功能体育馆时,许多工程选取 2000~2500mm/s² 的地面加速度和 200~250mm/s 地面速度作为地震作用输入,这样的地震作用相当于多遇地震的概念。对于更大跨度的结构,应考虑结构的竖向响应。

日本已有的大型开合屋盖结构的抗震设计如下:

1) Level-1 地震作用下,结构应处在弹性阶段,而且不能发生出轨的现象。

2) Level-2 地震作用下,结构应处在弹塑性阶段,要避免结构部分或整体的倒塌,避免出轨以及结构的任一部分掉落。

注:Level-1,Level-2 为日本规范中对地震的描述,Level-1 的最大地面速度为 250mm/s,Level-2 的最大地面速度为 500mm/s。

表 7-9 是一些已建工程的抗震设计。

部分开合屋盖建筑的抗震设计   表 7-9

建筑名称	抗震设计准则
多伦多天空穹顶	基于 8% 的结构自重的地震反应谱分析得到地震作用
日本海洋穹顶	Level-1 下安全,Level-2 下不出现出轨脱轨现象
日本球穹顶	移动中的地震作用按闭合状态地震力的 1/2 计算
有明体育场	Level-1 下安全,Level-2 下不出现出轨脱轨现象
日本海洋穹顶	Level-1 下安全,Level-2 下不出现出轨脱轨现象

除了验算地震作用下结构的响应外,抗震设计更注重的是从构造上保证结构的安全。通过合理的设计轮轨系统,可以保证在地震作用下开合屋面不出轨,有资料表明,当轮子

和轨道的摩擦系数为 0.15 时，在不是小震的作用下，轮子也不会打滑。建造在地震多发地带的大型开合屋面建筑，还要安装有地震探测仪，监测结果也应该作为控制系统的输入参数，开合屋面运动过程中，当地震仪探测到较大的地震时，夹轨器等刹车装置就会把开合屋面临时锁定在轨道上面，避免出轨事故的发生。

对结构地震反应进行控制的思想，是现代结构抗震设计方法的重要内容，而其中以被动控制方法在工程中应用较多。在结构中安装各种耗能阻尼器，可以吸收地震能量，减小结构地震反应，是被动控制中的主要减震措施。这种被动控制要解决的主要问题有：

① 减低输入结构的地震能量；

② 使结构的固有频率不在地震的卓越频率范围之内，以避免共振现象的发生；

③ 改善结构的振动衰减性能。

结构上的阻尼器应满足以下要求：

① 具有吸收能量的能力；

② 具有追随变形的能力；

③ 具有良好的耐久性。

大量工程实践表明，在一些结构的关键部位安装阻尼减震器可以很好地控制结构的地震反应。日本的大分县穹顶采用了一种比较复杂的装置，该装置集减弱温度影响、减震和降低开合运行时开合屋面动反力等功能于一体的综合装置，行走台车通过该装置与开合屋面相连，如图 7-30 所示。与无该装置相比，长期荷载作用下开合屋盖结构的支承反力减少为 50%，温度应力减少为 45%，地震作用减少为 65%，具体数值见表 7-10。

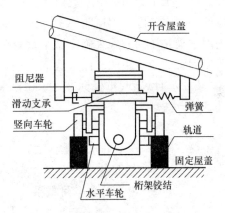

图 7-30　大分县穹顶行走机构装置图

大分穹顶行走台车折减装置折减效率分析　　　　表 7-10

荷 载 工 况		反力（t）		(B/A)
		无折减装置（A）	有折减装置（B）	
恒荷载	开启状态	570	295	0.52
	闭合状态	616	303	0.49
温度荷载（Δt=40℃）	开启状态	866	396	0.46
	闭合状态	575	250	0.44
地震作用（Level-2）	开启状态	898	578	0.64
	闭合状态	1314	547	0.42

4. 开合屋盖的特殊荷载

与常规民用建筑相比，开合屋盖结构还要考虑伴随开合屋面移动产生的一系列特殊荷载。这些荷载与工业厂房或者是起重机设计中涉及的吊车荷载有可比之处，但也由于开合屋盖结构的特殊性，其特殊荷载与吊车荷载的考虑也有很大的不一样：

1）开合屋面自重比较大，但荷载变化幅度很小；而吊车的重量会根据实际吊重量有很大幅度的变化。

375

2）开合屋面移动速度慢，使用频率低。

3）大部分开合屋面的移动轨迹远比吊车的水平直轨道要复杂。

4）开合屋面面积大，是外露的，受风、雪荷载的影响大。

5）吊车基本上为标准产品，而开合屋面根据建筑方案的要求，都是单独设计的。

以上几点特点，决定了开合屋盖的特殊荷载的确定只能是参考起重机设计规范的相关内容，而不能全盘照抄，应由设计者详细考虑选取。而这却是结构设计者，特别是只做民用建筑的结构设计者并不擅长的。

开合屋盖的特殊荷载会根据开合屋盖具体类型的不同而有所不同，下面只对刚性开合方式且采用轮轨系统的开合屋盖结构的特殊荷载进行讨论。

1）垂直于轨道的水平力

当开合屋面在平行轨道上移动的时候会产生垂直于轨道的水平力，也就是轮子的侧向力。这个水平力与以下要素有关：轨道和水平轮之间的间隙、轨道的直线对准精度、开合屋面的倾斜角度、轨道曲率等。因为涉及的要素很多，大部分的起重机规范都是通过水平力因子乘轮压的方式来确定这个垂直于轨道的水平力大小，水平力因子根据开合屋面结构跨度和有效轮基距的比值来选取。

FEM（欧盟起重机标准，Federation Europeene de la Manutention）中对水平侧向力的计算方法[1]为：

$$S_F = \lambda \cdot R \tag{7-1}$$

式中　S_F——轮子的水平侧向力；

　　　R——轮压；

　　　λ——轮子的水平荷载系数；

$$\lambda = \frac{0.15}{6}\left(\frac{l}{a}-2\right)+0.05 \quad 2\leqslant\frac{l}{a}\leqslant 8$$
$$\lambda = 0.05 \quad \frac{l}{a}\leqslant 2$$
$$\lambda = 0.2 \quad \frac{l}{a}\geqslant 8$$

　　　l——开合屋面结构跨度（m）；

　　　a——有效轮基距（m）。

有效轮基距应根据轨道上轮子的数量小于 4 个、4～8 个、8 个 3 种情况分别取不同的值。

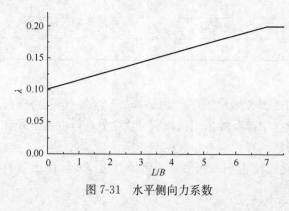

图 7-31　水平侧向力系数

我国国家标准《起重机设计规范》（老版规范 GB 3811—83，新版规范 GB 3811—2008）中也对轮子的水平侧向力的计算方法作了规定[20]：

$$P_S = 0.5\Sigma P \cdot \lambda \tag{7-2}$$

式中　ΣP——起重机一侧经常出现的最不利轮压之和；

　　　λ——水平侧向力系数，按图 7-31 确定；

图中 L 为起重机的跨度（m）；B 为起重机轮基距，如有水平导向轮，则取水平导向轮的轮距（m）。

车轮横向力要考虑支承点的受力变形位移值的影响。该受力变形值应在轨道跨度和结构跨度的运行范围之内。表 7-11 为日本规范 JIS 的有关规定。

日本规范 JIS 中规定的轨道跨度允许偏差值 表 7-11

轮 轨 组 合	允许偏差值（mm）
轻轨轮——22kg 轨道	±12.2
普通轨轮——50kg 轨道	±15
吊车轨轮——75kg 轨道	±25
其他轮轨组合	±16～±20.1

我国国家标准《通用门式起重机》（老版规范 GB/T 14406—93，新版规范 GB/T 14406—2011）中对起重机的跨度偏差、轨道偏差等也作了相应的规定。

2）垂直于轨道的竖向力

当开合屋面沿轨道移动时，要考虑道轨道接头和轨道不平坦产生的竖向力。因为开合屋面的移动速度很慢，所以在大部分情况下可以忽略这个竖向力的影响，但若轨道竖向变形较大或者轨道得不到很好的维修保养时，就必须考虑这个冲击力。这个冲击力很难具体准确数值化，许多国家都采用了不同的荷载增大系数的方法加以解决。表 7-12 为德国标准 DIN 的相关规定[1]。

德国标准 DIN 规定的自重增大系数 表 7-12

规定接头类型	旋转或移动速度 v（m/min）	自重增大系数
有轨道接头	$V \leqslant 60$	1.1
	$60 \leqslant V \leqslant 200$	1.2
	$V \geqslant 200$	1.2
无轨道接头	$V \leqslant 90$	1.1
	$90 \leqslant V \leqslant 300$	1.2
	$V \geqslant 300$	1.2

我国《起重机设计规范》GB 3811—2008 中也对因轨道接头、轨道不平等要素产生的力做了考虑。由于轨道不平而使运动的质量产生沿铅垂方向的冲击作用，应将允许荷载乘以冲击系数 φ_4。

$$\varphi_4 = 1.10 + 0.058v \cdot h \tag{7-3}$$

式中 v——运行速度（m/s）；

h——轨道接头处两轨道面的轨道高差（mm）。

3）沿轨道的水平力

沿轨道的水平力主要由开合屋面启动和刹车产生的惯性力组成。

启动时，开合屋面因轮轨装置多，受力复杂，造成轮轨间的粘着力较大，启动时需要很大的力。可是当开合屋面一旦开始移动后，轮轨之间的静摩擦力就变成了很小的滚动摩擦力，即使电机输出功率有控制系统进行调节，但是电机的驱动力和滚动摩擦力之差将产生一个很大的加速度，其值可以通过式（7-4）确定

$$a = (F_\mathrm{D} - F_\mathrm{f})/m \tag{7-4}$$

$$F_\mathrm{D} \geqslant F_\mathrm{A}$$

式中　F_D——启动驱动力；

　　　F_f——轮轨间的滚动摩擦阻力（GB 3811—83 规定：$F_\mathrm{f} = 0.06mg$）；

　　　m——运行质量；

　　　F_A——轮轨间的粘着力（GB 3811—83 规定：$F_\mathrm{A} = 0.12mg$；日本建筑学会制订的《开合屋盖结构设计指针》规定：$F_\mathrm{A} = 0.15mg$）。

开合屋面除运行到终点的刹车外，还存在三种情况的紧急刹车：一是当开合屋面越过轨道终点还没正常停止时，位于轨道端部的缓冲器要使全速行驶的开合屋面停下来；二是开合屋面移动过程中，当电源、轨道等出现故障，电机的弹性刹车装置、夹轨器会自动启动，使屋面停下来；三是当探测到大地震或者是突发大风时，电机停止，夹轨器启动。这三种刹车的加速度都是很大的。如果紧急刹车能在 5s 内停下来，那么行驶速度为 10m/min 的开合屋面将受到 $2\mathrm{m/s^2}$ 的刹车减速度。加拿大天空穹顶体育场可动屋盖水平移动的最大距离约 100m，水平移动屋面的移动时间 9min，平均运行速度 10m/min，设计选用的突然刹车加速度为 1.34 $\mathrm{m/s^2}$。

尽管惯性力的大小随启动速度和刹车特性不同而不同，但惯性力均可以被看作是运行质量和系数 β 的乘积或与加速度的乘积，表 7-13 列出了国外几种惯性力系数的计算方法[1]。

国外起重机规范的惯性力系数计算方法　　　　　　　　　　　　　表 7-13

BS（英国标准）	FEM（欧盟标准）	JIS（日本标准）
$a = v/2000$（有最小值限制） v：m/min	$a = 0.15\sqrt{v}$ v：m/s（低速度和中等速度）	$a = 0.008\sqrt{v}$ v：m/min

注：表中 a——加速度，即惯性系数（$\mathrm{m/s^2}$）；v——速度。

表 7-14 列出了我国国家标准《起重机设计规范》GB 3811—83 中对低速运动机构加/减速度及相关加/减速时间的推荐值，且建议制动时的惯性力应按该质量 m 与运行加速度乘积的 1.5 倍计算，且大于轮轨直接的粘着力[11-13]。

GB 3811—83 关于低速运行机构加/减速度及相关加/减速时间的推荐值　　表 7-14

运行速度（m/s）	0.16	0.25	0.40	0.63	1.00	1.60	2.00
加/减速度（$\mathrm{m/s^2}$）	0.064	0.078	0.098	0.12	0.15	0.19	0.22
加/减速度的时间（$\mathrm{m/s^2}$）	0.16	3.2	4.1	5.2	6.6	8.3	9.1

表 7-15 列出当运行速度为 10m/min（0.167 m/s）时，各国规范的加速度[1]。从表中可以看出各国规范得出的加速度相差很大，应根据实际的机械加工能力和选用的零件选择适当的规范。

运行速度为 10m/min 时各国规范的加速度比较（m/s²）　　表 7-15

BS	FEM	JIS	GB 3811—83
$a = v/2000$ $=0.005<1/20$, 取 $a=0.05$	$a = 0.15\sqrt{v}$ $=0.0612$	$a = 0.008\sqrt{v}$ $=0.0252$	$a = 0.067 \times 1.5$ $=0.101$

从上述讨论可见，开合屋面的特殊荷载与机械的选型密切相关，所以应该由结构工程师和机械工程师共同讨论确定的。

5. 荷载组合

开合屋盖结构的荷载种类和工况的特点既与普通建筑结构具有相同之处，也有这种结构特有的荷载种类。即使与普通建筑相同种类的结构荷载，在开合结构上也有其特殊性。所以开合屋盖结构上的所有荷载均应针对具体情况详细研究决定。

对于闭合和开启两种状态，在按上述各点确定设计荷载后，荷载的组合与常规结构基本一样。但运动状态则要特别考虑。

运动状态是开合屋盖结构一个非常特殊的状态，这个状态下对应的荷载要特别加以考虑。为保证开合的安全，操作手册应规定在有屋面积雪的情况下不允许进行开合操作，因此运动状态不用考虑雪荷载，同理屋面活荷载也不需要考虑。出于安全和管线布置方便的考虑，设备应尽量安置在固定屋面部分上，开合屋盖开合屋面部分一般不安装照明、音响等设备，所以可以不考虑设备荷载。但是因为屋面是移动的，所以要考虑伴随着屋面运动产生的一系列的特殊荷载，这些特殊荷载会根据开合屋盖类型的不同而有所不同，主要是水平荷载。特殊荷载主要包括开合屋面的制动力和惯性力、轨道偏差引起的强制位移等，这些荷载的取值可以参照现有的起重标准，并根据开合频率确定工况系数。

6. 典型工程荷载设计实例

表 7-16、表 7-17[1] 分别是天空穹顶和海洋穹顶结构分析时考虑的荷载要素。

天空穹顶结构分析考虑的荷载要素　　表 7-16

荷载作用	设 计 要 点
恒荷载	钢结构自重，屋面覆盖材料产生的均布恒荷载
活荷载	活荷载的取值标准均按百年一遇考虑
雪荷载	基于 NBC 设计标准和风洞实验确定雪荷载
风荷载	根据风洞实验确定风荷载
地震作用	基于 8% 的结构自重的地震反应谱分析得到地震力，弹性分析
温度作用	由温度变化产生
设备荷载	1. 每块开合屋面上有 76 个点，每个点有 80kN 的荷载； 2. 在开合屋面的每个桁架上，隔节点布置的 8～9kN 的集中荷载
沿轨道的惯性力	开合屋面运动时突然刹车的减速度（1.34m/s²）
垂直轨道的水平力	由于两侧驱动力的不同步导致水平移动的开合屋面运动一前一后，运行不同步在开合屋面上产生的荷载
设计方法	基于极限状态进行设计： 1. 对所有活荷载均乘以重要性系数 1.15； 2. 在上面的基础上再乘以 1.5 的荷载分项系数

　　　　　　　　　　　　　　表 7-17

荷载作用	设 计 要 点
风荷载	1. 通过风洞实验确定屋面在全闭、半开、全开状态下的风荷载系数； 2. 关于风压值，对百年一遇的风速值和日本建筑设计标准中的规定值进行了比较，采用了其中较大的数值； 3. 在结构的抗风设计时，对风作用下的静动力安全性进行评估
移动特殊荷载	1. 启动和刹车时的惯性力； 2. 跨度两侧台车运行的不同步差； 3. 下部支承结构（结构—地基）的不均匀弹性变形对结构的影响需进行评估
地震作用	1. 对屋盖及基础输入了 Level-1 和水准 Level-2 的地震运动，并考虑了周围环境和场地的特征要素； 2. 由于穹顶屋盖的最大跨度达 110m，在设计时不仅要考虑水平地震力而且要考虑竖向地震作用； 3. 若开合屋面运行时发生地震，在考虑台车的刹车力确保不会发生碰撞和脱轨的情况下，进行了非线性动力反应验算
地震作用时相位差验算	1. 由于屋盖是由跨度达 110m 的下部结构支承，它们会受到地震运动时相位差的影响。因此，为了确保结构的安全性，假定地震时屋盖两侧的下部结构处在完全相反的相位上，在这种情况下对屋盖结构的每一部分进行应力变化验算： X 方向的最大反应位移为 5mm（TAFT 波，东西方向＋上/下运动）； Y 方向的最大反应位移为 5mm（HACHINOHE 波，南北方向 ［Y 方向输入］）； 2. 假定两侧的下部支承结构的反应方向相反，当采用上述方法求得的数值作为强迫位移施加到屋盖的支座上时，在 X 方向相反的相位差作用下，最大应力发生在主桁架弦杆，$s＝2MPa$；在 Y 方向的反相位地震作用下，最大应力发生在支撑杆件，$s＝5MPa$；这表明地震时两侧支承结构的相位差影响很小

7.3.2 开合屋盖的结构体系

开合屋盖结构的屋面根据是否可以移动可以分为固定屋面和开合屋面两部分，有的开合屋盖结构的屋面全部都由开合屋面组成。无论是开合屋面还是固定屋面，一般都是按某一规则的空间曲面按一定规则划分或切分得到的。按水平投影，屋面单元分为矩形、梯形、扇形、半圆形或几种基本形状的组合；按空间形状，屋面单元分为平板式、桶壳式、球面式或锥面式的一部分等。在确定屋盖结构形式，特别是开合屋面部分的结构体系时，除了考虑建筑外形的限制外，应尽量选取符合开合屋盖结构特点、有利于开合功能安全实现的结构体系。

1. 开合屋面的支承方式

按开合屋面的支承方式，可以作如图 7-32 所示的分类：

第一种支承方式，开合屋面采用类似门式钢架的形式或直接落地的形式，如日本有明体育场，美国西雅图太平洋西比棒球场等。开合屋面既包括水平承重结构，又包括竖向承

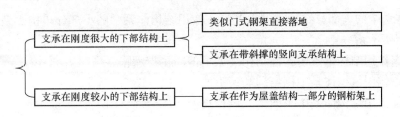

图 7-32 开合屋面支承分类图

重结构,其工作原理和龙门式起重机很类似。这种支承方式轨道直接固定在基础上,轨道变形最容易控制,但开合屋面的构件尺寸非常大,建筑占地也较大。

第二种支承方式,轨道在观众席高度以上,支承结构一般有斜撑或者预应力环梁参与组成,而且下部支承结构通常用混凝土构成,刚度比较大。采用这种支承方式的开合屋盖结构最多,如海洋穹顶、米勒体育场、福冈穹顶、澳大利亚国家网球中心等。这种屋盖开合移动受外界的影响较小,占用场地小,但下部支承结构要承受比较大的水平推力,而且要控制轨道变形。

第三种支承方式,开合屋面支承在固定屋盖的边缘钢构件上,或独立的空间结构上。如小松穹顶、荷兰阿姆斯特丹体育场。虽然这种屋盖的开启率最低,但其建筑外形美观,深得建筑师的喜爱,基本上若采用空间开合方式的话,只能采用该种支承方式,其在建筑、结构和机械等方面的设计难度最大,技术含量最高,已经成为开合屋盖结构的一个发展方向。该支承方式要解决的关键问题是开合屋面和下部支承体系变形的互相影响。

2. 开合屋盖结构体系的选择

开合屋盖结构有一个共同而显著的特点:屋盖结构的整体效应较难获得。屋面由于被人为地划分为不同的结构单元,所以屋盖的整体性较差,即使整个屋盖的形状是壳,但在传力上起作用的将是拱效应而不是壳效应,考虑何种效应占优,要根据屋面的划分形式和划分程度来确定。也就是说,开合屋盖结构在很多情况下,传力是以单向传力代替了空间传力。除了整体效应较差这个共同的特点外,可动屋盖采用不同的支承方式,其结构体系也有不同的特点。

1)对于开合屋面支承在刚度很大的下部结构上的开合屋盖,支承结构通常要直接落地,建在比赛场地和观众席以外,所以屋盖需要很大的跨度,在选择结构体系时,先考虑的是满足跨度的要求,其次才是减少水平推力。另外,采用该种支承方式的开合屋盖结构,屋盖的划分比较的彻底,屋盖以拱效应为主。

2)对于开合屋面支承在刚度较小的下部结构上的开合屋盖,开合屋面可以认为是附属在下部结构上的,于是下部结构的整体性较强,计算中可以考虑空间作用。但是上下两部分在轨道相连处必须满足变形协调的要求,因此,开合屋面宜尽量选用产生水平力小,不易被支座变形改变内力的结构体系,而下部支承体系则宜采取一定的措施,增强整体刚度,减少轨道处的变形,满足机械上对轨道变形的要求。

德国学者海诺·恩格尔在文献[10]中把结构体系分成了五个结构家族:形态作用结构体系、向量作用结构体系、截面作用结构体系、面作用结构体系和高度作用结构体系,并细分出19个结构类型。其中只有个多的结构类型能适用于开合屋盖结构,主要是向量作用结构体系中的大部分结构类型以及形态作用结构体系中的小部分结构类型，适用的结构类型如下所示：

1）形态作用结构体系中帐篷结构类型下的间接支承帐篷（图 7-33）[2]；

2）形态作用结构体系中拱结构类型下的线形拱（图 7-34）[2]；

3）向量作用结构体系中平面桁架结构类型下的全部（图 7-35）[2]；

4）向量作用结构体系中传导平面桁架结构类型下的线形桁架（图 7-36）[2]；

5）向量作用结构体系中空间桁架结构类型下的曲面空间桁架（图 7-37）和线形空间桁架（图 7-38）[2]。

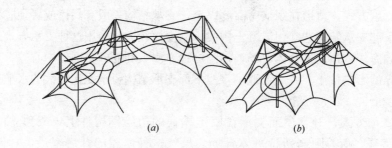

图 7-33　间接支承帐篷

（*a*）室外构造；（*b*）室内构造

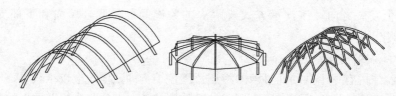

图 7-34　线形拱

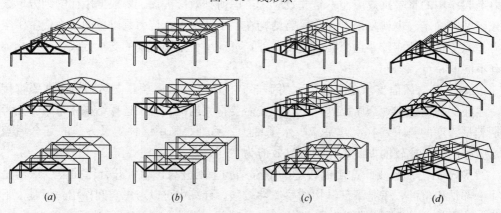

图 7-35　平面桁架结构类型

（*a*）上承式桁架；（*b*）下承式桁架；（*c*）双弦桁架；（*d*）弓形桁架

其中，如图 7-33 所示的间接支承帐篷，只适用于柔性开合屋面，在刚性开合屋面上，因稳定索的固定问题，不宜使用。如图 7-34 所示的线形拱，在第二种和第三种支承方式均可使用。图 7-35～图 7-38[2] 中的向量作用结构体系均可用于三种支承方式，但应根据经济跨度选用相应的结构类型。图 7-35 的平面桁架结构类型和图 7-36 的线形桁架只用于跨度比较小的场合，一般组成开合屋面部分或固定屋面的次要部分；而图 7-37 的曲面空间桁架一般是截取部分曲面作为开合屋面或固定屋面的次要部分；图 7-38 的线形空间桁架适用大跨度的场合，而且因刚度较大，通常会作为开合屋盖结构的支承部分，作为轨道的铺设平台。

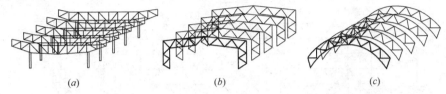

图 7-36　传导平面桁架结构类型下的线形桁架

（a）桁架梁；（b）桁框架；（c）桁拱架

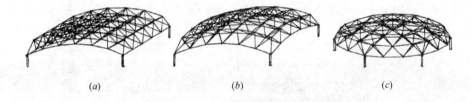

图 7-37　空间桁架结构类型下的曲面空间桁架

（a）单曲；（b）双曲；（c）球形

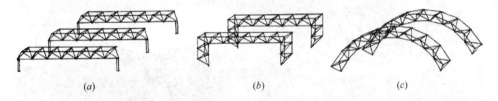

图 7-38　空间桁架结构类型下的线形空间桁架

（a）空间桁架梁；（b）空间桁框架；（c）空间桁拱架

部分已建典型开合屋盖结构布置如图 7-39～图 7-47[2] 所示。

图 7-39　加拿大蒙特利尔奥运会体育场结构布置图

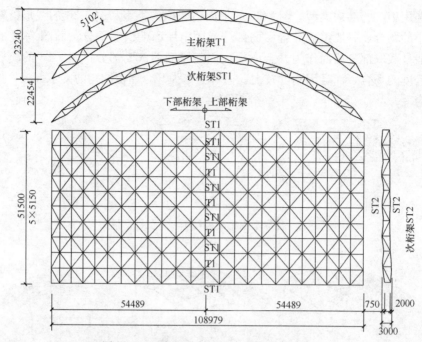

图 7-40　日本海洋穹顶开合屋面结构布置图

图 7-41　美国休斯敦 Minute Maid Park 棒球场结构布置图

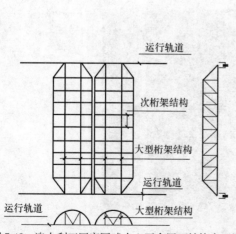

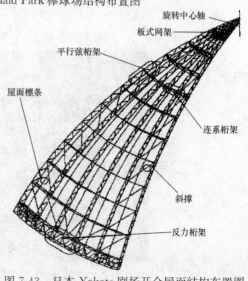

图 7-42　澳大利亚国家网球中心开合屋面结构布置图　　图 7-43　日本 Yokote 剧场开合屋面结构布置图

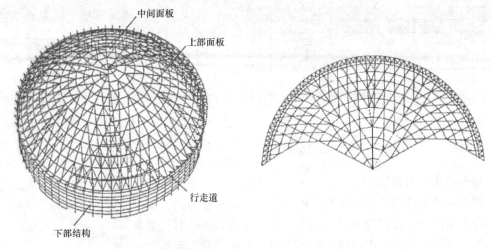

图 7-44 日本福冈穹顶结构布置图

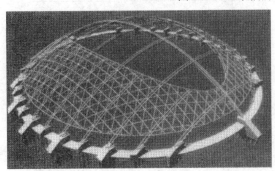

图 7-45 日本大分县穹顶结构布置图

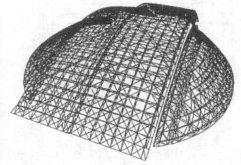

图 7-46 加拿大天空穹顶屋面结构布置图
（详见图 1-9）

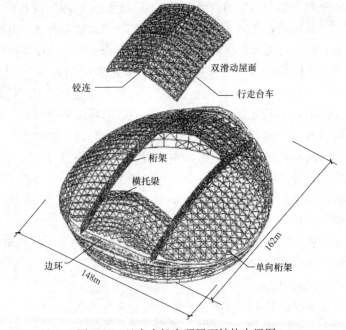

图 7-47 日本小松穹顶屋面结构布置图

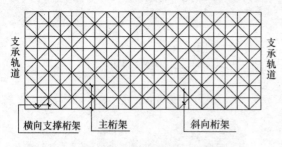

图 7-48　单向密布受力骨架结构布置方案

从以上各已建典型工程来看，结构布置均是上述的几种结构类型的组合及衍生。另外，线形结构扮演着重要的角色，这是开合结构单向传力的表现。单向传力的结构体系一般可采用两种结构布置方案：一是单向密布受力骨架；二是布设少量大型单向受力骨架。单向密布受力骨架布置形式如图 7-48[2] 所示，这种密布形式受力骨架不分主次，结构高度低，适合于多块开合屋面叠合的开合方式。少量大型单向受力骨架结构主要有两种形式，结构布置如图 7-49[2] 所示，大型的骨架利于和行走台车相配合，在有大型骨架的地方配置主动和被动的行走台车，一般用于跨度比较大的场合，缺点是结构占用高度大，不能用于多片开合屋面叠合。

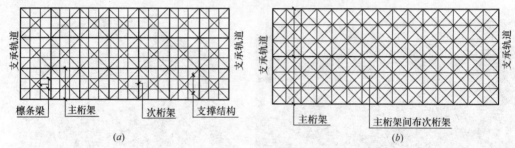

(a)　　　　　　　　　　　　　　　　　(b)

图 7-49　少量大型单向受力骨架结构布置方案
(a) 方案之一；(b) 方案之二

3. 开合屋面与支承结构的变形影响及分析方法比较

开合屋面之间是没有结构连接的，可以说不同的开合屋面在结构上相互是独立的，但是它们却共享了同一条轨道，共享一个下部支承系统，所以结构独立的开合屋面会通过支承系统的变形影响到相邻近的开合屋面。不同部分的开合屋面会承受不同的荷载，而且在荷载作用下，也会有不同的响应，另外在施工和移动过程中会有误差，因此开合屋面之间、开合屋面和固定屋面之间要留有一定的间隙，避免在荷载作用下、移动过程中，开合屋面之间及开合屋面与固定屋面之间相互碰撞，保证开合屋面安全移动。不同的开合屋面以及下部支承结构，是相对独立的结构体系，在进行结构分析的时候有两种分析方法可以选择，即整体协同分析和各部分单独分析，整体协同分析指通过开合屋面与支承结构在锁定点耦合三个线位移进行协同计算；各部分单独分析则是先把开合屋面在锁定点处固定进行受力分析，得到的支座反力以集中荷载的形式施加到下部结构上进行进一步的受力分析。整体协同分析方法从原理上应比各部分单独分析更能真实反应结构的受力性能，但是计算量非常大，而且若锁定点比较弱，那么整体协同分析方法得出的结果是偏不安全的。对于一个特定工程，究竟哪种分析方法更能较真实地反映受力性能及计算简便，要根据具体的开合屋面支承方式而定。

对于开合屋面支承在混凝土这类刚度非常大的下部支承结构上的开合屋盖结构，由于下部支承结构刚度大，所以开合屋面之间，开合屋面与下部支承结构之间相互变形的影响较小，采用各部分单独分析就足够了，这种分析方法计算量小。但是对于开合屋面支承在刚度较小的下部结构上的开合屋盖结构，要具体分析比较。工程实例详见本书7.4.7的具体分析。

4. 钝化变形影响的几种措施

开合屋面之间、开合屋面和支承结构之间的变形相互影响使得开合屋盖结构的设计难度增大，为钝化变形对结构的影响，可以从以下五个方面采取措施：

（1）为开合屋面和固定屋面分别设置独立的支承结构，减小结构间的相互影响和支承结构的尺寸。这种措施使得开合屋盖结构各部分的受力非常明确，但有两个独立的支承结构，所以在造价上有可能变高。荷兰阿姆斯特丹体育场采用了这种方法，为开合屋面单独设立了支承钢拱和支承混凝土柱。如图7-50所示。

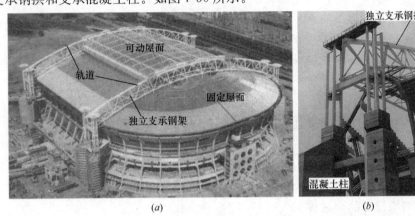

图7-50 荷兰阿姆斯特丹体育场下部支承结构图
(a) 鸟瞰图；(b) 连接细部图

（2）把开合屋面直接放置在低矮的刚度很大的支承结构上，如日本海洋穹顶、日本Arika体育场、美国西雅图新太平洋西北棒球场。从图7-51可以看出海洋穹顶的开合屋面支承在带斜柱的混凝土结构上。

（3）加强开合屋面和固定屋面的公共边界支承结构，或设置大型边界桁架、拱架结构。如图7-52所示的日本小松穹顶，为开合屋面设置了4m×3.5m（高×宽）的大型立体桁架作为支承结构，并在体育馆周边设置了混凝土预应力圈梁。

图7-51 日本海洋穹顶开合屋面支承方式

图7-52 日本小松穹顶结构加强方式

（4）开合屋面选用对支座位移不敏感的结构体系。如图7-53所示，日本小松穹顶的

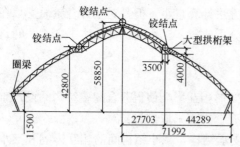

图 7-53　日本小松穹顶开合屋面结构体系

开合屋面采用了三铰拱结构体系，这种体系能适应下部结构的变形，在开合屋面内部不会因为轨道变形产生很大的应力，对于释放稳定应力十分有效。

（5）采用阻尼器等装置。

上述五点钝化变形的措施体现了结构设计中用到"抗"和"放"两种设计思想，增加大型桁架、使用预应力混凝土结构作为下部支承结构体现的是"抗"的设计设想，而采用三铰拱、加装阻尼器等措施则是"放"的体现。从上述讨论中可以看出，开合屋面支承在刚性很大的支承结构上的开合屋盖结构，不需要特别考虑支承结构变形的影响，而对于像小松穹顶这类开合屋面支承在刚性较小的支承结构上的开合屋盖结构，即采用空间开启方式的开合屋盖结构，通常要综合使用上述的措施减少变形的影响。在实际的设计中，可以根据具体的结构形式，综合运用上述多种措施，提高经济效益。

7.4　开合屋盖结构工程实例介绍

开合屋面结构作为开合结构最典型的应用，因其独特的使用功能，使得其设计过程远较普通结构形式复杂。本节结合黄龙体育中心网球中心开合屋盖结构的工程实例，详细介绍开合屋盖结构设计的全过程。

7.4.1　工程概况

根据建筑和使用要求，结构方案如图 7-54 所示：屋盖覆盖直径 86m 的圆形区域，周边柱子布置在半径为 37.3m 的看台平面上；大拱桁架根据建筑要求和建筑红线的限制，采用一端落地，另外一端落在钢筋混凝土框架上，拱脚跨度为 93.7m；活动屋面在两个大拱桁架中部的水平桁架轨道上运行，完全打开后开启部分的水平投影面积为 21m×36m（沿大拱方向），开启闭合时间约为 15min。

图 7-54　网球中心开合屋盖结构图与竣工照片

7.4.2　开合屋盖设计准则

现阶段开合屋盖的设计的依据，在结构方面主要是参考各国的建筑结构规范和表 7-4

所列的设计指导方针；在机械设计方面主要参考表 7-5 所列的起重标准；此外还应该参照已建工程实例。网球中心的设计在以我国结构设计规范为基准的基础上，主要参考了日本建筑协会的《开闭式屋盖结构设计指针》，机械部分考虑到我国的机械制造及安装水平，主要参考我国的《起重机设计规范》GB 3811—83。

7.4.3　开合方式的选取

根据工程设计方案的要求，网球中心初始设计，采用活动屋面沿弧形主桁架上弦面轨道的空间移动方式。相对应的驱动方式采用电机牵引缆索的驱动方式，如图 7-55 所示。这种开合方式的典型工程包括日本大分县穹顶和小松穹顶[22]，这种开合方式的弊端也是显而易见的：由于活动屋面沿着有坡度的曲线轨道移动，运行轨道有较大的水平倾角，活动部分无法达到自锁要求。为防止屋面下滑，使用时需要额外的机械装置提供外部支撑

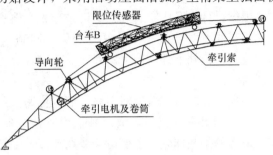

图 7-55　开合机构系统示意图（初始设计方案）

和安全保障，在运动过程中也要求驱动装置提供额外拉力以平衡活动屋面的自重分力。因此，空间开合方式机械结构复杂，造价昂贵，维护困难，而且安全性较差。基于以上原因，经多方讨论后，决定将原方案改为直轨道移动方式，如图 7-56 所示。

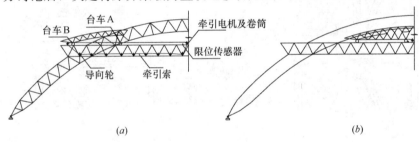

(a)　　　　　　　　　　　　　*(b)*

图 7-56　开合机构系统示意图（最终方案）
(a) 开启状态；*(b)* 闭合状态

7.4.4　屋面部分结构方式选取

在本工程中，全屋面竖直投影为直径 86m 的圆形，网球场地上空屋面为可动部分，根据使用要求开闭；四周看台屋面被活动屋面划分为对称的两部分，一端连接拱桁架下弦，另一端与环桁架上弦连接，最大径向跨度近 24m。环桁架与下部钢筋混凝土看台平行，轴线为波浪形不规则空间曲线。该部分屋面外观呈不规则的扁壳形，屋面支撑结构根据屋面板铺设要求呈肋环形布置。

采用单层肋环形网壳加张弦梁的杂交体系作为结构支撑（图 7-57）[23]。引入张弦梁体系

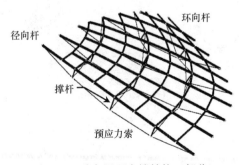

图 7-57　看台屋面支撑结构（部分）

充分利用了高强索的强抗拉性改善了上弦杆件的受力和变形性能，使全结构成为受力合力的自平衡体系，用钢量也降至 25kN/m² 左右。可以说，这种结构既具有网壳造型灵活的特点，又具备了桁架简洁、明确的受力特点。可认为撑杆和下弦拉索不会出现面外失稳，结构是一个自平衡的稳定体系。实际设计中，考虑到部分结构上弦起拱很小，为确保结构稳定性在每个撑杆端部节点加设由钢棒构成的对拉支撑体系。

7.4.5 轨道部分及支座设计

根据设计方案，轨道及行走机械布置在轨道桁架上弦表面。轨道桁架宽 3m，可利用的通长空间宽度只有 1.5m。由于空间的限制，行走机构采用单轮单轨设计，活动屋面载荷通过台车传到下部结构上。因此需要设计合理的支撑部分铺设轨道、安装机械设备及传递载荷。

根据计算模型，轨道桁架通过节点传递上部载荷。为了符合模型要求，轨道面同样设计了支承钢架用以安装轨道及其他设备，并保证下部结构的节点传力，见图 7-58（a）。在轨道面的某些部分，由于桁架节点连接杆件很多，导致轨道支承钢架无法与这部分节点连接，设计中在增大这部分杆件截面的基础上采用支撑钢板将轨道载荷均布到杆件上，见图 7-59（b）[17]。

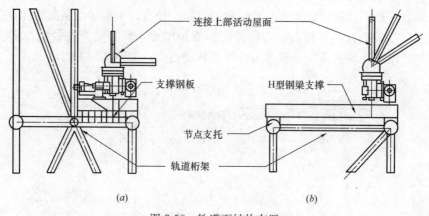

(a)   (b)

图 7-58 轨道面结构布置

(a) 轨道支撑一；(b) 轨道支撑二

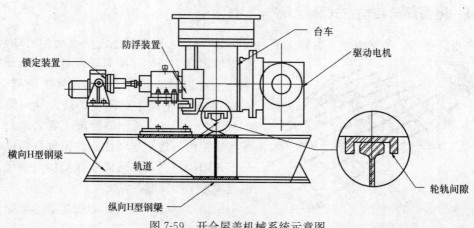

图 7-59 开合屋盖机械系统示意图

7.4.6 荷载与状态分析

本工程设计根据活动屋面使用状况划分为锁定状态和运动状态两种。锁定状态包括闭合锁定和开启锁定，是开合屋面使用的主要阶段。在该种状态下，活动屋面与固定屋面通过锁定装置连接，风载取值根据规范规定的基本风压值由风洞试验确定，见图 7-60、图 7-61[18-21]。运动状态包括开启和闭合过程，该状态时间短，活动屋面与固定屋面通过台车相连，紧急情况下仅有夹轨器及防浮装置提供临时约束，故允许风载取值较小，以 $0.2kN/m^2$ 基本风压（对应于 8 级风）为基准进行设计。为保证使用安全，在开合屋面使用操作手册详细规定了使用风速，并要求使用过程中根据现场风速严格遵守。

(a)　　　　　　　　　　　　　　(b)

图 7-60　风洞试验

(a) 风洞模型开启状态；(b) 风洞风场模拟

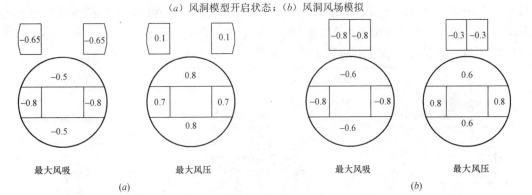

最大风吸　　　　最大风压　　　　最大风吸　　　　最大风压

(a)　　　　　　　　　　　　　　(b)

图 7-61　设计风压值（kN/m^2）

(a) 开合状态；(b) 闭合状态

网球中心开合屋盖的设计中，取开合屋面自重的 10% 作为沿轨道方向的制动力。考虑到安装在两个平行大拱上的轨道不平行或台车运行不同步造成的活动屋面走偏，设计中考虑了最大轮压的 20% 作为垂直于轨道的水平横向荷载。开合屋面的水平移动速度为 0.02m/s，远小于 FEM（Federation Europeenne de la Manutention）规定的 0.7m/s，因此缓冲器（车挡）上的冲击力可以不用考虑。

7.4.7 开合屋盖静力计算分析

开合屋盖在通常使用状态下主要受静载作用，使用两种分析方法计算了在完全闭合锁定状态和完全开启锁定状态下七个组合工况的轨道变形，工况组合见表 7-18。

闭合、开启锁定状态荷载组合表 表 7-18

工况 1	1.35 永久载荷＋1.4 屋面活载/雪载
工况 2	1.0 永久载荷＋1.4 风吸
工况 3	1.2 永久载荷＋1.4 风压＋0.98 屋面活载/雪载
工况 4	1.2 永久载荷＋1.4 50 度升温（＋）＋0.98 屋面活载
工况 5	1.2 永久载荷＋1.4 15 度降温（－）＋0.98 屋面活载/雪载
工况 6	1.2 永久载荷＋1.4 屋面活载＋0.98 风压＋1.0 15 度升温（＋）
工况 7	1.0 永久载荷＋1.4 屋面活载/雪载＋风吸＋1.0 15 度降温（－）

　　开合屋面的各部分之间是没有结构连接的，不同的部分在结构上相互是独立的，但是它们共享了同一条轨道，结构独立的活动屋面会通过支承系统影响到下部轨道桁架，进而影响到整个固定屋盖。

　　根据开合结构不同部分之间相互影响的处理方式，采用整体协同分析和各部分单独分析。整体协同分析指通过活动屋面与支承结构在锁定点耦合三个线位移进行受力变形分析；各部分单独分析则是把两部分屋面分别作为独立的结构分别加载，活动屋面支座（台车）释放垂直轨道水平方向（y 轴）约束，得到的支座反力以集中荷载的形式施加到下部结构上进行进一步的受力分析。

　　对于活动屋面支承在混凝土这类刚度非常大的下部支承结构上的开合屋盖结构，由于下部支承结构刚度大，所以活动屋面之间，活动屋面与下部支承结构之间相互变形的影响较小，采用各部分单独分析就足够了。但是对于活动屋面支承在刚度较小的下部结构上的开合屋盖结构，则要具体分析。图 7-62 列举了完全闭合锁定状态的第一工况下轨道的变形比较，图 7-63 列举了完全开启锁定状态的第一工况下轨道的变形比较[17]。

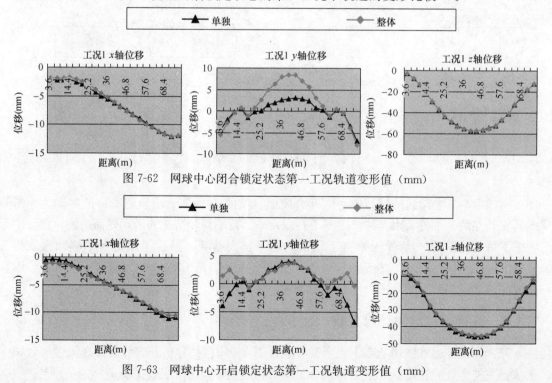

图 7-62　网球中心闭合锁定状态第一工况轨道变形值（mm）

图 7-63　网球中心开启锁定状态第一工况轨道变形值（mm）

图 7-62 可以很明显地看出两种分析方法得出完全闭合锁定状态的轨道 X 和 Z 向位移(沿轨道和轨道竖向位移)基本吻合,但 Y 向(垂直轨道方向)的位移有明显的差别,协同分析的位移较小。而图 7-63 的轨道变形则是两种分析方法得出的 X、Y、Z 向位移很接近。

从结构体系的角度可以对上述结果做如下解释:因为需要在网球馆中部留出一部分水平投影面积,平行大拱在中部的侧向刚度比较弱,而在端部因为有连系拱的存在,侧向刚度较中部强,而开合屋面在主受力方向上是曲率半径为 23m 的拱,本身是一个对支座位移(即垂直轨道方向的位移)比较敏感的体系,在闭合状态时,上下结构的耦合增强了大拱的侧向刚度,因此出现图 7-62 的结果;而在开启状态处,上下结构的耦合对大拱的侧向刚度增强不明显。因此出现图 7-63 的结果。若在大拱中部能增加连系拱以增强大拱在中部的侧向刚度的话,可以预计两种分析方法得出的位移将没有太大的区别。

现在具体介绍可动屋盖部分的单独静力分析,根据不同的运行状态分为两个计算阶段。可动屋盖运行状态:边界条件如图 7-64 所示,屋面变形在 ±3cm 之内时,可动屋盖和固定屋面耦合竖向(z 向)位移,水平面垂直轨道方向(y 向)独立变形,只有较小的摩擦力作用,约 5kN。竖直方向采用弹簧支座,变形控制弹性系

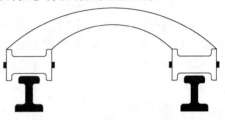

图 7-64 行走状态边界条件

数,变形由整体结构在可动屋盖下的变形决定,垂直轨道方向无约束,有摩擦力作用,沿轨道方向采用滑动约束。可动屋盖锁定状态:边界条件如图 7-65 所示,屋面自由变形超过 ±30mm,轨道和可动屋盖协同变形。在沿轨道方向上,也允许释放少量变形,这是由锁定装置决定的。竖直方向和垂直轨道方向采用弹簧支座,变形控制弹性刚度,沿轨道方向采用滑动约束[8,25]。

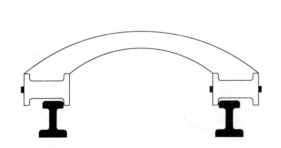

图 7-65 锁定状态边界条件

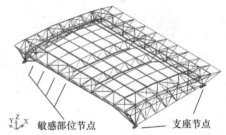

图 7-66 可动屋盖结构布置

可动屋盖的荷载组合可参见表 7-18。可动屋盖结构布置如图 7-66 所示。可动屋盖,轨道上节点在该方向的竖向位移如表 7-19 所示。

轨道节点竖向变形(单位:mm)　　　　　　　　表 7-19

	开启状态				闭合状态		
荷载组合	支座 1 对应节点	支座 2 对应节点	差值	荷载组合	支座 1 对应节点	支座 2 对应节点	差值
工况 1	−61	−31	29	工况 1	−34	−13	20
工况 2	−5	−4	1	工况 2	−8	1	9

荷载组合	开启状态			荷载组合	闭合状态		
	支座1 对应节点	支座2 对应节点	差值		支座1 对应节点	支座2 对应节点	差值
工况3	−56	−33	24	工况3	−38	−15	23
工况4	21	51	29	工况4	47	60	13
工况5	−72	−49	23	工况5	−51	−32	19
工况6	−39	−16	23	工况6	−15	7	22
工况7	−20	−20	0	工况7	−31	−21	10

以上各工况均取下部结构可能发生最大位移的工况。取最大位移差 29mm 对应可动屋盖的最大荷载组合下支座的竖向支撑力,来估算下部结构的弹性刚度。最大轮压 $f = 150kN$,变形 $x = 29mm$,根据公式 $f = k \times x$,弹簧的弹性刚度 k 约为 5000N/mm。

采用竖向弹簧支座后,通过可动屋盖支座位移和顶部敏感节点的位移比较采用弹簧支座和采用固定支座的差别,如表 7-20、表 7-21 所示,其中 U_1,U_2,U_3 分别表示 x,y,z 方向上的位移量。

可动屋盖支座位移 表 7-20

节点	荷载组合	有弹簧支座			无弹簧支座			误差(%)	
		U_1	U_2	U_3	U_1	U_2	U_3	U_1	U_2
67	工况1	−0.8	−6.4	0.0	−0.8	−6.5	0.0	−2.13	−0.23
67	工况2	−0.5	−1.5	0.0	−0.5	−1.5	0.0	−0.96	−0.27
67	工况3	−0.7	−6.2	0.0	−0.8	−6.2	0.0	−2.25	−0.23
67	工况4	−7.7	−16.8	0.0	−7.7	−16.8	0.0	−0.20	−0.08
67	工况5	6.2	5.4	0.0	6.2	5.3	0.0	0.25	0.24
67	工况6	−4.2	−11.8	0.0	−4.3	−11.8	0.0	−0.40	−0.12
67	工况7	2.8	3.0	0.0	2.8	3.0	0.0	0.27	0.21
146	工况1	0.0	−17.7	−16.7	0.0	−17.5	0.0	—	0.72
146	工况2	0.0	−4.8	−5.4	0.0	−4.7	0.0	—	0.77
146	工况3	0.0	−17.0	−15.9	0.0	−16.9	0.0	—	0.72
146	工况4	0.0	−26.9	−14.9	0.0	−26.8	0.0	—	0.43
146	工况5	0.0	−4.5	−14.9	0.0	−4.4	0.0	—	2.49
146	工况6	0.0	−22.6	−15.9	0.0	−22.4	0.0	—	0.55
146	工况7	0.0	−1.8	−7.9	0.0	−1.7	0.0	—	3.09

精确模型对于支座节点的计算误差并不大,在关键的 y 向位移数值方面,最大误差只有 3%。

可动屋盖顶部敏感节点位移 表 7-21

节点	荷载组合	有弹簧支座			无弹簧支座			误差(%)		
		U_1	U_2	U_3	U_1	U_2	U_3	U_1	U_2	U_3
10	工况1	5.20	−7.26	−26.79	0.78	−7.45	−7.22	85.08	−2.67	73.04
11	工况1	5.83	−7.37	−33.06	1.36	−7.57	−13.26	76.62	−2.60	59.88

续表

节点	荷载组合	有弹簧支座			无弹簧支座			误差（%）		
		U_1	U_2	U_3	U_1	U_2	U_3	U_1	U_2	U_3
12	工况1	6.32	−7.57	−37.85	1.80	−7.76	−17.82	71.51	−2.48	52.92
13	工况1	5.87	−7.92	−40.43	1.30	−8.11	−20.17	77.92	−2.37	50.11
14	工况1	6.25	−8.30	−41.79	1.62	−8.49	−21.31	74.05	—	49.01
57	工况1	4.88	−9.55	−27.78	0.06	−9.73	−6.52	98.72	−1.89	76.54
58	工况1	5.35	−9.36	−33.54	0.57	−9.54	−12.45	89.27	−1.96	62.90
60	工况1	5.11	−9.63	−21.93	0.28	−9.81	−0.55	94.49	−1.86	97.50
61	工况1	5.94	−9.07	−38.13	1.21	−9.25	−17.22	79.63	−2.02	54.83
63	工况1	5.68	−8.71	−40.57	1.00	−8.89	−19.87	82.35	−2.13	51.02

对于结构上部的敏感节点，简化模型的误差是明显的。此误差主要来源于结构刚体位移，考虑弹簧支座可以更加准确地描述结构的形态。由此可以看出在计算过程当中应该考虑的活动部分可固定部分的竖向耦合。

锁定状态下，可动屋盖和下部结构的相互作用力较为复杂，可通过单独计算可动屋盖和下部结构，通过两部分受力相等；侧向相对变形等于±30mm，两个条件确定可动屋盖真实变形和侧向支撑力。可动屋盖支座和轨道节点的位移见表7-22。

轨道节点和可动屋盖节点的变形值　　　　　　　表 7-22

工况	轨道节点		可动屋盖支座		相对变形
	节点	垂直轨道变形	节点	垂直轨道变形	
工况1	1050	1.76	146	−35.69	−37.45
工况2	1050	−2.97	146	13.86	16.83
工况3	1050	−0.43	146	−20.36	−19.93
工况4	1050	−14.73	146	−38.41	−23.68
工况5	1050	−5.64	146	−17.50	−11.85
工况6	1050	−4.04	146	−14.76	−10.72
工况7	1050	0.83	146	16.55	15.71

从计算数值可以看出，可动屋盖相对于下部轨道的变形较小，只有工况1的变形超过了30mm范围，通过模拟闭合状态工况1的最终状态来模拟可动屋盖所受到的侧向支撑，这是一种用最终状态来模拟现实的方法，忽略了在活动部分变形从0到30mm过程中的变化，假设其一直受到弹性支撑的作用，实际上可动屋盖只受到侧向摩擦力。但对于我们所关心的可动屋盖部分和固定屋盖部分之间的相互作用力是可以较准确地考察的。

轨道在侧向力作用下的变形，根据轨道安装误差规定，跨度≥19.5m，轨道最大安装误差±5mm，考虑最不利状态下的轨道节点变形如图7-67所示。

根据曲线拟合的公式为 $y_1 =$

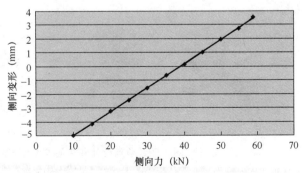

图 7-67　轨道节点变形（5mm 安装误差）

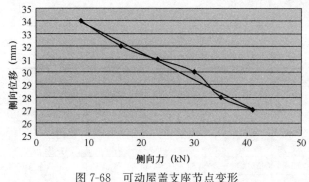

图 7-68 可动屋盖支座节点变形

$0.1736x_2 - 6.7587$（x_2 为轨道节点受侧向作用力，y_2 为轨道节点侧向变形），可动屋盖在弹簧支座下的变形内力如图 7-68 所示。

根据曲线拟合的公式为 $y_2 = -0.2108x_2 + 35.725$（$x_2$ 为支座受侧向作用力，y_2 为支座侧向变形）根据两部分耦合的条件为：考虑 5mm 安装误差，解得：

$$x_1 = x_2 = 32.48\text{kN} , y_2 = 28.88\text{mm} , y_1 = -1.12\text{mm}$$

在压力最大工况下，考虑施工误差，最大侧向作用力为 32.48kN。其他工况下，支座节点与轨道节点相对变形小于 30mm，不受到下部固定结构的侧向约束，只受到摩擦力作用。根据机械设计参数，轮轨的摩擦系数取 $\mu = 0.1$，根据结构计算最大轮压 $N = 150\text{kN}$，摩擦力 $F = \mu N = 0.1 \times 150 = 15\text{kN}$。

综上所述，刚性模型在运动过程中的变形不会对轨道造成侧向压力。锁定时，一般情况下也只受到摩擦力，在受到最大压力的时候可能对下部结构的最大侧向作用力为 $F = 32.48\text{kN}$。对于下部轨道和固定结构来说是安全的，因此该结构形式是合理的[8]。

对于看台屋盖部分，由于主桁架及轨道桁架刚度很大，活动屋面位置变化对其影响较小，设计过程主要考虑不利工况对挠度及索拉力的影响，详见表 7-23。

各工况下看台屋面挠度变形及索力对照　　　　　　　　表 7-23

	工况 1	工况 2	工况 3	工况 4	工况 5	工况 6	工况 7
最小索拉力（kN）	178.6	11.2	220.3	158.3	145.9	222.8	8.7
最大索拉力（kN）	320.1	60.6	382.3	320.2	252.0	393.9	50.5
最大挠度值（mm）	13	−29	27	25/−11	13	29	−36

7.4.8 节点细部设计和分析

在保证结构的安全可靠性方面，节点的强度也是十分重要的环节。开合屋面全结构采用相贯节点设计，在主拱桁架与水平轨道桁架交界处的杆件密集，在多种载荷作用下受力较复杂无法使用规范规定的公式验算，设计中对这部分节点进行有限元分析[24]，见图 7-69。

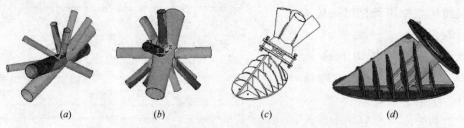

(a) (b) (c) (d)

图 7-69 节点设计和在最大设计载荷作用下应力分析

(a) 节点 1；(b) 节点 2；(c) 支座节点轴测图；(c) 支座节点应力分布

7.4.9 驱动方式

黄龙体育中心开合结构采用水平开启方式。可动屋盖在运行过程中沿轨道方向主要受到风载和机械牵引力的作用。行走轮组的驱动力主要依靠轮组车轮与轨道间的摩擦力发生作用。由于可动屋盖自重较轻，在风吸力作用下会引起轮压不足，导致轮轨间摩擦力不足，从而使可动屋盖在风载作用下发生车轮打滑，轮驱动系统失去作用。针对这种情况进行如图 7-70 所示的分析，其中轮轨摩擦系数取 0.1。

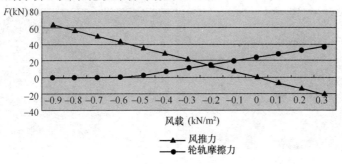

图 7-70 风载与轮轨摩擦力的关系

图中可以看出，当风载小于 $-0.6kN/m^2$（风吸）时，可动屋盖所受的风力将大于结构本身自重，台车车轮与轨道的摩擦力也相应为 0，这种情况下仅靠台车驱动可动屋盖无法正常移动。随着风载逐渐由风吸转为风压，轮压和轮轨摩擦力也逐渐增大，当风载到达 $-0.2kN/m^2$（风吸）左右时，轮轨摩擦力与刮风造成的沿轨道方向推力持平，理论上，当风载大于 $-0.2kN/m^2$，车轮不打滑。根据风洞试验的结果，刮风条件下可动屋盖所受风载主要表现为风吸，因此为了使开合屋盖能够正常使用，需要在活动部分安装风力传感器以测定允许运行的风力条件。另外，为了防止运行过程中的阵风影响，除了台车和轨道间必须安装的防浮装置外，需要采用牵引索作为辅助驱动。

该结构主要采用轮驱动方式，并配合以索牵引方式。每片屋面四个轮子，每个轮子都配有驱动电机，在正常运行状态下，依靠摩擦力产生前进动力。但如果风吸作用较大，使活动屋盖摩擦力较小，导致轮驱动无法奏效时，启动索牵引方式关闭屋面板。由图 7-56 可以看出，此结构的牵引索是单向非闭合系统，只能在关闭活动屋盖时起作用，所以不允许在有较大风速的时候开启屋面。一般情况下，索驱动都是随动的，既要做到不产生索力，又不使索松弛。该控制系统工作原理如下：

首先启动轮组电机，在很短时间内达到设计速度 0.02m/s，安装在车轮上的位置传感器将信号传输给控制中心，经过计算得出速度，依据此速度启动卷筒。原则上两个驱动应该同步，但实际操作中，卷筒的启动稍稍落后。由于轮驱动无法带动索驱动运转，所以钢索在开启活动屋盖最初阶段必须处于松弛状态，在正常运动过程中，钢索也不能产生索力，以防索拖住轮组不能前进。在活动屋盖闭合的时候，轮组首先启动，索缆可以有少量松弛。但是开启的张紧量和闭合的松弛量应该相当，否则，越来越紧就会导致屋面无法开启，越来越松，缆索就不能在紧急时刻立即起作用。

驱动系统在场地组装前，进行了机械及控制部分试验，如图 7-71 所示，试验检测控制系统的灵敏度；设定控制系统参数；重点掌握轮驱动系统和索牵引系统的配合操作规律。试验使用了柔性骨架和刚性骨架两种结构模型来模拟可动屋盖，测试该结构的机械控制性能。在试验一中，试验验证了四轮驱动的可行性，在中央控制系统的调控下，该结构在偶尔出现卡轨的情况下可以通过控制单个驱动电机，纠正轮组路径。试验二发现结构强度大会使中央控制系统对单个电机的操作效率降低。但刚性结构的优点在于结构整体性强，有效避免蛇形路径，减少了卡轨事故概率[8]。

图 7-71　驱动系统试验

7.4.10　控制系统

结构开合动作要在中央控制系统的指挥下完成。为保证操作的得当，必须有准确的测量系统，以保证坐在控制室的工程师能完全掌握周边环境的状况以及活动屋盖运行的状态。

对于开合结构运动影响最大的是风荷载，所以开合结构操作手册上必须规定可动状态的风荷载。该结构使用测风计来测量风速，并时时将信息传达给控制中心。

在活动屋盖运动的过程中，需要监测每个轮子的行程，以避免屋盖的蛇行运动。在每个车轮的轴心上都安装有测距仪，其原理是根据轮子转动的角度，计算轮组行走的路程。如果轮组出现打滑的情况，这个数据就不准确了，所以还配套采用了每隔 1m 标定一次的方式。传感器和标定物如图 7-72 所示。当传感器测到标定物时就将信号传给中央控制系统，重新标定轮组的行程。

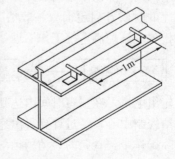

图 7-72　光感探头和距离标定

为了防止屋盖变形导致轮组卡轨，损坏结构和电机的事故的发生，该系统采用了轮缘监测器。图 7-73 是轮缘监测器及其安装的位置，监测的位置是轨道内侧的轮缘间隙，在

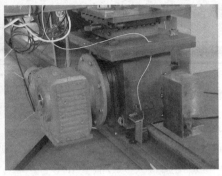

图 7-73 轮缘监测器及其安装位置

轮缘间隙不满足设计要求时，自动切断电源，并启动报警装置，引起操作人员的注意，并根据实际情况解决问题。控制原理如图 7-74 所示。

用 δ_1、δ_2 分别表示待测轮缘间隙 1 和待测轮缘间隙 2。当活动屋面受到向下的压力作用时，整个屋面有个向两边伸展的变形，如果是理想状态，两个轮子均向两边伸展，那么 δ_1 和 δ_2 都将减少，但是具体屋盖将向哪个方向伸展是不确定的，所以有可能 δ_1 不变，而 δ_2 大幅度减小，或者情况刚好相反，那么我们判断卡轨的条件就要整体考虑两个间隙的和，也就是把 $\delta_1 + \delta_2 \leqslant M$ 当

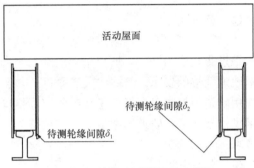

图 7-74 轮缘监测器原理示意图

成是机械系统停止工作的条件，其中 M 是由使用规范确定的最小允许轮缘间隙。具体数值应由设计计算和实验结果共同确定。

活动屋盖的停位准确也很关键，该结构采用的锁定装置为了保证插销能准确打入销孔，一方面采用定位传感器，在屋盖预期位置安装传感器，轮组压在传感器上的时候，锁定装置的插销才可以打出，另一方面，为防止小范围的偏差，将销孔的形状做成了椭圆长孔，同时也可以释放一部分锁定状态下屋盖自身的变形。锁定装置上也有光感传感器，如果锁定销打出，活动屋盖轮驱动不能启动，防止剪断锁定装置，对结构产生危害[8]。

7.4.11 计算结构分析及工程设计总结

1. 结构振动频率

根据单独分析的结果可得结构振动频率，见表 7-24 和表 7-25。

活动屋面部分结构振动频率 表 7-24

模态	一阶	二阶	三阶	四阶	五阶
频率（Hz）	4.78	5.51	5.52	6.0	6.16

固定屋面部分结构振动频率 表 7-25

模态	一阶	二阶	三阶	四阶	五阶
频率（Hz）	2.02	2.57	2.59	2.84	2.91

根据整体分析的结果可得结构振动频率，见表7-26。

结构振动频率   表 7-26

模态	一阶	二阶	三阶	四阶	五阶
闭合态频率（Hz）	1.89	2.44	2.63	2.84	2.92
开启态频率（Hz）	1.95	2.36	2.48	2.85	2.88

2. 结构变形

取载荷标准值计算轨道桁架开合过程中的变形：

（1）轨道桁架最大变形值（mm）：

活动状态：X 方向：9.6（端部）；Y 方向：5.1（端部）；Z 方向：46.6（端部）。

（2）轨道桁架最小变形值（mm）：

活动状态：X 方向：-31.0（端部）；Y 方向：-13.3（跨中）；Z 方向：-45.9（跨中）。

（3）竖向挠度：

从结果中可以看出，轨道桁架竖向位移介于$-45.9\sim46.6$mm 的范围内，而主拱桁架的水平投影长度为94m，所以桁架的最大竖向挠度约为 $L/2000$，满足《起重机设计规范》里对轨道变形的要求。

用轨道桁架本身变形衡量轨道的实际挠度，轨道梁桁架投影长度75m，扣除同工况下下部拱桁架变形，轨道桁架最大竖向位移为-18.3mm，整个桁架的挠度小于 $L/4100$，满足要求。

（4）水平挠度：

从结果中可知，轨道梁水平位移介于$-13.3\sim5.1$mm 的范围内，轨道梁桁架投影长度75m，所以轨道梁桁架的最大水平挠度约为 $L/5640$，满足《起重机设计规范》里对轨道变形的要求。

3. 用钢量指标

黄龙体育中心网球馆开合屋面采用钢管结构相贯焊连接，基本用钢量指标见表7-27。

用钢量指标（只统计结构钢管桁架自重）   表 7-27

分项	覆盖面积（m²）	总用钢量（t）	平均用钢量（kg/m²）
活动屋面	800.0	25.13	31.41
固定屋面	5053.0	370.58	73.33
合计	5800.0	395.71	68.22

在固定屋面部分，由于支撑活动屋面的轨道桁架需要提供较严格的挠度变形控制，而屋面最不利载荷作用在轨道跨中（闭合状态），因此该部分桁架设计了 3m×3.2m 的较大截面尺寸。另外，开启部分使全结构整体性受到影响，固定屋面中心刚度减弱。作为补偿，设计时沿开口四周设置封闭桁架以保证整体刚度，这部分设计增加了固定屋面用钢量。

活动屋面缺少周边支撑，设计中采用环桁架作为边界，中部布置单层网壳的形式。未采用双层网壳的原因同样是基于室内建筑效果考虑，而且用钢量也不会因此增加。

参 考 文 献

[1] Kazuo Ishii. Structural Design of Retractable Roof Structures [M]. WIT Press, 2000.

[2] 余永辉. 开合式屋面结构设计[D]. 浙江大学硕士学位论文, 2004.

[3] 日本建筑学会. Recommendations for Design of Retractable Roof Structures with Realized Examples [M]. 日本建筑学会, 1993.

[4] Kazuo Ishii. Membrane Designs and Structures in the World [M]. Shinkenchiku-sha Co. Ltd., 1999.

[5] 刘锡良. 现代空间结构[M]. 天津: 天津大学出版社, 2003.

[6] 关富玲, 余永辉等. 开合式屋面结构综述 [J]. 钢结构与建筑业, 2003. (6).

[7] 关富玲, 徐旭东等. 开合屋盖结构的设计——奥运体育场馆[J]. 力学与实践, 2008(3).

[8] 程媛. 开合结构活动系统的设计与施工技术分析[D]. 浙江大学硕士学位论文, 2006.

[9] 徐旭东, 关富玲. 开启式屋盖的建筑设计要点[J]. 建筑设计, 2007(7).

[10] 海诺·恩格尔(德). 结构体系与建筑造型[M]. 天津: 天津大学出版社, 2002.9.

[11] 张质文, 虞和谦, 王金诺, 包起帆. 起重机设计手册[M]. 北京: 中国铁道出版社, 1998.

[12] 裘为章. 实用起重机电气技术手册 [M]. 北京: 机械工业出版社, 2002.

[13] 万力. 起重机械安装使用维修检验手册[M]. 北京: 冶金工业出版社, 2000.

[14] G. Nagatsuka and Honda, Practical Manual for Crane Structures(in Japan) [M]. Sangyo Tosho Co., 1986.

[15] Retractable roof system for stadium. United States patent application publication, Pub. No.: US 2002/0129565. Pub. Date: Sep. 19, 2002.

[16] Retractable roof for stadium structure. United States Patent, Patent number 5070659, Date of Patent: Dec. 10, 1991.

[17] 杨治. 开合屋盖结构设计方法研究[D]. 浙江大学硕士学位论文, 2005.

[18] 黄江. 开启式屋盖结构可动部件研究及风振相应分析[D]. 浙江大学博士学位论文, 2005.

[19] 黄江, 关富玲等. 杭州黄龙体育中心网球馆可开启屋盖的风洞试验[J]. 江南大学学报, 2007(1).

[20] 豁国锋. 开合屋盖结构设计方法与风压分布的数值模拟研究[D]. 浙江大学硕士学位论文, 2007.

[21] 侯国勇, 关富玲等. 开合结构风压计算的数值模拟研究[J]. 科技通报, 2010(4).

[22] 关富玲, 程媛等. 开合屋盖结构设计简介[J]. 建筑结构学报, 2005(4).

[23] 杨治, 关富玲等. 杭州黄龙体育中心网球馆张弦屋面设计[J]. 钢结构, 2005(4).

[24] 关富玲, 杨治等. 杭州黄龙体育中心网球馆开合屋面设计[J]. 工程设计学报, 2005(2).

[25] 侯国勇, 关富玲等. 开合屋盖系统设计及施工技术研究[J]. 浙江建筑, 2010(5).